U0226978

"碳中和多能融合发展"丛书编委会

主　编：

刘中民　中国科学院大连化学物理研究所所长/院士

编　委：

包信和　中国科学技术大学校长/院士

张锁江　中国科学院过程工程研究所研究员/院士

陈海生　中国科学院工程热物理研究所所长/研究员

李耀华　中国科学院电工研究所所长/研究员

吕雪峰　中国科学院青岛生物能源与过程研究所所长/研究员

蔡　睿　中国科学院大连化学物理研究所研究员

李先锋　中国科学院大连化学物理研究所副所长/研究员

孔　力　中国科学院电工研究所研究员

王建国　中国科学院大学化学工程学院副院长/研究员

吕清刚　中国科学院工程热物理研究所研究员

魏　伟　中国科学院上海高等研究院副院长/研究员

孙永明　中国科学院广州能源研究所副所长/研究员

葛　蔚　中国科学院过程工程研究所研究员

王建强　中国科学院上海应用物理研究所研究员

何京东　中国科学院重大科技任务局材料能源处处长

"十四五"国家重点出版物出版规划项目

国家出版基金项目
NATIONAL PUBLICATION FOUNDATION

碳中和多能融合发展丛书

刘中民　主编

加速器驱动先进核能系统

—— 一种创新驱动的碳中和安全发展路径

杨　磊　闫雪松　祁明亮　等　编著

科学出版社
龙门书局
北京

内 容 简 介

加速器驱动先进核能系统(ADANES)是中国科学院原创性提出的集乏燃料嬗变、核燃料增殖以及核能发电于一体的先进核燃料闭式循环技术方案，本书重点介绍加速器驱动次临界系统(ADS)、ADANES 的基本原理、主要技术及相关研究成果。全书分为八章，主要包括核能发展现状，核燃料循环系统，ADS 与 ADANES 概念，ADANES 燃烧器系统，ADANES 乏燃料再生系统，ADANES 相关的新概念、新方法、新技术，以及碳中和目标下的先进电力系统。

本书可供从事 ADS 核反应堆物理、乏燃料后处理等研究、设计工作的人员以及大专院校相关专业师生阅读参考。

图书在版编目(CIP)数据

加速器驱动先进核能系统：一种创新驱动的碳中和安全发展路径 / 杨磊等编著. -- 北京：龙门书局，2024.12. -- (碳中和多能融合发展丛书 / 刘中民主编). -- ISBN 978-7-5088-6497-6

Ⅰ.TL

中国国家版本馆 CIP 数据核字第 20246L6P29 号

责任编辑：吴凡洁　冯晓利 / 责任校对：王萌萌
责任印制：师艳茹 / 封面设计：赫　健

科学出版社
龙門書局 出版
北京东黄城根北街 16 号
邮政编码：100717
http://www.sciencep.com

北京中科印刷有限公司印刷
科学出版社发行　各地新华书店经销
*
2024 年 12 月第　一　版　开本：787×1092　1/16
2024 年 12 月第一次印刷　印张：26 1/4
字数：621 000
定价：168.00 元
(如有印装质量问题，我社负责调换)

本书撰写人员名单

第1章　祁明亮　亓文辉　李佳媛

第2章　张尧立　洪　钢

第3章　闫雪松　高育翠

第4章　杨　磊　闫雪松

第5章　杨阳阳　陶科伟　闫雪松　杨　磊　郑友琦　杜夏楠

第6章　麻礼东　陆亚男　郭志谋　谢美英　杨　磊

第7章　王苍龙　杨阳阳　麻礼东　黄　庆　吴海波　林　平　刘懿文　孟召仓
　　　　王引龙　欧阳琴　李寅生　裴学良　莫高明　李　勉　李　朋　周小兵
　　　　葛芳芳　王艳菲

第8章　祁明亮　劳凯月　李　浩　周宇轩　李　震

本书校稿人员名单

第1章　祁明亮

第2章　郑剑香　翁挺伟　张广旭

第3章　高育翠　张雅玲　陈良文　张学智　闫雪松

第4章　高育翠　陈良文　张雅玲　张学智　闫雪松

第5章　刘伟明　张建荣　高育翠　张雅玲　张学智　陈良文　闫雪松　吴宏春
　　　　曹良志

第6章　麻礼东　刘伟明　王　勇　程　宇　蔡天培　杨帆

第7章　陶科伟　刘伟明　张建荣　王苍龙　黄　庆　吴海波　田　园　舒亚锋
　　　　刘季韬　欧阳琴　王艳菲　高育翠　闫雪松

第8章　祁明亮

丛书序

2020 年 9 月 22 日，习近平主席在第七十五届联合国大会一般性辩论上发表重要讲话，提出"中国将提高国家自主贡献力度，采取更加有力的政策和措施，二氧化碳排放力争于 2030 年前达到峰值，努力争取 2060 年前实现碳中和"。"双碳"目标既是中国秉持人类命运共同体理念的体现，也符合全球可持续发展的时代潮流，更是我国推动高质量发展、建设美丽中国的内在需求，事关国家发展的全局和长远。

要实现"双碳"目标，能源无疑是主战场。党的二十大报告提出，立足我国能源资源禀赋，坚持先立后破，有计划分步骤实施碳达峰行动。我国现有的煤炭、石油、天然气、可再生能源及核能五大能源类型，在发展过程中形成了相对完善且独立的能源分系统，但系统间的不协调问题也逐渐显现，难以跨系统优化耦合，导致整体效率并不高。此外，新型能源体系的构建是传统化石能源与新型清洁能源此消彼长、互补融合的过程，是一项动态的复杂系统工程，而多能融合关键核心技术的突破是解决上述问题的必然路径。因此，在"双碳"目标愿景下，实现我国能源的融合发展意义重大。

中国科学院作为国家战略科技力量主力军，深入贯彻落实党中央、国务院关于碳达峰碳中和的重大决策部署，强化顶层设计，充分发挥多学科建制化优势，启动了"中国科学院科技支撑碳达峰碳中和战略行动计划"（以下简称行动计划）。行动计划以解决关键核心科技问题为抓手，在化石能源和可再生能源关键技术、先进核能系统、全球气候变化、污染防控与综合治理等方面取得了一批原创性重大成果。同时，中国科学院前瞻性地布局实施"变革性洁净能源关键技术与示范"战略性先导科技专项（以下简称专项），部署了合成气下游及耦合转化利用、甲醇下游及耦合转化利用、高效清洁燃烧、可再生能源多能互补示范、大规模高效储能、核能非电综合利用、可再生能源制氢/甲醇，以及我国能源战略研究等八个方面研究内容。专项提出的"化石能源清洁高效开发利用"、"可再生能源规模应用"、"低碳与零碳工业流程再造"、"低碳化、智能化多能融合"四主线"多能融合"科技路径，为实现"双碳"目标和推动能源革命提供科学、可行的技术路径。

"碳中和多能融合发展"丛书面向国家重大需求，响应中国科学院"双碳"战略行动计划号召，集中体现了国内，尤其是中国科学院在"双碳"背景下在能源领域取得的关键性技术和成果，主要涵盖化石能源、可再生能源、大规模储能、能源战略研究等方向。丛书不但充分展示了各领域的最新成果，而且整理和分析了各成果的国内国际发展情况、产业化情况、未来发展趋势等，具有很高的学习和参考价值。希望这套丛书可以为能源领域相关的学者、从业者提供指导和帮助，进一步推动我国"双碳"目标的实现。

中国科学院院士

2024 年 5 月

核裂变能是推动我国能源结构转型、实现国家"双碳"目标不可或缺的低碳能源。它有着极高的能量密度且能持续稳定地输出，是高波动性能源（太阳能、风能等）的良好稳定剂。而现有技术下，燃料利用率低带来的铀资源供应危机和亟待安全处理的大量乏燃料问题是核电可持续发展的瓶颈。国际上经过 20 多年的持续努力，仍未取得明显进展，尚需要原始创新和颠覆性技术。

加速器驱动先进核能系统（accelerator driven advanced nuclear energy system，ADANES）是中国科学院原创性提出的集乏燃料嬗变、核燃料增殖以及核能发电于一体的先进核燃料闭式循环技术方案，其包括燃烧器和乏燃料再生循环系统两部分。ADANES 燃烧器利用加速器产生的高能离子轰击散裂靶产生高通量、宽能谱外源中子驱动次临界堆芯运行，实现嬗变、增殖与产能，具有固有安全性及高可控反应性，可使用压水堆乏燃料在内的多种核燃料。ADANES 乏燃料再生循环系统采用便捷的干法分离新原理排除乏燃料中部分裂变碎片，并制作成再生燃料，形成闭式燃料循环体系。

ADANES 从原理上可将铀资源利用率由目前技术的不到 1%提高到超过 95%，最终处置的核废料的放射性寿命由数十万年缩短到约 500 年。ADANES 燃烧器为非水冷却系统，可在干旱缺水地区与光伏、风电等可再生能源及储能系统有效耦合，形成大规模的低碳、绿色、基荷能源系统。例如，对于西北干旱无人区可以用 2 万亿~3 万亿 kW·h 的 ADANES 核裂变能基荷，带动数万平方千米的西北干旱无人区太阳能约 10 万亿 kW·h 的波动性能源上网，在该场景下 ADANES 可为实现"双碳"目标提供一种可行的实现方案，同时还提供急需的稀有同位素。

ADANES 的关键技术研究得到中国科学院战略性先导科技专项、国家自然科学基金委员会重大研究计划项目、国家重点基础研究发展计划（973 计划）等项目的支持，取得了一些重要进展：①在 ADANES 燃烧器方面，建成国际首台超导直线加速器原型样机并实现 12h 连续波质子束流 10mA 稳定运行；原创性提出颗粒流靶概念并建成原理样机，引起国际关注和跟踪研究等。ADANES 燃烧器的研究装置——加速器驱动嬗变研究装置（China initiative accelerator driven system，CiADS），已经由国家"十二五"重大科技基础设施项目支持建造，建成后将是世界上首个兆瓦级加速器驱动次临界系统原理验证装置。②在 ADANES 乏燃料再生循环利用方面，完成再生模拟燃料制备试验、克量级模拟乏燃料的离子液体放射示踪试验、碳化硅基陶瓷结构材料设计制备和再生循环原理的数值模拟等工作。已利用超算等模拟手段证明 ADANES 乏燃料再生循环系统的原理可行性，下一步需要对流程关键技术突破和规模进行有效化验证。ADANES 系统的发展规划目前已被列入中国科学院科技支撑碳达峰碳中和行动计划。

本书的框架介绍：第 1 章介绍核能发展现状，面临的发展机遇与挑战，以及核裂变能发展趋势；第 2 章对核燃料循环系统进行介绍，包括核电系统发展、发展中的堆型介绍、乏燃料后处理系统等；第 3 章对加速器驱动系统(accelerator driven system，ADS)概念的提出、物理特性、ADS 装置和进展进行介绍；第 4 章对加速器驱动先进核能系统进行介绍；第 5 章对 ADANES 燃烧器系统进行介绍，包括超导直线加速器、高功率散裂靶、ADANES 反应堆、CiADS 系统等；第 6 章介绍乏燃料再生利用系统，包括乏燃料后处理、再生燃料制备及前后端处理过程；第 7 章对 ADANES 新概念、新方法、新技术进行介绍，包括新型材料、新型冷却剂、超算方法等；第 8 章对碳中和目标下的先进电力系统进行介绍，包括先进电力系统概述以及基于 ADANES 的先进电力系统解决方案。

本书由中国科学院近代物理研究所、中国科学院科技战略咨询研究院、厦门大学、中国科学院大连化学物理研究所、中国科学院宁波材料技术与工程研究所、中国科学院福建物质结构研究所、中国科学院过程工程研究所、西安交通大学等单位人员参与编写和校稿。

本书得到了中国科学院 A 类战略性先导科技专项"变革性洁净能源关键技术与示范"项目的支持。

ADANES 是一个涉及较多领域并且正在发展的系统工程，限于我们的学识水平，书中难免有不妥之处，深切希望学习和阅读本书的广大读者、专家学者批评指正，我们将不胜感激。

编著者
2024 年 8 月

目录

第 1 章

核能概述

核能，又称原子能，是通过核反应从原子核中释放出来的能量。目前人们利用核能的途径有两种：一种是重元素（如铀）裂变释放的能量，被称为裂变能；另一种是轻元素（如氘、氚）聚变释放的能量，被称为聚变能。通常所说的核能指的是裂变能，它已经有了较为广泛的应用，如核能发电、核能供热、核能制氢等；而轻元素聚变技术还在持续研发中，尚不能实际应用。

本章主要从核能发展现状、核能发展机遇与挑战，以及核裂变能发展趋势三个方面展开介绍。

1.1 核能发展现状

1.1.1 核能发电

1. 核电装机与在建规模

核能发电就是将原子核裂变或聚变释放的能量，按照"核能—机械能—电能"进行转化得到电力的发电方式，目前使用的核能发电方式为铀元素裂变发电。出于对环保、生态和世界能源供应等的考虑，核能发电已被越来越多的国家、地区所接受和采用。2022年，地区冲突、极端天气等多重因素叠加，欧洲能源危机日益严峻，传统核电大国调整弃核能源战略，转身拥抱核电。

1）世界核电装机与在建规模

自 1951 年 12 月美国实验增殖堆 1 号（EBR-1）首次利用核能发电以来，世界核电已有 70 多年的发展历史。据统计[1]，截至 2020 年底，世界上已有 32 个国家建有核电站，在运核电机组多达 442 台，总装机容量为 392454MWe，核电机组运行累计 18735 堆·年。其中，在运反应堆中，有 302 台压水堆（pressurized water reactor, PWR），占总数的 68.33%；64 台沸水堆（boiling water reactor, BWR），占总数的 14.48%；48 台重水堆（pressurized heavy water reactor, PHWR），占总数的 10.86%。此外，还有部分快堆（fast breeder reactor, FBR）与高温气冷堆（high temperature gas-cooled reactor, HTGR）等。

截至 2020 年底，世界在运核反应堆的分布情况如图 1.1 所示。美国、法国、中国、俄罗斯、日本和韩国在运核反应堆居世界前 6 位，6 国核反应堆的数量之和为 295 台，占世界核反应堆总量的 66.74%。其中，美国在运核反应堆 94 台，位居世界第一；其次是法国，在运核反应堆 56 台；中国在运核反应堆数量位列全球第三。

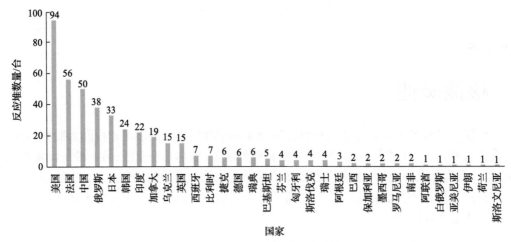

图 1.1　世界在运核反应堆的分布情况

数据来自国际原子能机构(IAEA)

世界范围内，2019 年核能发电在电力结构中的占比为 10.35%。各国电力结构中核电占比情况如图 1.2 所示，核电占比超过 10% 的国家有 19 个，超过 20% 的国家有 14 个，超过 50% 的国家仅有 3 个，分别为法国(70.6%)、斯洛伐克(53.9%)、乌克兰(53.9%)。在运核反应堆数量位列世界前六的国家中，除法国核电占比较高外，美国、中国、俄罗斯、日本和韩国的核电占比均较低。其中，中国核电在电力结构中占比最低，仅有 4.9%，低于世界平均水平的 10.35%。

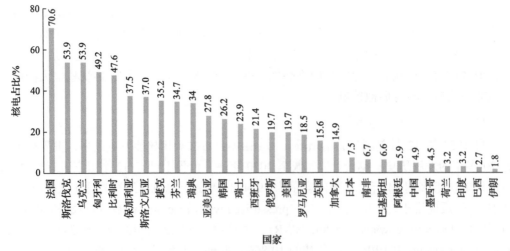

图 1.2　各国电力结构中核电占比情况

数据来自 IAEA，中国数据为中国大陆数据

截至 2020 年底，世界在建核电机组 53 台，分布在 19 个国家和地区，总装机容量 56393MWe。世界在建核电机组与装机容量的分布情况如图 1.3 所示。从在建核电机组数

量来看，中国、印度、韩国、阿联酋、俄罗斯 5 个国家在建核电机组较多，均在 3 台以上。从在建核电机组的净装机容量来看，中国、韩国、印度、阿联酋、俄罗斯、英国在建核电机组的净装机容量较高，均在 3000MWe 以上。其中，尽管英国仅新建 2 台机组，但净装机容量高达 3260MWe；日本新建 2 台机组，净装机容量为 2653MWe。在建核反应堆大部分为压水堆，有 43 台，占比高达 81.13%；其次是沸水堆和重水堆，均有 4 台，占比为 7.55%；快堆和高温气冷堆均仅有 1 台，占比为 1.89%。

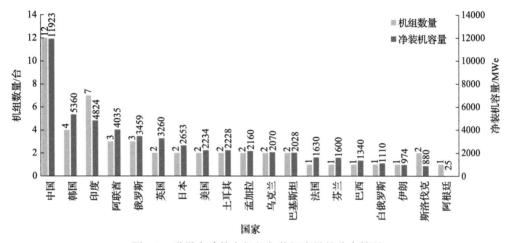

图 1.3　世界在建核电机组与装机容量的分布情况

数据来自 IAEA

2）我国核电装机与在建规模[①]

近十年来，我国核电机组装机规模持续增长，从 2011 年的 1263 万 kW 增长至 2021 年的 5438.9 万 kW[2]。在商运核电机组数量方面，2021 年，田湾核电站 6 号机组、红沿河核电厂 5 号机组、福清核电厂 5 号机组、福清核电厂 6 号机组正式投入商运。至此，我国商运核电机组数量已经达到 52 台[2]。

我国核能发电量也持续增长，2011 年核能发电量仅有 872.01 亿 kW·h，2020 年达到 3662.43 亿 kW·h，2021 年达到 4071.38 亿 kW·h[2]。2020 年数据显示，我国电力结构仍以火力发电为主（占比高达 71.18%）；水力发电为辅（占比为 16.37%）；核电占比较低，仅为 4.94%。2020 年核能发电总量相当于减少燃烧 10474.19 万 t 标准煤，减少排放 27442.38 万 t 二氧化碳、89.03 万 t 二氧化硫、77.51 万 t 氮氧化物，为保证电力供应安全和节能减排做出了重要贡献。

我国商运核电机组分布在海南、广西、广东、福建、江苏、浙江、山东、辽宁 8 个沿海省份，2021 年各省份商运核电机组数量与装机容量如图 1.4 所示。其中，广东商运核电机组数量与装机容量均为国内最高。从商运核电机组数量来看，山东、海南和广西商运核电机组数量最少；从装机容量来看，海南核电装机容量最少，为 1300MWe。

---

　① 仅为中国大陆地区数据。

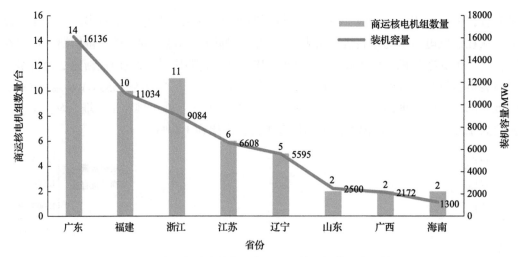

图 1.4　我国相关省份商运核电机组数量与装机容量情况

截至 2021 年底，我国在建核电机组 19 台，总装机容量 2132.7 万 kW，在建机组装机容量继续保持全球第一。2021 年，陆丰核电 5 号、6 号机组完成场址选择，海南昌江核电厂 3 号、4 号机组，田湾核电站 7 号、8 号机组，海南昌江多用途模块式小型堆科技示范工程，徐大堡核电厂 3 号、4 号机组开工建设[3]。

根据《我国核电发展规划研究》[4]，预计 2030 年、2035 年核电发展规模将达到 1.31 亿 kW、1.69 亿 kW，发电量占比达到 10.0%、13.5%，华东与南方区域核电装机占全国比重的 80%、77.5%。

2. 各国或地区核电发展情况简介

1）中国

2016～2018 年，我国核电发展陷入了三年"零审批"的停滞阶段。自 2019 年开始，核电项目重新开始审批。2021 年 3 月发布的《政府工作报告》指出"在确保安全的前提下积极有序地发展核电"。

2018～2021 年，我国陆续出台了多项核电发展政策（表 1.1），保障核电运营的安全性和规范性。核电发展政策和国家对清洁、低碳能源的迫切要求成了核电行业持续发展的重要推力。

2）欧盟

截至 2020 年底，欧盟总共有 13 个国家建设有核电站，在运核电机组 104 座，发电量占欧盟所有国家总发电量的 30%。

为在 2050 年前实现碳中和目标，欧盟将核能作为解决碳排放方案的重要组成，鼓励成员国利用核能。2020 年 6 月，欧洲核工业组织（European Nuclear Industry）呼吁制定相关政策来促进新核电厂的投资和交付，允许大型与小型反应堆的建设，维持现有反应堆的长期运行。同年 12 月，欧洲原子能共同体与英国签署《核合作协议》，为欧盟与英国的民用核能合作提供了法律框架。

表 1.1 2018～2021 年中国核电行业相关政策

政策名称	日期	部门	核心内容
《"十四五"规划和 2035 年远景目标纲要》	2021 年 3 月	国务院	建成华龙一号、国和一号、高温气冷堆示范工程，积极有序推进沿海三代核电建设。推动模块式小型堆、60 万千瓦级商用高温气冷堆、海上浮动式核动力平台等先进堆型示范
《清洁能源消纳情况综合监管工作方案》	2021 年 3 月	国家能源局	督促有关地区和企业严格落实国家清洁能源政策，监督检查清洁能源消纳目标完成和可再生能源电力消纳责任权重完成情况……规范清洁能源参与市场化交易，完善清洁能源消纳交易机制和辅助服务市场建设……进一步促进清洁能源消纳，推动清洁能源行业高质量发展
《全面放开经营性电力用户发用电计划的通知》	2019 年 6 月	国家发展改革委	研究推进保障性发电发用电政策执行，重点考虑核电，水电、风电、太阳能发电等清洁能源的保障性收购。核电机组发电量纳入优先发电计划，按照优先发电安排要求做好保障消纳电量……鼓励经营性电力用户与核电、水电、风电、太阳能发电等清洁能源开展市场化交易，消纳计划外清洁能源电量
《关于加强核电标准化工作的指导意见》	2018 年 7 月	国务院办公厅	加强自主创新，优化完善核电标准体系，提升标准自主化水平……以核岛机械设备领域为切入点，重点开展标准技术路线统一专题研究，统筹考虑我国核电安全性、经济性及工业基础和监管体系，加强试验验证、制定我国自主核电的核岛机械设备标准……加强政策引导，推动核电标准广泛应用……深化国际合作，扩大核电标准国际影响。强化能力建设支撑核电标准长远发展
《关于进一步加强核电运行安全管理的指导意见》	2018 年 5 月	国家发展改革委、国家能源局、生态环境部、国防科工局	牢固树立安全第一意识，完善核安全文化体系，深入推进核安全文化建设，与安全管理工作深入融合，不断提高全员核安全水平……充分级取运行事件经验反馈国内外同行，机制化的评估、检查和改进行动，追求卓越，持续提高安全绩效……严格核电厂运行管理常态化，扎实有效开展常态化、机制化的评估、检查，建立开放共享的经验反馈制度，在行业内共享良好实践和经验教训，促进全行业安全管理水平共同提升

3）美国

截至 2020 年底，美国的在运核电机组数量、装机容量和发电量均位列全球第一，核能在美国能源体系中占据着不可替代的地位。2020 年 4 月，美国能源部发布了《恢复美国核能竞争优势：确保国家安全战略》报告，提出要振兴美国核工业，增强核出口竞争力。同年 9 月，美国参议院、众议院通过了《核能领导法案》，旨在确立美国在世界核能领域的领导地位。此外，美国还提出了《核能研究与发展法案》，旨在加快核能的研发进度和商业化进程；《美国核基础设施法案》则力图促进美国铀行业的发展。

美国致力于核科技创新。2020 年 5 月，美国能源部启动了"先进反应堆示范计划"，其目标是在未来数年内建成两座先进示范堆，并加快新概念反应堆的研发。美国能源部还支持小型堆的建设，首次批准小型商业核反应堆设计，由美国核管理委员会为其设计认证。此外，美国能源部还尝试拓展核能综合利用方式，如授权普雷里岛（Prairie Island）核电站建造氢能生产基地。

美国采取多项措施促进核燃料产业发展。2020 年 10 月，美国与俄罗斯正式签署《搁置对进口俄罗斯铀产品进行反倾销调查的延期协议》，将现有协议延期至 2040 年，并逐步降低俄罗斯铀产品进口的比例。同年 12 月，《2021 年综合拨款法案》为铀储备拨款 7500 万美元，大约可储备 700t 铀，还可用于支持铀转化厂项目重启。同时，美国能源部出资 1.15 亿美元，资助森图斯能源公司（Centrus Energy Corp），用于先进铀浓缩技术的研发。美国能源部还大力支持西屋电气公司、法马通公司和全球核燃料公司开展事故容错燃料（ATF）的研发，计划于 2025 年前实现第一阶段 ATF 燃料的商业化应用，同时开始第二阶段的研发和测试。

乏燃料管理方面，在尤卡山处置库建设滞后的情况下，美国的中短期乏燃料管理政策已经调整为中间集中贮存。核能国际合作方面，美国与罗马尼亚、波兰、保加利亚等东欧国家签署了民用核能合作协议。

4）俄罗斯

截至 2020 年底，俄罗斯共有 38 座在运核反应堆，位居全球第四。俄罗斯致力于新建核电机组，准备在斯摩棱斯克核电站附近新建两个 VVER-T01 机组，在列宁格勒第三核电站新建两个 VVER-1200 机组，还计划在俄罗斯东部建造首座小型堆。

俄罗斯重视核科技创新与应用。2020 年 5 月，世界首座浮动核电站——"罗蒙诺索夫院士"号核电站在俄罗斯北极城市佩韦克商运。2022 年 12 月，俄罗斯拨款约 1000 亿卢布建设基于第四代多用途快中子反应堆的核研究装置，用于核技术与创新材料的研究测试。此外还计划建立一个国际研究中心，汇聚全球核科学家，促进俄罗斯核科技的发展。

俄罗斯积极推动核电出口。2020 年，俄罗斯扩大与孟加拉国、保加利亚、匈牙利等国的核能合作，服务范围涉及核反应堆的运维及维修工作，设备、耗材和备件供应，电厂运行维护人员培训等。

5）法国

核能发电在法国能源体系中发挥着重要作用。2019 年法国核能发电量为 382.4TW·h,

占全年总发电量的 70.6%。法国正在逐渐减少核能的使用，根据 2028 年法国能源转型行动时间表，法国政府确认在 2035 年前关闭 14 座核反应堆，在 2035 年前将核电比例降到 50%。但 2022 年初，法国马克龙政府提出重启核电计划，计划到 2050 年新建 6 座第三代压水反应堆(EPR-2)，并开展再建 8 座核反应堆的可行性研究，其中第一座新建 EPR-2 将于 2035 年投运，为实现该技术，法国政府宣布将法国电力公司(EDF)国有化，EDF 化身为法国现政府核电战略的核心角色，将成为重启核电计划的唯一主导者，是核反应堆的设计建造运维方。

6) 日本

日本对核能发展持积极态度。2021 年初，日本经济产业省发布的《绿色增长战略》明确提出：力争到 2030 年成为小型模块化反应堆(SMR)全球主要供应商，到 2050 年将相关业务拓展到全球主要市场地区；到 2050 年利用高温气冷堆将热制氢的成本降至 12 日元/m^3；在 2040～2050 年开展聚变示范堆的建造和运行。2020 年 3 月，日本经济产业省、文部科学省以及日本原子能研究开发机构均确定了 2020 年度预算：经济产业省包括核能在内的能源对策预算总额为 7481 亿日元，较 2019 年略有增长；文部科学省的核能相关预算为 1475 亿日元，较 2019 年略有减少；日本原子能研究开发机构的预算约为 1836 亿日元，较 2019 年有所增加。

核燃料供应方面，2020 年初，日本伊藤忠商事株式会社和丸红株式会社分别与乌兹别克斯坦铀矿生产商纳沃伊(Navoi)公司签署了总价值超过 10 亿美元的一揽子合同，用以保障日本的天然铀供应。乏燃料后处理方面，2020 年 12 月，日本核燃料有限公司宣布青森县六个所后处理厂和 MOX 燃料厂的投运时间分别延期至 2022 年和 2024 年，并且后处理厂 2025 年前的计划处理量总和仅 380t，远低于设计处理能力。同时，日本政府下调了未来 MOX 燃料使用目标，预计 2030 年使用 MOX 燃料的核电机组下调为 12 台。

1.1.2　核能综合利用

1. 海水淡化

随着社会经济的高速发展与人口规模的持续膨胀，水资源短缺已经成为世界性问题。海水淡化是获取淡水资源的重要途径，规模化的海水淡化需要大量的能量消耗。因此，基于环保和可持续发展等多方面的考虑，核能供能的海水淡化技术在未来将占有日益重要的位置。

海水淡化技术是指利用蒸发、膜分离等手段，将水中的多余盐分和矿物质分离，得到淡水的工序。目前，世界上已经大规模装机应用的海水淡化方法有多级闪蒸、多效蒸发和反渗透法。采用上述方法进行海水淡化均需要消耗大量热能或电能，因此可将海水淡化装置与核反应堆相耦合，由核反应堆产生的电能与热能为海水淡化提供能量。此外，我国核电站大多建在东部沿海地区，为推动基于核能的海水淡化建设提供了更多便利。目前，红沿河核电站、宁德核电站、三门核电站、海阳核电站、徐大堡核电站、田湾核电站以及未来的山东荣成示范核电站均采用海水淡化技术为厂区提供可用淡水[5]。而反渗透法因其显著的节能特点，成为我国核电站现有海水淡化装置的主流技术。

《中国海水淡化产业深度调研与投资战略规划分析报告前瞻》显示，我国已建和即将建成的工程累计海水淡化能力约为 60 万 t/d，淡化海水成本已降到 4~5 元/t。据了解，宁德核电站反渗透法海水淡化的制水成本约为 4.31 元/m³，其中固定资产折旧费 0.67 元/m³、单位运行成本 3.64 元/m³。由此可推断，将商运核电站中的海水淡化系统进行规模化扩大后，反渗透法生产的淡水成本会进一步降低。

在利用核能获取淡水的同时，还需要考虑核能海水淡化大规模应用存在的实际问题：一是核能海水淡化的公众接受度问题。以核能作为海水淡化装置的能量来源，使淡水变成核电厂的副产品。社会公众会存在两点担心：①淡化后的水会受到放射性元素影响；②可能的核泄漏事故导致的淡水资源污染。因此，如何在设计上提高核能海水淡化装置的安全余量与应急响应机制，赢得社会各界的支持与信任，保证核能海水淡化的安全运行，是核能海水淡化装置全面推广必须解决的问题。二是核能海水淡化技术耦合的最优形式。核反应堆与海水淡化装置的耦合具有多样性，在实际推广应用时，需要综合考虑当地的水质情况、经济情况、用水用电情况，寻求核反应堆与海水淡化装置的最佳耦合形式，充分发挥核能海水淡化装置的最高价值。

2. 核能供热

我国 60%以上的地区、50%以上的人口需要冬季供热。目前的供热方式主要为集中供热和分布式供热，其中，集中供热主要来自燃煤热电联产或燃煤锅炉，每年需要消耗 5 亿 t 煤炭。为了缓解用煤导致的严重环境污染和雾霾天气，我国部分地区率先开始"煤改气""煤改电"的工程，但这也导致了天然气资源稀缺、电网负担加重等问题。

核能供暖是指从核动力装置的二次回路中提取蒸汽作为热源，通过换热站进行多道隔离、多级换热，最终经市政供暖管网，将热量传递至用户。核电站与用户之间，只有热量传递，没有水等其他介质交换，以保障末端取暖安全。与天然气、煤炭供热相比，核能供热从根本上消除了二氧化碳及各类污染物排放。基于此，2017 年，由国家发展改革委、国家能源局等十部门共同制定的《北方地区冬季清洁取暖规划(2017—2021 年)》就明确提出，研究探索核能供热，推动现役核电机组向周边供热，安全发展低温泳池堆供暖示范。

在核能供热的应用方面，20 世纪 80 年代，瑞典的核动力反应堆 Agesta 已经实现了连续供热，是世界上第一个民用核能供热核电站的示范。此后，俄罗斯、保加利亚、瑞士等国也开始研发、建造核能供热系统。我国于 20 世纪 80 年代也开始了核能供热反应堆的研发，1989 年建成并运行世界上第一座 5MW 壳式一体化低温核供热试验堆；2019 年 11 月，海阳核能供热项目作为国内首个核能供热项目正式投入运行，为海阳 70 万 m² 居民用户供热，开辟了我国核能发展的新路子，被国家能源局命名为"国家能源核能供热商用示范工程"。该项目中，海阳核电站 1 号机组取代了 12 台燃煤锅炉后，每个供暖季可节约燃煤 10 万 t，减排二氧化碳 18 万 t、二氧化硫 1188t、氮氧化物 1123t、热量 130 万 GJ，实现"零碳"排放，当地供暖季的大气环境和海洋生态环境得到显著改善。

3. 核动力

核动力是利用可控核反应来获取能量，从而得到动力、热量和电能。具体方法为：当核燃料在受人为控制的条件下发生核裂变时，核能就会以热的形式被释放出来，这些热量会被用来驱动蒸汽机。蒸汽机可以直接提供动力，也可以连接发电机来产生电能。

核动力应用主要体现在军事领域。装载了核动力装置后，舰船的续航能力及自持力得到有效提升，同时节省了大量燃料空间。目前，核动力装置主要适用于以航母为代表的大型水面舰艇以及军用潜艇，在民用船舶领域仅应用于破冰船。随着时代的不断变迁，核潜艇的发展已从数量转向了质量，其主要发展趋势为：多功能、多用途，潜艇用核动力装置更加先进及安全，采用模块化设计，延长寿命，便于维修。

此外，核动力还以核电池的形式被用作航天器电源。2011 年 11 月，美国成功发射"好奇号"火星探测器，搭载了六轮自重 900kg 的火星车，其所用的核电池寿命长达 14 年。中国第一块核电池于 1971 年 3 月 12 日诞生于中国科学院上海原子核研究所；2013 年 12 月 2 日，我国发射的嫦娥三号探测器就是以核电池为动力装置，这标志着我国成为继美国、俄罗斯之后，世界上第三个将核动力应用于太空探索的国家。

1.1.3　核聚变能

1. 核聚变能的概念

核聚变，也称核融合、融合反应、聚变反应或热核反应，是指由质量小的原子，主要是指氘或氚，在一定条件下（如超高温和高压），发生原子核互相聚合作用，生成新的质量更重的原子核，并伴随着巨大的能量释放的一种核反应形式。核聚变时释放的能量被称为核聚变能。

1952 年世界第一颗氢弹爆炸标志着人类制造核聚变反应成为现实，但那只是不可控制的瞬间爆炸。核聚变试验装置就是对氢的同位素氘和氚发生的核聚变反应进行控制的磁容器。1991 年 11 月 9 日，欧洲的科学家首次成功地进行了实验室里的受控热核聚变反应试验，从而揭开了核聚变能利用的序幕。

与传统的化石能源相比，核聚变能具有清洁和易采集的特点。每一升水中约含有 30mg 氘，通过聚变反应产生的能量相当于 300L 汽油的热能。地球上仅海水中就含有 45 万亿 t 氘，足够人类使用上百亿年，比太阳的寿命还要长。

2. 核聚变能利用的技术成熟度

1）托卡马克聚变试验反应堆

自 20 世纪 50 年代开始，科学家们就开始了关于核聚变反应的研究。托卡马克所提出了磁约束概念，并发明了环形磁约束受控核聚变试验装置。后人将之称为"托卡马克"聚变试验反应堆。

托卡马克聚变试验反应堆（Tokamak fusion test reactor, TFTR）的结构原理[6]：欧姆线圈的电流变化提供产生、建立和维持等离子体电流所需要的伏秒数（变压器原理）；极向场线圈产生的极向磁场控制等离子体截面形状和位置平衡；环向场线圈产生的环向磁场保证等离子体的宏观整体稳定性；环向磁场与等离子体电流产生的极向磁场一起构成磁力线旋转变换的和磁面结构嵌套的磁场位形来约束等离子体。同时，等离子体电流还对自身进行欧姆加热。等离子体的截面形状可以是圆形，也可以与偏滤器(位于真空室内部的边缘区域，通过产生磁分界面将约束区与边缘区隔离开来，具有排热、控制杂质和排除氦灰等功能的特殊部件)位形结合设计成 D 形。在托卡马克装置上，已可通过大功率中性束注入加热和微波加热使等离子体达到和超过氘-氚有效燃烧所需的温度(>10K)，最高已达 4.4×10K。加大装置尺寸，约束时间大致按尺寸的平方增大。此外，还可通过提高环向磁场、优化约束位形和运行模式来提高能量约束时间。实验结果表明，托卡马克装置已基本满足建立核聚变反应堆的要求。20 世纪 80 年代之后，主要的研究均是在托克马克装置的基础上进行的。

受控热核聚变在常规托卡马克装置上已经实现。但相关结果都是以短脉冲形式产生的，与实际反应堆的连续运行有较大距离，并且常规托卡马克装置体积庞大、效率低，突破难度大。20 世纪末，科学家们把新兴的超导技术成功应用于产生托卡马克强磁场的线圈上，使基础理论研究和系统运行参数得到很大提高，是受控热核聚变能研究的一个重大突破。超导托卡马克使磁约束位形能连续稳态运行，是公认的探索和解决未来聚变反应堆工程及物理问题的最有效的途径。据科学家估计，可控热核聚变的演示性聚变堆将于 2025 年实现，商用聚变堆将于 2040 年建成。商用堆建成之前，中国科学家还设计把超导托卡马克装置作为中子源，用于环境保护、科学研究及其他途径。这一设想获得国内外专家的较高评价。

2) 国际热核聚变实验反应堆

国际热核聚变实验反应堆(International thermo-nuclear experimental reactor, ITER)装置是一个能产生大规模核聚变反应的超导托卡马克，俗称"人造太阳"。ITER 计划于 1985 年提出，历经 16 年努力，于 2001 年完成工程设计；2006 年 5 月，中国、欧盟、印度、日本、韩国、俄罗斯和美国正式签署联合实施协定，启动实施 ITER 计划。该计划预期将持续 35 年，其中 10 年用于建设，20 年用于运行，5 年用于退役，耗资超过百亿美元。ITER 装置是目前正在建设的世界上最大、影响最深远的实验性托卡马克核聚变反应堆，是受控核聚变研究走向实用的关键。

ITER 装置坐落于法国南部的 Cadarachfe 中心(马赛以北约 60km 处)[7]，高约 28m，半径约 29m，总质量约 2.4 万 t。其科学目标是聚变功率放大因子(Q)达到 5～10，聚变功率为 400～700MW，一次放电聚变燃烧维持时间 400～3000s。ITER 等离子体中心温度将达到 $1×10^8～2×10^8$℃，这些高温等离子体的产生依靠超导磁体系统产生并维持兆安量级的等离子体电流。ITER 真空室重达 8000t，是保证堆芯无杂质的关键组件，也是辐射防护的第一道屏障。

截至 2020 年，ITER 装置的大部分部件已研制完成，并陆续运抵法国，目前正式进入重大工程安装阶段。ITER 装配大厅目前已经建造完成，大厅上方装配 2 台 750t 的吊装设备，用于完成托卡马克装置的装配。预计 2025 年建成并第一次放电，预计 2035 年前后开始氘氚运行，并逐步实现 $Q \geqslant 10$、聚变功率 $400 \sim 700MW$ 以及 $400 \sim 3000s$ 的长脉冲放电[8]。

3）中国"东方超环"

全超导托卡马克（experimental advanced super-conducting Tokamak, EAST），即中国"东方超环"是中国"人造太阳"的国家大科学装置，也是世界首个实现稳态高约束模式运行持续时间达到百秒量级的托卡马克核聚变实验装置。

20 世纪 90 年代，中国开始实施大中型托卡马克发展计划，试图全部用超导系统来形成磁场装置。1998 年，中国科学院等离子体物理研究所开始建设"实验的先进的超导的托卡马克"，简称 EAST。由于当时国际上没有建造全超导托克马克的经验，没有稳态控制及安全运行的技术参考，也没有快速变化超导磁体技术，中国科学院等离子体物理研究所自主创新，解决了长时间尺度下的等离子体位形精确控制、高功率射频波加热与电流驱动、高约束性能等离子体稳定性、等离子体与壁相互作用、粒子与热排出、关键分布参数的实时诊断等一系列与稳态运行密切相关的关键技术和物理问题，发展了 68 项关键技术，建成了 20 多个关键子系统，自主设计、独立制造出世界首个全超导托卡马克，并于 2007 年 3 月通过国家验收。

2012 年，东方超环装置实现 30s 高约束等离子体放电；在 2016 年又有了新的突破，获得 60s 的完全非感应电流驱动（稳态）高约束模等离子体；2017 年 7 月 3 日，东方超环实现了稳定的 101.2s 稳态长脉冲高约束等离子体运行，首获百秒级稳态高约束模式等离子体。2021 年 11 月，东方超环成功实现可重复的 $1.2 \times 10^8 ℃$ 101s 和 $1.6 \times 10^8 ℃$ 20s 等离子体运行，将 $1 \times 10^8 ℃$ 20s 的原纪录延长了 5 倍。

1.2 核能发展机遇与挑战

1.2.1 "双碳"目标

碳中和目标的提出不仅能够引领全球经济技术变革，使各方更有信心面对气候变化，同时为核电的发展提供了积极的政策空间。目前我国非化石能源占一次能源消费总量比重为 15.3%，2025 年占比可达到 20%，2030 年占比至 25%。为充分发挥核电促进"双碳"目标的实现，2021 年政府工作报告中明确指出，在确保安全的前提下支持积极有序地发展核电。保证稳定年开工量，有利于实现核电与国家能源结构的配套[9]。碳中和目标的提出为核能发展带来了四个重要的机遇。

（1）低碳电力需求的增长将为核能发展提供需求空间。我国全社会用电量主要由居民生活用电量和全行业用电量组成，其中全行业用电量占比远高于居民生活用电量。"十四五"及中长期经济增长以及电气水平的不断提高对于电力需求都起到拉动作用。对于居民用电，由于电力基础设施在不断地完善，配网和农网在进行改造升级，使得居民用电量处于平稳增长的趋势。随着碳中和目标提出，电力取代石油、煤炭等化石燃料作为终端用能的趋势日益明显。我国能源系统绿色低碳转型日益加快、非化石能源电力占比不断提升势必会导致我国对非化石能源电力需求大幅增加，这为核能的发展提供了广阔的需求空间。

(2)核能可以为电网的安全稳定运行提供有效保障。一方面，太阳能、风、光等可再生能源存在不稳定、间歇性、分散性等问题，并且在生产、输送、储能等环节也存在很多技术瓶颈，因此我国迫切需要稳定的基荷电源与之进行互补发展。另一方面，能源转型需要考虑的重点问题是电力系统的成本，这并不是某一种能源品种在经济上替代另一种能源即可实现的简单问题。而核能技术成熟、运行稳定、负荷因子高，是目前唯一可以大规模替代煤为电网提供稳定可靠电力的能源。同时，电力系统的成本较低，在解决碳中和系统经济问题方面也具有显著的优势。在此情形下能源转型的紧迫需求就为核电的发展提供了机遇。

(3)核能是统筹推进生态保护和经济发展的可靠手段。在推动碳中和目标发展的过程中存在着局部地区电力供应不足、影响人民生产生活、影响区域经济发展的问题。2020年下半年，受到冬季取暖及工厂用电的影响导致用电量急剧高升，煤炭国内供应量和国际进口量大幅下降。由于南方冬季枯水期发电量不足等因素的影响，湖南、浙江、江西等省份都出现电力短缺、拉闸限电的情况，该种情况下核电稳定运行的优势更加显现。

(4)全球绿色低碳发展的潮流为核能"走出去"提供契机。随着中国碳中和目标的提出，国际上正在掀起新一轮的绿色低碳发展热潮。目前，全球已有几十个国家提出了碳中和目标和愿景。与此同时，公众对核电安全发展的信心已逐步恢复，全球有很多国家对发展核电抱有积极的态度。我国的核电技术处于世界领先水平，具有竞争优势。随着人类命运共同体的号召以及"一带一路"倡议的稳步推进，当下正是大力推动我国核电"走出去"、构建对外合作新格局的战略机遇期[10]。

核电装机规模主要取决于国家未来能源革命战略目标、技术路线选择以及各种路线的创新和竞争，由于各国能源转型技术路线的选择及基础设施存在"锁定"效应，因此未来核能较快发展大概只有20~30年机遇期和时间窗口期。同时，可再生能源的发电竞争力不断加强，与核电的竞争不断加强。在多重政策激励下，可再生能源发电技术不断进步，相比之下，核电安全冗余越来越大，导致成本不断增加，市场竞争力面临着巨大挑战。此外，在铀资源承载力、环境友好性、社会接受度上也面临更大挑战。

1.2.2　铀资源承载力

铀资源是发展核电的物质基础，铀资源能否稳定供给将直接影响核电发展的规模、战略。从世界核电发展的趋势来看，世界铀矿山的产量并不能完全满足核电厂的需求量，那么供给不足的部分就需要采用二次铀进行供应。就我国而言，为了满足大规模核电平稳运行，对天然铀资源需求量巨大，因此给铀资源的供应带来了巨大的挑战。当我国核反应堆的运行容量达到7000万kW时，进堆初装需要2960t铀，进堆年换料需12250t铀，进堆年需15210t铀[11]。如果我国想要实现核电发展的规划目标，无论是从全球铀资源总体形式考虑铀资源的供应趋势，还是从我国铀资源的储量、生产量与需求量之间的矛盾关系着手考虑，都表明铀资源的保障能力是我国核电能否持续平稳发展的关键因素。

此外，铀资源还存在其他的问题，例如铀转化和浓缩成本也非常高，劳动生产率较低，这会导致核燃料循环后段能力不足。同时还存在乏燃料后处理、高放废物处理处置等关键核心技术尚未突破，基础研发能力较弱等问题[12]。

1.2.3 环境友好性

核能产业的全过程可以主要概括为核燃料循环和核电站建造这两条产业链。核燃料循环包括铀的开采、加工、提纯、化学转化、同位素浓缩、燃料元件制造、元件在反应堆中使用、乏燃料后处理、放射性废物处理等过程。

放射性废物如何进行处理是一个非常值得关注的问题。放射性废物处理虽然是核燃料循环中的一个重要环节，但是核工业、核医学、核农业等利用到核技术的领域都会产生放射性废物，放射性废物不止来源于核燃料。放射性废物的放射性主要来自原子核的衰变，而原子核的衰变速度是不能人为干预的，这就意味着在对放射性废物的处理上人类仍然是处于被动地位。因此，对于长寿期的放射性废物，只能通过将其放置于专门建造的设施内来处置。目前国际公认的高放废物处置方式是深地质处置，然而，对于高放废物处置点对于地质有着较高的要求，并且建造专门的处置设施存在建设周期长、建设成本高的问题，这就导致很多国家并没有真正采取这样的处置方式。例如，比利时、法国、德国、意大利、日本、荷兰、俄罗斯、韩国、瑞士、英国和美国都曾进行过海上放射性废物处置，时至今日日本还在直接向太平洋排放福岛核事故处理过程中产生的废水。此做法不仅会加重环境污染，同时对环太平洋国家的居民身体健康也是不负责任的行为。同时，由于不确定性的存在，深地质处置的高放废物的寿期长达千年，如此长时间的保存只有理论依据，始终无法完全证明其可靠性。

1.2.4 社会接受度

公众对核能的态度和接受度是影响核能发展的一个重要因素[13]。以往的核能公众接受性研究往往是针对某一个核设施展开的，这样的研究考虑了核设施在选址、建造、调试、运行和退役各个阶段的核能公众接受性问题，但是对核设施之外的问题有所忽略。

核安全事故一直深受国内外相关领域学者的关注，尤其是福岛核事故后，相关领域的学者致力于核安全事故对核能公众接受性影响的研究。最新的关于核安全的研究大部分是在核事故发生前后实施社会调查，以评估核事故前后核能公众接受性及其影响因素的变化情况。核安全事故的发生会直接导致公众对核能的接受度降低，更会影响公众的心理，由于大多数居民不会关注核电的发展，公众对核的了解大多数来自核事故的新闻，并且几乎都是负面新闻。核事故发生后，民众对核能的感知风险显著增加，对核能收益的感知、对核能管理机构的信任度、对核能的支持度均显著降低。核事故还削弱了感知收益对公众核风险接受起到的正面作用，强化了感知风险对公众核能接受的负面影响。此外，Huang 等[14]研究发现福岛核事故发生 3 年后，公众对中国核电行业整体的支持度已经恢复到事故前的水平。但是，具有邻避倾向的受访者所占的比例较灾后初期并未发生变化。

日本曾在高中生之间开展了一项对核能态度的调查，该调查表明，80%的高中生虽然谈到核能第一反应都是核事故关于核能的负面影响，但是他们仍然认为发展核能是必要的。日本 2011 年福岛核事故之后，如很多人预期的一样，世界各国公众对核能的支持趋势有所逆转[13]。

1.3 核裂变能发展趋势

1.3.1 提升铀资源利用率

如图 1.5 所示，纵坐标是铀资源利用率，直接影响核裂变能系统的产能时间；横坐标是废料毒性去除率，代表核能系统向外界环境排出放射性废物的量与时间影响，高去除率代表低的废物排放量，关系到核裂变能系统对生态环境的影响大小。以水堆+一次通过方案为例，其铀资源利用率在 1% 以下，导致铀资源可供应时间在百年量级；无后处理意味着不做毒性去除，其影响可达数十万年。在引入了铀钚复用策略后，系统表现没有本质改善，再引入快堆+分离嬗变的策略后，核燃料的利用率与核废物去除率才有明显的改善，可以提高一个量级以上。终极目标是利用先进的燃烧器与燃料循环策略达到铀资源与废物去除率达到或者接近 100%，使得系统可提供千年以上能源，最小化核废料量与影响时间（<500 年）。

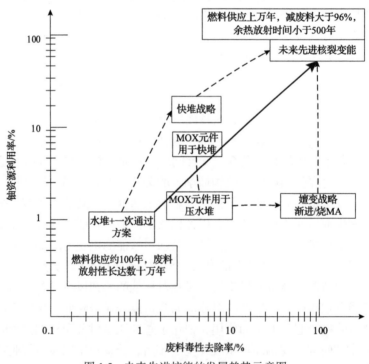

图 1.5 未来先进核能的发展趋势示意图

综上，建立核燃料闭合循环的先进核能系统，提高燃料利用率，最小化核废料排放，同时能够处置现有水堆产生的乏燃料，以及优异的固有安全性是我国未来核裂变能技术发展的方向。

1.3.2 乏燃料后处理

乏燃料后处理是核燃料循环后段中最关键的环节，主要包括开式燃料循环与闭式燃料循环两种处理方式。其中，开式燃料循环是指将乏燃料在深地质层进行长期储存；闭式燃料循环是通过化学方式将乏燃料中所含的有用核燃料进行分离提取、重新利用，将裂变产物和次锕系元素进行反应堆嬗变或玻璃固化掩埋。采用闭式燃料循环进行乏燃料后处理一般分为两种工艺：湿法工艺和干法工艺。湿法工艺是将乏燃料溶解于酸中，再用沉淀、溶剂萃取、离子交换或吸附等方法使铀、钚与裂变产物分离，具体包括首端处理、化学分离、铀钚尾端处理三个过程。干法工艺包括高温冶金法、氟化挥发法等，由于不需要在液体中操作，故称为干法后处理。

进入 21 世纪以来，主要核能国家均投入大量人力物力开展干法后处理技术研究，并将主要精力集中在熔盐体系的干法后处理流程开发上。目前干法流程中乏燃料的熔解过程或挥发过程会造成严重的设备腐蚀，因此离工业应用尚有很长一段距离。

随着高温气冷堆等四代堆型的发展，美国、日本、俄罗斯、印度、韩国等国针对高温气冷堆燃耗深等特点，对非水法超临界流体后处理技术进行了探索开发。该技术具有萃取速率快、过程简单、能大量减少二次废液的优点。清华大学核能与新能源技术研究院也对此开展研究，将电化学法解体石墨与超临界流体萃取结合用于高温气冷堆乏燃料后处理，技术可行性得到初步验证。由于高温气冷堆乏燃料燃耗深、放射性强、裂片产物多，需对传统方法进行适应性研究，以达到各工艺分部接口实现无缝衔接，并满足放射源屏蔽及尾气处理系统的要求。目前国内外在这方面开展的工作相对较少。

1.3.3 扩大核能综合利用

1. 核能制氢

核能制氢就是将核反应堆与先进制氢工艺耦合，以来源丰富的水为原料，进行氢的大规模生产，具有效率高、规模大、不排放二氧化碳等优点。现有的核能制氢方法主要有：热化学循环工艺制氢和高温蒸汽电解制氢[15]。

1）热化学循环工艺制氢

热化学循环工艺制氢就是将热化学循环制氢装置与核反应堆耦合，利用核反应堆提供的高温热将水在 800℃ 至 1000℃ 下催化热分解，从而制取氢气。与水电解方法制氢相比，热化学循环工艺制氢的效率更高，并且以核反应堆作为热源，与热化学循环制氢装置耦合，成本更低。

在核反应堆方面，热化学循环工艺制氢要求核反应堆能够提供 800～1000℃ 的高温。第四代核能系统国际论坛(Generation Ⅳ International Forum, GIF)和美国能源部联合发布的《第四代核能系统技术路线图》选出气冷快堆、铅冷快堆、熔盐堆、钠冷快堆、超临界水冷堆、超/高温气冷堆六种堆型，作为 GIF 未来国际合作研究的重点。其中，超/

高温气冷堆的堆芯出口温度为850~1000℃，能够满足热化学循环工艺制定的温度要求，此外，超/高温气冷堆还具有固有安全性、功率适宜等优点，为核能制氢的广泛应用提供了基础。

在热化学循环工艺方面，目前热化学循环工艺制氢的主流方法主要有I-S循环、Cu-Cl循环、Ca-Br循环、U-C循环等可以与四代堆相匹配的技术路线。I-S循环由美国通用原子公司最早提出。其中，S循环负责从水中分离出氧气，I循环负责分离出氢气。但是I-S循环制氢效率受温度影响较大，当温度降到800℃以下时，制氢效率会急剧下降；同时热化学循环是一个典型的化工过程，其工艺的规模化放大会存在一定风险。尽管如此，I-S循环仍被认为是最具应用前景的热化学循环工艺制氢方式。

韩国已经开始执行核氢开发示范计划，采用高温气冷堆和I-S循环技术进行核能制氢项目，建立了产氢率50NL/h（其中N表示标准条件下）的回路，正在进行闭合循环实验。日本原子能研究开发机构已经完成I-S循环制氢中试，制氢速率达到150L/h。我国清华大学核能与新能源技术研究院在国家863计划支持下，也建立了实验室规模I-S循环实验系统（60L/h），并已实现系统的长期运行。

2) 高温蒸汽电解制氢

高温蒸汽电解制氢装置由一次能源系统与固体氧化物电解池组成，固体氧化物电解池在一次能源系统产生的电能与高温热能的作用下，高效地将水电解为氧气和氢气。在温度为800℃时，理论制氢效率可以达到50%以上，约是普通电解水制氢效率的两倍[16]。

高温蒸汽电解制氢具有清洁、高效、过程简单等特点，已经逐渐成为与核能、风能、太阳能、水能等清洁发电系统联合制氢的重要技术。由于风能、水能、太阳能等可再生能源地域分布不均匀、时间波动性强，导致运输成本高、无法直接接入电网等问题。利用高温蒸汽电解制氢技术可以将上述能源转化为氢能进行存储，在需要时再次转化为电能使用，从而保证电能供应的稳定性，真正实现可再生能源发电削峰填谷的作用。此外，高温蒸汽电解制氢技术可与核能或可再生能源结合，用于清洁燃料的制备和二氧化碳的转化，在新能源领域具有很好的应用前景。

高温蒸汽电解制氢装置主要由电解质与电极材料、电解池、电解堆和系统构成。目前高温蒸汽电解制氢技术发展与应用面临的挑战主要来源于：电解池长期运行过程中的性能衰减问题、电解池的高温连接密封问题、辅助系统优化问题、大规模制氢系统集成问题。固体氧化物电解池是高温蒸汽电解制氢技术中的核心反应器。电解池（堆）中的电极/电解质材料在运行中存在着诸多分层、极化、中毒等问题，是导致系统性能衰减的重要原因。因此，需要针对固体氧化物电解池的工艺特性，重点攻关电解池材料在高温和高湿环境下的长期稳定性问题；同时提升固体氧化物电解池单电池生产装备的集成化和自动化水平，提高单电池良品率和一致性；大力发展千瓦级固体氧化物电解池制氢模块的低成本和轻量化设计，提高规模化集成技术水平，开发电解池堆的分级集成技术。若上述问题可以在一定程度上得以解决，就可以降低高温蒸汽电解制氢技术的应用成本，促使其更快步入大规模应用阶段。

目前，美国、德国、丹麦、韩国、日本和中国等国家都在积极开展相关方面的研究工作。德国 Sunfire 公司和美国波音公司合作，建成了国际规模最大的 150kW 高温蒸汽电解制氢示范装置，其制氢速率达到 40Nm³/h（Nm³ 表示标准立方米，是指 0℃、1 个大气压条件下的体积）。中国科学院上海应用物理研究所在 2015 年研制 5kW 高温蒸汽电解制氢系统基础上，以及中国科学院战略性先导科技专项的支持下，于 2018 年开展了 20kW 高温蒸汽电解制氢中试装置的研制。2020 年，美国首次将高温蒸汽电解与商业发电站相结合，使用超过 1000 万美元的联邦资金帮助明尼苏达州的核电站以一种可以改变核能的方式生产氢气。

2. 核能高温工艺热利用

核能还可用于合成氨、煤气化和甲烷蒸汽重整等传统化工行业[15]。传统化工行业能耗巨大，生产过程对温度要求较高，还会产生大量的二氧化硫等污染气体，以及二氧化碳等温室气体。在化石能源资源日益匮乏的背景与"双碳"目标下，探索新的能源供给和耦合方式对传统化工行业来说是非常必要的。

在应用效果方面，如果能直接利用核反应堆产生的高温热为工业生产过程供能，就可以实现节能 30% 左右，在降低能源消耗总量的同时，促进了核能高效利用。在可行性方面，以熔盐堆为代表的第四代核反应堆，其出口温度可以达到 700℃ 以上，能够满足大部分工业过程的温度需求。综上所述，未来天然气的蒸汽重整、煤的气化和液化、合成氨、乙烯生产等高耗能领域，直接使用核反应堆产生的高温热作为工业生产过程的热源是非常可能的。

在核能高温工艺热利用面临的挑战方面，一方面，要考虑如何消除管理者和公众对核能和化工耦合利用的担忧；另一方面，针对不同类型的工业生产过程，要综合考虑生产材料、工业过程等特点，寻求工业生产装置与核反应堆的最佳耦合方式，充分发挥核反应堆产生的高温热在工业生产过程中的作用。

1.4 本 章 小 结

本章从核能发电、核能综合利用与核聚变能发展三个方面对核能的发展现状进行了介绍，从碳中和目标、铀资源承载力、环境友好性、社会接受度四个维度分析了核能发展的机遇与挑战，从铀资源利用率、乏燃料后处理以及核能综合利用三个角度展望了核裂变能的发展趋势。

参 考 文 献

[1] 张廷克, 李闽榕, 尹卫平, 等. 中国核能发展报告(2021). 北京: 社会科学文献出版社, 2021.

[2] 国家核应急中心. 我国在运核电机组 2021 年发电量. (2022-04-19)[2022-08-23]. http://www.caea.gov.cn/n6760340/n6760356/c6827170/content.html.

[3] 国家核安全局. 中华人民共和国国家核安全局 2021 年报. (2022-06-23)[2022-08-23]. https://nnsa.mee.gov.cn/ztzl/haqnb/202206/P020220623505600970403.pdf.

[4] 中国核电发展中心, 国网能源研究院有限公司. 我国核电发展规划研究. 北京: 中国原子能出版社, 2019.

[5] 刘宏帅, 郑超颖, 李丹, 等. 核能海水淡化的应用分析. 产业与科技论坛, 2022, 21(5): 51, 52.

[6] 武佳铭. 可控核聚变的研究现状及发展趋势. 电子世界, 2017, (21): 9-13.

[7] 张国书. 核聚变能源的开发现状及新进展. 中国核电, 2018, 11(1): 30-34.

[8] 张微, 杜广, 徐国飞. 核聚变发电的研究现状与发展趋势. 产业与科技论坛, 2019, 18(8): 58-60.

[9] 李言睿, 郑乐, 胡健. "十四五" 我国核电将迎来重要发展机遇. 中国核工业, 2021, (3): 42, 43.

[10] 张海军, 李林蔚, 高彬. 碳中和目标下我国核能发展的机遇与挑战. 中国核工业, 2021, (3): 36-39.

[11] 张金带, 李友良, 简晓飞. 我国铀资源勘查状况及发展前景. 中国工程科学, 2008, (1): 54-60.

[12] 陈润羊, 花明. 铀矿资源对我国核电发展战略影响的研究. 矿山机械, 2015, 43(11): 7-11.

[13] 韩自强, 顾林生. 核能的公众接受度与影响因素分析. 中国人口·资源与环境, 2015, 25(6): 107-113.

[14] Huang L, He R Y, Yang Q Q, et al. The changing risk perception towards nuclear power in China after the Fukushima nuclear accident in Japan. Energy Policy, 2018, 120: 294-301.

[15] 王建强, 戴志敏, 徐洪杰. 核能综合利用研究现状与展望. 中国科学院院刊. 2019, 34(4): 460-468.

[16] 刘明义, 于波, 张文强, 等. 高温蒸汽电解制氢系统效率分析//第八届全国氢能学术会议, 西安, 2009.

第 2 章

核燃料循环系统介绍

核燃料循环系统以反应堆为中心，划分为堆前部分(前段)和堆后部分(后段)。前段指核燃料在入堆前的制备，包括铀矿的开采、铀矿石的加工精制(即前处理)、铀的转化、铀的浓缩和燃料元件制造等过程。后段指从反应堆卸出的乏燃料的处理，包括乏燃料的中间储存、乏燃料中铀、钚和裂变产物的分离(即核燃料后处理)，以及放射性废物处理和放射性废物最终处置等过程。

本章对核电系统的发展(第一代反应堆、第二代反应堆、第三代反应堆等)，发展中的堆型(钠冷快堆、铅基快堆、超临界水堆、高温气冷堆、熔盐堆、气冷快堆、行波堆、加速器驱动次临界堆、裂变-聚变混合堆等)，乏燃料后处理系统(一次通过方案、铀钚复用方案、分离-嬗变技术、部分裂变产物排除方法等)进行介绍。

2.1　核电系统的发展

从核电站发展的历程看，世界核电站可划分为四个阶段。核电站的开发与建设开始于 20 世纪 50 年代，主要是利用已有的军用核技术建造以发电为目的的反应堆。受当时技术限制，第一代核电厂的功率大多在 30 万 kW 以下，建造的主要目的是通过试验示范来验证核电工程实施的可行性[1]。20 世纪 60 年代后期，在实验性和原型核电机组的基础上，陆续建成了压水堆、沸水堆、重水堆、石墨水冷堆等核电机组，它们在进一步证明核能发电技术可行性的同时，实现了商业化、批量化，使核电的经济性也得以证明。这一时期的核电站为第二代核电站。20 世纪 90 年代，提出了第三代核电站安全和设计技术要求，进一步明确了防范与缓解严重事故、提高安全可靠性和改善人因工程等方面的要求。第四代核能系统将满足安全、经济、可持续发展、极少的废物生成、燃料增殖风险低、防止核扩散等基本要求。目前，世界各国都在不同程度地开展第四代核电系统基础技术的研发工作。

2.1.1　第一代反应堆

第一代反应堆是 20 世纪 50~70 年代建造的首批原型堆：首座实现发电的是苏联的奥布宁斯克核电站(1954 年)；法国和英国于 1956 年分别实现了天然铀石墨气冷堆(UNGG)和石墨气冷堆(GGCR)的临界；美国于 1957 年实现了首座用于商业发电的60MW 压水堆(希平港)的临界。

这一代反应堆受到燃料循环的限制，尤其是在 20 世纪 50~60 年代，一方面没有工业浓缩铀技术，另一方面某些希望拥有核威慑工具的国家需要生产裂变材料。在此种背景下，许多反应堆只能使用天然铀作燃料，用石墨或重水作慢化剂。尽管更大规模的反应堆具有更多优点（如热效率高、燃料利用率高等），但是受到技术限制，且投资费用高，提高安全性困难，因此第一代反应堆的功率一般较小。第一代核电站属于原型堆核电站，单机容量在 30 万 kW 左右。由于这代核电站比较原始，目前已基本全部退役。我国没有建造过第一代核电站[2]。

2.1.2 第二代反应堆

第二代反应堆是 20 世纪 70 年代到 2000 年投入运行的商业反应堆，主要有压水堆（PWR）、沸水堆（BWR）和重水堆（CANDU）几种堆型。在这个阶段，PWR 和 BWR 向着更简单、可靠和经济的方向发展。这两种反应堆目前占世界核电反应堆总数的 85%。从世界的工业经验反馈中，第二代反应堆从经济和环境方面验证了核电的性能，核电的价格与化石燃料相比非常有竞争力，废物排放大大低于允许限值。世界上的反应堆累计运行超过 1 万堆·a，表明这些工业技术是成熟的。目前，世界上运行中的反应堆约为 440 多座。平均寿期为 20 年，有 50 座已超过 30 年，8 座超过 40 年。

压水堆是世界上最早开发的动力堆堆型，图 2.1 为压水堆系统示意图。压水堆出现后，经过了先军用后民用，由船用到陆用的发展过程。压水堆是目前世界上应用最广泛的反应堆堆型，在已建成的核电站中，压水堆占 60%以上，目前世界上拥有大型核电站压水堆的总数为 250 多座。在一些工业发达国家，压水堆已具备了批量生产能力。燃料组件、控制棒等部件已成为标准化产品，且已具有了很成熟的制造工艺。压水堆以净化的普通水作慢化剂和冷却剂，水的总体温度低于系统压力下的饱和温度，水分子由氢原子和氧原子组成，因此中子慢化性能好。水的中子吸收截面较大，因此必须用一定富集度的铀作核燃料。此外，在常压下水的沸点低，要使水在高温下不沸腾，就必须在高压条件下运行，从而才可能获得高的热效率。因此压水反应堆容器和有关系统都能承受高

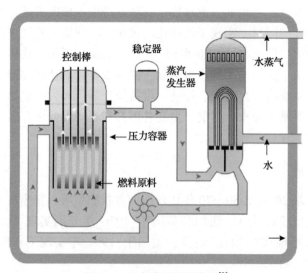

图 2.1 压水堆系统示意图[3]

压，压力一般为 15MPa。国内常见的压水堆型号有法马通 M310 堆型及其国产化改进型号 CPR1000。

沸水堆与压水堆同属轻水堆，与压水堆不同之处是沸水堆的堆芯内产生的蒸汽直接进入汽轮机做功，如图 2.2 所示。沸水堆是首先由美国通用电气（General Electric）公司发展起来的，目前很多国家都有能力建造沸水堆，在当今的动力反应堆中，沸水堆大约占23%。沸水堆的研制起步较晚，但由于它具有系统压力低、循环回路简单等优点，因此受到一些用户的欢迎。与压水堆相比，沸水堆没有蒸汽发生器，采用蒸汽直接循环，因此它更接近常规的蒸汽动力装置。在沸水堆中，燃料产生的热量使水汽化，冷却剂一次流过堆芯吸收的热量多，因此，对于同样的热功率，通过沸水堆堆芯的冷却剂流量小于压水堆内冷却剂流量。比较著名的沸水堆型号有 ABB 和 BWR/4。

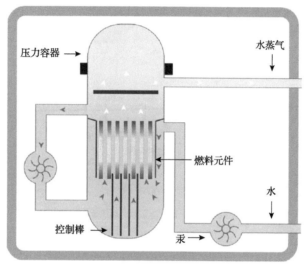

图 2.2　沸水堆示意图[3]

重水堆是以重水作慢化剂，可以直接利用天然铀作为核燃料的反应堆。重水的化学性质接近于轻水，但物理性质有所不同，在中子吸收截面上相差较大。重水是由一个氧原子和两个氘原子组成的化合物（D_2O）。D（氘）是 H（氢）的同位素。重水是很好的慢化剂，与轻水（H_2O）相比，它的热中子吸收截面约为轻水的 1/700，重水的中子吸收截面 $\sigma_a=0.92\times10^{-31}m^2$，而轻水的中子吸收截面 $\sigma_a=0.638\times10^{-28}m^2$。重水中氘原子的质量是氢原子质量的 2 倍，$D_2O$ 慢化中子的能力不如 H_2O 有效，快中子在重水中慢化成热能中子要比在轻水中经历更多次数的碰撞和更长的行程。因此同样功率的重水堆要比轻水堆的堆芯大，这使得压力容器的制造困难。重水具有与轻水相近的优良热物理性能，是很好的冷却剂。但是作为核反应堆的慢化剂和冷却剂，重水的纯度不得低于 99.75%。中子在重水慢化剂中的伴生吸收损失很小，因此重水堆能有效地利用天然铀，可以从每吨天然铀中获取较多的能量。从重水堆中卸出的燃料烧得较透，乏燃料可以储存起来，等到快中子增殖堆需要时再提取其中的钚，使燃料循环大大简化。重水堆中需要的天然铀量最小，生成的钚一部分在堆内参加裂变而烧掉，其余的包含在乏燃料中。重水堆单位能量的净钚产量高于除了天然铀石墨堆外的其他热中子反应堆，约为压水堆的两倍。重水堆按其结构形式可分为压力容器式和压力管式两种。压力容器式重水堆的结构类似压水堆，只不过慢化剂和冷却剂都是重水。压力容器式重水堆的堆内结构材料比压力管式的少，中子经济性好，可达到很高的转换比。但压力容器式天然铀重水堆的最大功率受到厚壁容器制造能力的限制。如图 2.3 所示，压力管式重水堆只有压力管承受高压，而容器不承受高压，因此其功率不受容器制造能力的限制。压力管式的重水堆用重水作慢化剂，冷却剂可以是重水、轻水或有机化合物。目前重水堆达到商用的只有加拿大发展的压力管卧式重水堆，称为加拿大重水铀反应堆(Canada Deuterium Uranium, CANDU)[4]。

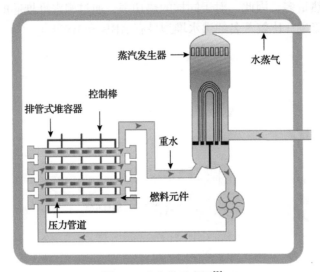

图 2.3　重水堆示意图[3]

2.1.3　第三代反应堆

为了进一步增进核电厂的安全性，满足公众对核电厂安全及经济性需求，世界主要反应堆制造商认为将现有第二代反应堆加以改造，提高其安全性，是解决近期核电发展的较好出路，因此一些发达国家研发了第三代核电技术。与第二代相比，第三代核反应堆具有以下显著特性：

(1)提高了安全性，降低核电厂严重事故(堆芯熔化和放射性向环境大量释放)的风险，延长在事故状态下的操纵员的不干预时间等。

(2)提高经济性，降低造价和运行维护费用。

(3)延续成熟性，尽量采用现有核电厂已经验证的成熟技术。

对于新建核电厂，采用第三代核电技术的具体目标可归纳为：堆芯热工安全裕量15%，堆芯损坏概率小于 10^{-5}/(堆·a)，大量放射性向外释放概率小于 10^{-6}/(堆·a)，机组额定功率 100 万～150 万 kW(电功率)，可利用因子大于 87%，换料周期 18～24 个月，电厂寿命 60 年，建设周期 48～52 个月。

目前，世界上具有代表性的第三代核电技术有如下几种堆型：美国西屋公司制造的

AP1000 先进非能动压水堆，法国阿海珐(AREVA)公司的 EPR 欧洲压水堆，美国通用电气公司的先进沸水堆(ABWR)，日本三菱(Mitsubish)集团的先进压水堆(APWR)。以上几种堆型中，ABWR 已于 20 世纪末在日本成功建造并投入运行，AP1000 和 EPR 已分别在中国和芬兰开工建造。

第三代核反应堆技术具有代表性的是 AP1000，这是一种二环路的压水型反应堆，反应堆采用了"System80+"的成熟技术并进行了改进("System80+"是在美国三哩岛事故后设计的一种改进型反应堆，这种反应堆沿用了双环路形式布置，为了提高安全性，其反应堆和蒸汽发生器都增加了安全余量)。在此基础上设计的 AP1000 反应堆燃料元件和燃料组件基本沿用了成熟技术，反应堆和蒸汽发生器的热工参数都留有比较大的余量，以提高其安全性。AP1000 的显著特点是采用了非能动安全设施和简化的电厂设计。AP1000 核岛主设备的设计，除了反应堆冷却剂泵选用的大型屏蔽电机泵和第 4 级自动降压系统采用的大型爆破阀以外，其他部件均有工程验证的基础，都采用成熟的设计。

屏蔽电机泵本身与轴封泵同样是成熟技术。为 AP1000 设计、制造大型屏蔽电机泵的柯蒂斯·莱特公司是美国唯一的军用屏蔽电机泵供货商，半个世纪以来为军方和石化行业提供了约 1500 台屏蔽电机泵，其产品具有极高的可靠性。除钨合金飞轮外，AP1000 屏蔽电机泵特殊要求的技术都是 EMD 公司的成熟技术。

AP1000 蒸汽发生器是直立式的自然循环蒸汽发生器，采用 Inconel-690 镍基合金传热管材料，传热管为三角形布置的 U 形管。这类蒸汽发生器已经拥有很丰富的制造和运行经验。"System80+"的蒸汽发生器与 AP1000 是同一个类型的，蒸发器的堵管余量较大，水装量的余量也较大，大大增加了蒸汽发生器二次侧事故工况下的"蒸干"时间。AP1000 稳压器的设计是基于西屋公司在世界上设计的将近 70 个在役核电厂的稳压器。AP1000 的稳压器的容积比相当容量核电厂的稳压器约大 40%，容积为 59.5m^3。大容积稳压器增加了核电厂瞬态运行的裕量，从而使核电厂非计划停堆次数减小，运行也更加可靠，它不再需要动力操作释放阀，而这个释放阀有可能成为反应堆冷却剂系统泄漏的来源，也是维修的一个重要部位[2]。

2.2 发展中的堆型介绍

未来一段时间内，核工业界将以工业规模发展第三代反应堆，并为第四代做准备。第四代反应堆概念与前几代完全不同，必须以大量的进步技术为前提。第四代反应堆是未来的系统，无论是在反应堆还是在燃料循环方面都将有重大的革新和发展。作为 2000 年美国能源部(DOE)发起倡议的继续，2001 年成立了第四代核能系统国际论坛(GIF)，参加方有：阿根廷、巴西、加拿大、法国、日本、韩国、南非、英国和美国。成员国承认，在可持续发展和防止温室效应方面，核能能够发挥很大的作用。国际合作围绕着以下几方面进行：

(1)持久性。该目标包括两个方面：①从长远看有利于节省自然资源(铀)；②废物量最少化。

(2)经济竞争性。其目标是降低投资费用与运行费用。

(3)安全和可靠性。其目标是(如果可能)排除疏散核电厂外部人员的必要性。

(4)加强防扩散和实体保护能力。

此外,考虑到长期需求的变化,未来的核设施不应该只局限于发电,还应能满足其他需要,如产氢或海水淡化等联合生产。同已实现的关键技术方案一样,未来反应堆的研发需要在国际范围内进行密切合作,尤其是在 GIF 范围内的合作。

2.2.1 钠冷快堆

1. 钠冷快堆原理与特点

钠冷快堆就是以液态钠为冷却剂,由快中子引起核裂变并维持链式反应的反应堆。钠冷快堆是第四代核反应堆中研发进展最快、最接近满足商业核电厂需要的堆型。根据堆型布置的不同,钠冷快堆可分为回路式快堆和池式快堆。早期的快堆中,两种布置方式均有采用,然而近年来从安全角度考虑,快堆的布置方式逐步向池式转变。因此,池式钠冷快堆逐渐成为钠冷快堆发展的主流。

压水堆使用热中子引发核裂变,而钠冷快堆使用快中子引发核裂变,因此,与压水堆相比,钠冷快堆在以下两个方面具有明显优势:

有效利用铀资源,可以解决大规模发展压水堆核电站带来的核燃料短缺问题。压水堆一般使用 3%～4%的浓缩铀-235 为燃料,而快堆主要用钚-239 作燃料,同时在钚-239 的外围再生区里放置铀-238。钚-239 产生裂变反应时放出来的快中子被外围再生区的铀-238 吸收,变为铀-239,铀-239 经过几次衰变后转化为钚-239,如图 2.4 所示。这样,在钚-239 裂变产生能量的同时,又不断地将铀-238 变成可用燃料钚-239,如果再生速度高于消耗速度,核燃料将越烧越多,实现快速增殖。所以这种可增殖的反应堆又称为增殖堆。核工业的发展堆积了大量的贫铀,而快堆消耗的正是贫铀,在发电的同时增殖燃料,因此,快堆核电厂是压水堆核电厂最好的技术延续。

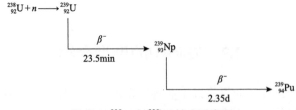

图 2.4 ^{238}U 向 ^{239}Pu 转变示意图

嬗变长寿命放射性废物,解决长寿命核废物的处置问题。核电站反应堆运行时,都将产生长寿命锕系核素,每百万千瓦年(GWe·a)将产生 25～100kg(依燃料成分不同而变化)锕系核素,它们要衰变三四百万年才能达到天然铀对环境的影响水平。随着时间的积累,对这些放射性核素的长期贮存或埋藏处理将变得非常困难,而且长期埋存后由于天灾人祸引起放射性释放的风险也很大。快堆中的快中子可以将长寿命的锕系核素转变成短寿命的裂变产物,从而便于最终处理和处置。

2. 钠冷快堆系统构成

池式快堆系统布置如图 2.5 所示。池式布置是将堆芯、一次钠泵、中间热交换器、钠泵出口管道布置在一个钠池内，形成一体化结构，通过钠泵使池内的液钠在堆芯与中间热交换器之间流动，以液钠为工作介质的中间回路(二回路)不断地将从中间热交换器得到的热量带到蒸汽发生器，使汽-水回路里的水变成高温蒸汽。在钠池内，冷热液态钠被内层壳分开，钠池中冷的液态钠由钠循环泵输送到堆芯底部，然后由下而上流经燃料组件，使其加热到 550℃左右，而从堆芯上部流出的高温钠流经中间热交换器，将热量传递给中间回路的钠介质，温度降至 400℃左右，再流经内层壳与钠池主壳之间，由一回路钠循环泵送回堆芯。

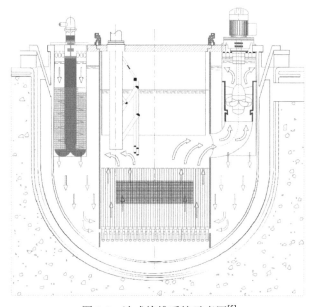

图 2.5 池式快堆系统示意图[5]

回路式快堆系统布置如图 2.6 所示。回路式是将堆本体、一次钠泵和中间热交换器分立布置，并由管道相连，通过封闭的钠冷却剂回路(一回路)最终将堆芯热量传输到汽-水回路(三回路)，推动汽轮发电机组发电。

3. 钠冷快堆系统特征

压水堆使用水作为冷却剂，而钠冷快堆的冷却剂为液态钠，因此，钠冷快堆在系统布置上和压水堆有很大不同。钠冷快堆一般包括三个热传输回路。一回路系统为池式结构，由多个环路组成，每个环路上有主泵和中间热交换器，连同一回路主管道、栅板联箱、堆芯和钠池组成一次钠循环系统。二回路也由多个环路组成，每个环路包括二次钠泵、蒸汽发生器组(通常由 1 台蒸汽发生器和 1 台过热器组成)、钠缓冲罐、中间热交换器、钠分配器和连接管道等。三回路即水-蒸汽回路，由蒸汽发生器和汽轮发电机组、给水泵、主蒸汽管道等构成。

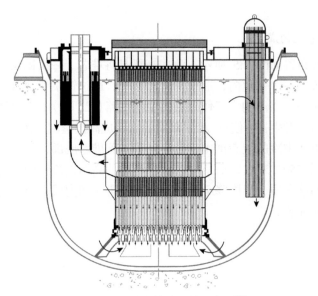

图 2.6　回路式快堆系统示意图[5]

相应地，钠冷快堆系统的安全特性与压水堆相比也有很大不同。该系统的重要安全性包括热响应时间长、大的冷却剂沸腾裕度、一回路系统在接近大气压下运行、在一回路系统中的放射性钠和电站中的水与蒸汽之间设置一个中间钠系统等。

钠冷快堆在整个无停堆保护失热阱的瞬态过程中，冷却剂温度远低于钠沸腾温度892℃，反应堆具有良好的反应性负反馈特性，堆芯功率逐渐下降并趋于零，反应堆可在没有任何外界因素的干预下安全停堆[5]。

4. 国内外发展现状

钠冷快堆的发展始于 20 世纪 40 年代末。美国、俄罗斯、英国、法国和日本等核能技术发达国家在过去的几十年都先后建成并运行过实验快堆和商用规模的示范堆。

法国凤凰堆共运行了 35 年，于 1973 年达到临界，2010 年 2 月服役期满而关闭。凤凰堆属于原型堆，热功率为 56.3 万 kW，电功率为 25.0 万 kW。在服役期间，该反应堆充分发挥了其原型堆的作用，为超凤凰堆的设计和建造积累了经验。

俄罗斯 BN-600 核电厂属于原型快堆，位于俄罗斯叶卡捷琳堡州的别洛雅尔斯克，其热功率为 1470MW，电功率为 600MW。1980 年 2 月首次启动，1980 年 4 月并网发电，1981 年 12 月达到满功率。BN-600 反应堆于 1980～2010 年的 30 年运行结果证明其具有高度的可靠性、安全性和经济性。

中国在 20 世纪 60 年代中期就开始了钠冷快堆技术的研究，先后完成了基础技术研究、应用技术研究和实验快堆工程技术研究三个阶段。我国于 2010 年完成了我国第一座钠冷快中子反应堆——中国实验快堆(China Experimental Fast Reactor, CEFR)的建成并达到首次临界，2011 年实现了 40%功率并网发电 24h 的既定工程目标。后在完成数十项功率阶段试验研究后，于 2014 年底实现了 100%功率运行 72h 的工程设计目标[6]。

2.2.2 铅基快堆

1. 铅基快堆原理与特点

铅是重金属，密度高、硬度低、延展性较强、电导率低、热导率高，同时化学稳定性好，与水和空气都不发生剧烈反应。常压下铅的熔点是 327.5℃，沸点是 1740℃，常温下密度是 11059.7kg/m³，熔化时体积增大，密度降低。铅合金是以铅为基础材料，加入其他金属元素形成的合金或共晶体，以此能显著降低熔点并使其他性能与铅类似。

核能领域常用的铅合金分别是铅铋合金或铅锂合金。在裂变铅基堆中，除了铅以外，也广泛采用铅铋共晶体合金作为冷却剂，在聚变铅基堆中采用铅锂共晶体合金作为冷却剂。表 2.1 为铅、铅合金与其他堆用冷却剂热物性的对比。

表 2.1 铅基材料与其他堆用冷却剂材料热物性对比[7]

参数	冷却剂					
	铅 (723K,0.1MPa)	铅铋合金 (723K,0.1MPa)	铅锂合金 (673K,0.1MPa)	钠 (723K,0.1MPa)	水 (573K,15.5MPa)	氦气 (1023K,3MPa)
密度/(g/cm³)	10.52	10.15	9.72	0.844	0.727	0.0014069
熔点/K	601	398	508	371	—	—
沸点/K	2023	1943	1992	1556	618	—
比热容 /[kJ/(kg·K)]	0.147	0.146	0.189	1.3	5.4579(Cp)	5.1917(Cp)
体积比热容 /[kJ/(m³·K)]	1546	1481	1837	1097	3965	7.304
热导率 /[W/(m·K)]	17.1	14.2	15.14	71.2	0.5625	0.368

除以上共性特点外，铅、铅铋合金和铅锂合金又具有各自不同特点，适用于不同的反应堆堆型：使用铅作为冷却剂的快堆可以在较高的温度条件下运行，具有较高的发电效率；高熔点还容易在设备发生小泄漏时形成自封，有利于阻止铅的继续泄漏；铅铋合金的熔点比铅低约 200℃，可以运行在较低的温度条件下，降低对堆内设备的要求等。铅锂合金中，锂和中子反应产生氚，能起到氚增殖剂作用，而铅在聚变中子辐照环境下发生 (n, 2n) 反应，能起到中子倍增剂的作用。

2. 铅基堆快堆系统构成

典型的铅基堆系统构成如图 2.7 所示，包括一回路和二回路两个热力循环系统。

铅基堆一回路系统一般采用池式布局，将一回路中的驱动泵、换热器等热工设备及堆芯置于堆容器内，容器内的液态铅基冷却剂通过热工设备的驱动与流动传热，将堆芯产生的热量传递至二回路，整个一回路系统的工作压力为常压。

铅基堆二回路系统一般采用水作为工质，二回路冷却工质在换热器内吸收一回路释放的热量后，通过汽轮机和发电机将热能转换为电能。上述仅列举了铅基堆的一般构成，

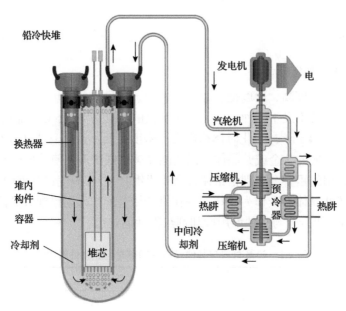

图 2.7　铅基堆示意图

还可以根据不同用途，对一回路、二回路进行创新设计，形成不同的铅基堆。根据一回路核热产生原理不同，如聚变反应产生核热则称为聚变铅基堆，裂变反应产生核热则称为裂变铅基堆，利用外中子源驱动的裂变反应则称为次临界铅基堆。另外，根据二回路的热量转化和利用方式不同，如利用铅基堆出口温度高的特性则有 S-CO$_2$ 发电铅基堆，将高温热量用于制氢的铅基制氢堆等。

3. 系统特性

铅基快堆具有固有安全、易小型化、可持续等优异特性。

固有安全主要表现在：铅基材料作为冷却剂具有反应性负反馈特性，在出现温度升高的情况下，堆芯的反应性会自动下降，不会发生类似切尔诺贝利的反应堆超临界事故。铅基材料的高密度也使反应堆在严重事故下燃料随冷却剂流动扩散，不易发生再临界；铅基材料密度高、热膨胀率较高和运动黏度系数较低且可采用大燃料元件栅距，自然循环能力强，能够不依靠外部电力驱动，仅通过自然循环即可带走堆芯余热，消除熔堆事故风险；铅合金熔点高于常温，且沸点高，使铅合金"自愈合"能力强，同时反应堆可运行在常压下，使反应堆不易丧失冷却剂，不易发生类似三哩岛的冷却剂丧失事故；铅基材料化学稳定性强，几乎不与水和空气反应，无锆水反应，也消除了氢气爆炸风险，不会发生类似福岛氢气爆炸事故。此外，铅基材料与气态放射性核素碘和铯能形成化合物，可降低反应堆放射源项。

易小型化主要表现在：铅基材料载热性能优异(铅铋合金热导率是水的 30 倍)，可实现高的功率密度，堆芯设计紧凑；铅基材料的 γ 屏蔽性能优异，能够显著减少辐射屏蔽系统体积；铅基堆主系统为常压，其组成和相关配套设施可以设计得较为简单，可省去常规压水堆中稳压器、化容控制系统、安注系统等设备，同时也可省去中间循环回路，将一回路、二回路换热的换热器，一回路驱动泵等直接配置在堆容器内，布局更加紧凑，易于实现小型模块化制造，这也使铅基堆成为小型和超小型核动力的优选技术路线。

可持续性好主要表现在：铅基材料具有弱的中子慢化能力及小的俘获截面，因此铅基堆中子能谱硬，增殖和嬗变能力较强，可用作快堆，将 ^{238}U 增殖成易裂变核燃料 ^{239}Pu 持续燃烧，并能嬗变次锕系核素（MA）等长寿命核素，燃料利用率高、废料少；中子能谱易调整，反应性可设计长周期平衡，一次装料可运行 10～30 年，有利于防核扩散；冷却剂出口温度高，能量利用率高，池式布局设计辅助系统少，建造成本低，可模块化批量建造，有助于实现先进核能技术的商业化应用。

4. 国内外发展现状

总体上看，铅基堆发展在第四代核能系统中已走在前列，对此包括第四代核能系统国际论坛在内的各国际组织都达成了共识。尤其在福岛核事故发生后，人们对核能安全空前关注，具有极佳固有安全性的铅基堆愈发受到青睐，发展进程显著加快。目前，主要核大国都制定了铅基堆发展计划，世界范围内有多个示范工程项目正在实施。

俄罗斯最早将铅基堆应用于核动力潜艇，已积累近百堆年的运行经验。1952 年，苏联设计研发了铅铋反应堆作为驱动动力，并成功建造了 7 艘"阿尔法"级核潜艇。进入21 世纪后，俄罗斯积极推进将铅基堆用于商业核电站，提出了铅铋冷却反应堆 SVBR（100MWe）和铅冷快堆 BREST（300MWe）项目。

欧盟是铅基堆发展最为活跃的地区之一，在欧盟第五、第六、第七科技框架计划的长期支持下，形成了完整的发展路线和计划，参与铅基堆研究计划的欧盟研究机构超过20 家。据报道，瑞典 LeadCold 公司获得 2 亿美元投资，将在加拿大建设小型模块反应堆 SEALER，服务于极地开发需求，预计 2030 年运行。意大利国家新技术、能源和可持续发展局（ENEA）和意大利安萨尔多核工程公司（Ansaldo Nuclearw）以及罗马尼亚核研究所（ICN）正式签署协议，开始实施研发铅冷示范堆（ALFRED）的设计建造工作。比利时核能研究中心（SCK CEN）也正在开展加速器驱动的铅基次临界反应堆 MYRRHA 工程研制工作。

在美国能源部第四代反应堆研究计划支持下，阿贡国家实验室（ANL）和劳伦斯利弗莫尔国家实验室（LLNL）开展了小型模块化铅冷反应堆 SSTAR 的研究，爱达荷国家实验室（INL）和麻省理工学院（MIT）联合设计了铅铋冷却嬗变反应堆 ENHS 方案，Gen 4 Energy 公司设计了铅铋自然循环小型模块化反应堆 G4M 并积极进行商业化推广。2015年，核电巨头西屋电气公司将铅基堆列为其下一代先进核能发展方向，正式启动了铅基堆研发计划。2016 年，Hydromine 公司开展了 200MWe 铅基堆 LFR-AS-200 设计研究。

我国铅基堆研究始于 20 世纪 80 年代中后期，目前整体研发工作走在国际前列，处于引领性梯队，如图 2.8 所示。

历经 30 余年研发，我国在铅基反应堆设计、关键技术研发方面已取得了长足的进步和核心技术重大突破，主要表现在：

（1）中国铅基研究实验堆 CLEAR-I，作为中国代表性成果入选国际原子能机构（IAEA）和第四代核能系统国际论坛官方技术报告和数据库。

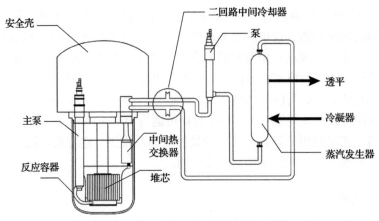

图 2.8　中国铅基研究堆结构示意图[7]

（2）突破了铅基堆系列关键技术，建成了三座实验反应堆工程验证平台，搭建了大型液态铅合金技术综合实验回路，掌握了铅基冷却剂、专用部件和设备、结构材料和核燃料、堆运行与控制等一系列铅基堆关键技术，液态铅基实验装置累计运行时间已超过 3 万 h，系列核心设备工程样机测试达到国际领先水平，形成了具有自主知识产权的铅基堆技术体系。同时，还建成了规模最大、功能与性能参数国际领先的实验装置群，包括铅基堆零功率物理实验装置 CLEAR-0、铅基堆工程技术集成实验装置 CLEAR-S、铅基数字仿真反应堆 CLEAR-V 三座实验反应堆工程验证平台[7]。

2.2.3　超临界水堆

1. 超临界水堆系统原理与特点

超临界水堆是一种高温高压水冷反应堆（图 2.9），它运行在水的热力学临界点（374℃，22.1MPa）之上。超临界水堆一般运行压力为 25MPa 左右，反应堆出口温度大于等于 500℃，系统热效率在 40%以上。超临界水堆的基本流程为：主循环泵提供驱动压头，使流体通过主给水管道进入反应堆堆芯，经过核加热后转变为高温高压"超临界蒸汽"，"超临界蒸汽"通过主蒸汽管道进入下游汽轮机做功，输出电能。经过汽轮机后的乏汽在冷凝器内进一步冷却，形成液相水，重新返回主泵入口，形成闭式循环。

在中子能谱方面，超临界水堆可以分为热谱和快谱两种类型。对于热谱超临界水堆，由于堆芯出口超临界水温度高，密度较低，慢化能力较弱，因此一般采用温度较低、密度较高的堆芯入口流体作为慢化剂通过燃料组件，形成热中子谱堆芯。对于快谱超临界水堆，通过利用高温区超临界水密度低、慢化能力弱的特性，可以实现快中子谱，其突出优点是能够提高燃料利用率，提高堆芯功率密度，可嬗焚烧锕系元素。其主要技术挑战包括：堆芯具有正反应性温度系数，堆芯和燃料组件设计复杂；水装量小，安全性方面难度增加等。日本提出的 Super FR 即是快谱超临界水堆方案，采用六边形稠密栅格组件、MOX 燃料。除此之外，国际上大部分概念方案仍以热谱超临界水堆为主。

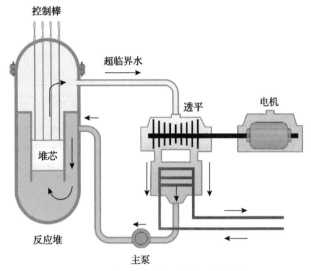

图 2.9　超临界水堆系统示意图[8]

2. 超临界水堆系统构成

超临界水堆在主蒸汽供应系统方面与超临界锅炉几乎完全相同,由超临界蒸汽轮机、冷凝器和给水泵等构成。二者的主要区别在于热源不同:一个热源是反应堆,另一个热源是锅炉。超临界水堆与沸水堆存在相似之处,即都采用直接循环模式,经反应堆加热后的高温工质直接进入主蒸汽系统发电做功。同时,在燃料组件方面,热谱超临界水堆也借鉴了沸水堆的闭式燃料组件结构、十字形控制棒等,但是取消了堆内循环泵、汽水分离器等。超临界水堆在堆芯结构上更加类似于压水堆,堆芯体积较为紧凑,控制棒组件位于堆芯的上方等。超临界水堆采用直接循环,相比压水堆取消了蒸汽发生器、稳压器、主循环泵等。因此,超临界水堆集成了超临界火电锅炉、沸水堆和压水堆的结构特点,构成了一种新型的水工质核能系统。

超临界水堆根据其反应堆本体型式、中子能谱等特点有不同划分方式。如在反应堆本体型式方面,可分为压力容器式和压力管式两种类型。二者的主要区别在于:压力容器式是将反应堆堆芯的燃料组件包容在一个独立的压力容器内,构成一个整体结构;压力管式是将反应堆堆芯燃料组件分散在若干个压力管内。目前国际上除了加拿大采用压力管式以外,其他大部分方案均采用压力容器式。

3. 超临界水堆系统特征

1) 热效率高

超临界水堆核电机组与常规亚临界轻水堆机组相比,热效率明显提高,可达到 45% 左右。从原理上讲,蒸汽的高温、高压会提高反应堆的热效率,按沸水堆的蒸汽条件(约 290K、7MPa)其热效率为 35%;按超临界水堆的条件(>500K、25MPa),其热效率可提高到 40% 以上。热效率的提高可降低燃料的费用。

2) 安全性高

超临界压力水的密度随温度变化而连续变化，是一种单相流体，不存在相变。因此不存在压水堆的偏离泡核沸腾现象，避免了传热沸腾危机。采用非能动安全系统，可以使超临界水堆具有较好的安全特征。

3) 系统简化

在系统配置方面，超临界水堆系统可以大大简化。与沸水堆系统相比，不需要汽水分离系统和内置循环泵等，堆芯体积更为紧凑。同样，与压水堆的间接循环相比，由于采用直接循环，超临界水堆只有一个回路，因此不需要蒸汽发生器、主循环泵和稳压器。系统简化可大幅度减少建造费用。

4) 设备和反应堆厂房小型化

与常规轻水堆相比，相同功率的机组主要设备可小型化。由于超临界水焓值较高，单位堆热功率所需的冷却剂质量流量较低，因此反应堆冷却剂泵和管路的尺寸可能减小。由于反应堆冷却剂装量较少，在发生破口事故时，质能释放降低，可以设计较小的安全壳。采用简单的直接循环系统可使核蒸汽供应系统布置紧凑，进而使反应堆厂房小型化。

5) 技术继承性好

超临界水堆本质上仍是高参数轻水堆，因此在反应堆系统技术方面可充分采用现有压水堆的技术基础和充分利用现有压水堆核电站设计、研发条件，以及制造、建造、运行、维护和管理经验。另外，从原理上讲，超临界水堆汽轮机系统与超临界压力火电机组是一样的，因此可直接借鉴超临界火电汽轮机的技术。

6) 核燃料利用率高

超临界水堆的堆芯冷却剂平均密度较低，冷却剂慢化能力弱，容易形成超热中子谱或者快中子谱堆芯。这种堆芯可裂变燃料增殖系数较高，还可以焚烧次锕系元素，从而有效提高燃料利用率。

4. 国内外发展现状

超临界水堆并不是一个最近提出的核能系统概念。早在 20 世纪 50 年代，美国和苏联的研究人员就提出了利用超临界水作为反应堆冷却剂的想法，并进行了探索性研究，但限于当时的工业水平，没有持续开展工作。20 世纪 90 年代，日本研究人员较为系统地开展了超临界水堆的设计与研究工作。随后，欧盟、加拿大、中国、俄罗斯等国家或地区也相继开展了超临界水堆的研究，提出了各自的超临界水堆概念方案。

日本先后提出了两种超临界水堆概念方案，分别是热谱式 Super LWR 和快谱式 Super FR。两种堆型热工参数相近（25MPa、约 500℃），但在燃料组件及堆芯布置上存在区别。目前，日本高校开展了一些基础性研究和超临界水堆方案设计优化工作，如单流程的小型堆堆芯设计、快谱与混合谱的堆芯性能分析等。

加拿大分别于 2008~2011 年和 2011~2015 年开展了前后两个周期的超临界水堆研发项目。第一周期为研发能力建设，开展基础性研究，为超临界水堆的概念设计提供支持；第二周期由共性基础研究转入目标驱动的关键技术研发，进一步深化 CANDU 超临界水堆系统设计。2015 年以后，在加拿大联邦核科学与技术项目的支持下，围绕超临界水堆燃料性能鉴定要求开展燃料元件设计研究、概念设计验证等。

俄罗斯的超临界水堆研发团队以俄罗斯国家原子能公司为主导，设计研究院(俄罗斯国家研究中心库尔恰托夫研究院、水压机械局、俄罗斯物理和动力工程研究院、俄罗斯中央结构材料研究院)负责工程研究。俄罗斯延续 VVER 系列堆型，提出了 VVER 的四代超临界水堆系列方案 VVER-SCP。在这个系列下包含多种功率等级和规模(VVER SCP1700、V-670SCPI、SCPS-600)。

我国从 2003 年就开始了超临界水堆技术跟踪研究。2003 年 10 月中国核动力研究设计院批准了"超临界轻水堆研究"科研基金项目。通过该项目研究，掌握了超临界轻水堆方面的研发现状、动态、发展趋势和研发计划，为制订我国超临界水堆研发技术路线和总体规划奠定了基础。我国超临界水堆的研发虽然起步相对较晚，但是发展迅速，研究深度和广度不断深化和延拓，国际话语权和影响力不断提升。2014 年 5 月，在巴黎召开的第四代核能系统国际论坛第 37 届政策组会议上，我国成为 GIF SCWR 系统正式成员，是继欧盟、日本、加拿大、俄罗斯之后的第五个成员国[8]。

2.2.4　高温气冷堆

1. 高温气冷堆原理与特点

高温气冷堆是在早期气冷堆基础上经过改进后发展起来的先进堆型。高温气冷堆的燃料元件是弥散在石墨球基体中的全陶瓷型包覆颗粒，如图 2.10 所示。这种燃料元件的特征是将所有裂变产物完全阻挡在完整包覆颗粒的 SiC 层内，从而极大地提高了反应堆的安全性。中子慢化材料、反射层材料、燃料元件结构材料和堆芯结构材料均采用石墨，冷却剂则是化学惰性气体氦气。由于堆芯为耐高温的全陶瓷型结构，堆芯出口温度可达950℃甚至更高[9]。

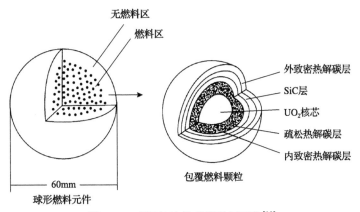

图 2.10　高温气冷堆球形燃料元件[10]

模块式高温气冷堆是在以往大型高温气冷堆的基础上发展起来的，其主要特点为：反应堆规模小型化，以保证在任何事故条件下堆芯热量都可以通过自然对流、热传导和热辐射传出堆外，使燃料元件温度始终低于安全值1600℃。也就是说，反应堆具有固有安全性。其次，由于反应堆规模的小型化，可以采用模块化建造方案，从而降低成本，提高了经济竞争力。

2. 高温气冷堆系统构成

高温气冷堆可以使用传统的柱状燃料元件(柱状堆)，也可以使用较为新式的球形元件(英文称作 pebble，意为卵石或石球)，如图 2.10 所示。从设计上看，球床堆和柱状堆的共同点是燃料与慢化剂石墨被铸造成一个整体，但形制不同。球床堆使用的燃料球，直径约为 2.6in(6.6cm)。氧化物燃料颗粒被石墨完全包覆。新型的燃料球外还包覆一层坚硬的碳化硅陶瓷层，防止石墨因互相摩擦而破裂或产生粉尘。高温气冷堆系统示意图如图 2.11 所示。球床堆与柱状堆两种设计主要有三个不同点。首先是更换燃料的机制、换料间隔时间以及每次换料量不同。柱状高温气冷堆必须停堆换料，和使用柱状燃料元件的常规反应堆类似。而球床高温气冷堆通过堆芯上方的装料机制不断向堆芯送料，堆芯下方的卸料机制出料，因此燃料补充是连续性的。其次，球床高温气冷堆中的球形燃料元件没有预设的冷却剂通道。氦气冷却剂从堆芯上方注入，通过燃料球的间隙，自上而下流经堆芯。柱状高温气冷堆的燃料元件留有垂直的冷却剂通道，氦气自上向下流动，带走热量。相比之下，球床堆中冷却剂气体和燃料元件的接触面积比较大，换热过程更加有效。最后，球床高温气冷堆的控制棒可直接插入球形燃料元件中，不需预留控制棒孔道。而柱状高温气冷堆设有控制棒孔道。球床堆还有一个柱状堆不具有的特色：其燃料不仅可以一次通过，还能多次通过，即燃料多次参加裂变燃烧，直到达到足够的燃烧深度。柱状堆一般只能使用一次通过。

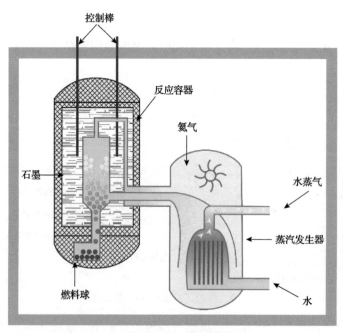

图 2.11 高温气冷堆系统示意图[3]

3. 高温气冷堆系统特征

高温气冷堆的主要特征有：防止放射性释放的多重屏障、固有安全特性以及较大的燃料和慢化剂负反应性温度系数。

反应堆设有三道安全屏障以阻止放射性释放。第一道屏障是全陶瓷包覆颗粒燃料元件，试验表明在 1600℃高温下包覆层能保持其完整性，把放射性产物几乎全部阻留在燃料颗粒内。第二道屏障是一回路压力边界，由反应堆压力容器、蒸汽发生器压力容器(或能量转换压力容器)和连接这两个容器的热气导管压力容器组成。第三道屏障是包容体，由一回路舱室、氦净化系统舱室、燃料装卸系统舱室组成。

在事故工况下，如果一回路冷却剂失压，主传热系统和辅助传热系统全部失效，堆芯余热仍可通过热传导、热辐射和自然对流等自然机理传出堆外，保证堆芯燃料元件的最高温度不超过其安全限值 1600℃。因此余热排出系统是具有固有安全性的。

负反应性温度系数具有很大的反应性。反应堆具有较大的燃料和慢化剂负反应性温度系数，且在正常情况下燃烧元件的最高温度与其允许的温度限值之间还有相当大的裕度。因此，借助于负反应性温度系数所提供的反应性补偿能力。当发生正反应性引入事故时，反应堆可以依靠自身的负反应性温度系数的反应性补偿能力，实现自动停堆。

4. 国内外发展现状

英国于 1962 年与欧洲共同体合作建造 20MW 的高温气冷堆——龙堆(Dragon)，1964 年 8 月首次临界，1966 年 4 月达到满功率运行，至 1976 年完成了原先制定的运行和实验计划。

1967 年德国建成了 15MW 的球床实验高温气冷堆核电厂(AVR)，1974 年将该堆的一回路氦气温度提高到 950℃，成为当时世界上运行温度最高的核反应堆，1988 年按计划停堆退役。

同样在 1967 年美国建成并运行了电功率 40MW 的桃花谷(Peach Bottom)实验高温气冷堆核电厂，1974 年 10 月按计划完成试验任务后停堆退役。美国的原型堆核电厂圣·符伦堡(Fort. St. Vrin)的高温气冷堆核电厂于 1967 年达到临界，1979 年并网运行。1984 年美国通用原子能公司也提出了模块式柱状高温气冷堆方案，以其小型化、标准化和具有非能动安全性为目标，把高温气冷堆核电厂的发展推向一个新的阶段。

我国高温气冷堆技术的研发工作始于 20 世纪 70 年代后期，是以清华大学核能与新能源技术研究院为主开展的。研发大致分为三个阶段。

第一阶段是 1974～1990 年，为早期探索阶段，重点进展是列入国家高技术研究发展计划(863 计划)核能领域的重点项目，开展关键技术研究。

第二阶段是 1990～2003 年，是实验堆建设阶段，建设清华大学 10MW 高温气冷实验堆 HTR-10。

第三阶段是 2003～2020 年，在国家高技术研究发展计划的支持下开展 10MW 高温气冷实验堆的运行与安全试验，在国家核能开发计划的支持下开展工业示范电站的前期和关键技术研究，在国家中长期科学和技术发展纲要(2006—2020 年)的支持下建设山东石岛湾 20 万 kW 级核电站示范工程(HTR-PM)。

2021 年 12 月 20 日，全球首座球床模块式高温气冷堆核电站——石岛湾高温气冷堆核电站示范工程首次并网发电，这是全球首个并网发电的具有第四代核电站特征的高温气冷堆核电项目[10]。

2.2.5　熔盐堆

1. 熔盐堆的原理与特点

熔盐堆(molten salt reactor, MSR)作为核裂变反应堆的一种，其冷却剂及燃料本身皆是熔盐混合物，它可以在高温的工作条件(以获得更高的热效率)下保持低蒸气压，从而提高安全性。

熔盐堆的最大特点是采用溶解在氟化锂、氟化钠等氟化盐中的钍或铀的液态混合物作为燃料，如四氟化铀(UF_4)和四氟化钍(ThF_4)等，无需专门制作固体燃料组件。熔盐燃料流入堆芯内，均匀分散在作为慢化剂的石墨基体中，并在其中达到临界质量，且仅在堆芯处达到临界。燃料熔盐在堆芯处发生裂变反应放出热量后，由自身吸收、带走，不需另外的冷却剂。区别于现投入运行的固体燃料反应堆，熔盐堆堆芯一回路中循环流动的熔盐既是燃料，也是冷却剂。这一特征在省去燃料元件加工制造步骤的同时，也使得熔盐堆能进行在线处理和在线添料的操作。通过在线处理可不断移除堆芯内产生的裂变产物，有效提高反应堆的中子经济性。而在线添料则可保证反应堆一直保持较小的剩余反应性，提高运行安全性。这也使得熔盐堆热效率高，可以实现不停堆换料，寿命长，运行效率高。

熔盐堆事故工况下固有安全性极高。熔盐通过化学方法限制裂变产物，且缓慢产生或不产生气体，同时，燃料盐并不在气体或水中发生反应。堆芯以及主冷却循环在接近大气压下运行，因此超压爆炸事件不会发生。由于熔盐的熔点高，即使破口事故导致泄漏，液体熔盐在环境温度下立即凝固，大量的放射裂变产物仍将留在盐中而不会散播到空气中。并且基于熔盐的这一特性，熔盐堆设计有紧急排盐罐，在堆芯过热的情况下，依靠熔盐自身的高温和重力，堆芯燃料熔盐将自动开启冷冻阀，排入紧急排盐罐中，从而充分保证核反应堆安全。另外，由于熔盐具有饱和蒸气压低的特性，因此在熔盐堆的设计过程中，不涉及压力容器的设计和制造，提高了系统的运行安全性。

熔盐堆同样有很好的中子经济，并且基于设计有比传统轻水反应堆更硬的中子谱，这也使得它可以在燃料更少的情况下运行。由于熔盐堆结构简洁且堆芯紧凑，熔盐堆可以比其他已证明的反应堆设计得拥有更大的功率密度(即每瓦特质量更轻)。因此，其小型化特征以及长换料周期的特点使其成为舰船、飞机、宇宙飞船等载具的最佳动力选择之一。此外，熔盐堆所采用的钍无法用于核武器，可有效防止核扩散。

2. 熔盐堆的系统构成

液态燃料钍基熔盐堆的基本结构及功能划分如图 2.12 所示。其主要包括堆本体、回路系统、换热器、燃料盐后处理系统、发电系统及其他辅助设备等。堆本体主要由堆芯活性区、反射层、熔盐腔室/熔盐通道、熔盐导流层、哈氏合金包壳等组成。反应性控制系统、堆内相关测量系统、堆芯冷却剂流道等布置在堆本体相应的结构件中，其主要功能是容纳堆芯中的石墨熔盐组件、堆内构件及相关的操作与控制设施。一回路带出堆芯热能，二回路将一回路熔盐热量传递给第三个氦气回路，推动氦气轮机做功发电。燃料盐后处理系统包括热室及其工艺研究设备、尾气处理系统、放射性三废处理系统及其他辅助系统，主要功能是对辐照后的液态燃料盐进行在线后处理，回收并循环利用燃料和载体盐。

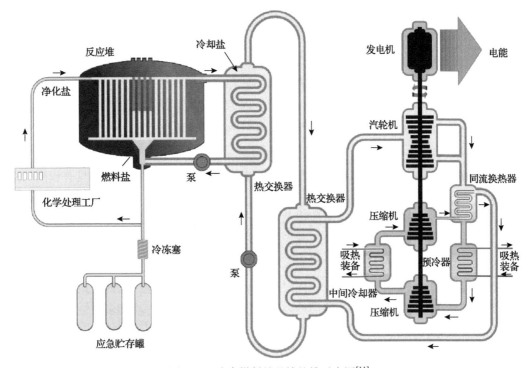

图 2.12　液态燃料钍基熔盐堆示意图[11]

钍基熔盐堆核能系统的主冷却剂是一种熔融态混合盐，可在高温下工作以获得更高的热效率，还可保持低蒸气压从而降低机械应力。核燃料既可以是固体燃料棒，也可以熔于主冷却剂中，从而无需制造燃料棒，简化反应堆结构，使燃耗均匀化，并易于实现在线燃料后处理。

3. 熔盐堆的系统特征

1）更好的固有安全性

由于燃料本身就处于熔融状态，无需专门制作固体燃料组件，节省了加工费用，也不存在堆芯熔化风险，避免了其他堆型可能产生的最坏事故。熔盐的低蒸气压减少了破口事故的发生，即便发生破口事故，熔盐在环境温度下也会迅速凝固，防止事故进一步扩展，可避免管道高压爆炸，降低管道要求，管道造价低。燃料盐具有较大的负反应性温度系数和空泡系数，对反应堆调节和运行安全都具有重要意义。在后处理方面，只需小型的后处理工厂即可为 1GW 功率的钍基熔盐堆服务。采用连续燃料净化方式，避免了放射性废物长期贮存在堆内，降低了放射性安全风险。

2) 可灵活地进行多种燃料循环方式

用于焚烧的核废物无需制作燃料元件，减少了燃料制备的强放射性。卸出的核废物仅为裂变产物并且放射水平较低，处理工序相对简单，采用永久处置对生物圈影响小。由于采用燃料连续在线处理，在热谱、超热、快谱均有较好的增殖性能，可以设计为具有增殖性能的全闭燃料循环模式反应堆，实现核资源的可持续发展。裂变产物种类少，含量低，使堆内中子利用率更高，对于熔盐快堆，超铀元素通过直接裂变或者嬗变为易裂变核素形式最终可被完全焚烧掉。

3) 可有效利用核资源和防止核扩散

熔盐堆可不需要特别处理而直接利用铀、钍和钚等所有核燃料，也可利用其他反应堆的乏燃料，还可利用核武器拆解获得的钚。因为熔盐堆不使用或使用少量的浓缩铀，并产生极少的可以制造核武器的钚，所以可有效地防止核扩散。

4) 热功率密度高、适合小型模块化设计

一回路的高温、低压特性可以使堆芯结构更为简单，因此可以设计成具有较高功率输出的小型反应堆。军用方面，由于运行过程中具有无需控制棒、不停堆换料、寿命长、功率易调等特点，为建造核动力潜艇以及航空器提供了可能；民用方面，亦可以通过建造几个百兆瓦级的小型模块熔盐堆，减少电站建设的支出和经济风险。

5) 功能多样性及灵活性

熔盐堆可在比较高的温度运行，同时熔盐具有很好的导热性，因此可以很好地与制氢、制氨、煤气化、甲烷重整等所需的温度条件相匹配。它具有功能多样性，可用于电力、供热、煤气化、甲烷重整、制氢等，同时具有灵活性，适用于传统的蒸汽式朗肯循环，尤其适合布雷顿循环(发电效率高达45%～50%)，工质可以是氦气或超临界二氧化碳。

4. 熔盐堆的发展历史与现状

熔盐堆的研究发展始于 20 世纪 40 年代，相关研究项目包括美国橡树岭国家实验室 (ORNL)开展的航空用核动力项目，以及后续的核动力飞行器项目。该项目的早期概念是液态燃料熔盐反应堆，其中的核燃料可以采用 ^{235}U、^{233}U、^{239}Pu 等氟化物。ORNL 于 20 世纪 50 年代建成了航空核动力试验堆，该试验堆是世界上第一个使用 $NaF-ZrF_4$ 熔盐系统的熔盐堆，并且以 $^{235}UF_4$ 的形式存在的核燃料溶解在其中成为燃料盐。该试验熔盐堆在输出功率 25MW、出口温度 860℃的稳定状态下成功运行了 100h。

20 世纪 60 年代，ORNL 开展了熔盐实验堆(MSRE)项目，将熔盐堆的研究方向从军用航空核动力转向民用，并于 1965 年建成了 MSRE 实验装置并达到临界开始运行。MSRE 的设计功率为 10MW，成功运营了 4 年，在此期间，MSRE 进行了大量的反应堆实验，结果表明熔盐堆是一种非常适合民用动力堆的堆型，可以实现钍铀燃料的完整封闭循环。ORNL 在 20 世纪 70 年代设计了熔盐增殖堆(MSBR)。MSBR 项目设计具有良好的科学基础和工程经验,但由于政治原因,熔盐堆最终被美国官方终止。

20 世纪 70 年代,我国也启动了熔盐堆的工程研究项目"728 工程",并在 1971 年 9 月成功建成零功率冷态熔盐反应堆并达到临界。后来由于当时技术经济水平的限制,"728 工程"将开发堆型转向轻水堆,也就是秦山一期。2011 年,"钍基熔盐堆核能系统(TMSR)"启动,该项目是中国科学院战略性先导科技专项,主要由中国科学院上海应用物理研究所承担,以提高核能安全性、核燃料长期供应及放射性废物最小化为目标。计划在 2020~2030 年建成工业示范性钍基熔盐堆核能系统,并解决相关的科学问题、发展和掌握所有相关的核心技术,实现小型模块化熔盐堆的产业化,工程目标是建成示范性 100MWe 钍基熔盐堆核能系统并达到临界[11]。

2.2.6　气冷快堆

1. 气冷快堆的原理与特点

气冷快堆(gas cooled fast reactor,GFR)是未来发展的第四代先进核能系统候选堆型之一,它可以满足核能的可持续性、安全可靠性和经济性要求。气冷快堆使用快中子引发链式反应,同时使用高温惰性气体氦气作为冷却剂从反应堆堆芯转移热量,并采用闭式燃料循环。因此,气冷快堆产生的放射性废物少,同时具备快堆的可持续性优势和高温系统的经济性优势,可以有效地利用核资源。但堆芯高温环境和恶劣的中子辐照环境对堆内材料提出了更高的要求,也给安全性和防核扩散要求带来一系列挑战。目前,受材料选择和安全问题的制约,国内外气冷快堆的发展都还很不成熟。

气冷快堆可以正常焚烧易裂变材料,也能以增殖模式生成更多的钚作为燃料。然而,增殖模式在原理上可能被滥用于制造武器级的易裂变材料,因此在防核扩散方面需要进行科学合理设计,如提高燃耗、回收长寿期锕系元素、在线燃料处理等,以缓解气冷快堆的防核扩散问题。

气冷快堆的潜在优势在于其预期技术应用范围较为广泛。由于气冷快堆出口温度较高,因此可以用直接布雷顿循环氦气轮机发电;也可以利用其工艺热进行氢的热化学生产。气冷快堆作为一种高温气体反应堆,具有高温系统的技术优势,可提高循环热效率。而且,通过对燃料进行后处理和嬗变长寿期锕系元素,气冷快堆能将长寿命放射性废物的产生量降到最低,实现铀资源长期可持续利用和核废物最小化。尽管如此,气冷快堆并不仅仅是快堆和高温气冷堆的简单组合,需要针对其自身特性开展具体研发。

2. 气冷快堆的系统构成

气冷快堆是 GIF 选定的六种反应堆堆型之一。当前气冷快堆的参考设计是 2400MWt 氦气冷却的高温快堆。气冷快堆示意图如图 2.13 所示,整个系统包含堆芯、主热交换器、余热排出系统和动力系统等。一回路系统内置在钢制压力容器即防护安全壳内,用于在事故条件下提供系统背压。堆芯由六角形燃料组件构成,芯块燃料为混合碳化物,包壳为陶瓷材料。堆芯冷却剂是氦气,堆芯出口温度约为 850℃。热交换器将一回路氦冷却剂的热量传递到二回路,加热氦气-氮气混合物,驱动轮机发电做功。汽轮机的余热还可以进一步加热蒸汽,驱动蒸汽轮机。这种气-汽联合循环是一项成熟技术,在天然气发电厂中得到广泛采用。唯一不同的是参考气冷快堆设计使用闭式循环技术。

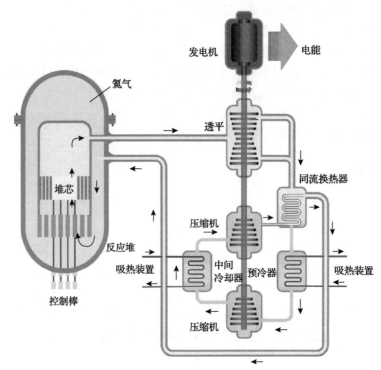

图 2.13　GIF 气冷快堆参考设计示意图[3]

3. 气冷快堆的系统特征

在系统安全特性方面,常压条件下气体密度较低,因此气冷快堆一般运行在带压条件下。例如氦气冷却快堆运行压力约为7MPa。较高的系统压力有助于提升冷却剂的载热能力,增大冷却剂密度,减少工质输运的耗功,但也给安全设计带来一定挑战。气冷快堆冷却剂的热惯性小,在冷却剂强制循环失效后,燃料温度易于迅速上升。气体快堆的堆芯功率密度较高,温度上升趋势要比气冷热谱堆更为显著。同时,由于堆芯体积紧凑,仅利用热传导难以在设计温度限值内实现热量导出。气冷快堆冷却剂一般为不可凝气体,高温气体卸放,会给安全壳带来更高的压力载荷。同样因为不可冷凝性,传统水堆相关的水池冷却措施基本上难以奏效。为保证气冷快堆的堆芯安全,需要时刻保持堆芯的对流换热能力。目前的余热排出系统基本有两种方案:非能动措施和能动措施。非能动措施利用堆芯和余排换热器之间的自然循环带走堆芯热量。为提高自然循环能力,一般需要在带压条件下运行,同时具备足够的系统高度差,还要考虑系统布置、余热回路与系统回路相互作用等。能动措施利用电动鼓风机提供堆芯冷却流量,在失压条件下鼓风机功耗非常可观。无论是采用非能动措施还是能动措施,为了在合理功耗下实现热量导出,均需要使余热排出系统运行在带压条件。因此气冷快堆参考设计中增加了防护安全壳,维持系统环境在一定压力之上。

在堆芯设计方面,出于对气冷快堆安全性和经济性的考虑,应尽可能减小堆芯压降。这一方面有助于减少冷却剂泵送耗功,提升系统效率;另一方面有利于在正常停堆和事故停堆条件下为堆芯提供冷却环境。当然,在给定堆芯热工参数的前提下,小堆芯压降意味着减少堆芯流程、增大流通面积、减小堆芯阻力系数、提高冷却剂体积分数等。这些参数设计还要与气冷快堆的物理设计进行综合平衡。另外,一般条件下,气体的传热能力弱于水和金属,因此为减少燃料元件包壳与冷却剂温差,可以考虑包壳表面的强化传热设计,例如使用带肋包壳,以增强包壳与流体换热。

4. 气冷快堆的发展历史与现状

20 世纪 60~80 年代,美国和欧洲开展了气冷快堆的设计,当时简称为 GCFR,作为液态金属快堆的替代选择。1962 年,美国通用原子能公司提出了最初的气冷快堆概念设计。之后,进一步开展了 300MW 示范电厂和 1000MW 商业电厂的初步设计。

欧洲在气冷热谱堆方面有较好技术积累,英国发展了第一代称为 Magnox 反应堆的气冷反应堆,后来升级为先进气冷堆(AGR)。法国与英国一样,最初也选择了气冷热堆方案,先后发展了二代技术,但后来选择了压水堆技术。20 世纪 60 年代后期德国和瑞士进行了气冷快堆的合作研究。早期的气冷快堆方案一般采用间接循环,匹配传统的蒸汽朗肯循环,利用大型蒸汽发生器将热量从一次侧转移到二次侧。为了确保失压事故后的堆芯冷却,需要设置专设安全系统。

截至目前,国际上还没有建造过真正的气冷快堆,国内在气冷快堆方面也还没有系统开展工作。气冷快堆作为第四代核能系统国际论坛选定的堆型之一,虽然可以借鉴快堆和高温气冷堆的研发成果,但由于气冷快堆的自身特点,其研发难度大,技术成熟度低。2014 年第四代核能系统国际论坛重新对包括气冷快堆在内的六种堆型进行了评估,气冷快堆的关键里程碑节点被推后。在未来的研发计划中,还需要对气冷快堆的关键技术进行重点攻关,在此基础上开展系统整体集成验证,为气冷快堆的商业部署提供技术基础。从目前来看,气冷快堆的商业化应用将不是单个国家可以独立完成的,需要国际社会的共同努力[12]。

2.2.7 行波堆

1. 行波堆的原理与特点

行波堆(traveling wave reactor, TWR)不同于现有商业化的堆,其将贫瘠的核能原料在反应堆内直接转化为可使用的燃料并充分焚烧利用。核燃料从一端启动点燃,裂变产生的多余中子将周围不能裂变的 ^{238}U 转化成 ^{239}Pu,当达到一定浓度之后,形成持续的裂变反应,同时开始焚烧在原位生成的燃料,形成行波。行波以增殖波先行焚烧后增殖,一次性装料可以连续运行数十年甚至上百年。

行波堆本质上就是一种设计独特的快堆。通过巧妙的设计将增殖过程和焚烧过程进行匹配,在焚烧核燃料的同时增殖同样多的核燃料,以供继续焚烧。为维持运行,行波堆堆芯燃料部分保持常规的大小质量,通过蒸汽发生器将核反应产生的热量带出堆芯,转换为蒸汽的动能进而推动汽轮机做功,产生电能。除最初的启动源需要浓缩铀,其他焚烧所需的燃料都来自天然铀的转化,因此不需要分离浓缩。行波堆在焚烧过程中,不仅通过增殖实现了燃料的高效利用,还在裂变过程中实现了重核的嬗变。因此,行波堆的乏燃料中长寿命重核放射性核素将大大减少,使得乏燃料后处理不再成为核电发展的掣肘。

不难看出,这种反应堆具有以下优点:①相比于轻水反应堆和现有的快堆,行波堆具有极高的燃耗率,燃耗率可达 30%~40%;②过剩反应性为 0,无需反应性控制装置;③功率峰值、反应性等反应堆特性参数不随燃耗而改变,反应堆运行各阶段所需的操作都保持一致;④焚烧波行进方向的功率分布不随燃耗而改变,因此功率优化方案更简单;⑤除燃耗区外,燃料的无限增殖因数都小于 1,发生严重事故的风险很低;⑥无需进行铀浓缩,燃耗深度增加减少了核废料处理量,可有效杜绝核扩散风险。

2. 行波堆的系统构成

图 2.14 为行波堆结构示意图。行波堆使用传统的钠反应堆结构,包括一个钠主冷却剂回路、一个钠中间冷却剂回路和一个蒸汽动力转换循环。行波堆堆芯产生的裂变能量通过主回路和中间回路串联传输到蒸汽发生器,产生过热蒸汽推动汽轮机组发电。乏热通过一组水冷真空冷凝器排出。中间回路充当主冷却剂回路和高压蒸汽循环之间的屏障,因此即使任何组件发生泄漏或破裂,也可以确保堆芯和主冷却剂钠边界的完整性[13]。

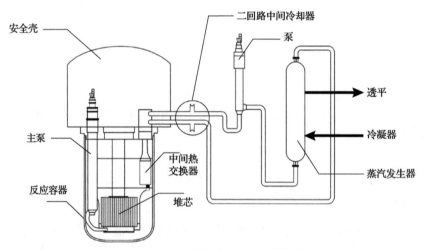

图 2.14　行波堆结构示意图[14]

行波堆采用池式配置,其中主要系统组件(堆芯、中间热交换器和泵)都位于反应堆容器内的一个大气压钠池中。反应堆容器有一个独立的保护容器,即使反应堆容器泄漏也能维持钠水平。这种布置已在反应堆中广泛采用,使用池式布置的优势在于减少所需的管道和空间,提供大的热惯性,并大大降低冷却剂泄漏的可能性和后果。

3. 行波堆的系统特征

由于行波堆是一种设计巧妙的钠冷快堆,因此,行波堆继承了钠冷快堆的各种系统特征。不过,行波堆存在着不同于常规钠冷快堆的特点。

1) 不需要控制燃耗的装置

当前运行的核反应堆中,在两次换料之间,反应堆会持续运行一段时间。处于堆芯中的燃料中的可裂变材料被消耗,而裂变产物逐渐积累(裂变产物会浪费中子)。结果,临界特性会恶化。为了延长换料周期,就需要增加燃料中的可裂变材料的量,并增加正反应性。这会导致反应堆达到超临界状态,而必须通过插入控制棒使其回到临界状态,同时这个过程将浪费许多中子。此外,控制棒误操作和运行错误会引发严重的事故。行波堆理论上不需要控制棒来调整反应性,由此就会获得以下的优势:不会浪费中子;由于不需要控制燃耗,它的运行非常简单;不会发生由于错误提棒弹棒而引起的事故等[15]。

2) 燃耗过程中堆芯特性不会发生变化

在传统核反应堆中,随着燃耗加深,功率密度峰值因子和反应性功率系数会发生变化。因此,必须使用控制技术解决这些问题。在行波堆的整个燃耗过程中,这些参数保持不变。因此,运行状态不会发生变化,这就使得反应堆非常简单和可靠。

反应堆物理(临界特性、功率分布、反应性功率系数等)的计算精度非常高。这不但与大量的精确数据和计算方法有关,还与大量的临界实验积累的经验有关。然而,发生燃耗过程的反应堆物理计算很难用实验验证,其计算误差与新燃料计算相比非常大。这就使得在计算功率峰值因子和反应性功率系数的时候,传统反应堆需要留有较大的安全裕量,而行波堆则规避了此问题。

3) 在燃耗过程中不需要调整流量

在传统核反应堆中,在垂直于轴向的平面中,功率分布会随着燃耗过程而变化。因此,即使在燃耗初期就调整冷却剂的流量,以保证沿轴向流动的冷却剂出口温度保持恒定,流量也会随着燃耗过程而发生变化。如果这个变化太剧烈,就必须对冷却剂通道内的流量进行再调整。在行波堆中,垂直于轴向的平面中的轴向的功率积分分布随着燃耗过程不会发生变化。因此,不需要随着燃耗调整流量,操作更加简单,而且由误操作而引发问题的可能性也降低了。

4) 有可能对径向功率分布进行高度优化

在传统核反应堆中,功率分布随着燃耗过程会发生复杂的变化。在某一时刻的最优化分布与另一时刻的最优化分布变化很大。因此有必要在堆芯全寿期寿命内进行功率分布优化。在行波堆中,一旦对功率分布进行了优化,在整个堆芯寿命内它能够维持此优化状态,由此保证实现高度的优化。

5) 通过增加堆芯的长度就可以方便地延长反应堆的寿命

行波堆焚烧区的移动速度一般来说非常慢,因此很容易设计一个超级长寿命的反应堆,只需要通过改变堆芯长度可以轻易改变堆芯寿命。一旦实现了小型长寿命反应堆,就可以由工厂直接建造反应堆，运输到厂址并安装，在不需要换料的情况下运行很长一段时间，最终运返工厂更换一个新的核反应堆。这又会带来更多的优势：换料是核反应堆常规运行中最困难的一项操作，因此，在不具备高级技术的地区运行核反应堆，在专业换料工厂中进行换料具有很强的优势。核燃料能够半永久式闭合在其堆芯内的核反应堆具有优越的核不扩散性能。此外，行波堆新燃料的增殖因数小于 1，这保证了即使有大量的新燃料堆积在一起，也不太可能达到临界，进而使新燃料的储存和运输变得非常简单且安全。

但是，行波堆准备初装堆芯会比较困难，必须准备合适的初装堆芯来保证有效地启动焚烧区。由于焚烧区含有大量的放射性物质，很难通过已有的物质来启动它。初装堆芯的要求如下：堆芯平衡状态中子有效增殖因数应当为 1。中子有效增殖因数在堆芯达到平衡态前变化应当非常小。行波堆的堆芯应当快速达到平衡状态。此问题的一种可能的解决方式为建造一个特殊的核反应堆，专门用来准备用于平衡堆芯的燃料。

4. 行波堆的发展历史与现状

行波堆的想法可追溯到 20 世纪，1958 年 Feinberg[15]首次提出了反应堆堆芯自增殖的概念，并称之为"焚烧并增殖(breed and burn)"反应堆。Atefi 等[16]对这一概念进行了更深入的研究，并在 1979 年发表了相关的论文。后来，Feoktistov[17]证明了这种波在无限 U-Pu 介质中的可能性。在 1996 年的新兴核能系统国际会议(International Conference on Emerging Nuclear Energy System, ICENES)会议上，Teller 等提出了一种完全自动的裂变反应堆，其核燃料增殖燃烧波被点燃后在堆芯轴向缓慢传播。这种反应堆只需要天然铀、贫铀或钍作为核燃料，不需要进行浓缩或后处理。

迄今为止，全球还没有建造真正的行波堆。2006 年，美国高智发明公司(Intellectual Ventures Management)成立了泰拉能源(TerraPower)公司对这种行波堆的概念进行工程化设计和经济性评价。泰拉能源(TerraPower)公司设计了低功率到中等功率(30 万 kW)到大功率(约 100 万 kW)的几种不同级别的反应堆，开发出了一个实用的设计[18]。

2.2.8　加速器驱动次临界堆

1. 加速器驱动次临界堆的原理与特点

加速器驱动次临界系统(accelerator driven sub-critical system，ADS)利用加速器产生的高能强流质子束轰击重原子核，产生高能高通量散裂中子来驱动和维持次临界反应堆(有效中子增殖因子 $K_{eff}<1$)运行，使堆芯中的可裂变材料发生持续的核裂变反应。ADS具有固有安全性，在嬗变核废料、核燃料增殖、产能等领域具有重大的应用前景，是未来先进核裂变能的重要发展方向。

与临界堆相比，ADS 具有两个主要特点，即次临界运行和外源中子利用。

(1)次临界安全优势。

ADS 通常被设计在深度次临界状态运行。得益于深度次临界运行，ADS 反应堆可以从理论设计上杜绝类似切尔诺贝利事故等临界事故的发生，紧急中断加速器束流的措施能够迅速停止堆运行。紧急束流排除措施或加速器散裂靶系统与次临界堆的安全关联机制可有效增强ADS的被动安全性。良好的次临界安全特性有助于赢得更多的公众接受核能。

(2)外源中子的利用。

散裂中子源驱动机制赋予了ADS堆芯中子余额多、中子能谱硬、增殖及嬗变能力强、独特的功率控制方式等特点。ADS由加速器产生吉电子伏特(GeV)级能量的质子诱发重核散裂反应释放几十个高能散裂中子,散裂中子的能量最高可达到入射质子能量的量级。这些散裂反应产生的外源中子由散裂靶区进入到堆芯中与核燃料物质反应,使得其中子余额数目明显地多于临界堆,堆芯中子的平均能量能够达到500keV水平,而临界快中子堆系统的平均中子能量为300keV。上述特点又进一步强化了嬗变核废料及增殖核燃料的能力。锕系核素在ADS中子能谱范围内均为可裂变物质,故ADS能够高效嬗变处理掉轻水堆中积累的锕系物质,其嬗变支持比可达12左右,而嬗变专用快堆的嬗变支持比约为5。更多的中子余额能够更充分地利用核资源,钍以及^{238}U等可转换重核均可被高效利用起来。通过调整加速器束流控制ADS次临界堆芯的功率输出,调控方式更为灵活且更好地适应电力消费规模较小或电网系统建设欠成熟地区的需求情况。

2. 加速器驱动次临界堆的系统构成

ADS装置部件用材料构成如图2.15所示,包括中高能强流加速器系统、散裂靶系统和次临界反应堆及堆芯冷却系统等。它通过加速器中的高能质子轰击中子散裂靶,发生散裂反应,产生快中子轰击裂变产物发生核反应,并使反应堆内的锕系元素、长寿命裂变产物等发生嬗变,嬗变过程生成的热量由冷却系统带走。在整个系统中,加速器所需能量可由反应堆生成的能量提供;从能量增益的角度看,由于反应堆生成的能量多于加速器消耗的能量(后者约是前者的5%),整个系统会对外释放出净能量,因而ADS又被称为能量放大器。其中,在散裂靶系统中发生的重核散裂反应及在次临界堆芯中发生的

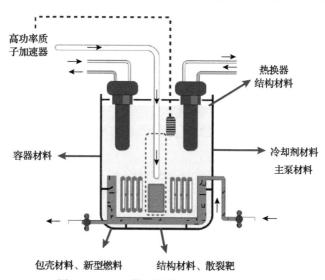

高功率质子加速器

热换器结构材料

容器材料

冷却剂材料
主泵材料

包壳材料、新型燃料　结构材料、散裂靶

图2.15 ADS装置部件用材料分类示意图

裂变反应，是 ADS 系统产能最为关键的物理过程。

(1)加速器系统。

加速器系统为 ADS 提供稳定高能强流的质子束流。依据粒子加速轨道，加速器可分为直线加速器、回旋加速器和同步加速器等。ADS 主要在质子束流功率和可靠性与运行稳定性两方面对加速器系统提出设计要求，实际中驱动 1GW 功率次临界堆需要约 10MW 以上的束流功率。

(2)散裂靶系统。

由加速器产生的高能质子束流在散裂靶中诱发散裂反应产生散裂中子，中子散裂靶的类型有钨、铅等固态靶及铅铋合金、汞等液态靶。目前 ADS 设计多采用液态靶技术，其中以铅铋合金研究最多。另外，散裂靶还有无窗靶和有窗靶之分，对于入射质子束能量较低的情况，可以采用有窗靶；对于能量较高的情况，采用有窗靶会存在较大的热应力。散裂靶系统是 ADS 系统的关键部件，必须具备良好导热性能以及耐腐蚀和辐照损伤能力，故靶材料需要具备散裂中子产额高、吸收中子少、密度大等性质，重金属物质可用作靶材料。

(3)次临界反应堆。

散裂中子生成后进入次临界堆芯与核燃料发生裂变反应裂变输出功率，并能嬗变核废料或增殖核燃料。因而，次临界堆芯在产能外可结合 ADS 特点，设计成兼有嬗变、增殖或产氚、制氢等功能的新堆。碳化物燃料、氧化物陶瓷燃料、氮化物燃料以及金属燃料等在目前各国的 ADS 设计中均有使用。

3. 加速器驱动次临界堆的特征

ADS 系统有四个重要的特征。

(1)优良的系统安全性。

一旦切断外源中子的驱动，次临界系统内的核反应随即停止，具有固有安全性。

(2)强大的嬗变能力。

能量为 1GeV 的质子在重金属靶上产生约数十个中子加上次临界堆数十倍的放大效应，因此 ADS 系统在原理上具有强大的核废料嬗变能力。

(3)好的中子经济性。

加速器打靶直接产生的散裂中子能谱分布很宽，几乎可将所有长寿命的锕系核素转化为可裂变的资源，中子经济性明显好于其他已知的临界堆。

(4)高的支持比。

由于能谱更硬、中子余额更多，一个优化设计的 ADS 系统其支持比可达到 12 左右(即一个约百万千瓦的 ADS 系统可以嬗变 12 个百万千瓦规模的压水堆核电站产生的长寿命放射性废料)，而快堆由于受到运行稳定性的要求只能嬗变约 5 个压水堆的核废料。因此，ADS 系统是目前嬗变放射性核废料、有效利用核资源及产出核能量的强有力工具，是裂变核能可持续发展的优先技术途径[17]。

4. 加速器驱动次临界堆的发展历史与现状

近年来对使用 ADS 嬗变核废料及焚烧钚的研究日趋活跃。分离嬗变原理早在 20 世纪 60 年代就被提出,但直到 80～90 年代因为加速器技术的进步才具有了可行性。目前,ADS 已成为国际核科技研究的热点,欧盟、美国、日本、韩国和俄罗斯等都将 ADS 列入了国家中长期发展计划,并且都在结合当地核能发展实际情况开展工业规模实用化 ADS 设计研究。但截至目前,国内外还没有实质性的 ADS 系统建成。

中国原子能科学研究院和中国科学院高能物理研究所曾实施"加速器驱动洁净核能系统的物理及技术基础研究"和"嬗变核废料的加速器驱动次临界系统关键技术研究"项目。2011 年中国科学院在"ADS Roadmap in China"基础上启动战略性先导科技专项"未来先进核裂变能——ADS 嬗变系统"。该战略性先导科技专项的第一阶段侧重进行 ADS 系统技术路线的选择,按加速器、散裂靶、反应堆三部分建成分立实验系统并确定各自技术路线,主要设计标准包括质子流功率约 2.5MW(250MeV/10mA)、堆芯功率为 5～10MWt,同时建成相配套的支持设施。第二阶段建造 ADS 实验装置,主要设计标准包括质子束流功率 6～10MW(0.6～1GeV/10mA)、堆芯功率 100MWt。第三阶段,建造 ADS 示范装置,主要设计标准包括质子束流功率约 15MW(1.5GeV/10mA)、堆芯功率 1000MWt[18]。

2.2.9 聚变–裂变混合堆

1. 聚变–裂变混合堆原理

核能包括裂变能和聚变能。裂变能以铀或者钍为燃料,聚变能以氘-氚或氘-氘为燃料。可控核聚变能的开发十分困难,虽然纯的氘-氘聚变不受资源限制,但其实现难度极大。开发聚变能和充分发挥裂变能的潜力是核能可持续发展的关键。聚变–裂变混合堆是解决这一问题的可能途径。聚变–裂变混合堆利用热核聚变产生的大量中子驱动次临界裂变堆而释放能量,热核聚变提供强中子源,功率一般大于 100MW,次临界裂变堆承担主要的放能任务,裂变和聚变放能的比值一般大于 10[19]。

在聚变–裂变混合堆中,聚变反应富中子贫能量,而裂变反应贫中子富能量,通过利用聚变源中子驱动装有核燃料的次临界包层。包层中的裂变反应将大幅放大聚变堆的能量输出,这对等离子体聚变堆芯的要求比纯聚变电站低很多。较低的聚变堆芯参数使得结构材料所受到的高能中子辐照强度相对较低,可适当降低结构材料耐辐照性能的要求,在材料上更容易满足。裂变将增加系统内的中子数量,多余的中子可以通过与包层中的锂发生反应来产氚,为聚变堆芯提供燃料,满足氚自持。因此,可利用当前能实现的聚变中子源驱动次临界包层,燃烧可裂变核素、增殖核燃料并嬗变核废料。

混合堆的物理基础是以聚变堆芯作中子源,利用这些中子在包层中倍增能量、增殖裂变材料和氚。每单位能量的聚变中子数约为裂变的 4 倍。中子增殖氚仅靠聚变产生的中子不够用,因此需要将聚变中子倍增。中子倍增材料主要有 ^{238}U、^{232}Th、Be、^{7}Li 等[20]。

聚变–裂变混合堆能量模型如图 2.16 所示,根据次临界包层驱动源的不同,聚变–裂变混合堆可以分为以磁约束托卡马克为驱动源的混合堆、以 Z 箍缩驱动惯性约束聚变堆为驱动源的混合堆和以激光惯性约束聚变堆为驱动源的混合堆。以磁约束托卡马克为驱动源的混合堆的氚增殖比大于 1.1，能够满足维持聚变反应的氚自持要求，同时其能量放大倍数为 10~100，可满足功率相关的要求[21]。

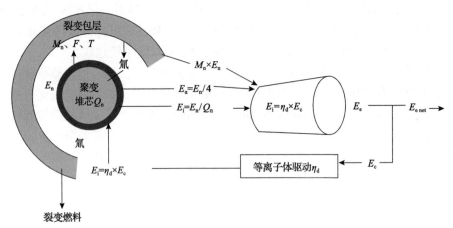

图 2.16　聚变–裂变混合堆能量模型[20]

Q_n 为聚变中子能量与加热等离子体入射能量之比（E_n/E_i）；E_n 为聚变中子能量；E_i 为加热等离子体入射能量，$E_i=E_c\times\eta_d$；E_c 为用于加热等离子体的电能；η_d 为电能加热等离子体的效率；E_α 为聚变产物 α 粒子携带的能量；M_n 为包层中聚变中子能量放大倍数；T 为每个聚变中子在包层中与锂反应的造氚数；F 为每个聚变中子在包层中的造钚数；E_e 为发电量；$E_{e\,net}$ 为净输出电量

2. 聚变–裂变混合堆的特征

包层是聚变–裂变混合堆的重要特征。按混合堆的用途包层可以分为以下三种类型。

(1) 快裂变包层。

此包层的功能是生产裂变燃料和增殖能量。一般把可转换材料 ^{238}U 或 ^{232}Th 放在靠近聚变反应室的位置，聚变反应产生的高能中子与 ^{238}U 或 ^{232}Th 发生裂变、(n, 2n) 反应和辐射俘获反应，释放能量和造裂变材料，我们称该区为快裂变层。在快裂变层，一个高能中子可增殖为 2~4 个中子，这些中子迁移到含锂区，与锂反应造氚，称之为氚增殖层。氚增殖层可放在快裂变层之外。在氚增殖层之外是反射屏蔽层。

(2) 抑制裂变包层。

以生产裂变燃料为主要目的而抑制裂变反应的发生。为了抑制裂变的发生，需将可转换材料 ^{238}U 或 ^{232}Th 在远离聚变反应区的位置。在靠近聚变反应区放置足够厚的中子增殖材料（如 ^{9}Be、Pb）等和慢化中子的材料，并尽量减少中子的俘获，使高能中子在中子增殖层得到充分增殖。在此增殖层之外放置造裂变燃料层和氚增殖层。

(3) 热裂变包层。

热裂变包层一般以水作慢化剂。因为水具有很强的慢化中子的特性，所以裂变区中的快中子很容易被水慢化到热能区。热中子与裂变核（如 ^{239}Pu、^{233}U）有很高的反应截面（裂变反应和辐射俘获反应），因而在热裂变包层生成的裂变燃料可能部分或全部被焚烧掉。按慢化剂含量不同，包层既可以设计成以提供能量为主的动力堆，也可以设计成以生产裂变燃料为主的生产堆，还可以设计成保证氚和能量自给的裂变燃料生产堆。

　　混合堆比快堆增殖能力大得多，而且不需要裂变燃料装料，一个快堆所能支持的同功率的热堆的数目，即支持比为 2～5，而混合堆的支持比可达 10 以上。混合堆是一个被动的次临界系统，没有临界安全问题，而且对聚变驱动器的要求低于纯聚变堆，设计可以借鉴裂变堆技术。混合堆的发展可以支持比较成熟的裂变堆发展。对于快堆来说，由于混合堆增殖核燃料的效率很高，可以降低快堆增殖核燃料的要求，从而可把快堆设计得更为简单、安全且在经济上更具竞争力。混合堆的发展，除了可以保证裂变能源有足够的燃料供应之外，也促进了聚变技术的发展，使聚变技术早日在能源经济上发挥作用。它是由裂变能源向聚变能源过渡的桥梁[22]。

3. 聚变-裂变混合堆的发展

　　图 2.17 为美国佐治亚理工学院设计的次临界先进燃烧反应堆（subcritical advanced burner reactor, SABR），属于以磁约束托卡马克为驱动源的混合堆。美国佐治亚理工学院还先后研究设计过其他形式的混合堆，例如，（行波反应堆 TWR）液态金属 Pb、Li 冷却的核废料嬗变堆和三重各相同性型（TRISO）包覆燃料小球组成燃料棒的氦气冷却的快嬗变堆等[23]。

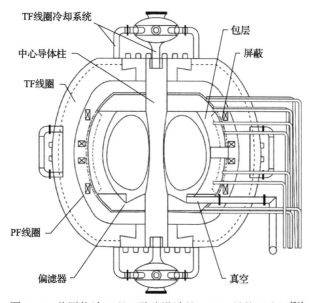

图 2.17　美国佐治亚理工学院设计的 SABR 结构示意图[21]

　　美国桑迪亚国家实验室（SNL）和威斯康星大学联合提出的 In-Zinerator 是以 Z 箍缩惯性约束聚变堆为驱动源的混合堆中的代表堆型，如图 2.18 所示。Z 箍缩是脉冲式运行，其驱动的混合堆释放的能量也是脉冲式的，脉冲窄而高。该脉冲能量优点是能连续处理液态燃料、具有最紧凑的聚变源等，但同时对反应堆的结构材料尤其是第一壁具有非常强烈的冲击，从而对材料的性能提出了更高的要求。另外，如何将高能脉冲安全稳定地输出有待进一步的研究。

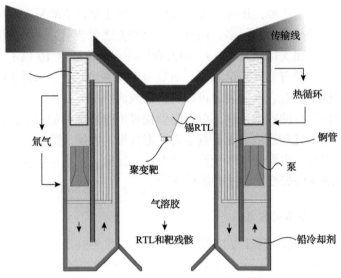

图 2.18　In-Zinerator 结构示意图[23]

RTL 即室温液态 (room temperature liquid)。锡 RTL 是一种以锡为基础的金属或合金材料，能够在室温或接近室温的条件下保持液态

美国劳伦斯利弗莫尔国家实验室 (LLNL) 提出的基于国家点火装置的激光惯性聚变是以激光惯性约束聚变 (laser inertial fusion energy, LIFE) 堆为驱动源的混合堆的代表堆型。它的优点在于不需要铀浓缩、核燃料的利用率在 90% 以上、不需要乏燃料化学分离装置等，缺点和 In-Zinerator 一样，面临如何将高能脉冲能量安全稳定输出的工程问题。

欧洲在加速器驱动的次临界堆方面做了比较多的研究，对混合堆的研究相对较少。法国、立陶宛和美国的几位学者联合研究了基于惯性约束聚变的聚变-裂变混合堆。

20 世纪 80 年代，我国已经开始了聚变-裂变混合堆的研究，并列入国家 863 计划框架内，对聚变-裂变混合堆进行了持续十几年较大规模的开发研究，主要是针对钚增殖的混合堆概念设计。2000 年，国家 863 计划终止了聚变-裂变混合堆的研究。但中国科学院合肥等离子体物理研究所和核工业西南物理研究所仍继续开展了小规模的混合堆相关研究。核工业西南物理研究所设计过混合增殖堆 FEB-E、混合嬗变堆 FDTR-ST，中国科学院等离子体物理研究所设计过 FDS 系列堆型。

彭先觉院士提出了基于聚变中子源装置〔如国家热核聚变实验堆 (ITER)〕的聚变-裂变混合能源堆 (也称为次临界能源堆) 概念。该混合堆主要用于能源供应，重点解决三方面的问题：①持续燃烧 ^{238}U，提高铀资源的利用率；②能够以天然铀或者压水堆乏燃料为核燃料，保证核燃料容易获得；③有较大的能量倍增系数、较长的换料周期，以及简单经济的后处理方法，提高混合堆的经济性。聚变-裂变混合堆与传统压水堆一样，采用高温高压水作为冷却剂，能利用传统压水堆的成熟技术，提高了混合堆的技术可行性[24]。

2.3 乏燃料后处理系统的进展

乏燃料指的是在核反应堆中经中子轰击发生核反应后，燃耗深度达到设计限值，从堆中卸出且不再在该反应堆中使用的核燃料。乏燃料含有大量未消耗完的 ^{238}U 和 ^{235}U，新生成的易裂变材料 ^{239}Pu 以及在辐照过程中产生的镎、镅、锔等超铀元素。接下来介绍几种常见的乏燃料后处理方案[25]。

2.3.1 一次通过循环方案

一次通过循环方案(once-through fuel cycle，OTC)也叫直接处置方案(direct disposal of spent nuclear fuel route)。目前大部分国家的反应堆都采用这种循环方案。该方案的优点是流程简单、无核扩散危险、风险小等，其主要不足之处在于铀资源利用率低、核废物毒性和量大、后处理厂负担重等。

OTC 方案由七个循环单元组成。

(1)铀的勘探和采矿：任何循环方案都需要铀，而且它是核燃料循环的第一步，一台反应堆一年约需要 200t 天然铀。

(2)铀的转化：在这个过程铀被氟化，用于提纯。中国进行铀转化的工厂(504 厂，现为中核兰州铀浓缩有限公司)位于兰州，目前还未退役，它大约每年能转化 1000t 铀。另外一个进行铀转化的工厂位于甘肃西北的玉门附近的地窝堡，它大约每年能转化 500t 铀。

(3)铀的浓缩：铀存在多种同位素如 ^{235}U、^{238}U，在热堆中中子主要和 ^{235}U 作用，使 ^{235}U 发生裂变。天然铀中 ^{235}U 的含量仅仅为 0.7%，而核燃料要求其含量为 3%～5%，所以必须对天然铀进行浓缩。我国的浓缩铀工厂位于陕西、甘肃、四川和广东等地区。其中陕西铀浓缩有限公司采用了俄罗斯的离心浓缩技术，四川 814 厂(现为四川红华实业有限公司)采用扩散法浓缩。

(4)燃料制造：铀以其氧化物形式被制成燃料棒，然后送入反应堆辐照。

(5)冷却：乏燃料从反应堆中卸出后要在冷却池中冷却一段时间(一般为 5～7 年)。

(6)临时存储：冷却完成后再将其转移到临时存储场(至少存放 50 年)。

(7)地质深埋。

在 OTC 方案中，乏燃料作为废物不再循环利用，具体的循环流程见图 2.19。

2.3.2 铀钚复用方案

单次 U、Pu 复用循环方案也称为部分再循环方案或二次通过循环方案(twice-through fuel cycle, TTC)。除了二氧化铀(UOX)燃料，反应堆也可以装载 MOX 燃料。MOX 燃料由 Pu/Am 的氧化物(PuO_2/AmO_2)与贫铀(或者天然铀)的氧化物(UO_2)混合制成。UO_2 乏燃料经短暂的冷却之后被送往回收工厂，对铀和钚进行提取回收。该方案不对次量锕系元素进行回收，它和裂变产物一起被送往临时存储库，最终被地质深埋。回收得到的钚

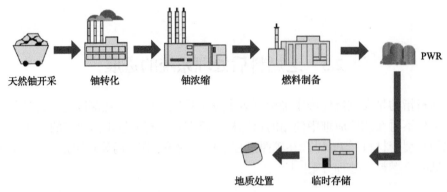

图 2.19　一次通过循环方案[26]

将被制成 MOX 燃料,送往反应堆重新用于发电。按照反应堆的类型和政策的不同,MOX 燃料的比例也不同。

随着反应堆燃耗的增加,钚和锕系元素的量也会增加,最终使得对燃料的控制更加复杂,同时也使反应堆的活性大幅降低。因此在热堆中钚并不适合连续回收循环利用。在 TTC 方案中,钚只循环利用一次,也就是说不对 MOX 乏燃料进行回收利用,故称之为单次 U、Pu 复用或二次通过。一些国家将 MOX 乏燃料存储起来,最后通过后处理提取其中的超铀元素用作快堆的燃料。TTC 方案的优点在于:一定程度上提高了天然铀的利用率;减小了核废物的量和体积,由于钚的回收利用,降低了放射性废物的毒性。据研究,TTC 方案最终产生的高放废物的体积大概是 OTC 方案的五分之一。它的缺点在于:循环流程复杂,回收费用高昂,增加了钚扩散的风险等。图 2.20 为 TTC 循环方案的流程图[26]。

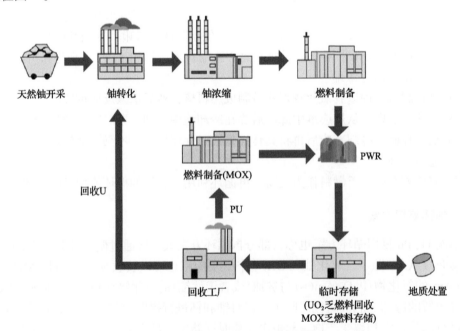

图 2.20　TTC 循环方案流程图[26]

2.3.3　分离-嬗变技术

分离-嬗变技术(partitioning-transmutation)是把高放废物中的锕系核素、长寿命裂变产物和活化产物核素分离出来，制成燃料元件返回到反应堆内经过一系列核反应转变成短寿命核素或稳定同位素，减少高放废液地质处理负担和长期风险，并可能更好地利用铀资源。分离-嬗变是先进燃料循环的重要组成部分[27]。

分离技术主要有水法后处理、从高放液体废物中分离次锕系元素和干法后处理等。先进燃料循环体系不仅要求从乏燃料中提取 U 和 Pu，还要求分离所有的次锕系元素和长寿命裂变产物元素。

分离方法可分为湿法和干法两大类。湿法包括萃取法和离子交换法。需要开发耐辐照、分离效果好、二次废物少的萃取剂和离子交换剂，以及先进的远距离操作工艺流程。干法有熔融法、电温电解精炼、升华/挥发法、激光感应分离法等。日本电力中央研究所设计的流程如下：①用微波加热使高放废液脱硝；②用氯气和碳还原氧化物并氯化，使氧化物转变为氯化物；③用液态 Cd-Li 从熔融氯化物中还原萃取分离超铀元素；④电解精炼回收的超铀元素。

嬗变是核素在中子照射下发生的核转换过程，目的是使长寿命核素转变成短寿命或稳定核素，从而消除长寿命核素的长期放射性危害，并利用嬗变所释放的能量。嬗变反应可以是裂变反应，也可以是中子俘获反应。可提供中子源的嬗变设施包括热中子堆、快中子堆、加速器驱动次临界系统、聚变-裂变混合堆等。

热中子堆进行嬗变：经一次循环，Np 的嬗变率为 40%～50%，其结果是减少了 ^{237}Np 的长期放射性危害，但产生了高毒性的 ^{238}Pu；经一次循环，Am 的嬗变率为 73%，产生了以中长寿命毒物 ^{238}Pu 和 ^{240}Pu 为主的混合核素。由于 Cm 的主要同位素 ^{244}Cm 的寿命不长，较好的办法是将 Cm 储存 100 年左右后，再将所产生的 Pu 掺入 MOX 燃料中。

快中子堆进行嬗变：由于在轻水堆中的嬗变以热中子俘获为主，次锕系元素在嬗变过程中产生新的次锕系元素，这些新生次锕系元素(如 ^{244}Cm)的高毒性使得多级循环几乎无法操作，对于长寿命裂变产物，由于其中子俘获截面太低，嬗变所需时间很长。热中子照射的嬗变效率很低，只有利用快中子照射，提高裂变份额，才能实现高效率的嬗变。用 Pu 作燃料的快中子堆在嬗变次锕系元素的同时，一部分 Pu 将通过中子俘获产生新的次锕系元素，所以在快堆中，在相当长时间内存在次锕系元素的消长平衡。

ADS 进行嬗变：在快堆中嬗变次锕系元素时，因堆芯反应性的提高而使堆安全性下降，所以快堆中加入次锕系元素的量一般不能超过燃料总量的 2.5%。在 ADS 中嬗变次锕系元素时，由加速器所驱动的次临界装置确保了良好的安全性。如前所述，在快堆嬗变过程中，因新的次锕系元素的产生而导致长期的消长平衡，而在 ADS 嬗变时，由于裂变份额极高，几乎不产生新的更重的次锕系元素。研究表明，ADS 的嬗变能力比快堆高一个数量级。

不论是快堆还是 ADS，都不能消灭而只能减少次锕系元素和长寿命裂变产物。所以，地质处置库仍然是不可或缺的，只是待处置的高放废物量将大大减少[28]。

2.3.4　部分裂变产物排除方案

图 2.21 为乏燃料再生循环利用系统示意图。该方法是在先进核燃料循环与压水堆乏燃料处理的基础上提出的部分裂变产物排除方案，该方案不对 Pu、U、MA 等核素的进行精细分离，只需移除乏燃料中部分裂变产物，而后再制备为再生的燃料元件，其可在加速器驱动燃烧器进行燃烧。对于 MA 的嬗变随着嬗变组件中 MA 富集度的变化，可以提供 1～12 甚至以上的嬗变支持比。这一系统的目标是最终处置核废料毒性最小化，并使达到铀资源的利用率大于 95%[29-31]。

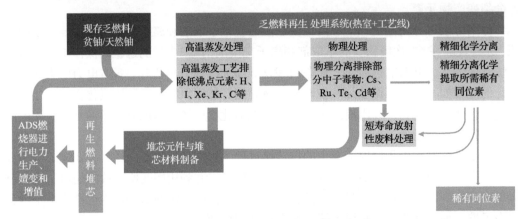

图 2.21　乏燃料再生循环利用系统示意图

部分裂变产物排除方案的原理：ADS 系统燃耗完出堆的乏燃料（包括现存的水堆乏燃料）通过高温蒸发处理（排除易挥发气体元素和半挥发性的裂变产物）、物理分离处理（高温重结晶分离部分稀土元素）、部分精细化学分离（精细分离提取所需稀有同位素）移除。这些乏燃料可制备成再生燃料芯块，与包壳、组件材料等组合成再生燃料组件，进入 ADS 燃烧器进行电力生产、嬗变和增殖，形成闭式燃料循环体系。

2.4　未来核燃料循环系统发展趋势

核电站的运行是涉及整个核工业体系的复杂系统工程，牵扯多个环节的工业产业链。其中与使用的燃料相关的主要环节包括铀资源调查、铀矿开采、水冶、转化、浓缩、铀元件制造、堆内使用、水池暂存、后处理、高放废物暂存、高放废物分离、嬗变、地质处置等环节，所有与燃料相关的环节组成了核燃料的循环体系[32,33]。

美国麻省理工学院(MIT)2011 年发布交叉学科研究报告《核燃料循环的未来》提出：核燃料循环的选择依赖于已证实技术方案的特征以及社会赋予目标的权重（经济、安全、废物管理和防核扩散等），不同的技术选择会导致核电发展的不同路径。MIT 的研究报告认为，经济性是核能作为重要未来能源选项可行性的关键。而在未来数十年内，轻水堆和一次通过核燃料循环是美国倾向的经济选择，也可能是美国和其他地区在 21 世纪大多时间里的主导选择，但目前核燃料循环的政策讨论低估了保存未来方案的价值。该报告有一个关键发现：能够充分利用铀和钍资源的可持续闭式燃料循环不需要高增殖比，接近 1 的增殖比就是可以接受的，并开通了其他燃料循环路径，如用低浓缩铀，而不是高浓铀或钚来启动快堆，从而消除后处理轻水堆核乏燃料来启动闭式燃料循环的需求[34]。

英国皇家学会科学政策中心 2011 年发布《核复兴的燃料循环监护》提出：有核武项目的国家应该将其与民用核电项目分开，并将后者纳入国际安保(防核扩散)，应该开发新型核燃料，将反应堆中使用的核燃料的燃耗最大化，在综合燃料循环管理中，只有在明确了重新使用计划后才对核乏燃料进行后处理，必须最少分离钚。

核能领域已和行业发展早期有巨大差别，有更多方案和途径发展核能与燃料循环，我们必须跳出常规核能发展战略思路定式，建设安全、经济、可持续和防核扩散的核能与燃料循环体系[34]。

2.5　本 章 小 结

从核能开启和平利用以来，核电已经历了第一代原型堆、第二代和第三代商业堆，目前正在向第四代新型核能系统进发。从核燃料循环的视角出发，核燃料在核能系统中释放能量产生电力是核燃料循环的一个中间环节。从核电站卸载出来的乏燃料总量虽然不大，但是它们具有强放射性和毒性，必须进行合理的处置，才能避免乏燃料产生危害。不过，乏燃料并非一无是处，对乏燃料进行妥善的处理，不仅能够降低其放射性和毒性，还能够"变废为宝"。目前我们拥有多种核电技术及相应的核燃料循环路径可供选择。不同技术在经济性、安全性和核不扩散性上的比较优势将会对我们未来做出的选择产生至关重要的影响[31]。

参 考 文 献

[1] 孙德意, 宋浩亮, 徐俊斌. 从世界核电站发展趋势看我国核电发展现状. 上海电气技术, 2011, 4(2): 40-46.

[2] 闫淑敏. 第一代到第四代反应堆. 国外核新闻, 2004, (4): 31-33.

[3] Plans for New Nuclear Reactors Worldwide-World Nuclear Association. [2023-11-30]. https://world-nuclear.org/information-library/current- and-future-generation/plans-for-new-reactors-worldwide.

[4] 闫昌琪. 核反应堆工程. 2 版. 哈尔滨: 哈尔滨工程大学出版社, 2014.

[5] 成松柏. 第四代核能系统与钠冷快堆概论. 北京: 国防工业出版社, 2017.

[6] 何佳闰, 郭正荣. 钠冷快堆发展综述. 东方电气评论, 2013, 107(3): 36-43.

[7] 吴宜灿. 铅基反应堆研究进展与应用前景. 现代物理知识, 2018, 30(4): 35-39.

[8] 臧金光, 黄彦平. 超临界水冷堆研发进展. 核动力工程, 2021, 42(6): 1-4.

[9] KugelerK, Zhang Z Y. Modular High-temperature Gas-cooled Reactor Power Plant. Berlin, Beijing: Springer and Tsinghua University Press, 2019.

[10] 沈苏, 苏宏. 高温气冷堆的特点及发展概况. 东方电气评论, 2004, 18(1): 49-54.

[11] 蔡翔舟, 戴志敏, 徐洪杰. 钍基熔盐堆核能系统. 物理, 2016, 49(9): 578-587.

[12] 黄彦平, 臧金光. 气冷快堆概述. 现代物理知识, 2018, 30(4): 40-43.

[13] 董泽楠. 行波堆技术工程化展望. 科技创新与应用, 2019, 17(3): 147, 148.

[14] John G L, Robert P, Kevan W. The traveling wave reactor. Design and Development Engineering, 2016, 27(1): 88-96.

[15] Feinberg S M. Discussion comment, rec of procsession B-10. ICPUAE, United Nations, Geneva, Switzerland, 1958.

[16] Atefi B, Driscoll M J, Lanning D D. Evaluation of the breed/burn fast reactor concept. 1979. https://doi.org/10.2172/6772419.

[17] Feoktistov L P. The problem of utilization of uranium and plutonium obtained from dismantled nuclear weapons. Physics Doklady, 1995, 345(1): 39-42.

[18] 邹小亮. 气动磁镜聚变驱动铅冷行波堆中子学特性分析研究. 合肥: 中国科学技术大学, 2018.

[19] 王焕光. 加速器驱动次临界系统(ADS)堆芯冷却系统换热优化. 北京: 中国科学院大学, 2013.

[20] 李原野. 加速器驱动次临界钍焚烧堆中子学初步研究. 合肥: 中国科学技术大学, 2015.

[21] 詹文龙, 徐瑚珊. 未来先进核裂变能——ADS 嬗变系统. 中国科学院院刊, 2012, 17(3): 375-381.

[22] 喻章程. 聚变-裂变混合能堆非能动安全系统的应用及安全分析. 北京: 清华大学, 2013.

[23] 盛光昭, 黄锦华. 聚变-裂变混合堆及其在我国核能发展中的作用. 核动力工程, 1991, 12(6): 12-17.

[24] 彭先觉, 师学明. 核能与聚变裂变混合能源堆. 国际热核反应堆专题, 2010, 39(6): 385-389.

[25] 彭先觉, 王真. Z 箍缩驱动聚变-裂变混合能源堆总体概念研究. 强激光与离子束, 2014, 26(9): 1-6.

[26] 刘成安. 聚变-裂变混合堆物理概述. 核技术, 1989, 12(8): 561-564.

[27] International Atomic Energy Agency. Uranium production and raw materials for the nuclear fuel cycle–supply and demand, economics, the environment and energy security. Vienna: IAEA, 2006.

[28] 张建平, 王琳. 我国两种核燃料循环方案的经济分析与评价. 中外能源, 2015, 20(6): 35-41.

[29] Gao F, Ko W I. Modeling and system analysis of fuel cycles for nuclear power sustainability (I): Uranium consumption and waste generation. Annals of Nuclear Energy, 2014, 65: 10-23.

[30] 罗上庚. 高放废物的分离与嬗变. 辐射防护, 1996, 16(1): 72-75.

[31] Yang L, Zhan W L. A closed nuclear energy system by accelerator-driven ceramic reactor and extend AIROX reprocessing. Science China-Technological Sciences, 2017, 60(11): 1702-1706.

[32] Yan X S, Yang L, Zhang X C, et al. Concept of an accelerator-driven advanced nuclear energy system. Energies, 2017, 10: 944.

[33] 詹文龙, 杨磊, 闫雪松, 等. 加速器驱动先进核能系统及其研究进展. 原子能科学技术, 2019, 53(10): 1809-1815.

[34] 张建平. 三种核燃料循环方案特征分析及经济性评价. 南昌: 东华理工大学, 2016.

[35] 刘存兄, 何辉, 叶国安, 等. 核燃料循环"一次通过"情景分析研究. 中国核电, 2020, 13(1): 91-97.

[36] 潘建均, 王毅韧, 李筱珍, 等. 我国核燃料循环标准化发展战略研究. 中国工程科学, 2021, 23(3): 53-59.

第3章

加速器驱动系统的发展

加速器驱动次临界系统(accelerator driven sub-critical system, ADS),简称加速器驱动系统,其嬗变能力强、系统安全性高,被国际公认为是最有前景的长寿命核废料安全处理的装置。加速器驱动系统由强流高能质子加速器、高功率散裂靶、次临界反应堆等系统组成,建设规模和投资较大,目前尚无建成先例。世界上核大国和经济发达的科技强国都持续关注与支持该方面研究,并从战略高度予以部署和实施。美国、欧盟、俄罗斯、日本、韩国等均制定了中长期发展计划和路线图,经过多年的研究和技术攻关,目前国际上 ADS 的研发正在从关键技术攻关阶段逐步转入建设 ADS 原理验证装置阶段。

我国从 20 世纪 90 年代开始在科技部、中国科学院和国家自然科学基金委员会项目支持下开展了一系列 ADS 前期研究。近年来,中国科学院根据我国核能可持续发展的重大需求和国际上的发展态势,提出了我国 ADS 发展路线图,分三个阶段实施:①装置预研阶段,即加速器、散裂靶、反应堆关键技术攻关及集成方案研究与系统设计;②研究装置建设阶段,即建成约 10MW 热集成系统,验证技术路线,开展嬗变试验研究;③工业示范装置建设阶段,即建成几百兆瓦热示范装置,完成示范装置后,由企业牵头进行商业推广。据此,中国科学院于 2011 年实施战略性先导科技专项"未来先进核裂变能——ADS 嬗变系统",启动了第一阶段的任务。至今在强流超导直线加速器、高功率散裂靶、次临界反应堆的设计、关键样机研制及系统集成等方面都取得了突破,使我国具备了建设世界首台加速器驱动次临界研究装置的基础。发展路线图中的第二阶段"加速器驱动嬗变研究装置"(China initiative accelerator driven system, CiADS),已作为在"十二五"期间安排建设的 16 个重大科技基础设施之一被列入《国家重大科技基础设施建设中长期规划(2012—2030 年)》,CiADS 于 2021 年开工建设,预计 2027 年建成。本章主要对 ADS 概念、ADS 物理特性、ADS 装置以及研发进展进行介绍。

3.1 ADS 概念

3.1.1 ADS 概念的提出

核裂变能产生大量的乏燃料,其放射性危害来自钚、镎、镅、锔以及一些长寿命裂变产物碘、锝等。这些放射性核素释放到环境中时会对环境及生命造成危害。放射性废物处置是核燃料循环中的关键步骤。目前,有两种不同的燃料循环方案。第一种是一次循环模式(开放式燃料循环),从反应堆排出的乏燃料不会处理,而是冷却后直接送往地质处置场。这种燃料循环目前在美国、芬兰、瑞典等几个国家得到采用，一次循环模式虽然短期内在成本和防核扩散方面具有一定的战略优势，但是该方法的铀资源利用率低，并且放射废物会带来一些长期地质和环境问题。第二种选择是后处理战略，法国、俄罗斯、日本等国已经采用该方案。该方案从乏燃料中提取铀和钚，并用于制造新的核燃料。后处理产生的锕系元素和裂变产物被玻璃化，并在地质仓库中处置。这种燃料循环方案减少了最终地质掩埋废物的体积、热负荷和辐射毒性[1]。

上述两种方法都包括长寿命的高放射性物质的永久地质掩埋，而长寿命废物的长久地质掩埋给核能的安全利用带来极大的隐患。因此，值得研究一种替代方法，可将长寿命核素从高放射性废物中分离出来并将其转化为短寿命或非放射性废物。许多国家目前正在开发先进的燃料循环方案，以解决与当前核能利用战略有关的主要问题。通过创新的反应堆系统和先进的后处理技术的适当组合，这些创新的燃料循环将允许完全利用自然资源，并保证适当的废物管理。

锕系元素和长寿命裂变产物的分离和嬗变(P&T)策略被认为是减轻地质处置负担的一种手段。由于钚和次锕系元素(MA)是废物长期放射性毒性的主要来源，当这些核素首先从乏燃料中分离，然后通过嬗变后，失去了大部分的长期放射性毒性。因此，P&T策略的部署将在这些未来情景中发挥重要作用，与当前的燃料循环相比，这将大大降低放射性毒性和高放射性废物(HLW)的体积[1]。

ADS是针对P&T策略中的嬗变目标提出的一种先进的核能系统[1,2]。ADS由质子加速器、散裂靶和与次临界堆芯组成。ADS 的功能包括放射性废物(如锕系元素、裂变产物)的嬗变，可以减轻放射性核素地质储存的负担；发电或制热；通过辐照可裂变核素，进行易裂变材料的增殖，增殖燃料给临界或次临界系统使用。加速器驱动的嬗变系统的示意图如图 3.1 所示[1,2]。

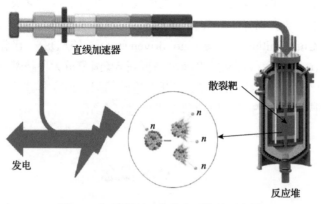

图 3.1　加速器驱动的嬗变系统的示意图

ADS 的特点是通过调节控制加速器的运行参数，可调控中子源的强度和快中子能谱，进而调控次临界反应堆中可裂变/可嬗变核素的嬗变速率。另外，ADS 以非自持链式反应模式运行，并且系统中采用的堆芯是一个深度次临界系统，具有固有安全性，可从根本上杜绝核临界事故发生的可能性，提高了反应堆系统的安全性，从而可提高公众对核能的接受程度。ADS 嬗变系统具有好的中子经济性、高的嬗变支持比、优良的系统安全性，被国际公认为最有前景的核废料嬗变技术途径。

3.1.2　ADS 概念的发展历史

加速器驱动次临界堆系统的基本过程是核嬗变。Rutherford 在 1919 年首次证明了这一过程，他使用高能 α 粒子将 ^{14}N 转化为 ^{17}O。Curie 和 Joliot 于 1933 年利用天然放射性同位素中的 α 粒子将硼和铝转化为放射性氮和氧[1]。由于重原子核的库仑势垒太大，天然放射性的 α 等粒子无法进入此类原子核，因此，重原子核不适用于只含天然放射性粒子的嬗变。然而，回旋加速器解决了天然放射性射线发射粒子能量较低的问题，进而开启了重原子核嬗变的可能性。当与散裂靶结合时，高功率加速器产生的高能粒子可以和散裂靶发生散裂反应从而产生大量中子，进而为核素嬗变提供了一种方法，并且利用散裂反应产生的强中子通量也可以进行如材料辐照等多项研究[1]。

20 世纪 40 年代末，美国 Lawrence 和苏联 Semenov 首次尝试通过加速器产生中子源。第一个应用是用于生产裂变材料的美国劳伦斯利弗莫尔国家实验室的 MTA 项目。1952 年，当美国发现高品位铀矿时该项目被放弃，直至美国为实现核不扩散目标时，布鲁克海文国家实验室等机构进行了通过加速器进行嬗变的研究。而 Chalk River 团队一直支持将加速器技术和 CANDU 反应堆结合进行易裂变核素的增殖[1]。

美国、俄罗斯等国的研究表明，利用加速器进行直接嬗变的装置所需的质子束流远大于 300mA，并且 300mA 质子加速器的年嬗变率仅相当于 1GWe 轻水堆每年产生的废物的一小部分，因此利用散裂过程直接嬗变锕系元素和裂变产物的初步想法很快被放弃。

过去的二十多年里，多项 ADS 研究计划被世界各国逐渐提出。美国布鲁克海文国家实验室提出用于焚烧高锕系元素的快中子 ADS，目前作为 OMEGA 项目的一部分进行研究。美国洛斯阿拉莫斯国家实验室提出一种基于钍燃料循环以及直线加速器的热中子 ADS 系统，用来焚烧钚和更高锕系元素，嬗变裂变产物。1993 年 Carlo Rubbia 在欧洲提出了一种基于回旋加速器的钍基核能 ADS 系统，该 ADS 系统不仅可以减少乏燃料中高放射性核素，还为利用廉价且资源丰富的钍矿提供了一种可能性[1]。

3.2　ADS 物理特性

ADS 是次临界反应堆系统，其链式裂变反应通过与次临界堆芯耦合的质子加速器轰击散裂靶产生散裂中子源维持，通过散裂反应产生中子在靶周围的次临界堆芯中实现倍增。由于 ADS 系统包含加速器、散裂靶、次临界反应堆三个子系统，而每个子系统所设计的物理过程都非常复杂，并且加速器参数和靶参数、靶参数和次临界反应堆参数，两两相互耦合相互影响，每个部分又单独可成为一个研究内容，如对散裂靶来说，除了中子物理相关参数以外，靶体的热工水力学参数、结构参数都是影响散裂靶寿命的关键因素，而次临界反应堆所涉及的问题则更为复杂，除了临界堆芯中所需要考虑的物理、热工、结构性能参数外，外源中子堆对次临界反应堆的影响也至关重要。基于 ADS 系统的复杂性，以及考虑到加速器端输出的束流参数稳定，本节中只是对散裂靶和次临界反应堆的部分内容进行介绍。对散裂靶和次临界反应堆来说，中子物理特性是最基本的参数，因此，本节中只针对散裂靶和次临界反应堆的中子物理性能进行解释说明[1]。

3.2.1 散裂靶物理特性

产生中子的反应过程有多种，经研究发现，散裂反应由于产生中子所需的能量成本低，目前是最适合为次临界堆提供外源中子的反应过程。表 3.1 为产生中子的几种反应过程的比较。

表 3.1 中子产生反应[1]

核反应	入射粒子 (典型能量)	束流流强 /(粒子/s)	中子产额/ (n/inc.part.)	靶功率/MW	沉积能/中子 /MeV	泄漏中子 /(n/s)
(e, γ) 和 (γ, n)	e (60MeV)	5×10^{15}	0.04	0.045	1500	2×10^{14}
$H^2 (tn) He^4$	H^3 (0.3MeV)	6×10^{19}	$1 \times 10^{-5} \sim 1 \times 10^{-4}$	0.3	1×10^4	1×10^{15}
裂变	—	—	~1	57	200	2×10^{18}
散列反应 (不可裂变靶)	p (800MeV)	1×10^{15}	14	0.09	30	2×10^{16}
散裂反应 (可裂变靶)	p (800MeV)	1×10^{15}	30	0.4	55	4×10^{16}

散裂是指高能粒子与靶核的相互作用。散裂中子源是就是利用束流打靶产生中子的装置，而在散裂靶计算中，最重要的过程就是计算散裂反应过程。散裂反应是指高能轻入射粒子轰击重原子核，通过一系列核内强相互作用过程及退激发过程，最终发射出大量强子（主要是中子、质子、π 介子等粒子）、轻核并伴随可能产生的裂变碎片的一种核反应过程。一般地，散裂反应可以通过核内级联（intra-nuclear cascade, INC）过程和余核退激（de-excitation）过程两个阶段来描述。图 3.2 为散裂反应中主要物理过程的示意图。

核内级联是散裂反应过程的第一阶段。在核内级联阶段，由于入射粒子的约化德布罗意波长小于原子核内核子间的平均距离（能量为 GeV 的核子，波长约为 0.1fm，原子核内核子平均距离约为 1fm），因此入射粒子可以直接与靶核内单个核子进行准自由碰撞，将能量部分或全部传递给核内其他核子，获得能量的核子继续与其他核内核子发生同样的碰撞，直到能量损失到核内结合能的水平。该过程称为核内级联过程。在核内级联碰撞过程中，每一次碰撞都有可能打出强子（n、p、π）。由于核内级联过程是核子-核子直接碰撞过程，其渡越时间极短，为 $10^{-23} \sim 10^{-22}$s。核内级联过程中释放出的强子能量较高（大部分为 20MeV 以上到入射粒子能量）。同时，这部分出射粒子带有较大的前冲动量。

相对于核内级联过程，余核退激过程要慢得多，为 $10^{-18} \sim 10^{-16}$s。当核内级联过程结束后，核内核子的动能均匀化，剩余核整体处于激发态。在退激发阶段，余核通过不断"蒸发"出各向同性低能（主要为 10MeV 以下，最高可达核势阱深度能量，约 40MeV）

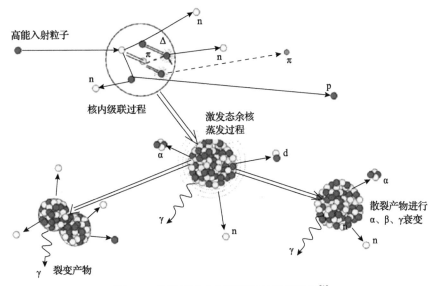

图 3.2　散裂反应中主要物理过程示意图[1]

强子及 d、t、α 等轻带电粒子，进行退激。对于高质量数剩余核，蒸发出 ^{3}He、α 甚至更重轻核的可能性更大。如果剩余核是锕系元素，则还有可能通过裂变进行退激发，而裂变碎片可能继续通过蒸发进行退激。从图 3.2 可以看出，10MeV 以下的出射中子是各向同性的。而这部分中子，正是通过蒸发过程产生。

　　余核通过蒸发进行退激是一个持续的过程，当激发能降低到一定水平以后，不再蒸发强子或轻核，而是通过发射 γ 射线继续释放剩余能量。如果蒸发过程结束后剩余产物是 β 衰变的放射性核，还会进行 α、β、γ 衰变，该过程严格来说已不属于散裂反应范畴。

　　除了级联过程和退激发过程，一般认为两个过程中间还存在一个预平衡过程。通过该过程，高激发态余核通过发射能量略高(相较蒸发粒子)的中子或轻带电粒子变成平衡态复合核，随后进行退激发过程。从物理计算模型的角度出发，很多情况下并不对预平衡过程进行单独的模型调用，这主要是由于很多核内级联(intra-nuclear cascade, INC)模型实际上已经实现了该过程。

　　作为外源中子，散裂中子产额以及散裂中子能谱均会对与散裂靶耦合的次临界堆芯的性能参数有重要影响。另外，散裂中子对散裂靶体的结构材料会造成长期高剂量的辐照。对于有窗靶而言，靶窗所承受的中子剂量最高，而靶窗的寿命直接关乎散裂靶的使用周期。因此，散裂中子的相关特征参数主要为中子产额以及中子能谱两类。

　　散裂中子产额与加速器功率直接相关，即和入射粒子能量直接相关，另外，不同的散裂靶，中子产额也不同。图 3.3 是中子产额和靶核原子以及入射粒子能量之间的关系图[3]，一般随着靶原子序数的增加，中子产额增高。

　　通常情况下，高能粒子轰击产生的激发态重核退激发过程中产生的散裂中子的能谱与裂变中子的能量分布相似，图 3.4 中给出了不同核反应过程的中子能谱[1]。

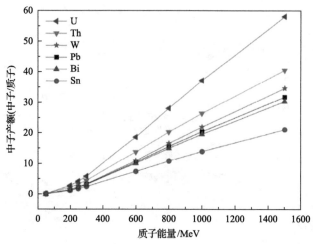

图 3.3　中子产额和靶核原子及入射质子能量之间的关系[3]

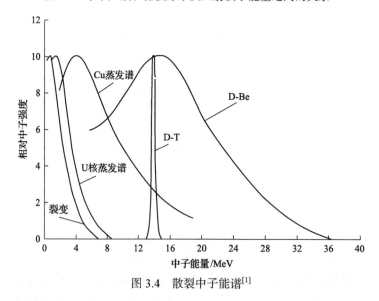

图 3.4　散裂中子能谱[1]

3.2.2　次临界堆芯物理特性

对于反应堆堆芯而言，最基本的特征为有效增殖因子 K_{eff}。次临界堆芯 $K_{eff}<1$，即堆芯自身无法维持链式裂变反应，需要外源中子。在 ADS 系统中，散裂中子作为外源中子，会对次临界堆芯的一些特征参数，如中子通量分布、中子能谱等产生影响，本小节对次临界堆芯的物理特性进行阐述[1,2]。

不论是临界系统还是次临界系统，初始时刻，中子在 A 位置具有特定的能量和空间分布，经过与靶核碰撞后，在 B 位置会以另一个特定的能量和空间出现。求解中子输运方程，就可以得到反应堆中的中子通量随能量、空间以及时间的分布变化规律等反应堆的中子学性能。

根据中子守恒定律，中子的产生率与中子的消失率之差为中子密度的变化。产生率包括堆芯中子的产生和外源中子；消失率包括中子泄漏率和移出率。中子输运方程可以用下面的公式表示：

$$\frac{\partial n}{\partial t} = 中子产生率 - 中子消失率 \tag{3-1}$$

式中，$\frac{\partial n}{\partial t}$ 为系统中子密度随时间的变化率。当 $\frac{\partial n}{\partial t} = 0$ 时，即为稳态。

稳态时，针对有外源的次临界堆芯的中子输运方程可表示为如下形式：

$$\boldsymbol{\Omega} \cdot \nabla \phi(\boldsymbol{r}, E, \boldsymbol{\Omega}) + \Sigma_t(\boldsymbol{r}, E)\phi(\boldsymbol{r}, E, \boldsymbol{\Omega}) - \int_0^\infty \mathrm{d}E' \int_{\Omega'} \Sigma_s f \phi(\boldsymbol{r}, E', \Omega')\mathrm{d}\Omega'$$
$$= Q_{\mathrm{f}}(\boldsymbol{r}, E, \boldsymbol{\Omega}) + S(\boldsymbol{r}, E, \boldsymbol{\Omega}) \tag{3-2}$$

$$Q_{\mathrm{f}}(\boldsymbol{r}, E, \boldsymbol{\Omega}) = \frac{\chi(E)}{4\pi} \int_0^\infty \mathrm{d}E' \int_\Omega \nu(E')\Sigma_f \phi(\boldsymbol{r}, E', \Omega')\mathrm{d}\Omega' \tag{3-3}$$

式中，E 为中子能量；Σ_s 为宏观散射截面；f 为分布函数；Q_{f} 为裂变中子能谱分布；Σ_f 为宏观裂变截面。

将上述玻尔兹曼方程进行简化，写成如下形式：

$$\boldsymbol{A}\phi_{\mathrm{s}} = \boldsymbol{F}\phi_{\mathrm{s}} + \boldsymbol{S} \tag{3-4}$$

式中，$\boldsymbol{A}$ 为包含中子泄漏项、吸收项以及散射项的算符；$\boldsymbol{F}$ 为裂变中子产生项的算符；$\boldsymbol{S}$ 为外源中子项；ϕ_{s} 为外源下的中子通量密度。

与求解临界中子输运方程特征值 K_{eff} 方法类似，文献[4]中提出了 k_{s} 迭代方法，即针对式(3-4)定义 k_{s}，并用 k_{s} 动态调节外中子源强度。k_{s} 的定义如式(3-5)所示：

$$k_{\mathrm{s}} = \frac{\langle \boldsymbol{F}\phi_{\mathrm{s}} \rangle}{\langle \boldsymbol{F}\phi_{\mathrm{s}} \rangle + \langle \boldsymbol{S} \rangle} \tag{3-5}$$

外源中子项可以写为

$$\boldsymbol{S} = \langle \boldsymbol{S} \rangle \cdot S_0 \tag{3-6}$$

式中，$\langle S_0 \rangle = 1$。

此时，式(3-4)可表示为

$$\boldsymbol{A}\phi_{\mathrm{s}} = \boldsymbol{F}\phi_{\mathrm{s}} + \frac{1 - k_{\mathrm{s}}}{k_{\mathrm{s}}} \langle \boldsymbol{F}\phi_{\mathrm{s}} \rangle S_0 \tag{3-7}$$

可以通过迭代方法对式(3-7)进行求解，得到外源下的中子通量 ϕ_{s}[4]。

对于 ADS 系统，由于高能散裂中子的影响，和临界堆芯各向同性的中子通量分布特征不同，次临界堆芯的中子通量分布具有各向异性，如图 3.5 所示[1]。

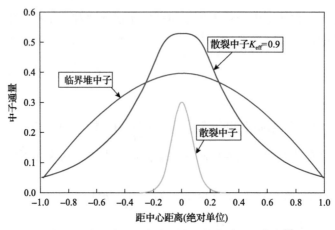

图 3.5 临界堆芯及次临界堆芯的中子通量分布[1]

3.3 ADS 装置和进展

3.3.1 国外 ADS 进展

目前，世界上尚无建成的 ADS 装置，但部分科技发达国家或地区和核大国如欧盟、美国、俄罗斯、日本、韩国、印度等均制订了 ADS 中长期发展计划，以及从关键技术研发到工业示范装置约 30 年的发展路线图，并投入大量的人力物力开展相关研究，其主要目的为嬗变核废料。但总体来说，国际上的相关研究还是不够系统[5]。

欧盟把 ADS 作为核废料处理处置的核心。在以1984 年诺贝尔物理学奖获得者 Rubbia Carlo 教授为首的顾问组领导下，由 7 个国家 16 位科学家制订了研究开发计划框架。在该框架计划的指导下，欧盟各国对 ADS 基础科学问题、外源驱动次临界堆物理、液态金属冷却回路、核废料嬗变相关燃料循环等领域的研究均进行了相关布署。欧盟提出的 EUROTRANS 计划，在欧盟第六框架(FP6)下支持 40 多个大学及研究所参与，计划将原来的 PDS-XADS 方案扩展，其目标：①形成 50～100MWt 的原理示范装置 XT-ADS (eXperimental facility aimed to demonstrate the technical feasibility of transmutation in an accelerator driven system)的先进设计；②由 16MW 加速器驱动的数百兆瓦嬗变堆的欧洲工业废料处理堆(European facility for industrial transmutation, EFIT)的概念设计。研究范围涉及强流加速器技术、中高能核数据、中子学设计程序研究、热工水力设计程序研究、散裂靶物理，以及工业规模验证装置设计等。在欧盟框架计划的指导下各国也有相应的国家研究计划[5]。

欧盟各国 ADS 研究开发工作的特点是充分利用现有的核设施，共同合作开展实验研究。在 ADS 反应堆物理及靶物理方面，比较突出的是利用法国的大型快中子零功率试验装置开展 ADS 中子学研究的 MUSE 计划、利用瑞士保罗谢尔研究所(Paul Scherrer Institute, PSI)的强流质子加速器开展兆瓦级液态 Pb-Bi 冷却的散裂靶研究的 MEGAPIE 计划、利用法国凤凰快中子反应堆开展含 MA 和 LLFP 的燃料元件在中子辐照条件下行为研究等。在强流质子加速器方面，有法国的 IPHI 项目和意大利的 TRASCO 项目，研究射频四极场(radio frequency quadrupole, RFQ)和超导腔技术等。在次临界堆方面，比利时提出的 MYRRHA(XT-ADS)计划替代现有的研究堆 BR-2 用于材料和燃料元件研究，同位素生产以及用于嬗变和生物应用研究。MYRRHA 计划堆芯是由加速器驱动的 Pb-Bi 冷却的快中子次临界堆系统，其主要设计指标：反应堆功率 85MWt，质子能量/流强(600MeV/4mA)的强流加速器，铅铋合金作为靶和冷却剂，有窗设计。该计划开始是多边合作项目，后来演变为欧盟第六框架项目，原计划于 2023 年建成运行，但目前该计划正在设法落实经费。与此同时，由德国亚琛工业大学牵头，提出了基于现有气冷技术的 AGATE 计划，该计划旨在利用现有成熟的气冷技术基础，开发小型化的 ADS 系统，其设计指标：反应堆功率 100MWt，600MeV/10mA 的强流加速器，金属钨作为散裂靶靶材，氦气作为冷却剂，有窗设计[5]。

1998 年，俄罗斯联邦原子能工业部决定启动 ADS 开发计划，形成了以理论实验物理研究所(Institute of Theoretical and Experimental Physics, ITEP)和物理与动力工程研究所(Institude of Physics and Power Engineering, IPPE)为代表，有 10 多个单位参加的工作组。工作内容涉及五个方面：①ADS 相关核参数的实验研究，包括利用现有装置开展中子学实验研究、核参数测量、ADS 中子动力学和钨靶水冷辐照性能等基础性研究；②理论研究与计算机软件开发，包括各种 ADS 次临界装置(热、快、快-热耦合)的热工物理，各种靶结构的散裂中子产额和能谱、靶的热释放、放射性物质产生与辐照损伤，发展了专用的 MENDL-2 数据库，评价了中子能量直到 100MeV 的各种反应截面和质子能量到 200MeV 与靶核相关的 500 多种稳定和放射性核素的截面等；③ADS 实验模拟试验装置的优化设计；④针对低或中等功率水平的 ADS 的 Pb-Bi 冷却平台开展研究工作；⑤质子加速器束流实验研究，重点发展 1GeV/30mA 质子直线加速器；⑥先进核燃料循环的理论与实验研究。俄罗斯拟建造的低功率实验 ADS 是改造 ITEP 的重水研究堆为用加速器驱动的中子发生器(ADNG)。同时改造莫斯科介子工厂的直线加速器作强流脉冲中子源，建造工业规模 ADS 验证装置，目前已提出了概念设计。俄罗斯 ADS 系统研究的重点主要是 ADS 新概念研究，包括快-热耦合固体燃料 ADS 次临界装置概念设计(内区为快中子区，用 Pb-Bi 冷却，作为 MA 焚烧炉；外区为重水冷却的热中子区，以 Th-Pu 混合燃料元件，用含 MA 材料作可燃毒物棒，主要用于研究 ^{99}Tc 和 ^{129}I 的嬗变)和快-热熔盐次临界装置概念设计(为解决散裂靶和次临界装置接口的复杂问题，研究了把散裂靶和快增殖区融为一体的快-热熔盐系统，并开展了概念设计研究)[5]。

美国能源部于 1999 年制订了加速器嬗变核废料工艺的路线图，称为 ATW 计划。从 2001 财政年度开始，正式实施先进加速器技术应用的先进加速器应用(advanced accelerator application, AAA)计划，在 AAA 计划内全面开展 ADS 相关的研究工作，并计划在 2010 年左右建成一座加速器驱动的试验装置——加速器驱动实验装置(accelerator-drive test facility, ADTF)，用于证实 ADS 安全性、加速器与散裂靶及次临界堆系统之间耦合的有效性、嬗变性能和可运行性。现在，ADS 研究是美国先进核燃料循环倡议(advanced fuel cycle initiative, AFCI)的有机组成部分。当前美国洛斯阿拉莫斯国家实验室又提出 SMART 计划，研究核废物的嬗变方案。美国费米国家加速器实验室正在计划建造的

Project X 是一台多用途的高能强流质子加速器，除高能物理研究外，也打算将 ADS 的应用纳入其中，并于 2009 年 10 月召开了强流质子束应用国际研讨会，讨论了 Project-X 用于 ADS 的可行性与前景。美国与俄罗斯合作已建成了实用规模的 Pb-Bi 液态合金回路，并在结构材料腐蚀控制问题上取得进展，同时还开展了工业规模的 ADS 工程概念设计，公开发表钠冷、Pb-Bi 冷和气冷三个设计研究。2010 年，美国能源部又组织撰写了 ADS 系统中加速器和靶技术相关的白皮书[5]。

日本从 1988 年 10 月就启动了最终处置核废料的长期研究与发展的 OMEGA 计划，由日本原子能研究所(JAERI)、日本燃料循环发展研究所(JNC 前身称为 PNC)和电力中央研究所(CRIEPI)负责实施。在研究比较了临界焚烧炉 ABR 和 ADS 的性能之后，认为 ADS 是 MA 嬗变的最佳选择，所以日本有关锕系元素嬗变工艺技术研究计划(options making extra gains from actinides，OMEGA)后期的研究工作集中在 ADS 的开发研究上，先后完成了钠冷却固体钨靶和 Pb-Bi 冷却液体靶两个工业规模级，820MW 热功率的概念设计。日本还同时开展了工业规模的散裂靶和次临堆融为一体的熔盐 ADS 概念设计研究。围绕这些工业概念设计还开展了分离流程、燃料加工和后处理、Pb-Bi 工艺和专用核数据库及计算程序研究开发工作。最近，日本原子能研究开发机构(Japan Atomic Energy Agency，JAEA)和高能加速器研究机构(KEK)联合建造了日本强流质子加速器装置 J-PARC(Japan Proton Accelerator Research Complex)，计划在未来升级工程中，将直线加速器能量提高到 600MeV，开展 ADS 的实验研究，包括材料和 ADS 中子学研究[5]。

韩国和印度等国也都制订了 ADS 研究计划。国际上部分 ADS 装置的设计指标参数参见表 3.2。

表 3.2 国际 ADS 设计参数一览表(部分)[5]

国家或地区	项目	加速器功率/MW	K_{eff}	堆功率/MW	中子通量 /[n/(cm²·s)]	靶	燃料
欧盟	MYRRHA	2.4(600MeV/4mA)	0.955	85	10^{15}	铅铋	MOX
	AGATE	6(600MeV/10mA)	0.95~0.97	100	快，$\approx 10^{15}$	钨(气冷)	MOX
	EFIT/Lead	16(800MeV/20mA)	≈ 0.97	400	快，$\approx 10^{15}$	铅(无窗)	MA/MOX
	EFIT/Gas	16(800MeV/20mA)	0.96	400	快，$\approx 10^{15}$	钨(气冷)	MA/MOX
美国	ATW/LBE	100(1GeV/100mA)	≈ 0.92	500~1000	快，$\approx 10^{15}$	铅铋	MA/MOX
	ATW/GAS	16(800MeV/20mA)	0.96	600	快，$\approx 10^{15}$	钨(气冷)	MOX
俄罗斯	INR	0.15(500MeV/10mA)	0.95~0.97	5	快	钨	MA/MOX
	NWB	3(380MeV/10mA)	0.95~0.98	100	快，10^{14}~10^{15}	铅铋	UO₂/UN U/MA/Zr
	CSMSR	10(1GeV/10mA)	0.95	800	中间，5×10^{15}	铅铋	Np/Pu/MA，熔盐
日本	JAERI-ADS	27(1.5GeV/18mA)	0.97	800	快	铅铋	MA/Pu/ZrN
韩国	HYPER	15(1GeV/10~16mA)	0.98	1000	快	铅铋	MA/Pu

注：加速器功率下方括号中的数据为"粒子能量/流强"。

目前，国际上 ADS 研究已进入物理过程、关键技术和部件的研究及核能系统集成的概念研究，下一步是建设系统集成实验装置，以便为最终工业示范装置的建设奠定坚实的技术基础和积累运行经验。欧盟、美国、日本、俄罗斯等国均结合本国核能发展的实际情况，开展工业规模实用化的 ADS 设计研究，而且都设想在 2030 年左右建成原型装置。下面对一些典型 ADS 装置的进行介绍[5]。

1. 欧盟

在能量放大器概念研究的基础上，法国、意大利、西班牙等国家成立合作组，旨在研究、设计、建造 ADS 的实验装置 PDS-ADS（preliminary design study of an experimental ADS），该装置为后续的工业级嬗变示范装置的前期实验研究装置。该计划得到了欧洲原子能委员会的第五框架计划的经费支持。PDS-XADS 最终设计分为三种：①80MW 铅铋冷却 ADS 实验装置（XADS）；②80MW 气冷却 XADS；③50MW 铅铋冷却多用途混合研究堆（MYRRHA）。

1）80MW 铅铋冷却 XADS[6-11]

该方案是由意大利 ANSALDO 主导设计，系统整体结构如图 3.6 所示，整体分为地下地上两个大分区，由于采用重金属液态铅铋合晶（LBE）作为次临界堆芯的冷却剂，系统地震载荷较大，抗震要求高，因此，地下隔离层采用硫化橡胶以及钢板混合的高阻尼橡胶支座。

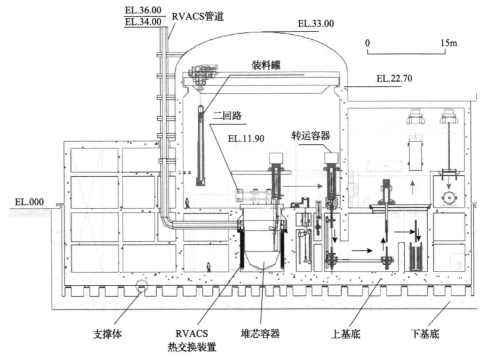

图 3.6　80MW 铅铋冷却 XADS 系统示意图[10]

EL.表示高程，单位 m；RVACS 表示反应堆容器空气冷却系统

鉴于液态铅铋的诸多优点：熔点低、沸点高、良好的中子增殖性能、化学惰性，次

临界堆芯初级回路冷却剂采用液态铅铋。另外，液态铅铋和二回路所选的低压透热有机工质容性好。主回路示意图如图 3.7 所示，采用池式结构，堆芯压力容器为初级回路冷

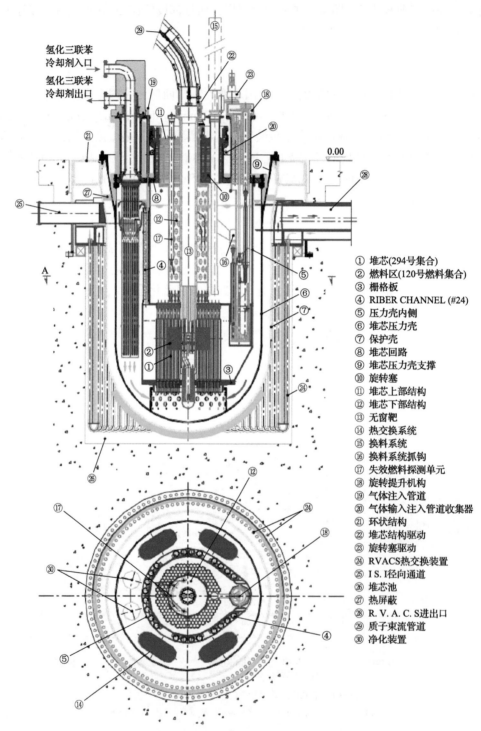

① 堆芯(294号集合)
② 燃料区(120号燃料集合)
③ 栅格板
④ RIBER CHANNEL (#24)
⑤ 压力壳内侧
⑥ 堆芯压力壳
⑦ 保护壳
⑧ 堆芯回路
⑨ 堆芯压力壳支撑
⑩ 旋转塞
⑪ 堆芯上部结构
⑫ 堆芯下部结构
⑬ 无窗靶
⑭ 热交换系统
⑮ 换料系统
⑯ 换料系统抓钩
⑰ 失效燃料探测单元
⑱ 旋转提升机构
⑲ 气体注入管道
⑳ 气体输入注入管道收集器
㉑ 环状结构
㉒ 堆芯结构驱动
㉓ 旋转塞驱动
㉔ RVACS热交换装置
㉕ I S.I 径向通道
㉖ 堆芯池
㉗ 热屏蔽
㉘ R.V.A.C.S 进出口
㉙ 质子束流管道
㉚ 净化装置

图 3.7　80MW 铅铋冷却 XADS 系统主回路示意图[10]

却剂边界，同时为防止放射性泄漏到二回路的隔离边界。堆芯压力容器外侧为安全壳，二者之间的间隙可允许遥控小车装置进入间隙内实现堆芯压力容器裂缝焊接的远程维修操作。堆芯结构材料采用不锈钢。

压力容器顶盖可实现堆内气体密封，盖板同时为旋转塞、换料装置、换热器等结构提供支撑，堆内具有四个管式换热器，堆内换料系统可实现堆顶盖封闭情况下的换料处理。考虑到铅铋的腐蚀性，为了防止换料系统、换热器等装置浸没在液态铅铋中，堆内不采用机械泵，一回路冷却剂的循环通过氦气提升系统以及铅铋的自然循环特性完成。初级回路的设计参数如表 3.3 所示。

表 3.3　初级回路相关参数[10]

参数类型	数值	参数类型	数值
堆芯功率	80MW	堆芯内冷却剂流量	5471kg/s
散裂靶最大功率	3MW	堆芯内冷却剂流速	≈0.42m/s
堆芯进口温度	300℃	氦气流量	120NL/s
堆芯出口温度	400℃	堆内压损	25000Pa
二回路冷却剂入口温度	270℃	初级回路压损	29000Pa
二回路冷却剂出口温度	320℃	LBE 存量	≈1700t

堆芯结构如图 3.8 所示，燃料组件采用 90 棒束的六角形组件。堆芯组件按两区布置，内区两圈共 42 个燃料组件，外区两圈共 78 个燃料组件装料是 Pu 富集度为 28.25% 的 MOX。堆芯外区三圈为 174 组哑组件构成了缓冲区，该缓冲区可进行灵活布置完成多种功能：一是可充当中子反射层及快中子屏蔽层，提高中子经济性并降低堆芯外围结构材料所接受的快中子辐照剂量；二是该区内可布置中子吸收体组件，以确保换料期间堆芯的次临界；三是该区内可布置装载新燃料或者长寿命裂变产物的燃料组件，可实现这些新型组件的辐照测试。堆芯材料相关参数如表 3.4 所示，堆芯的详细几何参数如表 3.5 所示。

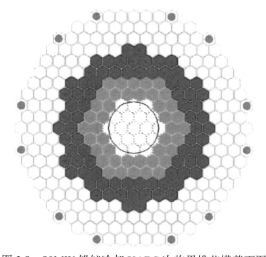

图 3.8　80MW 铅铋冷却 XADS 次临界堆芯横截面图

表 3.4　堆芯材料相关参数

参数类型	数值
内区燃料	超凤凰堆换料燃料
外区燃料	28.25% Pu 的 MOX
燃料包壳	9Cr-1Mo 马氏体-铁素体
组件包壳材料	9Cr-1Mo 马氏体-铁素体
燃料棒格架材料	9Cr-1Mo 马氏体-铁素体
燃料棒轴向热屏蔽体	贫铀

表 3.5　燃料组件相关几何参数

参数类型	数值	参数类型	数值
燃料组件数	120	活性区高度	870mm
组件总长	3600mm	气体上腔室尺寸	162mm
组件对边距	134mm	气体下腔室尺寸	150mm
组件内燃料棒数	90	燃料棒上下热屏蔽高度	15mm
燃料棒对边距	13.41mm	中子吸收体组件个数	12
燃料棒径	8.5mm	组件包壳厚度	2mm
燃料棒总长	1272mm		

堆芯次临界度的要求如图 3.9 所示,分为三种情况进行说明:①基准情况(design basis conditions, DBC);②事故工况情形(design extended conditions, DEC);③换料阶段。DBC 时,次临界堆芯运行 K_{eff} 最高为 0.97,其中 3% 的次临界度考虑了 1%±0.6% 的反应性裕度、冷却剂密度变化、冷却剂温度变化、燃料多普勒效应带来约为 1.4% 的反应性变化。DEC 时,事故导致的安全裕度减小,可带来 0.5%~0.6% 的反应性,由于堆芯 K_{eff} 不高于

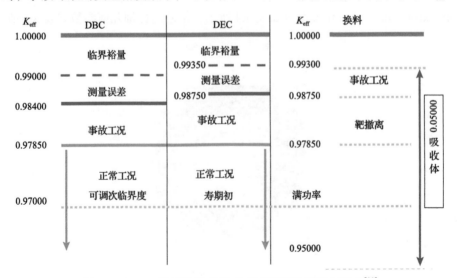

图 3.9　80MW 铅铋冷却 XAD 次临界堆芯次临界度要求[11]

0.97，可保证此时堆芯的安全运行。多普勒效应等带来的反应性引入使得堆芯 K_{eff} 增加到约 0.99，堆芯外区布置有反应性价值为 5000pcm（pcm 为反应性单位）的中子吸收体组件，系统仍然满足堆芯 $K_{eff}<0.95$ 的换料需求。

　　该 XADS 方案中有无窗靶和有窗靶两种散裂靶设计方案，如图 3.10 所示，靶总体结

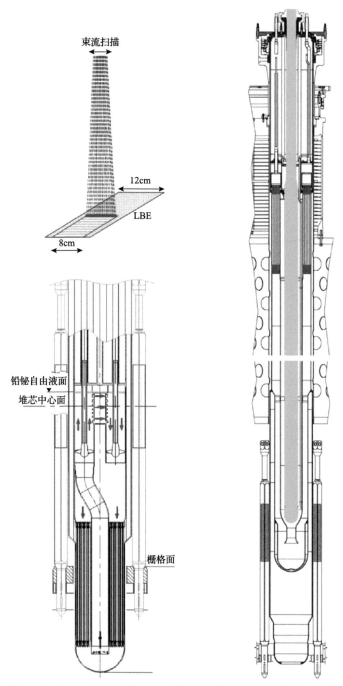

图 3.10　80MW 铅铋冷却 XADS 系统无窗靶和有窗靶结构示意图

构为可拆卸圆柱状结构体，在堆芯中心和次临界堆芯同轴放置。靶体材料均为 LBE，靶窗及靶体大部分的结构材料采用 9Cr-1Mo 铁素体/马氏体钢。靶体结构材料可实现靶体材料和束流相互作用产生的散裂产物向次临界堆芯迁移的物理隔绝。靶窗可作为散裂气体向加速器束管迁移的物理隔绝。对于有窗靶，通过 LBE 的自然循环带走散裂能沉积；对于无窗靶，使用两台机械泵实现冷热铅铋的循环。另外，对于有窗靶，由于靶窗经受束流的高剂量辐照，靶窗寿命制约着靶体的使用周期；对于无窗靶，靶体的更换可同堆芯换料同步进行。

2) 80MW 气冷却 XADS[7,9,12]

80MW 的气冷却 XADS 是由 Framatome ANP 设计的方案，冷却剂采用氦气，堆芯压力容器采用金属容器，二回路冷却剂工质为水。图 3.11 为主回路系统及次临界堆芯

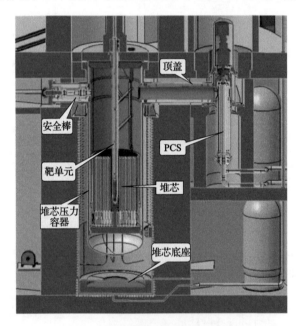

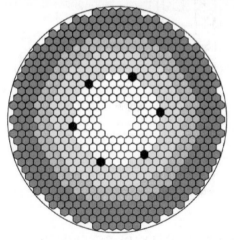

图 3.11　80MW 气冷却 XADS 主回路系统以及次临界堆芯示意图[9,12]

示意图[9]。表 3.6 为初级回路系统主要参数。

表 3.6　80MW 气冷却 XADS 系统初级回路相关参数

参数类型	数值	参数类型	数值
堆芯功率	80MW	堆芯内冷却剂流量	61.6kg/s
初级回路气压	6MPa	堆芯内冷却剂流速	≈30m/s
堆芯进口温度	200℃	换热器冷却剂入口温度	25℃
堆芯出口温度	450℃	换热器冷却剂出口温度	65℃

堆芯布置图如图 3.11 所示，堆芯内径为 27.5cm，堆芯外径为 65.5cm，堆芯组件采用六角形组件，共有 90 组燃料组件布置，燃料组件外围为 3 圈不锈钢反射层组件，燃料组件和反射层组件边界上布置 6 组停堆组件，反射层外围 5 圈布置屏蔽组件，其中，内两圈为含有 B_4C 吸收棒的屏蔽组件，而外围 3 圈为 B_4C 块体的屏蔽组件。堆芯燃料组件采用 37 棒束组件，总长为 480cm，组件壁厚为 0.45cm，组件内燃料棒体总长为 262cm，其中活性区高度为 150cm，棒体排列对边距为 1.678cm，燃料棒外径为 1.3cm，燃料棒包壳为 0.05cm，堆芯燃料为 MOX 燃料，其中 Pu 的质量分数最高不超过 35%。堆芯的次临界度的设定思路同 80MW LBE 冷却 XADS，寿期初堆芯的 K_{eff} 为 0.97。散裂靶采用 LBE 冷却有窗靶，在次临界堆芯中心与堆芯同轴放置[12]。

3）MYRRHA[13-18]

MYRRHA 最初起源于 ADONIS 项目（1995～1997 年），之后作为欧盟第五研发框架（FP5）提出的 PDS-XDS 方案之一进行了更新设计，提出了 50MW 铅铋冷却系统。2005 年之后，欧盟的第六框架计划（FP6 EUROTRANS）项目提出两个指标：一是完成工业嬗变装置 EFIT 的概念设计，目标包括百兆瓦铅冷堆芯，较多的 MA 装载量，电能输出；二是完成 XT-ADS 的详细设计，XT-ADS 是 EFIT 的前期辐照测试平台，设计指标低于 EFIT，采用熔点更低的 LBE 冷却剂。SCK-CEN 提出的 MYRRHA Draft 2 作为 MYRRHA/XT-ADS 的研究基础，在此基础上，再一次对 MYRRHA 方案设计进行了更新，2009 年开始，出于实现加速器、散裂靶、反应堆三者耦合的工业示范装置，嬗变高放次锕系核素，灵活的快堆辐照装置等多个目标的出发点，MYRRHA-FASTEF 得到了欧盟委员会 FP7 中央设计小组（FP7 EC Project CDT）的支持。另外，MYRRHA 还受到了 MAXSIMA 和 MYRTE 项目的支持，在这不同项目的支持背景下，出于不同阶段的目标，MYRRHA 的设计方案经历了多次更新。2014 年，SCK-CEN 确定了可交付施工单位的初级回路的设计方案。2015 年，SCN-CEN 提出了三种工程进度方案，最终确定了先安装加速器，之后安装反应堆的工程实施方案，并且提出了 2016～2024 年的发展计划，包括初期 100MeV 加速器的样机研制及安装，到后期 600MeV 加速器的出束，反应堆的建造安装，并计划于 2030 年开始束流及反应堆的调试工作。

图 3.12 为 MYRRHA 系统示意图，是一个包含加速器、散裂靶、重金属冷却堆芯的研究装置，其堆芯可在次临界/临界两种模式下运行。加速器输出束流为能量为 600MeV，

流强为 2.5mA 的质子束流。MYRRHA 各部分布局如图 3.13 所示。图 3.14 为 MYRRHA 初级回路示意图（池式结构），其初级回路参数如表 3.7 所示。

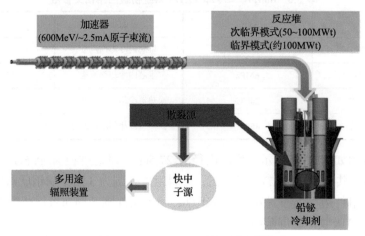

图 3.12　MYRRHA 系统示意图[17]

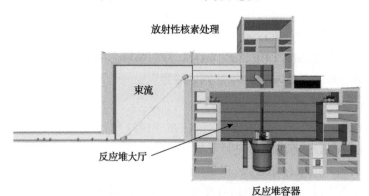

图 3.13　MYRRHA 各部分布局示意图[16]

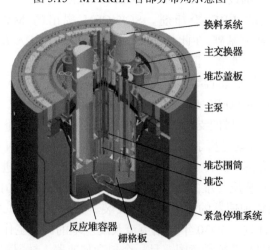

图 3.14　MYRRHA 初级回路示意图[14]

表 3.7 MYRRHA 初级回路相关参数

参数类型	数值	参数类型	数值
堆芯功率	70MW	初级回路内总流量	13800kg/s
堆芯进口温度	270℃	LBE 总量	7600t
热端气室温度	325℃	冷端温度	200℃
堆芯平均温差	90℃	压力容器直径	10.4m

MYRRHA 的设计目标之一为多用途研究装置,因此 MYRRHA 的堆芯可实现在次临界以及临界状态下灵活转换。临界运行时,散裂靶的位置放置控制组件,反之,当散裂靶在堆芯中心时,堆芯以次临界模式运行。MYRRHA 次临界堆芯的结构如图 3.15 所示。堆芯采用六角形组件,包含 211 个组件位置,其中 55 个位置称作多功能通道,可从堆芯顶部直接进行操作,包括控制组件、有窗散裂靶、辐照装置等构件的操作。燃料组件和反射层组件从底部进行装载。堆芯采用 MOX 燃料,Pu 含量范围为 30%~35%,可允许最多 6 个装载大量 MA 的燃料组件,MA 组分初步设计定为 50%Pu、46%Am、2%Np、2%Cm。临界运行时功率约为 100MWt,燃料组件数为 108。次临界模式运行时,功率约为 70MWt,燃料组件数为 72,燃料卸料燃耗深度为 59.1MW·d/kgHM(HM 表示重核),堆芯中心位置快中子(>0.75MeV)通量为 1.1×10^{15}n/(cm²·s)。次临界运行时,堆芯 K_{eff} 为 0.95。

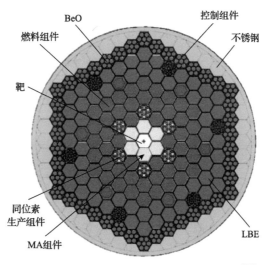

图 3.15 MYRRHA 次临界堆芯横截面示意图[14]

2. 日本[19-22]

JAEA 提出的 ADS 示意图如图 3.16 所示,系统主要参数如表 3.8 所示。

初级回路依然为池式结构,堆芯、初级泵、蒸汽发生器、辅助换热器集成在堆芯压力容器内。一回路冷却系统包含两个机械泵、四个蒸汽发生器。散裂靶及堆芯产生的热量通过一回路铅铋共晶(LBE)的强迫循环以及蒸汽发生器实现和二回路水/蒸汽回路的换热。一回路中还包括作为备选的衰变热移出系统的辅助冷却系统。

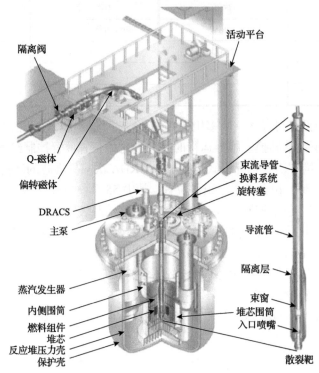

图 3.16　JAEA 提出的 ADS 示意图[20]

表 3.8　JAEA 提出的 ADS 系统主要参数[22]

参数类型	数值	参数类型	数值
堆芯功率	800MW	运行周期	600EFPDs
冷却剂及散裂靶材料	LBE	嬗变量	250kg MA/300EFPDs
冷却剂进口温度	300℃	质子能量	1.5GeV
堆芯最大 K_{eff}	0.97	最大质子流强	20mA

注：EFPDs 表示满功率天。

图 3.17 是包含了次临界度调节棒的一回路示意图以及次临界堆芯横截面结构示意图，次临界度调节棒材料为 B_4C。堆芯组件为六角形组件，包含 84 个包含 MA 的燃料组件，MA 和 Pu 组分为燃耗深度为 45GW·d/t 的压水堆乏燃料，燃料组件采用 391 棒束结构。堆芯中心 7 个组件为 LBE 散裂靶位置。

除了 JAEA 提出的 ADS 设计之外，日本 J-PARC 提出嬗变实验装置(TEF)的计划[21]。该装置包括两部分：一部分是嬗变物理实验装置 TEF-P，其目的是研究低功率下次临界堆芯以及快谱堆芯的物理特性和核数据，积累 ADS 运行经验，质子能量为 400MeV，束流功率为 10W，堆芯热功率为 500W，TEF-P 是零功率堆芯，堆芯中心为棒状组件，通过移除中心部分组件，引入散裂靶，从而灵活实现次临界状态的运行，同时，通过含有

MA 的组件和中心棒状组件的替换,实现 MA 的灵活装载,TEF-P 示意图如图 3.18 所示;另一部分是 ADS 靶实验装置,其目的是探索研究高功率质子束辐照下的液态铅铋散裂靶及相关材料,质子束能量为 400MeV,束流功率为 250kW。

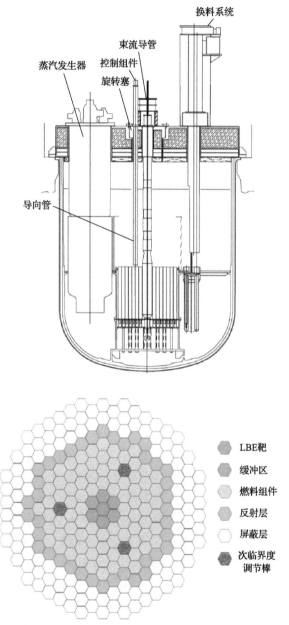

图 3.17　JAEA 提出的 ADS 一回路示意图以及次临界堆芯横截面示意图[19,22]

3. 韩国

韩国于 1997 年提出了 HYPER(hybrid power extraction reactor)的概念设计,其设计

目的是可嬗变超铀核素以及长寿命核素[17]。堆芯采用池式设计，HYPER 的主要参数如表 3.9 所示。

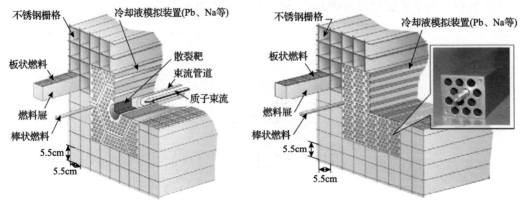

图 3.18　TEF-P 示意图[21]

表 3.9　HYPER 的主要参数

参数类型	数值	参数类型	数值
堆芯功率	1000MWt	堆芯最大 K_{eff}	0.98
冷却剂及散裂靶材料	LBE	质子能量	1GeV
TRU 嬗变率	282kg/a	FP 嬗变率	28kg/a(^{99}Tc)，7kg/a(^{129}I)
堆芯进口温度	340℃	堆芯出口温度	490℃

HYPER 轴向及横截面示意图分别如图 3.19 及图 3.20 所示，堆芯的燃料组件、燃料分三区布置，其中内区 48 组、中间区 54 组、外区 96 组，还有 6 组控制组件，燃料组件参数如表 3.10 所示。

3.3.2　我国 ADS 进展

我国从 20 世纪 90 年代起开展 ADS 概念研究。1995 年在中国核工业集团有限公司(以下简称中核集团)的支持下成立了 ADS 概念研究组，开展以 ADS 系统物理可行性和次临界堆芯物理特性为重点的研究工作。1999 年起实施的 973 计划项目 "加速器驱动的洁净核能系统(ADS)的物理和技术基础研究"，建成了快-热耦合的 ADS 次临界实验平台，在强流电子回旋共振(ECR)离子源、配套 ADS 中子学研究专用计算机软件系统、ADS 专用中子和质子微观数据评价库、加速器物理和技术、次临界反应堆物理和技术等方面的探索性研究取得一系列成果，包括建立了快-热耦合的 ADS 次临界实验平台——"启明星一号"等。ADS 研发在 2007 年再次得到 973 计划的支持。与此同时，中国科学院还重点支持了超导加速器技术研发，并结合相关研究所优势部署了重大项目"ADS 前期研究"。这些研究工作为今后的 ADS 研发、物理验证和工业示范打下了坚实的物理技术基础。

经过 2009～2010 年全面深入的酝酿和筹备，中国科学院组织召开数轮高层次专家的咨询评议，认为 ADS 用于核废料的嬗变是合理的选择，并为我国未来 ADS 发展路线提

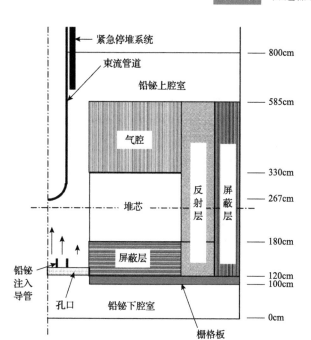

图 3.19 HYPER 轴向示意图[23]

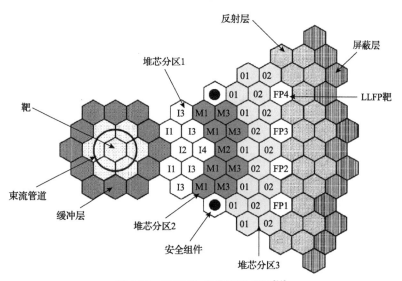

图 3.20 HYPER 横截面示意图[23]

表 3.10 燃料组件参数

参数类型	数值	参数类型	数值
燃料	U-TRU-Zr	P/D	1.49
包壳材料	HT-9	燃料等效密度	75%
组件内燃料棒数	204	活性区长度	150cm
棒径	0.77cm	组件对边距	17.0075cm
包壳厚度	0.06cm	控制棒个数	13

出了积极的建议，考虑到我国核废料积累的增长速度，ADS 系统在 2032 年左右投入实际使用是非常必要的，因此必须加快 ADS 的研发。2011 年 1 月 11 日，中国科学院批准"未来先进核裂变能——ADS 嬗变系统"作为 A 类战略性先导科技专项实施，主要由中国科学院近代物理研究所、中国科学院高能物理研究所、中国科学院合肥物质科学研究院承担，中国科学院及国内其他相关研究单位参与。该专项面向我国核能发展战略需求，针对 ADS 第一阶段原理验证，开展了相关的科学问题和关键技术问题的前瞻基础研究，同时建设创新团队和配套科研基地。通过两年多的 ADS 系统关键技术攻关，在超导直线质子加速器、高功率重金属散裂靶、次临界反应堆的设计、关键部件与样机研制等方面都取得了突破性进展，同时在国际上率先探索 ADS 系统集成技术，为在我国率先建设 ADS 研究装置奠定了坚实的基础[2,3,24,25]。

中国科学院先导科技专项实施过程中，承担单位积极开展了与国内外相关研究单位的交流与合作。例如，在国内与中核集团、中国广核集团有限公司、国家核电技术公司、清华大学核能与新能源技术研究院等单位合作开展反应堆设计、堆工物理、反应堆安全、核数据、反应堆中子学、辐照材料、核燃料、长寿命核废料分离与放射化学等方面的研究；国际上，与瑞士保罗谢勒研究所（Paul Scherrer Institute, PSI）开展了重金属散裂靶、反应堆、放射化学、核燃料以及辐照材料等方面的合作研究，与美国的杰斐逊国家实验室（JLab）、橡树岭国家实验室（Oak Ridge National Laboratory, ORNL）等开展强流质子加速器及散裂靶方面的合作研究，将与法国原子能和替代能源委员会（CEA）和国家科学研究中心（CNRS）开展放射化学、核燃料等方面的合作研究，与日本原子能研究开发机构（JAEA）等合作开展材料及液态金属回路方面的合作研究等。

ADS 嬗变系统属于未来先进核能科技，目前还需长期的大量投入，具有典型的战略性、前瞻性和基础性。中国科学院建制化的研究所体系结构和齐全的学科研究布局，使其在组织协调和综合创新方面具有极强的能力。因此，2015 年，中国科学院提出建设一台加速器驱动嬗变研究装置（CiADS），作为我国建设加速器驱动嬗变核废料工业示范装置的前期预制研究工程。由中国科学院牵头组织 ADS 嬗变系统研究，不仅可发挥其科技先锋作用，还可与我国核工业系统形成合理分工、强强互补的整体格局。目前 CiADS 已经获得国家发改委批复，正在建设中，预计 2027 年建成。

3.3.3 零功率装置

1. KUCA

KUCA 是日本京都大学于 1974 年建造的多堆芯研究装置[26]，可供日本多家单位进行反应堆物理研究，具有两个固体慢化堆芯以及一个轻水慢化堆芯。1998 年，京都大学提出在 KUCA 堆上进行 ADS 相关实验研究的计划，近年来基于 KUCA 的固体慢化反射堆芯以及 FFAG 加速器输出的 100MeV 的质子束流，陆续进行了一些 ADS 的相关实验研究。研究内容包括 ADS 的中子学特性，对堆芯稳态和动态参数包括反应性、中子能谱、中子倍增性能、中子衰变常数、次临界度进行了蒙特卡罗模拟计算以及实验测量，进而对实验测量方法或者蒙卡模拟计算的准确度进行了评判。未来，基于 JAEA 提出的 ADS

方案中所选用的 LBE 作为一回路冷却剂及散裂靶材料，KUCA 将进行包含高富集度 U
燃料以及铅铋堆芯，期望得到铅铋固体靶下的中子产额即中子能谱、Pb-Bi 截面的不确定
度，同时，还将添加 LBE 回路装置，完成 LBE 的流体性能即热工性能的研究[27]。ADS
的物理特性研究是在 KUCA 的聚乙烯作为固体慢化剂即反射层材料的 A core 上进行的，
堆芯示意图如图 3.21 所示。

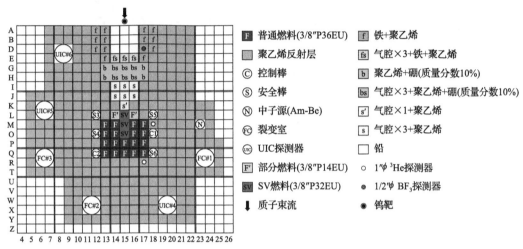

图 3.21　基于 KUCA 的 ADS 实验布局示意图[27]

2. VENUS-Ⅱ

在中国科学院 CiADS 项目的支持下，中国科学院和中国原子能科学研究院共建了零
功率装置"启明星二号"（VENUS-Ⅱ），该装置于 2017 年初完成达标测试。VENUS-Ⅱ
包括两部分：一是铅冷快谱堆芯；另一部分是水冷热谱堆芯。铅冷快谱堆芯的示意图如
图 3.22 所示，水冷热谱堆芯如图 3.23 所示。二者均为铀棒栅结构。自 VENUS-Ⅱ 建成后，

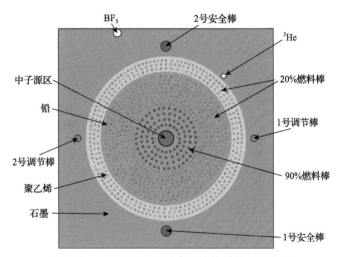

图 3.22　VENUS-Ⅱ 零功率铅冷快谱堆芯示意图

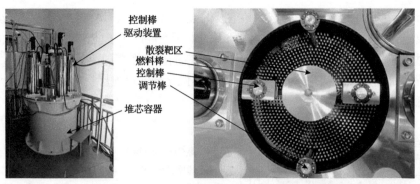

图 3.23　VENUS-Ⅱ零功率水冷热谱堆芯示意图[28]

开展了多项研究内容，包括固体钨靶的中子产额、中子能谱、钨靶核数据、颗粒钨靶的中子特性、铅冷堆芯中子能谱测量、反应性引入的动力学特性等[28-30]。

3.3.4　实验测试装置

MEGAPIE 是由众多研究机构参与的国际合作组织于 1999 年提出的功率为 1MW 的液态铅铋有窗散裂靶实验装置，参与机构有 PSI（瑞典）、CEA（法国）、KIT（德国）、ENEA（意大利）、SCK CEN（比利时）、DOE（美国）、JAEA（日本）、KAERI（韩国）。靶体在法国制造组装，辅助结构由瑞典及意大利设计制造。该装置于 2006 年完成整体测试，之后项目成员在 MEGAPIE 上进行了多项研究，包括散裂中子特性、材料特性、LBE 的热工水力特性、结构材料机械性能、实验及数值模拟方法等[31]。MEGAPIE 的流体回路示意图如图 3.24 所示。

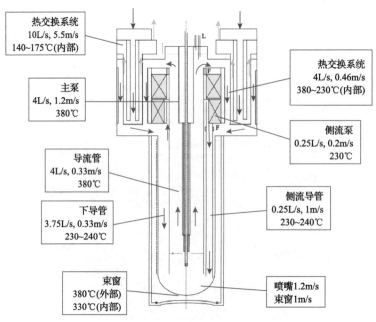

图 3.24　MEGAPIE 的流体回路示意图[31]

不同颜色的箭头表示不同温度的流体流向

3.4　本　章　小　结

本章介绍了 ADS 系统概念提出的背景和发展历史、系统和物理特性以及国内外研究进展等。ADS 系统概念是在当前日益增长的能源需求和对环境友好型能源的需求背景下提出，世界各国提出的分离和嬗变策略，针对该策略中的嬗变需求，鉴于 ADS 系统的快中子能谱、安全性高等特点，ADS 可以实现嬗变目标，因而成了近年来国际上核能领域的研究热点。本章 3.1.2 节对 ADS 系统概念的发展历史进行了介绍，进而针对 ADS 系统物理特性进行了说明，尤其是次临界堆芯中子学特性。3.3.1 节综述了当前国际上各国提出的 ADS 发展计划，并且针对较为典型的一些 ADS 概念设计进行了分类介绍，主要针对各设计中的散裂靶及次临界堆芯的介绍。3.3.3 节和 3.3.4 节分别针对当前国内国外各研究机构为 ADS 项目进行的一些零功率装置及实验测试装置进行了介绍。

参 考 文 献

[1] International Atomic Energy Agency. Status of Accelerator Driven Systems Research and Technology Development. Vienna: IAEA, 2015.

[2] Yan X S, Yang L, Zhang X C, et al. Concept of an accelerator-driven advanced nuclear energy system. Energies, 2017, 10: 944.

[3] Yang L, Zhan W L. A closed nuclear energy system by accelerator-driven ceramic reactor and extend AIROX reprocessing. Science China Technological Sciences, 2017, 60: 1702-1706.

[4] 周生诚. 加速器驱动次临界嬗变堆芯的中子学计算及燃料循环分析研究. 西安: 西安交通大学, 2017.

[5] 徐瑚珊, 赵红卫. 加速器驱动嬗变研究装置项目建议书. 中国科学院, 北京, 2015.

[6] Nifenecker H, David S, Loiseaux J M, et al. Review Basics of accelerator driven subcritical reactors. Nuclear Instruments and Methods in Physics Research A, 2001, 463: 428-467.

[7] Cinotti L, Giraud B, Aït Abderrahim H. The experimental accelerator driven system (XADS) designs in the EURATOM 5th framework programme. Journal of Nuclear Materials, 2004, 335: 148-155.

[8] Cinotti L, Gherardi G. The Pb-Bi cooled XADS status of development. Journal of Nuclear Materials. Materials Aspects of Fission and Fusion, 2002, 301: 8-14.

[9] Giraud B, Locatelli G, Cinotti L, et al. Preliminary design study of an experimental accelerator-driven system. European Commission, Brussels, 2005.

[10] Mansani L, Cinotti L, Carluec B, et al. Status of the studies performed by the European industry on the LBE cooled XADS// International Workshop on P&T and ADS Development, Belgium, 2003.

[11] Mansani L, Monti R, Neuhold P. Proposed subcriticality level for an 80 MWth lead bismuth cooled ADS. Ansaldo Nuclear Division, Genova, 2002.

[12] Mansani L, Burn K W, Tinti R, et al. Proposed core configurations for a gas cooled and a lead-bismuth eutectic cooled ADS system//ENC 2002, Lille, 2002.

[13] Abderrahim H A, De Bruyn D, Dierckx M. et al. MYTTHA accelerator driven system programme: Recent progress and perspectives. Izvestiya Wysshikh Uchebnykh Zawedeniy, Yadernaya Energetika, 2019, 2: 29-41.

[14] Abderrahim H A, De Bruyn D J, Van den Eynde G, et al. Accelerator driven subcritical systems. Encyclopedia of Nuclear Energy, 2021, 4: 191-202.

[15] Sarotto M, Castelliti D, Fernandez R, et al. The MYRRHA-FASTEF cores design for critical and sub-critical operational modes. Nuclear Engineering and Design, 2013, 265: 184-200.

[16] Engelen J, Abderrahim H A, Baeten P, et al. MYRRHA: Preliminary front-end engineering design. International Journal of Hydrogen Energy, 2015, 40(44): 15137-15147.

[17] Abderrahim H A, Giot M. The accelerator driven systems, a 21st century option for closing nuclear fuel cycles and transmuting minor actinides. Sustainability, 2021, 13(22): 12643.

[18] Abderrahim H A, Peter B, De Bruyn D, et al. MYRRHA-A multi-purpose fast spectrum research reactor. Energy Conversion and Management, 2012, 63: 4-10.

[19] Sugawara T, Takei H, Iwamoto H, et al. Research and development activities for accelerator-driven system in JAEA. Progress in Nuclear Energy, 2018, 106: 27-33.

[20] Tsujimoto K, Oigawa H, Kikuchi K, et al. Feasibility of lead-bismuth-cooled accelerator driven system for minor-actinide transmutation. Nuclear Technology, 2008, 3: 315-328.

[21] Meakawa F, Transmutation Experimental Facility Design Team. J-PARC transmutation experimental facility program. Plasma and Fusion Research: Overview Articles, 2018, 13: 2505045.

[22] Sugawara T. Japan ADS project, reports for a workshop on the status of ADSs research and technology. Japan Atomic Energy Agency. CERN, 2017.

[23] Song T Y, Kim Y, Lee B O, et al. Design and analysis of HYPER. Annals of Nuclear Energy, 2007, 34: 902-900.

[24] Zhan W L, Xu H S. Advanced fission energy program-ADS transmutation system. Bulletin of the Chinese Academy of Sciences, 2012, 27: 375-381.

[25] Yang L, Zhan W L. A closed nuclear energy system by accelerator-driven ceramic reactor and extend AIROX reprocessing. Science China Technological Sciences, 2017, 60: 1702-1706.

[26] Pyeon C H, Yagi T, Takahashi Y, et al. Accelerator driven subcritical system as a future neutron source in Kyoto university research reactor institute-basic study on neutron multiplication in the accelerator driven subcritical reactor. Progress in Nuclear Energy, 2020, 37: 1-4.

[27] Pyeon C H, Yagi T, Yoshiyuki O, et al. Perspectives of research and development of accelerator-driven system in Kyoto University Research Reactor Institute. Progress in Nuclear Energy, 2015, 82: 22-27.

[28] Long G, Chen L, Zhou Q, et al. Measurement of tungsten granular target worth on VENUS-II light water reactor and validation of the granular target model. Annals of Nuclear Energy, 2021, 150: 107825.

[29] Wan B, Zhou Q, Chen L, et al. Reactivity measurement at VENUS-II during control rods drop based on inverse kinetics method. Nuclear Engineering and Design, 2018, 338: 284-289.

[30] Zhang L, Yang Y W, Ma F, et al. Deterministic simulation of the static neutronic characteristics for the lead core of VENUS-II facility. Nuclear Engineering and Design, 2019, 353: 110258.

[31] Latge C, Wohlmuther M, Dai Y, et al. MEGAPIE: The world's first high-power liquid metal spallation neutron source. Thorium Energy for the World, 2016: 279-287.

第 4 章

加速器驱动先进核能系统概述

2021 年 9 月，《中共中央 国务院关于完整准确全面贯彻新发展理念做好碳达峰碳中和工作的意见》明确指出："积极安全有序发展核电"。核裂变能有着持续稳定的电力输出和极高的能量密度，对于波动性的太阳能和风力发电来说是良好的稳定剂，是推动我国能源结构转型、实现国家"双碳"目标不可或缺的低碳能源。然而，铀资源储量有限，现有技术的铀利用率低且会产生大量高放废料，为提高核能安全性指标会增加经济性压力，使得开发安全绿色经济的可持续核能系统成为未来核能发展的重点。迄今为止，国际上还没找到一种有效的乏燃料处理方法，这也成为制约核电可持续发展的瓶颈之一。避免重蹈欧美核电大国"先发电，废料留给子孙后代"的弯路，摆脱核能技术跟随的发展惯性，独立自主发展新型核能核心技术，对我国 2035 年以后的能源安全和发展新型核能意义深远。

针对这一系列挑战性难题，中国科学院战略性先导科技专项(A 类)已于 2011 年立项并开展研究，在此期间提出了加速器驱动先进核能系统(accelerator-driven advanced nuclear energy system, ADANES)的原创性概念。中国科学院近代物理研究所联合相关单位对超导直线加速器、高功率散裂靶、堆芯结构材料、乏燃料处理和新型燃料制备等技术进行了大规模的前期计算与试验，证明了其原理的可行性，并取得了诸多突破性的进展。未来计划通过 15~30 年的努力，建成完全自主知识产权的百兆瓦级 ADANES 系统，形成数字孪生平台和人工智能操作系统的工业级标准化系统，最终使我国拥有一种安全性好、环境友好、经济性好的可持续的裂变核能系统，满足我国 2035 年以后的能源需求。

4.1 ADANES 概念

4.1.1 ADANES 概念的提出

国际未来电力消费的趋势是总量持续增加，电力供应结构进一步优化，低碳能源发电占比将不断提升，为低碳能源提供了一个前所未有的发展空间。核能作为一种重要的低碳能源，有着持续稳定的电力输出，以及极少量铀矿资源即可释放大量电能的显著优势。经过半个多世纪的发展，核裂变能已在部分发达国家成为主要的低碳能源，如法国核电约占 70%，美国接近 20%。但是，铀资源利用率低下带来的铀资源供应危机，以及亟待无害化处置的大量高放废料，也越发引人关注。目前，核燃料循环主要有一次通过方案和部分闭式循环方案[1-11]。2011 年日本福岛核事故暴露了核电站长期堆存大量乏燃料的问题，迫使人类必须加快乏燃料有效处置的研发。未来发展先进核裂变能系统机遇与挑战并存。

第四代核能系统国际论坛提出了未来核裂变系统发展目标为可持续性、安全性、经济性和防核扩散[12,13]，图 4.1 为核裂变能的发展策略。目前，国际主流核反应堆为第二代反应堆(包括压水堆、沸水堆、重水堆等)，其一次通过策略的核燃料利用率很低(约 1%)，并产生大量的高放射性乏燃料，放射性水平衰变到天然本底所需时间为百万年量级。当前美国的乏燃料现存为 8 万～9 万 t。预计到 2030 年，中国的乏燃料将超过 2 万 t，其暂存和最终地质储存均存在重大的安全隐患[14]。"铀钚复用"部分闭式循环系统(可使用 MOX 燃料)可将燃料利用率提高到 1%～2%，但并未从根本上解决燃料利用率低和乏燃料处理问题。精细的分离和嬗变(partitioning and transmutation, P&T)研究正在进行中，但镧系锕系的精细分离技术的成熟度和经济性还需进一步检验。加速器驱动系统(ADS)是 20 世纪核科学技术发展中加速器和反应堆两大工程的"结合体"，能够高效地将长寿命次锕系高放核废料嬗变成短寿命核废物，同时减小储存体积。ADS 被认为是最有效的核废料处置技术，但目前世界上尚无建成先例[14-23]。

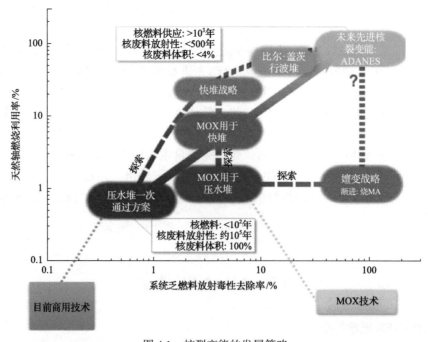

图 4.1　核裂变能的发展策略

针对核能面临的挑战以及 GIF 未来核裂变能的发展目标，中国科学院提出 ADANES 的原创性概念[16-18,24-26]，ADANES 将铀资源的利用率由不到 1%提高到超过 95%，核废料的放射性寿命由数十万年缩短到约 500 年。该系统可有效解决传统加速器驱动次临界系统在处理核废料问题中存在的技术难度大、经济性缺乏和不可避免的大量次级放射沾污等难题。

ADANES 包括燃烧器和乏燃料再生循环利用两部分。其中 ADANES 燃烧器是由传统加速器驱动次临界系统演化而成，具有可控的高反应性，对包含裂变产物的再生乏燃料进行嬗变、增殖和产能，即烧掉放射性核素，把核燃料利用率提高近百倍，使核裂变能可持续成千上万年；ADANES 乏燃料再生循环利用采用较简易的新原理排除乏燃料中部分裂变产物，最终处置的核废料放射性寿命由数十万年缩短到约 500 年，这就构成理想的核燃料闭式循环。通过对现有乏燃料的处理与传统技术有效衔接，进而可实现核裂变能的升级换代。该系统能够有效提供万年以上的能源供给，有望实现核裂变能的稳定可持续发展，满足我国内陆核电和向国际推广的发展需求。

在中国科学院战略先导科技专项、国家自然科学基金委员会重大研究计划项目、科技部 973 计划项目等的前期支持下，取得的成果主要包括：独立自主研制的 ADS 超导直线加速器样机在国际上首次实现束流强度 10mA 连续波质子束 176kW 运行；原创性地提出了颗粒流散裂靶概念并建成原理样机；联合中国原子能科学研究院，突破了次临界堆装置关键技术并实现零功率装置"启明星 II 号"首次临界；已利用超算等模拟手段证明乏燃料再生循环系统原理可行性，在乏燃料分离、再生燃料元件制备等方面提出新方法。

目前 ADANES 系统目前已被列入中国科学院科技支撑碳达峰碳中和行动计划，并已纳入中国科学院近代物理研究所"十四五"规划。

4.1.2　ADANES 概念设计目标

ADANES 主要由 ADS 燃烧器(强流超导直线加速器、高功率散裂靶、模块化的次临界堆芯)和乏燃料再生利用(部分裂变产物排除流程、新型燃料制备流程)构成。其燃烧器采用陶瓷颗粒流冷却，具有高温气冷堆和铅冷快堆的固有安全优势且更具经济性。ADANES 乏燃料再生利用采用的"部分裂变产物排除"技术，主要运用物理方法排除阻碍燃烧和有毒的裂变产物，可大幅减少化学后处理过程引起的二次污染，不分离纯铀和钚，原理上易于工业实现，具有防核扩散作用和经济性。

未来 ADANES 工业级系统的设计目标是：①燃料利用率提高到 95%，乏燃料毒性最小化；②具有使用压水堆乏燃料作为 ADANES 核燃料的能力；③长换料周期(>10 年)；④具有增殖 Pu 的能力；⑤堆芯冷区剂具有较高的出口温度(>800℃)；⑥模块化设计；⑦非能动的余热导出系统。

ADANES 主要参数如表 4.1 所示。

表 4.1　ADANES 主要参数

参数	数值	单位
热功率	1.0~2.0	GW
发电效率	≈40	%
燃料	UC, UO$_2$	
^{235}U 的富集度	≈10	%
散裂靶	颗粒流靶	

续表

参数	数值	单位
束流	H/He 束流	
束流能量	质子束 1000~1500	MeV
束流密度	10~20	mA
冷却剂	陶瓷颗粒+氦气，气固两相流	
一回路压力	常压	
运行时间	>40	年
发电系统	超临界二氧化碳	
堆芯出口温度	>800	℃
后处理技术	改进型 AIROX+高温重结晶	
换料周期	>10	年

注：AIROX-Atomics International Reduction and Oxidation。

在ADANES设计工作中，可以运用的相关商用软件包括蒙特卡罗输运程序GEANT4、FLUKA、PHITS 等软件[27-29]；自主开发的软件包括 MCADS、LITAC、GMT 程序等[30-33]，可以为 ADANES 概念设计提供不同的校验方法。同时还与其他单位联合开发了相关软件，包括稳态确定论反应堆三维中子输运程序 LAVENDER 和确定论 ADS 瞬态分析程序 DIASY 等。相关的截面数据来自 ENDF/B、JENDL、CENDL、TENDL 等数据库。

中国科学院近代物理研究所超算中心已建立多套 CPU、GPU 集群，总的运算能力可达到约 3P Flops（即 3×10^{15} 次浮点运算），为大规模开展 ADANES 概念设计提供了良好的硬件平台。另外正在针对千万量级的颗粒堆的流动和稳定性研究开展大规模 GPU 并行设计和验证工作，未来可以为更大规模蒙特卡罗输运计算提供优越的软件平台。

4.1.3 未来的核能绿洲场景

ADANES 是非水冷却核能系统，与可再生的太阳能、风能等以及储能系统有效耦合，形成可大规模推广应用的低碳、绿色、基荷能源系统。例如，西北干旱无人区，可以用 2 万亿~3 万亿 kW·h 的 ADANES 核能基荷，带动西北数万平方千米约 10 万亿 kW·h 波动性太阳能上网。为实现国家"双碳"目标，提供可作为可再生能源基荷的一种安全、低碳、经济的碳中和实现方案，同时还可为医疗、航天、安全等领域提供亟须的稀有同位素。图 4.2 为 ADANES 核能绿洲示意图，该场景具有以下特征。

（1）无水系统：适合西北干旱无人区。

（2）固有安全性：反应性可控、非能动余热导出、冗余性结构与材料包容性、一回路常压或低压。

（3）乏燃料安全和低污染的处置：简捷的低沾污干式乏燃料分离，核废料中 MA 含量小于 0.1%，易于管控。

（4）经济性：燃烧器长周期稳定运行，出口温度高，发电效率高，后处理简单且兼具经济性。

(5)防止核扩散：非精细提纯，乏燃料只进不出，裂变材料不富集。

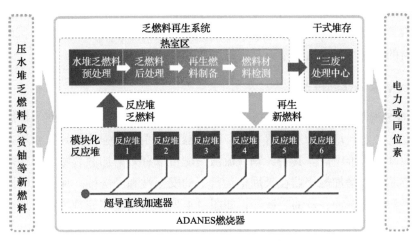

图 4.2　ADANES 核能绿洲示意图

4.2　ADANES 组成与特点

4.2.1　ADANES 的组成

ADANES 的概念(图 4.3)是在实施中国科学院战略性先导科技专项(A 类)"未来先进核裂变能——ADS 嬗变系统"期间提出的，它可有效解决传统 ADS 处理核废料方案中存在的技术难度大、经济性不足和次级放射沾污量大且难以避免等问题。ADANES 具有自主知识产权，从概念、原理和方法上均有较大的创新，通过对现有乏燃料的处理和与传统技术的有效衔接，实现核裂变能的升级换代。

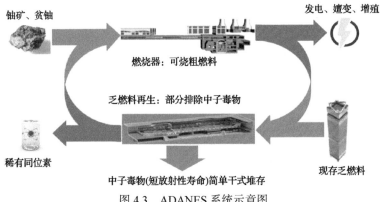

图 4.3　ADANES 系统示意图

ADANES 包含加速器驱动燃烧器[18,24,25]和乏燃料再生利用。其基本工作流程为：首先，乏燃料再生系统将燃烧器乏燃料和压水堆乏燃料经过"高温挥发法+稀土分离法"这一相对"粗放"的处理流程[34,35]，剔除部分裂变碎片(裂变产物)后，制备成再生核燃料；其次，高可控反应性的燃烧器对再生核燃料燃烧，把长寿命高放射性核素嬗变成为短寿命核素或稳定核素，同时逐步将 ^{238}U 增殖(转化)为 ^{239}Pu，并维持燃烧器长期自持运行。燃烧结束后，燃烧器卸出的乏燃料则再次进入乏燃料再生系统，依此循环，可将最终处置的核废料的放射性寿命由数十万年缩短到约 500 年。

4.2.2 ADANES 燃烧器特点

ADANES 燃烧器系统是基于现有的加速器驱动核能系统发展而来的。该燃烧器具有核废料嬗变、核燃料增殖和发电等功能。燃烧器系统主要由强流超导直线加速器、散裂靶和陶瓷冷却反应堆组成。其中，颗粒流散裂靶可以有效增加散裂靶功率和硬化中子能谱。陶瓷堆芯可以增加燃烧器在长周期运行下的安全性和经济性。反应堆的原料比较广泛，如乏燃料、天然铀、贫铀、钍等，如图 4.4 所示。其基本原理为利用加速器产生的高能离子轰击散裂靶产生高通量、硬能谱的中子流来驱动次临界堆芯运行。

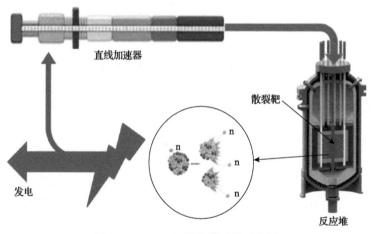

图 4.4 ADANES 燃烧器系统示意图

ADANES 燃烧器系统有以下特点。

(1) 高功率的中子源(10MW 级束流功率，比目前国际在运行中子源功率高 10 倍)，易运行维护，具有低放射毒性、低化学毒性、易于退役等优点。

(2) 与高功率中子源相容性好的陶瓷堆芯，具备极高的运行安全性和可靠性，可以消除堆芯熔毁的风险，以及用于场外应急。高温堆芯可长周期不换料运行和高效率发电。

(3) 堆芯运行模式丰富，可次临界、临界、次临界与临界交替运行，同时采用双加速器冗余设计，提高系统运行的稳定性。

(4) 与现有工业系统继承性好，轻水堆乏燃料可作为堆芯燃料。

(5) 应用广泛，可以嬗变、发电、增殖、生产同位素、制氢等。

(6) 选址灵活，内陆或沿海均可。

4.2.3　ADANES 燃烧器系统运行模式

　　根据 ADS 系统实现的技术途径，前期在加速器运行参数较低的情况下，首先进行反应堆深度次临界测试，通过逐步提高加速器束流强度及增加反应堆燃料组件的方式提升反应堆功率，最终实现接近临界的次临界运行模式。因此，ADANES 燃烧器的设计过程中重点贯彻在同一个装置上实现加速器驱动次临界和临界双模式运行理念[25]。

1. 多功能堆芯，燃烧器的次临界和临界转换模式

　　ADANES 初始堆芯包括乏燃料组件和若干种不同富集度的新燃料组件、次临界堆和散裂靶组成的系统。ADANES 先以加速器驱动的次临界模式运行，加速器产生的高能束流轰击靶核产生散裂中子，作为外源中子驱动和维持次临界堆运行。

　　ADS 次临界模式具有优良的固有安全性，加速器驱动次临界堆增殖的同时也是重要的安全装置，一旦切断外部电源，丧失加速器外源中子的驱动后，次临界系统内的核反应随即停止。ADS 次临界模式可以嬗变乏燃料组件的次锕系核素和长寿命裂变产物，从而减少长寿命核废物的产生量。通过特定的质子束流、散裂靶以及堆芯布置方式的组合，可以实现核燃料的快速增殖，从而使系统的反应性逐渐上升。在次临界模式下运行 3～5 年后，系统反应性上升到接近临界状态，此时通过采取去除散裂靶和调整燃料组件布置等措施，可使反应堆的反应性增加而具有足够的剩余反应性以进入临界快堆模式。在临界模式下，ADANES 具有快堆的特点和功能。图 4.5 为燃烧器次临界和临界模式运行示意图。

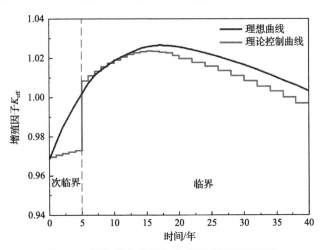

图 4.5　燃烧器次临界和临界模式运行示意图

2. 加速器的双冗余运行模式

　　在加速器驱动次临界模式下，高能束流轰击散裂靶产生的外源中子可以驱动堆芯实现快速增殖，仅需运行 3～5 年即可使堆芯达到临界状态。达到临界后，通过调整燃料组件布置方案，ADANES 堆芯具有较大的剩余反应性，同时堆芯仍具有较强的增殖能力，反应堆可以不依靠加速器而维持临界运行 30～40 年。因此，通过依次点火的方式，一台

加速器可以驱动多个次临界堆芯,实现"一器多堆"的运行模式(图4.6)。按照反应堆设计30~40年运行目标,一台加速器至少可以驱动6~10个反应堆点火运行。

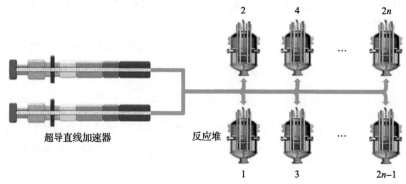

图 4.6 加速器的双冗余运行模式

4.2.4 乏燃料再生循环利用的特点

乏燃料再生循环利用的主要特点为:①简易和较为成熟的后处理方法(扩展的AIROX流程);②易于运行维护;③相对少量的放射性废物排出(未进行核素精细分离);④材料的广泛性(轻水堆乏燃料、天然铀、贫铀等);⑤燃料、材料未来发展中相对成熟研究方向(新型燃料、包壳材料、结构材料等);⑥高效快速的燃料、材料检验方法(强中子辐照装置、在线燃料检测装置等)。

图 4.7 为通过再生处理后的乏燃料和未处理过的乏燃料反应性活度的比较。未处理过的乏燃料需要经过百万年的时间,其活度才能降低到天然铀的本底水平,对环境存在很大的潜在危害;而经过乏燃料再生处理过的裂变产物对环境的影响从百万年量级降到几百年。这些裂变产物经过几百年的储藏后,基本都成为宝贵的稀土资源。因此,乏燃料处理的方法有效地降低乏燃料对环境的影响,同时降低核扩散的风险。

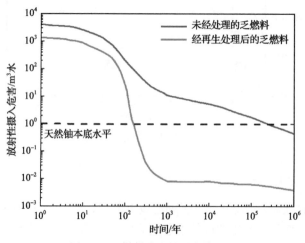

图 4.7 乏燃料反应性活度的比较

4.3　ADANES 燃烧器

ADANES 燃烧器包括超导直线加速器、散裂靶和反应堆。加速器与散裂靶耦合，将高能束流引入散裂靶，通过束流与靶材料发生散裂反应产生高能散裂中子，驱动燃烧器运行。该系统具有高可控反应性，对自身产生的乏燃料和压水堆乏燃料可以进行嬗变，同时可增殖核燃料和产能，经过长周期的燃耗可以极大地提高核燃料的利用率，产生较少的核废料[5,6]。

4.3.1　超导直线加速器

加速器是 ADANES 燃烧器系统的三大组成部分之一，其作用主要是用来产生强流、高功率束流。然后通过束流与散裂靶的作用，产生用于维持次临界堆持续裂变反应的中子，从而达到增殖、嬗变和发电目的。

为实现强流的质子等粒子的加速，采用超导直线加速器模式和"强流离子源+注入器+主加速器"结构。由电子回旋共振(electron cyclotron resonance，ECR)离子源产生强流连续波束流，经注入器加速至合适的能量后，通过传输线连接到主加速器将束流加速到所需能量。结合 ADANES 总体设计目标，考虑将来的升级需要，在加速器隧道后端预留有一段空间，以备增加加速器长度，提高直线加速器加速能量。此外，为了满足 ADS 系统对运行可靠性的要求，低能注入段采用热备份的双冗余设计。

ADANES 加速器具有以下特性。①高束流功率：对于一台工业规模的 ADANES 装置，所需的束流功率至少要达到几十兆瓦。②高可靠性要求：为了保证散裂靶及次临界系统的结构安全，超导直线加速器长时间间隔的失束次数必须控制在非常低的水平。同时要求束流的可用性大于 70%。③连续波运行模式：需要射频四极场(radio frequency quadrupole，RFQ)腔体的研制和运行。④低束流损失：束流功率损失一般要求控制在 1W/m 水平以下，这对大功率加速器来说是一个非常大的挑战。

基于 ADANES 加速器的特点，加速器系统选择和设计中应该遵循了以下原则。①采用直线加速器：可模块化，可升级，易于维修。原理上就具备强的容错能力，从而大大提高其系统可靠性。②采用超导射频技术：其结构表面电阻小，具有较大的束流孔径，对抑制高次模及束流损失也有好处。同时，具有较少加速间隙超导加速结构中的加速电场相位可以做到独立可调，这将使加速器具有更大的速度接收度，有利于大大提高系统的整体可靠性。③采用冗余、容错设计：可采用并联和串联的冗余备份形式。基于上述考虑，加速器采用超导直线加速器结构，前端采用两个并行的注入器互为热备份，以保证其可靠性；在合适的能量，通过一段特殊的束流传输线，再将两台注入器连接汇合到主加速器。主加速器由超导轮辐腔段和超导椭圆腔段组成，将束流加速到所需的最高能量。ADANES 加速器总体布局如图 4.8 所示。

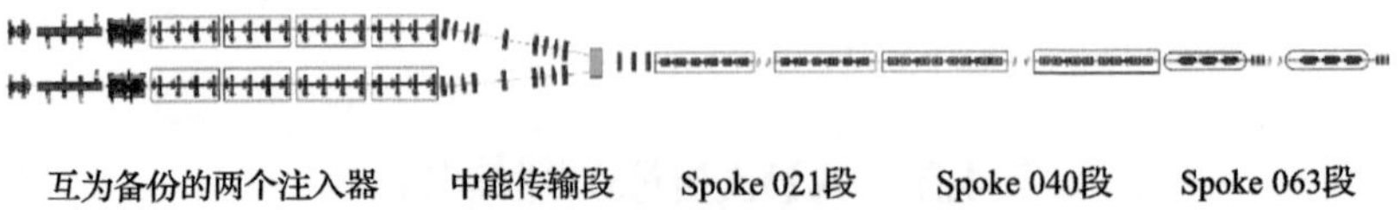

互为备份的两个注入器　　中能传输段　　Spoke 021段　　Spoke 040段　　Spoke 063段

图 4.8　ADANES 加速器总体布局

Spoke 表示轮辐超导腔

目前中国科学院近代物理研究所已经建成国际首台质子超导直线加速器前端示范样机(图 4.9)。2017 年 6 月，超导直线加速器现场测试结果达到了束流能量 25MeV 的指标要求，脉冲流强超过了设计值 10mA；同时在国际上第一次实现了超导直线加速器能量 25MeV 的连续波高功率质子束流[18]。

图 4.9　质子超导直线加速器前端示范样机

2019 年 1 月，连续波质子束流实现了功率大于 30kW 百小时运行测试，束流能量为 15.8～16.3MeV，束流强度为 2.0～2.1mA，累计运行时间达到 110h[8]。

2021 年 2 月，ADS 质子超导直线加速器样机在国际上首次实现 10mA 束流稳定运行(图 4.10)[36]。当前，ADS 质子超导直线加速器样机的连续波束流强度和功率均远超国际同类装置。此次 ADS 质子超导直线加速器样机成功加速 10mA 连续波质子束流，必

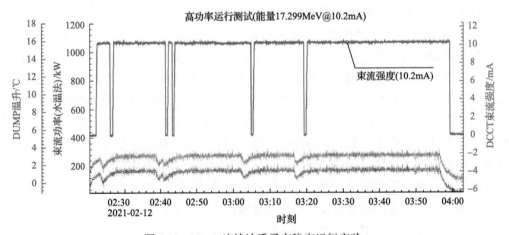

图 4.10　10mA 连续波质子束稳定运行实验

将为我国在建的国家重大科技基础设施"强流重离子加速器装置(HIAF)"和"加速器驱动嬗变研究装置(CiADS)"提供技术支撑,同时验证了未来 ADS 商用装置束流强度 10mA 指标的可行性,为我国未来在国际上率先建设 ADS 商用装置和加速器驱动的先进核裂变能装置奠定基础。这次重大突破首次实现了全超导直线加速器可以稳定加速 5～10mA 连续波质子束这一国际加速器领域长期追求的目标,为国际上同类强流高功率加速器装置建设及其一系列重大应用提供了成功先例。

4.3.2　散裂靶

在 ADANES 燃烧器中,散裂靶是产生中子驱动反应堆持续稳定运行的核心。通过散裂靶与强流超导质子加速器系统耦合,将束流引入散裂靶,通过散裂反应产生高能散裂中子,再与反应堆耦合驱动反应堆运行。散裂靶主要由散裂靶靶体、耦合系统、换热系统、驱动系统等子系统组成,其作用主要是通过将散裂靶与加速器和反应堆耦合,在散裂靶中发生散裂反应,产生用于维持反应堆持续裂变反应的中子,同时将散裂反应中的能量沉积输运出系统并维持系统正常运行。因此散裂靶需要具备以下特点:高的中子产额、稳定的流动性和简单的系统装置。针对工业级 ADANES 的需求,散裂靶采用的是一种新型流化固体颗粒靶选型[37-45]。

散裂靶在运行中需要承受几十兆瓦的功率,而现有的散裂靶都难以承受这么高的功率。因此,经过多年的攻关,中国科学院近代物理研究所原创性地提出了密集颗粒流靶,其具有固体和流体的双重特性,可以承受更高功率的束流。流化固体颗粒靶由靶体、换热系统、颗粒驱动系统、颗粒纯化系统、耦合系统等组成。颗粒靶系统以小直径颗粒为靶材料,颗粒在重力驱动下连续流动起来,在耦合离子束产生中子的同时,流化颗粒将束流沉积热量带出束流作用区,并在换热系统中将热导出靶系统(图 4.11)。

密集颗粒流靶(图 4.12)具有重力驱动、选材广泛、流动性好、抗热应力和冲击、强耗散性、可离线换热的特点,这是一种具备加载高束流功率(几十兆瓦)潜力的新型靶方案[9]。基于上述考虑,未来 ADANES 散裂靶采用流化固体颗粒作为散裂材料和冷却剂;驱动系统采用电磁提升,同时考虑以机械提升作为冗余设计系统,保证靶系统可靠运行。图 4.13 为散裂靶各子系统组成框图。

中国科学院近代物理研究所进行了颗粒流散裂靶研究平台总体设计及关键部件研制,2014 年实施了密集颗粒流靶原理测试装置(图 4.14)并进行了电子束流耦合实验,实现了较好的循环运行工作状态[10]。

2017 年建成国际首台颗粒流靶冷态原理样机(compact materials irradiation facility, CMIF)(图 4.15)。该原理样机主要用于研究较高温度下颗粒流靶系统的结构部件的可靠性、关键设备的工作稳定性、颗粒体系行为的特点等,考察装置中的颗粒材料与结构材料的磨损特性,获取密集颗粒流靶设计的关键数据,并于 2017 年底进行直线加速器在束测试,完成质子束轰击静态颗粒靶的首次耦合实验,同时完成了样机百小时稳定运行。在中国科学院组织的国际评估中,专家组认为颗粒流靶的概念非常新颖并具有原创性,给予了高度的评价。在同年召开的战略性先导科技专项的中期检查评审会议中,专家组高度认可这一原创性的概念和初步设计。

图 4.11　颗粒散裂靶在堆芯位置示意图

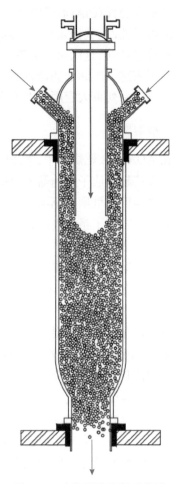

图 4.12　密集颗粒流靶示意图

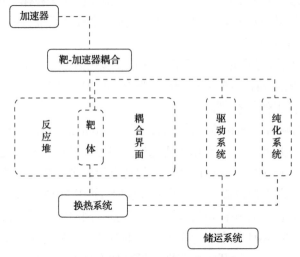

图 4.13　散裂靶各子系统组成框图

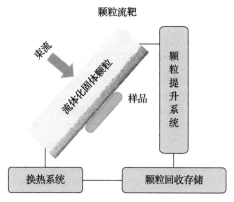

图 4.14　密集颗粒流靶原理测试装置示意图

图 4.15　颗粒流靶冷态原理样机

4.3.3　反应堆

作为 ADANES 燃烧器的核心,反应堆堆芯结构决定燃烧器的运行特性和功能。来自散裂靶产生的外源中子,驱动次临界反应堆内的裂变反应产生大量中子,从而实现增殖核燃料、嬗变核废料和发电等功能。在反应堆运行中,堆内产生大量的热量,这些热量需要用冷却剂的流动带出,以保证反应堆的结构完整性和放射性物质的包容性。

次临界反应堆芯结构和冷却剂种类决定次临界堆的运行特性和核废料的嬗变效率。陶瓷材料具有中子吸收和慢化能力弱的特点,作为冷却剂可使反应堆具有更高的核废料嬗变和核燃料增殖能力;陶瓷材料熔点高、化学稳定性好、与空气和水无反应,陶瓷反应堆可以在低压或负压运行时获得高出口温度,避免了高压系统带来的冷却剂丧失事故的发生,同时可实现高热电转换效率及高温制氢的功能,具有更好的安全性和经济性。同时,陶瓷材料的载热能力及自然循环能力强,可依靠自然循环排出堆芯余热,因而可

进一步提高反应堆的非能动安全性。综合考虑国际国内的相关研究基础和进展,ADANES
燃烧器反应堆选用陶瓷冷却的快中子反应堆[25,26]。

ADANES 的反应堆采用陶瓷反应堆,其中核燃料、冷却剂、反射层、结构材料和控
制材料均采用高温陶瓷材料,如表 4.2 所示。

表 4.2　反应堆材料列表

材料	主要特点	候选材料
核燃料	高熔点(>2700K),高密度(>10g/cm³),高燃耗,高热导率[>10W/(m·K)]	UO_2、UC、UN
冷却剂	高热容和热导,高熔点(>2000K),化学稳定,低压系统	气固两相,Al_2O_3 和氦气
结构材料	抗辐射,结构稳定,低中子吸收,低热膨胀,高熔点(>3000K)	Al_2O_3、SiC、BeO、Zr_3Si_2
控制材料	强中子吸收,化学稳定	B_4C

陶瓷反应堆的堆芯布置如图 4.16 所示。

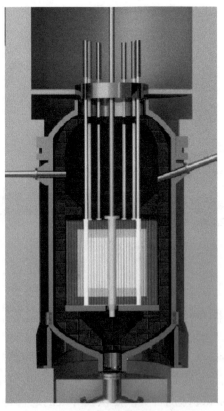

图 4.16　陶瓷反应堆的堆芯布置图

反应堆系统主要由反应堆本体系统、冷却剂系统、颗粒工艺系统、仪表与控制系统、
电源系统、专设安全设施、辐射防护系统、废物管理系统以及相应的厂房系统等子系统
组成。其中反应堆本体系统是反应堆的核心,承担着反应堆的核反应发生、嬗变核废料、
产生和传递热量、包容放射性等任务。

如图 4.17 所示，给出了 ADANES 燃烧器反应堆堆芯示意图，整体采用六棱柱组件排布。由内到外分别为：散裂靶区、燃料区、反射区、屏蔽区。六棱柱组件以碳化硅陶瓷材料作为基底，基底上分别有燃料孔道、冷却剂孔道、控制棒孔道等，用来放置燃料棒、冷却剂和控制棒。堆芯的燃耗性能如图 4.18 所示。

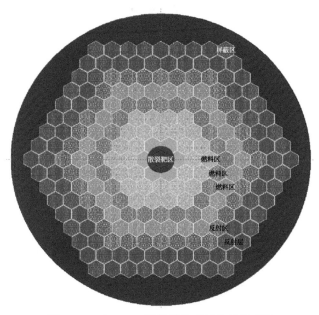

图 4.17　ADANES 燃烧器反应堆堆芯示意图

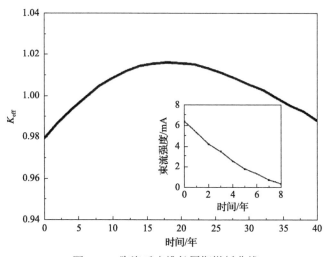

图 4.18　陶瓷反应堆长周期燃耗曲线

通过对现有先进反应堆的广泛调研和讨论，结合颗粒流靶中使用颗粒作为换热工质的想法，提出了以陶瓷颗粒与氦气混合的气固两相流作为反应堆的冷却剂，同时提出了陶瓷反应堆的概念。经过合理的筛选，陶瓷材料不但具有中子性能优良、耐高温、抗辐照、热力学良好的优点，而且在强度、耐腐蚀性和化学稳定性方面也具有优异的性能。

4.3.4 堆芯关键材料

加速器驱动陶瓷快堆的堆芯由陶瓷材料制成，包括冷却剂、核燃料、结构材料、反射材料和吸收控制材料，具有极高的固有安全性、增殖性能和优异的发电效率。该系统将在不更换燃料的情况下运行40多年，是燃烧器的候选方案之一。中国科学院初步进行了SiC堆芯样件的制备，目前正在进行综合评价与辐照实验。

1. 组件结构材料

在中国科学院战略性先导科技专项项目牵引下，成功开发出了一种新型Al基烧结助剂，在此基础上，突破了具有优异耐辐照的致密核用SiC陶瓷的常压烧结工艺，并实现了核用碳化硅陶瓷六棱柱堆芯构件缩比件(高度约202mm，如图4.19所示)的研制，验证了基于新型Al烧结助剂的常压烧结工艺制备耐辐照SiC陶瓷部件的可行性，然而对于角线更长、高度更高、孔壁更薄的ADANES用SiC陶瓷堆芯构件的成型与烧结技术难题、材料性能优化与考核评价等问题有待进一步解决。

图 4.19 堆芯结构材料样品制备图

2. 包壳结构材料

中国科学院宁波材料技术与工程研究所开展了薄壁 SiC_f/SiC 复合材料包壳管工艺研究，突破了核用碳化硅纤维材料制备关键技术。该研究所设计并搭建了先驱体小试合成实验装置，搭建出碳化硅纤维研发平台，建立了碳化硅纤维主要性能的测试方法；实现高脆性纤维环形编织的工艺探索，实现了编织角度优化及碳纤-光纤混合编织，并试制出碳纤维包壳管(管长约20cm，如图4.19所示)。

3. 反射和中子源材料

金属铍具有金属中最大的热中子散射截面(6.1b[①])，且原子核质量小，能降低中子速

---

① 1b=$1×10^{-28}m^2$。

度而不损失中子能量，是很好的中子反射材料和减速剂。但是，纯铍小球的熔点较低（1280℃），高温稳定性较差且易于氧化，抗腐蚀能力较低。铍的化合物成为新型中子倍增材料的主要研究对象，如 $Be_{12}T$、$Be_{12}V$ 等。目前铍及铍合金由于晶体结构特点，加工性能较差，其制备工艺研究以及批量化生产成为实现其在核工业中应用的首要任务。制备工艺包括镁热还原法、熔融气体雾化法、等离子旋转电极雾化法等。

4. 控制材料

比较常见的是将含有较大热中子吸收截面核素的材料作为中子屏蔽材料，如钐（Sm）、镉（Cd）、钆（Gd）、硼（B）等。硼是最常用的中子吸收核素，^{10}B 的热中子吸收截面为 3840b，中子屏蔽性能较好，二次 γ 射线污染少且密度低，易于生产和施工，所以常常作为中子屏蔽材料的候选。应用最广的中子屏蔽材料主要有含硼聚乙烯、硼铝合金、硼钢、Al-B_4C 陶瓷、铝基碳化硼复合材料等。天然 Gd 的等效热中子吸收截面为 49163b，是天然 B 的 64 倍，并且 Gd 吸收中子后不会产生氢气而导致材料发生辐照肿胀，因此，将 Gd 与 B_4C 相结合，将会大大降低所需 B_4C 的添加量，新型 GdB_2C_2 三元层状硼碳化物陶瓷材料具有导电性、高强度、高硬度，以及优良的抗腐蚀性能，中子性能正在研究中。

4.3.5　燃料循环模拟算法开发

ADANES 燃料循环模拟算法采用 Python 语言进行编写。乏燃料再生处理系统主要包括高温蒸发、物理分离、精细化学分离。高温蒸发主要采用 AIROX 流程，去除气体核素、挥发性核素、半挥发性核素；物理分离主要采用高温重结晶物理方法，去除稀土核素；精细化学分离主要是提取稀有的同位素。乏燃料处理后与堆芯材料组装成再生燃料，之后入堆进行再次循环[24,25]。

基于 ADANES 燃料循环示意图（图 4.20），形成乏燃料再生利用算法，相关的计算方法按照下面的次序进行：①对从 ADS 燃烧器卸出的乏燃料或现有的水堆乏燃料进行衰变计算；②部分核素的筛选和去除；③对再生燃料放入反应堆继续进行燃耗计算，等燃耗

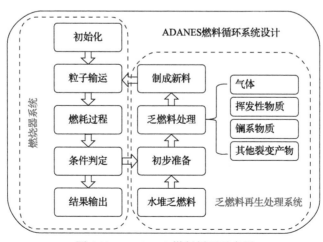

图 4.20　ADANES 燃料循环示意图

结束，再次进行乏燃料处理。

燃烧器系统模拟计算采用 GMT 程序和 MCADS 程序[30,33]。GMT 程序主要计算束-靶耦合中子学、能量沉积、散裂产物等。程序主要包括四个模块：三维几何模块、材料模块、核反应模块以及粒子输运模块。程序中对核反应过程通过核内级联(INCL)和退激发(ABLA)两者结合来描述，针对不同的情况，粒子的输运可分别采用不同的方法进行粒子跟踪。

MCADS 程序包括三维几何模块、材料模块、粒子输运模块、核反应模块和燃耗模块。其中粒子输运模块基于通用的蒙特卡罗程序，具有处理连续能量、任意几何、时间相关的中子/光子/电子耦合等问题的能力，满足堆芯物理中子输运和临界计算需求。蒙特卡罗程序主要用来计算反应堆中子学、能量沉积、散裂产物分布等物理量。燃耗模块 LITAC 是基于 ORIGEN2.1 程序[32]和数据库编写的燃耗程序。它是点堆单群燃耗及放射性衰变计算模块，该模块用矩阵指数法求解一个联立的、线性的一阶常微分方程组，能够计算核燃料循环过程中放射性物质的积累和衰变、程序输出核素的成分、产物质量分数、放射性活度、衰变热、化学毒性等参数。

图 4.21 为 MCADS 的执行流程图。耦合的具体步骤如下所示。①初始化参数：蒙特卡罗程序和燃耗输入文件的参数设置和输出设置；②蒙特卡罗输运计算各个详细燃耗区的中子通量分布和各核素的单群截面，同时再计算系统的有效增殖因子；③将得到的中子通量和截面数据更新后代入燃耗程序燃耗进行各个燃耗区计算，得出各燃耗区的材料

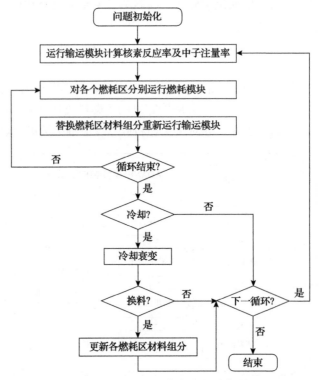

图 4.21　MCADS 执行流程示意图

成分；④判断是否冷却衰变、换料等，随后更新材料输入等卡片，再次进行输运计算；⑤多次迭代计算后，达到燃耗深度或计算时间，程序结束。

在反应堆运行的整个运行周期内，中子截面、核素质量和中子注量率会随时间和空间变化。将空间和时间划分为若干个区域和间隔，称之为燃耗区和燃耗步长，在每个燃耗步长内，同一个燃耗区内的中子注量率是一个定值。计算中采用了类似 MONTEBURNS 的处理方式，采取半步长法，这样可以使燃耗步长尽量地长，从而节约计算时间。

以前的工作对 IAEA-ADS 基准题、OECD/NEA-PWR 基准题和 OECD/NEA-FR 基准题进行了校验，得到了满意的结果[33]。MCADS 具备进行相关物理概念设计的条件，并不断地更新和完善。

图 4.22～图 4.24 是 IAEA-ADS 基准题的验证结果。其中图 4.22 给出了初始 K_{eff} 为 0.96 时 K_{eff} 随运行时间的变化，并且和其他国家的计算结果做了对比。在燃耗的 150 天中，可以看到 K_{eff} 明显降低然后再升高，这种现象是由 ^{233}Pa 造成的。计算结果与趋势都在参考计算结果的范围之内，一致性很好。图 4.23 给出了初始 K_{eff} 为 0.96 时外源强度随运行时间的变化曲线，可以看出外源强度和系统的次临界度有关，随着燃耗的加深，K_{eff} 会

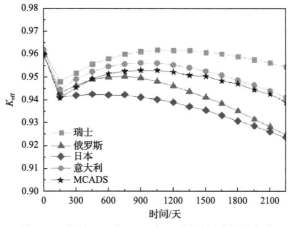

图 4.22　初始 K_{eff} 为 0.96 时 K_{eff} 随运行时间的变化

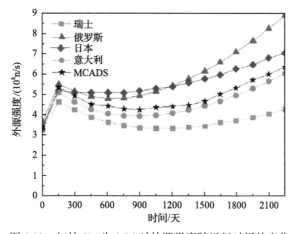

图 4.23　初始 K_{eff} 为 0.96 时外源强度随运行时间的变化

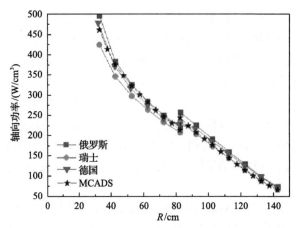

图 4.24　初始 K_{eff} 为 0.96、Z=0.0cm 时堆芯的轴向功率分布

随着堆芯内核素的变化而变化，与 K_{eff} 的变化趋势正好相反。总体可以看出 MCADS 的计算结果与其他国家的数据很好地符合，因此采用该程序进行反应堆的概念设计是可靠的。

4.4　乏燃料再生利用

燃料再生利用循环系统基本上包括乏燃料预处理、乏燃料后处理及新燃料制备三大部分。乏燃料预处理包括燃料组件的拆解、燃料棒的切割等，乏燃料后处理包括后处理前端即包壳的去除、裂变产物的分离等，新燃料制备包括处理后燃料的转化、燃料芯块的制备等。

乏燃料再生利用基于加速器驱动先进核能系统的特点，其乏燃料后处理技术与传统后处理方案完全不同，只需要除去裂变产物中一部分挥发性裂变产物和中子毒物稀土元素，而长寿命的次锕系元素 Np、Am、Cm 不用进行传统的精细分离，直接可以与二氧化铀一起转化为新的核燃料元件在加速器驱动的燃烧器中燃烧。基于此，乏燃料再生方案，包括高温蒸发处理、物理处理以及精细化学分离处理方案(图 4.25)。其中高温蒸发处理包括乏燃料棒的高温氧化粉化去包壳以及高温挥发排除低沸点裂变产物，物理处理是稀土中子毒物元素的分离排除，精细化学处理是中子稀土毒物以及稀有同位素的分离提取。图 4.26 为燃料再循环利用系统效果图。

乏燃料再生利用的原理如下：ADS 燃耗完出堆的乏燃料(包括现存的水堆乏燃料)通过高温蒸发处理(参考 AIROX 流程，高温蒸发排除易挥发气体元素和半挥发性的裂变产物)、物理处理(高温重结晶分离部分中子毒物：稀土元素)、精细化学分离(精细分离提取所需稀有同位素)，将移除这些核素后的乏燃料压制、烧制成燃料芯块，与包壳、组件材料等组合成再生燃料组件，进入 ADS 燃烧器进行电力生产、嬗变和增殖，形成整体的燃料循环体系。该过程仅排除乏燃料中部分裂变碎片，不进行整体的化学精细分离。目前乏燃料高温干法后处理流程已完成原理验证。图 4.27 为 ADANES 系统优化示意图，其中包括乏燃料再生流程，下面进行具体介绍。

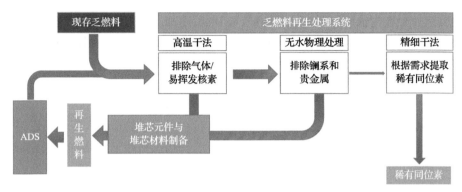

图 4.25　燃料再生循环利用系统示意图

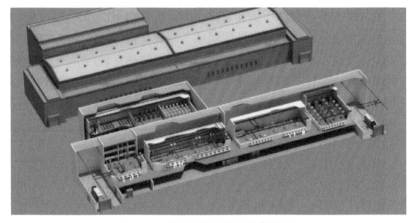

图 4.26　燃料再循环利用系统效果图

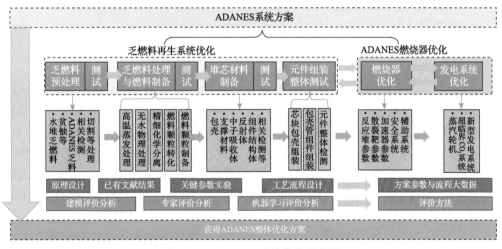

图 4.27　ADANES 系统优化示意图

4.4.1　乏燃料预处理

乏燃料的预处理为主要燃料组件和燃料棒切割与检测。

考验组件经堆内辐照积累到一定燃耗，出堆后冷却，装入专用运输容器，由卡车运抵检验热室；考验组件运至热室后，利用动力机械手将组件固定在组件检测台架上；利用组件检测装置对组件进行检查，检查完毕后再在解体台架上进行解体。具体检验内容包括：观察考验组件结构完整性；检查考验组件的辐照后扭曲、变形情况；将燃料组件进行解体，然后将燃料棒取出。

将燃料棒安装在热室内的无损检测台架上进行，需完成的检验内容包括燃料棒外观观察、尺寸测量、涡流检查、X 射线照相检查、γ 扫描燃料棒轴向相对燃耗分布测量。采用激光刺孔方法将燃料棒刺穿，燃料棒空腔内的裂变气体释放到密封真空室内，通过刺孔前后真空室内压力变化，计算出燃料棒空腔内压，再将气体收集到气相色谱仪和气体分析质谱仪中分析得到裂变气体 Kr、Xe、He 的含量。裂变气体测量完毕，对燃料棒进行切割。燃料棒切割分为长棒切割和短棒切割，首先利用切割机将长燃料棒切割成短棒，再将短棒切割成金相检查、力学性能测试、微观分析等所需的长度。芯块去除装置将燃料棒内的芯块取出，取出芯块后的包壳送入清洗热室进行清洗，清洗后转运至力学性能分析线进行包壳拉伸试验或包壳爆破试验。取出的芯块用于绝对燃耗测量、芯块密度测量、残余裂变气体分析测量等。下一步对短棒燃料棒进行高温氧化粉化与挥发。

4.4.2 高温氧化粉化与挥发

乏燃料的高温氧化处理研究大多数都是基于乏燃料元件高温氧化煅烧的首端工艺开展的。在高温氧化过程中不仅能够实现燃料 UO_2 芯块的粉化，有利于包壳与燃料芯块的分离，还能够除去其中的一些挥发性裂变产物(Xe、I、Kr、^3H 等)和半挥发性物质(Mo、Tc 等)，同时降低乏燃料的放射性。另外，经过高温氧化得到的八氧化三铀粉末在无机酸中的溶解性要优于二氧化铀，有利于传统的湿法后处理。目前采用 AIROX 流程和 DUPIC 流程[35]。

1. AIROX 流程

20 世纪 80 年代初，在美国能源局和萨凡纳河实验室(Savannah River National Laboratory, SRNL)组成的领导小组的领导下，美国橡树岭国家实验室将 500～600℃氧化挥发过程作为水法乏燃料后处理流程的可选工序，后来被称为标准氧化挥发过程，并将 ^3H、^{14}C、^{129}I 等易挥发裂变元素的去除作为主要目标，采用典型商用堆乏燃料开展了相关研究，并测试了整个流程，取得的实验结果与实验室结果基本吻合。韩国在美国标准氧化挥发技术的基础上，结合本国干法后处理特点，提出了 AIROX 工艺流程(图 4.28)。其中包括移除 99%以上的气态裂变产物，移除 90%以上的 Kr、I、Cs、Ru 等核素，移除 75%以上的 Cd、Te、In 等核素。稀土提取技术，主要是提取部分稀土元素(镧系元素)，包括 La、Ce、Pr、Nd、Pm、Sm、Eu、Gd、Tb、Dy、Ho、Er、Tm 等元素。其工艺特点是细条状燃料先被刺破，然后在空气中加热(400～600℃)使得 UO_2 氧化成 U_3O_8，引起包壳破裂，然后 U_3O_8 进一步在 600～1100℃的 H_2 气氛中还原再生成 UO_2，氧化还原交替进行，使挥发性裂变产物释放出来。AIROX 法几乎能够把 Xe、Kr、Cs 和 I 全部除去。

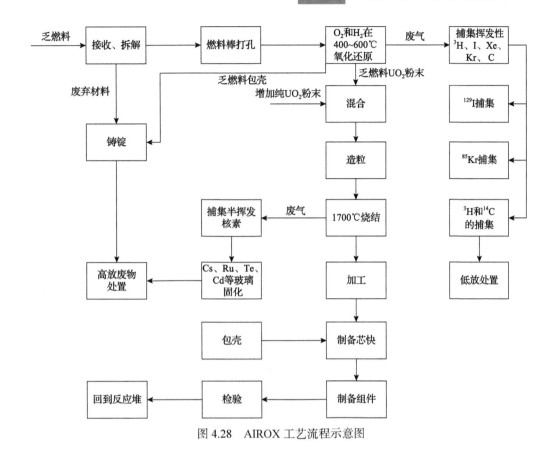

图 4.28　AIROX 工艺流程示意图

2. DUPIC 流程

韩国、加拿大和美国联手实施的 DUPIC 燃料循环,即直接在加拿大重水铀堆
(CANDU)中使用压水堆乏燃料,其燃料循环流程就只利用了单一的干法后处理技术,采
用多次的高温氧化还原流程 OREOX,只将乏燃料中的挥发性裂变产物除去,不需要将
铀、钚、次锕系元素等其他裂变产物分离,将处理后的乏燃料直接加工成新的燃料元件
在 CANDU 堆中燃烧,提高了现有燃料的燃耗。这种乏燃料后处理方案流程简单,不进
行 Pu 的分离,具有防核扩散能力,提高了铀资源的利用率,产生的放射性废物量也较少。

中国科学院近代物理研究所开展了模拟乏燃料芯块的高温氧化粉化与挥发研究。实
验以二氧化铀粉末自行制备的 UO_2 模拟芯块为起始原料,分别在氧化和还原两种气氛下,
考察了温度、时间等因素对芯块粉化的影响,结果表明模拟芯块具有良好的粉化效果[17]。
在此基础上,与中核北方核燃料元件有限公司进行合作,在贫铀中添加不同含量的稳定
元素作为代表性裂变产物(Mo、Te、Nd、Sm 等),探索制备工艺。随后,采用优化的高
温氧化粉化条件对制备的二氧化铀芯块进行了氧化还原粉化研究(图 4.29),结果证实,
在上述条件下二氧化铀芯块能够很好地实现粉化转化。另外,研究了高温氧化过程中挥
发性裂变产物的去除情况,通过在模拟乏燃料中添加稳定元素 Mo、Te、Ru、Se、Cs、
Rh 和 Rb 作为裂变产物的代表(图 4.30),结果发现利用所建立的氧化还原循环流程与更

高温工艺相结合的技术，能够有效除去 Mo、Te、Se 和 Ru 等半挥发性元素，去除率超过
85%。研究结果为探索建立完整的乏燃料粉化以及挥发性裂变产物分离相结合的高温氧
化粉化与挥发奠定了良好的基础。

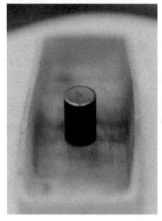

图 4.29   二氧化铀芯块的氧化还原粉化

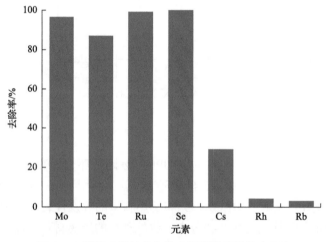

图 4.30   模拟乏燃料中七种半挥发性元素的去除率

4.4.3   稀土元素分离

乏燃料裂变产物中存在大量的稀土元素（镧系元素）。它们的含量约占裂变产物总量
的 30%，尤其是这些稀土元素（Sm、Nd、Gd 等）一般具有较高的中子吸收截面，如 ^{149}Sm（截
面 $\sigma=74500b$），被称为中子毒物，阻碍了次锕系元素的后续嬗变，必须有效分离除去[34-37]。
由于镧系和锕系元素的物理化学性质非常相近，它们彼此之间的分离一直是乏燃料后处
理领域的热点问题之一。目前，主要通过溶剂萃取的方法来实现乏燃料中镧系元素的分
离，这样会产生大量的酸性高放废液，严重污染环境，而且存在溶剂萃取体系耐辐照性
差、产生二次废物、易形成第三相等缺点[38-40]。因此，仍然需要研究新的分离方法来实
现镧系元素和锕系元素之间的有效分离，为乏燃料后处理中裂变产物的有效分离提供更

多选择。下面介绍高温重结晶方法和选择性溶解分离中子毒物稀土元素方法。

1. 高温重结晶方法

由于稀土元素在 U_3O_8 中的溶解度很低，Taylor 和 Mceachern[34]提出了"两步氧化"的分离方法：低温(400~600℃)空气氧化，把 UO_2 氧化成 U_3O_8；高温(1250~1400℃)空气氧化，萤石相与 U_3O_8 分离，稀土元素进入萤石相。相图表明$(RE)O_{1.5}$在 U_3O_8 中的溶解度极低[检测限 0.2%(摩尔分数)]，然而$(RE)O_{1.5}$中会溶解少量的 UO_{2+x}，如图 4.31 所示[35]。因此，在氧化过程中，稀土元素会与少量的 U_3O_8 形成萤石相，进而生成富稀土元素的萤石相与 U_3O_8 相。利用富稀土萤石相和 U_3O_8 在高温下重新结晶产生的颗粒大小和形貌不同，通过筛分、空气分离、沉积等技术将富稀土相的小颗粒和贫稀土相的大颗粒分开。

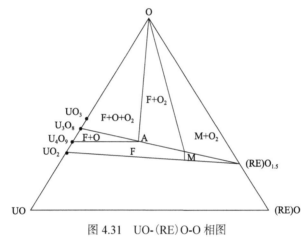

图 4.31　UO-(RE)O-O 相图

温度 1000~1500℃。其中，F-萤石相$(U_{1-y}, RE_y)O_{2+x}$；O-正交相；M-混合物

2. 选择性溶解分离中子毒物稀土元素[17]

传统湿度法分离、高温熔盐电极法对乏燃料处理存在诸多弊病，自主离子液体分离工艺跨越式创新，效果显著。①利用功能化离子液体对稀土元素的选择性溶解。稀土氧化物可以基本有效除去，而乏燃料中的 UO_2 以及次锕系元素 AnO_2(Np、Am、Pu)仍以固体保留，而且已经完成了毫克量级 NpO_2 的示踪实验。②单级新工艺分离后，稀土中子毒物的去除率大于 95%，且分离过程中铀始终保持固相。对比湿法萃取分离工艺，新工艺对于水的用量减少 98%；对比熔盐电极法，能耗降低 50%以上。

如图 4.32 所示，与传统的乏燃料后处理思路不同，不采用浓酸对乏燃料进行完全溶解，只将中子毒物等镧系元素(Ln)裂变产物通过选择性溶解有效分离除去，而可再次循环使用的锕系元素(An)铀、钍及次锕系元素镎、锔始终以固态形式存在。选择性溶解实验以绿色环保的酸性功能化离子液体[Hbet][Tf₂N]作为分离介质，首先以裂变产物中产额较大的 Nd 作为稀土元素代表,通过比较相同质量的 Nd_2O_3、UO_2 离子液体[Hbet][Tf₂N]中的溶解度(图 4.33)，发现 Nd 与 U 的溶解性能明显不同。稀土氧化物 Nd_2O_3 能够全部溶解，而 UO_2 在[Hbet][Tf₂N]中的溶解度随着温度的升高而增加。因此，为了提高稀土元素的溶解效率、减少铀的溶解损失，必须保证乏燃料中的铀以 UO_2 形式存在。

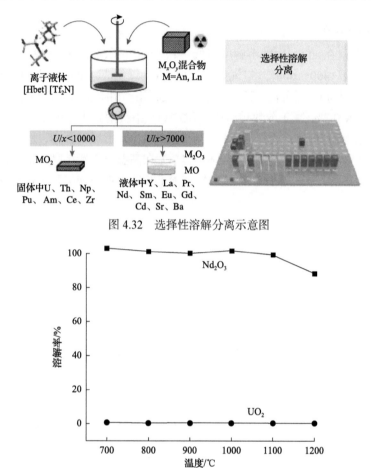

图 4.32　选择性溶解分离示意图

图 4.33　制备温度对模拟乏燃料中 Nd_2O_3 的分离影响

在上述实验基础上，以一定量的 Nd_2O_3 和 UO_2 混合制备了一系列的模拟乏燃料，并在不同温度的还原气氛中烧结，进行模拟乏燃料中稀土元素的选择性溶解分离优化实验。图 4.33 为不同温度还原处理的模拟乏燃料的选择性溶解分离结果，可以看出酸性功能化离子液体[Hbet][Tf_2N]对模拟乏燃料中的 Nd_2O_3 具有良好的选择溶解性。虽然随着还原处理温度的升高，Nd_2O_3 的溶解率有所降低，但大部分稀土元素还是可以有效分离而除去，能够满足乏燃料后处理的要求。同时也可以看到乏燃料基体 UO_2 的溶解率只有 0.5% 左右，99% 以上的 UO_2 以固态形式存在，利于回收再处理。离子液体[Hbet][Tf_2N]对含有不同质量分数 Nd 的模拟乏燃料的选择性溶解行为，模拟乏燃料中的稀土元素几乎完全除去，而 UO_2 的溶解率很小，可以忽略不计。这进一步说明离子液体[Hbet][Tf_2N]对稀土元素具有良好的选择溶解性，可以用于乏燃料中稀土元素的分离。

总之，根据稀土元素和 UO_2 的溶解性不同，所发展的选择性溶解分离技术为乏燃料后处理中裂变产物的分离提供了一种新的思路。这种方法可避免传统乏燃料溶解过程产生大量强酸性高放废液的情况，减少放射性对环境的污染，减少核废物总量，工艺流程简单。该方法有助于解决乏燃料后处理过程中镧锕系元素分离的难题，有望改善乏燃料后处理的关键工艺流程，可为先进核燃料闭式循环提供技术储备。

4.4.4　再生燃料制备

再生燃料的制备包括分离后乏燃料的转化与再生燃料元件制备。溶胶凝胶法是制备核燃料颗粒最常用的方法，然而，传统的溶胶凝胶法不仅需要复杂的设备，还会产生大量的二次放射性有机废液。另外，乏燃料的强放射性及衰变热等特性造成溶液自加热及辐射分解等问题，传统的溶胶凝胶工艺不适用于此类燃料元件的制备，因此需要开发新的燃料元件制备工艺以满足 ADANES 的乏燃料后处理及再生燃料制备[46-49]。

首先分别利用黏度法和颜色改变法研究不同温度和不同物料组成的混合溶液在溶胶凝胶过程中的化学动力学特征，发现室温条件下改变初始料液组成可以有效控制混合溶液的凝胶时间，高温下混合溶液可以瞬间发生凝胶反应而固化，根据此结果，提出了一种无冷却即时混合-微波加热相结合的快速溶胶凝胶工艺设备流程(图 4.34)。该工艺是将室温的铀溶液和凝胶剂溶液进行即时在线混合，然后混合料液被立即分散为液滴，液滴下落穿过微波加热腔体被瞬间加热而固化为凝胶球，凝胶球再经过热处理转化为密度接近理论密度的陶瓷核燃料小球。结合该工艺，研制了一套适用于该流程的手套箱实验平台。改进的工艺流程不仅可以有效避免次锕系核素的 α 射线和 γ 射线对凝胶剂的辐射分解，还可以降低二次有机放射性废液的产生，很大程度上简化了再生核燃料小球的制备过程。

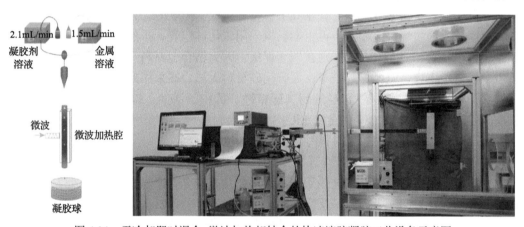

图 4.34　无冷却即时混合-微波加热相结合的快速溶胶凝胶工艺设备示意图

利用无冷却即时混合-微波加热相结合的快速溶胶凝胶工艺成功制备了水合氧化铀凝胶球，并考察了煅烧气氛、煅烧时间、升温速率对小球煅烧过程的影响，最后得到了接近 98%理论密度的 UO_2 陶瓷核燃料小球。同时，利用非放射性 Ce 代替 Pu，Nd 代替 Am，开展了多元素掺杂的氧化物 MOX 模拟核燃料小球的制备研究。

碳化铀(UC)的热导率、密度和铀含量均高于 UO_2，还可与 Pu 以及部分次锕系核素(MAs)形成二元混合共熔体系，被认为是第四代反应堆的理想候选核燃料。因此，开展了碳化铀粉末与碳化铀小球的制备研究。在传统碳热还原法的基础上，以有机物代替固体碳作为碳源，采用 Pechini 型原位聚合螯合法成功制备了较高纯度的 UC 精细粉末。制备的 UC 陶瓷小球密度可达到理论密度的 92%以上(图 4.35)。该工作在低温合成包含 Pu 和 MAs 的碳化物燃料方面有一定的应用前景,可将乏燃料再生流程中去除挥发性裂变产物以及部分中子毒物后的剩余乏燃料制备成嬗变核燃料小球。该平台将直接应用于闭式燃料循环中再生碳化物核燃料小球的批量制备。

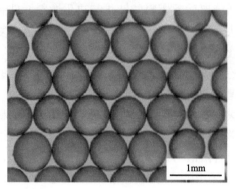

1mm

图 4.35   UC 陶瓷核燃料小球实物照片

4.4.5   元件组装测试

燃料元件的组装包括燃料棒的组装和燃料组件的组装。商业压水堆燃料核燃料元件采用金属锆材料将核燃料铀芯块包装而成,由上端塞、下端塞、包壳管、弹簧、燃料芯块、导向管部件、格架骨架、上管座和下管座等组成。组装时,首先焊接下端塞,然后装入上端塞,最后焊接上端塞。再生燃料拟采用碳化硅包壳,虽然其包壳材料不同,但其组装流程基本相似。最大的区别在端塞焊接,因为锆合金材料具有优异的焊接性能,可以采用电子束焊、氩弧焊等技术;而碳化硅材料无法直接采用此类焊接技术,碳化硅材料必须考虑到连接层材料自身的耐辐照特性、低中子活性,以及耐水热和高温水蒸气腐蚀等,否则连接层材料将成为 SiC_f/SiC 复合材料构件中最薄弱环节,最先失效。因此采用碳化硅材料作为包壳材料时,焊接技术也是需要着重研究的方向。

核燃料元件的检查测试包括上下端头的环缝测试,对焊缝进行无损检测,测试其密封性和焊接缺陷。可以采用 X 光投射来评判环封焊接缺陷,通过检漏技术(如氦气检漏)进行元件密封性检测。因为同一反应堆的堆芯燃料元件的铀富集度必须一致,否则将引起爆炸,发生核安全事故,检查时需记录每支棒的棒号和铀富集度代码;用 γ 扫描来进行棒内芯块富集度是否一致检查;用 γ 扫描棒内芯块间隙累计值、计数率平均值、空腔长度值。然后进行氦检漏检查、棒表面缺陷检查、焊缝直径检测、长度直线度检测、表面污染检查等。组件检测包括外观检测、表面检测、尺寸检测、运动部件运动情况检测等,所有检测的目的是在燃料入堆前发现问题,防止入堆后的危险。

4.5   ADANES 发展路线图

ADANES 的发展路线分为三个阶段(图 4.36),分别为原理研究和集成验证阶段、规

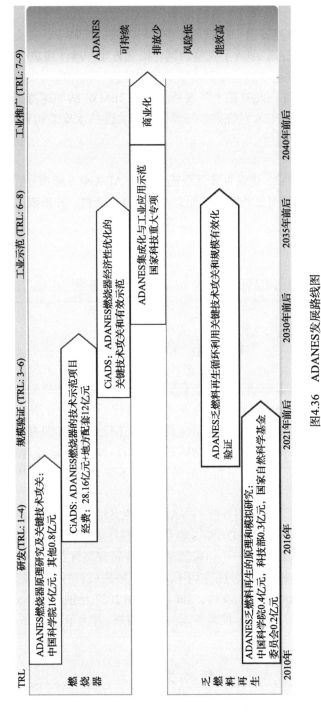

图4.36　ADANES发展路线图

TRL即技术成熟度(teachnology readiness level)

模集成示范阶段和商业应用推广阶段[18]。

1. 原理研究和集成验证阶段

在国家自然科学基金委员会、科技部和中国科学院的支持下，攻克了加速器、散裂靶和反应堆等单项关键技术，形成了完整的耦合概念方案。预计到 2027 年，建成"十二五"国家重大科技基础设施"加速器驱动嬗变研究装置"及相应的实验基地，开展加速器-散裂靶的耦合研究，并在此基础上开展总热功率 10MW 的加速器-散裂靶-次临界堆耦合集成研究，进行 ADANES 燃烧器经济性优化的关键技术攻关和有效示范。

2. 规模集成示范阶段

申请国家科技重大专项，建设百兆瓦级热功率的 ADANES 集成示范系统，演示和验证 ADANES 系统的产能、嬗变和增殖的能力，检验其经济性，并形成工业设计能力和产业化标准。

3. 商业应用推广阶段

由合作企业牵头，按照市场机制开展 ADANES 系统商业应用推广。

4.6 本 章 小 结

本章主要介绍了加速器驱动先进核能系统的背景，对 ADS 燃烧器和乏燃料再生系统的组成和特点进行详细的介绍，对取得的研究进展进行了简要的介绍。ADANES 在乏燃料嬗变和燃料生产的同时实现产能。该系统最终使我国乃至世界拥有一种低排放、安全可靠、高性价比、防核扩散的闭式燃料循环系统。ADANES 燃烧器为非水冷却的系统，可在干旱缺水地区与光伏、风电等可再生能源及储能系统有效耦合，形成大规模的低碳、绿色、基荷能源系统。

在中国科学院"未来先进核裂变能——ADS 嬗变系统"和"洁净能源"战略性先导科技专项课题的支持下，已完成 ADANES 燃烧器关键技术突破，并由国家重大科技基础设施项目支持建设原理验证装置——加速器驱动嬗变研究装置(CiADS)，目前正在积极建设中。乏燃料再生循环利用只通过模拟手段验证了原理可行性，已成为 ADANES 系统发展的短板，如果得到及时稳定的支持，届时有望在 2027 年前后基本完成 ADANES 试验验证、系统集成等工作，引领国际核裂变能的创新发展，并力争到 2035 年建成 ADANES 百兆瓦级工业示范。

参 考 文 献

[1] Chu S, Majumdar A. Opportunities and challenges for a sustainable energy future. Nature, 2012, 488(7411): 294-303.

[2] IEA. World Energy Outlook 2015. Paris, 2015.

[3] BP. BP statistical review of world energy. London, 2016.

[4] IEA. Key world energy statistics 2014. Paris, 2014.

[5] OECD Neclear Energy Agency, IEA. Uranium 2014: Resources, production and demand. Paris, 2014.

[6] NCR. Backgrounder on licensing yucca mountain. Dayton, 2015.

[7] World Nuclear Association. The cosmic origins of uranium. London, 2006.

[8] Gabriel S, Baschwitz A, Mathonnière G. Building future nuclear power fleets: The available uranium resources constraint. Resources Policy, 2013, 38: 458.

[9] MIT. The future of the nuclear fuel cycle, Cambridge, 2011.

[10] Schleicher R W, Choi H, Rawls J. The energy multiplier module advancing the nuclear fuel cycle through technology innovations. Nucl Technol, 2013, 184: 169-180.

[11] Choi H, Schleicher R W, Gupta P. A Compact gas-cooled fast reactor with an ultra-long fuel cycle. Science and Technology of Nuclear Installations, 2013, (1-3): 1-10.

[12] The Generation IV International Forum. Annual Report 2016. 2016. https://www.gen-4.org/sites/default/files/2024-07/2016%20Generation%20IV%20International%20Forum%20GIF%20Annual%20Report%202016.pdf.

[13] The Generation IV International Forum. Technology roadmap update for generation IV nuclear energy systems. Paris, 2014.

[14] 詹文龙, 徐瑚珊. 未来先进核裂变能: ADS 嬗变系统. 中国科学院院刊, 2012, 27(3): 375-381.

[15] 骆鹏, 王思成, 胡正国, 等. 加速器驱动次临界系统: 先进核燃料循环的选择. 物理, 2016, 45(9): 569-577.

[16] 王志光, 姚存峰, 秦芝, 等. 加速器驱动次临界系统装置部件用材发展战略研究. 中国工程科学, 2019, 21(1): 39-48.

[17] 秦芝, 范芳丽, 田伟, 等. 加速器驱动先进核能系统的乏燃料循环再生研究. 核化学与放射化学, 2022, 44(5): 489-499.

[18] 詹文龙, 杨磊, 闫雪松, 等. 加速器驱动先进核能系统及其研究进展. 原子能科学技术, 2019, 53(10): 1809-1815.

[19] Rubbia C, Rubio J A, Buono S, et al. Conceptual design of a fast neutron operated high power energy amplifier. Geneva: CERN, 1995.

[20] Rubbia C, Aleixandre J, Andriamonje S. A european roadmap for developing accelerator driven systems for nuclear waste incineration. Geneva: CERN, 2001.

[21] Abderrahim H A, Kupschus P, Malambua E, et al. MYRRHA: A multipurpose accelerator driven system for research & development. Nuclear Instruments and Methods in Physics Research A, 2001, 463(3): 487-494.

[22] Abderrahim H A, Galambos J, Gohar Y, et al. Accelerator and target technology for accelerator driven transmutation and energy production. Washington: DOE, 2010.

[23] OECD & NEA. Accelerator-driven systems and fast reactors in advanced nuclear fuel cycles report. Geneva, 2002.

[24] Yang L, Zhan W L. A closed nuclear energy system by accelerator-driven ceramic reactor and extend AIROX reprocessing. Science China Technological Sciences, 2017, 60(11): 1702-1706.

[25] Yan X S, Yang L, Zhang X C, et al. Concept of an accelerator-driven advanced nuclear energy system. Energies, 2017, 10: 944.

[26] Yan X S, Zhang X C, Zhang Y L, et al. Conceptual study of an accelerator-driven ceramic fast reactor with long-term operation. International Journal of Energy Research, 2018, 42(4): 1693-1701.

[27] Waters L S. MCNPX user's manual. Version 2. Los Alamos: Los Alamos National Laboratory, 2003.

[28] Agostinelli S, Allison J, Amako K A, et al. Geant4-A simulation toolkit. Nuclear Instruments and Methods in Physics Research A, 2003, 506(3): 250-303.

[29] Ferrari A, Sala P R, Fasso A, et al. Fluka: A multi-particle transport code. Geneva: CERN, 2005.

[30] Cai H J, Fu F, Li J Y, et al. Code development and target station design study for Chinese Accelerator-Driven System Project. Nuclear Science and Engineering, 2016, 183: 107-115.

[31] Cai H J, Zhang Z L, Fu F, et al. Toward high-efficiency and detailed Monte Carlo simulation study of the granular flow spallation target. Nuclear Instruments and Methods in Physics Research A, 2018, 882: 117-123.

[32] Croff A G. A User's Manual for the ORIGEN2 computer code. Oak Ridge: ORNL, 1980.

[33] Yan X S, Qi J, Yang L, et al. Monte carlo burn-up code system MCADS and it's application//22nd International Conference on Nuclear Engineering, Prague, 2014.

[34] Taylor P, Mceachern R J. Process to remove rare earths from spent nuclear fuel: US 5597538. 1997-01-28.

[35] Majumdar D, Jahshan S N, Allison C M, et al. Recycling of nuclear spent fuel with AIROX processing. Washington: DOE, 1992.

[36] 中国科学院近代物理研究所. ADS 超导直线加速器样机实现连续波质子束 10 毫安指标. [2017-12-30]. http://www.impcas. ac.cn/ kyjz2017/202102/t20210214_5892404. html.

[37] Yang L, Zhan W L. New concept for ADS spallation target: Gravity-driven dense granular flow target. Science China Technological Sciences, 2015, 58 (10): 1705-1711.

[38] Yang L. Current Status of ADS: New kind spallation target research in China. Daejeon Metropolitan City: KIAS International Workshop on ADS with Thorium, 2013.

[39] Yang L. The development of new concept of CADS spallation target//5th High Power Targetry Workshop, Batavia, 2014.

[40] Yang L. New concept for high power target: Gravity-driven dense flow target//12th International Topical Meeting on Nuclear Applications of Accelerators, Washington DC, 2015.

[41] Lin P, Zhang S, Qi J, et al. Numerical study of free-fall arches in hopper flows. Physica A: Statistical Mechanics and its Applications, 2015, 417: 29-40.

[42] Zhang S, Lin P, Wang C L, et al. Investigating the influence of wall frictions on hopper flows. Granular Matter, 2014, 16 (6): 857-866.

[43] Tian Y, Lin P, Zhang S, et al. Study on free fall surfaces in three-dimensional hopper flows. Advanced Powder Technology, 2015, 26 (4): 1191-1199.

[44] Zhang X Z, Zhang S, Yang G H, et al. Investigation of flow rate in a quasi-2D hopper with two symmetric outlets. Physics Letters A, 2016, 380 (13): 1301-1305.

[45] Wan J F, Zhang S, Tian Y,et al. Influence of geometrical and material parameters on flow rate in simplified ADS dense granular-flow target: A preliminary study. Journal of Nuclear Science and Technology, 2016: 1-7.

[46] Zhang A Y, Hu J X, Zhang X Y, et al. Hydroxylamine derivative in purex process. vi. Study on the partition of uranium/neptunium and uranium/plutonium with n, n-diethylhydroxylamine in the purification cycle of uranium contactor. Solvent Extraction & Ion Exchange, 2001, 19 (6): 965-979.

[47] Fan F L, Qin Z, Cao S W, et al. Highly efficient and selective dissolution separation of fission products by an ionic liquid [Hbet][Tf2N]: A new approach to spent nuclear fuel recycling. Inorganic Chemistry, 2019, 58 (1): 603-609.

[48] Tian W, Guo H X, Chen D S, et al. Preparation of UC ceramic nuclear fuel microspheres by combination of an improved microwave-assisted rapid internal gelation with carbothermic reduction process. Ceramics International, 2018, 44 (18): 17945-17952.

[49] Guo H X, Wang J R, Bai J, et al. Low-temperature synthesis of uranium monocarbide by a Pechini-type in situ polymerizable complex method. Journal of the America Ceramic Society, 2018, 101 (7): 2786-2795.

第5章

ADANES 燃烧器系统

ADANES 燃烧器利用加速器产生的高能质子轰击散裂靶产生高通量、宽能谱外源中子驱动次临界堆芯运行，实现嬗变、增殖与产能，具有固有安全性及高可控反应性，可使用压水堆乏燃料在内的多种核燃料。ADANES 燃烧器关键技术研究获得中国科学院战略性先导科技专项、国家自然科学基金委员会重大研究计划、科技部 973 等项目的支持，取得了一些重要进展：建成国际首台超导直线加速器原型样机并实现 12h 连续波质子束流 10mA 稳定运行；原创提出颗粒流靶概念并建成原理样机，引起国际关注和跟踪研究等。ADANES 燃烧器的研究装置加速器驱动嬗变研究装置(CiADS)已经由国家"十二五"重大科技基础设施项目支持建造，建成后将是世界上首个兆瓦级加速器驱动次临界系统原理验证装置。ADANES 燃烧器由超导直线加速器、高功率散裂靶和反应堆等系统组成，本章对各系统组成、特点、研究进展进行介绍和分析。

5.1　超导直线加速器

直线加速器是让带电粒子在一条直线上连续通过多个加速间隙而增加速度(动能)的装置。强流质子直线加速器是指用于加速质子，并通过与束流强度匹配的强聚焦严格控制束流损失，获得具有能量高、流强大、品质好的质子束流装置的直线加速器[1]。

强流质子加速器是加速器驱动嬗变研究装置的基本组成部分，其作用主要是用来产生强流、大功率质子束，通过质子束轰击散裂中子靶产生高通量中子来维持次临界堆内持续链式反应，从而达到嬗变核废料的目的。对于一个工业级的加速器驱动嬗变装置，要求加速器提供能量大于 800MeV 连续波质子束流，束流功率在 10MW 以上，并且必须具有低束损、高可靠性的特点(表 5.1)。目前，可供选择的质子加速器有回旋加速器和直线加速器两种。

表 5.1　ADS 四种运行模式下加速器指标要求范围

束流参数	嬗变示范	工业级嬗变与增殖	工业级储能发电	工业级发电直接并网
束流功率/MW	1～2	10～75	10～75	10～75
束流能量/GeV	0.5～3	1～2	1～2	1～2

---

[1]资料来源：中国科学院近代物理研究所. 加速器驱动嬗变研究装置项目建议书(内部资料). 兰州, 2015；中国科学院近代物理研究所. 加速器驱动嬗变研究装置可行性研究报告(内部资料). 兰州, 2017.

续表

束流参数	嬗变示范	工业级嬗变与增殖	工业级储能发电	工业级发电直接并网
束流时间结构	直流/脉冲	直流	直流	直流
束流(跳闸时间 $t<1s$ 的事件)/a^{-1}		<25000	<25000	<25000
束流($1s<t<10s$)/a^{-1}	<2500	<2500	<2500	<2500
束流($10s<t<5min$)/a^{-1}	<2500	<2500	<2500	<250
束流($t>5min$)/a^{-1}	<50	<50	<50	<3
正常运行比率/%	>50	>70	>80	>85

　　回旋加速器利用粒子在恒定磁场中回旋频率相同的原理设计而成,回旋频率正比于粒子质量,反比于电荷数和磁场值,粒子的能量越高所需要的回转半径越大、约束磁场越强。粒子每次旋转都通过加速间隙获得能量增益,直至能量达到设定值后,使用电、磁的偏转元件引出。从目前的情况推断,高能量、高流强的回旋加速器往往有两到三个级联加速设计,一般来说,这种加速器的加速能力上限是 1GeV 的质子束;而受到中心区空间电荷效应、横纵向弱聚焦、注入引出束损限制等条件的制约,这种机器的极限流强约 10mA。如果要继续提高流强,引出区域的活化、引出束流品质、束流能散(非单圈引出)都会面临挑战;而机器工程规模(形成恒定磁场的磁铁尺寸和能够达到的场强)本身限制了能量的进一步提高。

　　直线加速器的加速原理是让带电粒子在一条直线上连续通过多个高频加速间隙,粒子从低能注入到高能引出始终在一条直线上,并且在横纵向均可以根据束流强度设计相匹配的强聚焦力,严格控制束流损失。所以,直线加速器能够在具有高能量和高流强的同时,也具有非常好的束流品质。只要有足够长的加速空间,其能量不会受到相对论效应或者机器尺寸的限制。在直线加速器里,腔的横向聚焦力由腔体之间的四级透镜提供,纵向聚焦力由高频腔体提供,这种强的聚焦力意味着可以加速几百毫安的强流质子,比回旋加速器所认为的极限流强高至少一个量级。因而,直线加速器可以驱动的反应堆的功率是回旋加速器的 10 倍以上,更能满足 ADS 的需求。

　　直线加速器的缺点是粒子只能通过加速腔体一次,一般来说为达到需要的出口能量,加速器会变得很长,并需要很多的功率源,进而增加了造价。但是对于采用超导技术的高频腔体,其加速梯度至少为常温高频腔的 3～5 倍,能够有效减少加速器的长度和对功率源的需求。另外,传统质子直线加速器采用常温结构和水冷技术,大部分的高频功率会变成欧姆热损耗在高频腔体的内壁上,一般单个墙体的热损耗在几百千瓦量级,且其损耗随加速电压成平方关系增加;传输给带电粒子的功率在千瓦量级,且与加速电压成正比。采用在超导状态下的高频腔体,其热损耗在瓦量级,而传输给束流的功率同样在千瓦到百千瓦量级,可以大大地提高能量传递的效率。不仅如此,超导直线加速器还具有高可靠性和大接受度的特点。因此,随着超导技术的发展和成熟,选用超导直线加速器是 ADS 装置的一个明智选择,在经济上和技术上具有巨大的优越性。

　　超导加速器是 CiADS 系统的核心系统之一,是提供稳定的高功率的质子束流的关键系统。它主要包括常温加速器前端(RT front end)、超导加速段(SC)、高能束流传输段(HEBT)及束流收集终端。强流质子束流由离子源(ECRIS)产生，经过低能束流传输段(LEBT)和射频四极场(RFQ)加速器完成横纵向束流的成形和预加速。中能束流传输段(MEBT)将束流匹配到超导加速段，然后经过一系列的超导腔体加速到 500MeV。束流经过 HEBT 及束流收集终端的调制匹配和均匀化，入射到重金属散裂靶产生高通量中子。超导加速器的设计兼顾加速器技术的先进性和可实现性，采用超导技术降低装置的运行费用；物理设计以工业参考架构(RAMI)为导向，提高加速器的运行可靠性。下面以 CiADS 超导质子加速器为例介绍超导直线加速器，未来 ADANES 工业化需要的加速器能量会更高，可以对 CiADS 加速器进行升级改造。

CiADS 超导质子加速器束流功率要求为 2.5MW，根据总体参数要求，加速器的动力学设计参数为 500MeV@10mA。运行模式可以在保证 2.5MW 束流功率不变的情况下，在 250MeV@10mA 到 500MeV@5mA 之间运行。设计综合考虑了运行的高稳定性、升级以及散裂靶的输入要求。

加速器的设计主要考虑的因素包括：①高束流品质以及极低的束流损失；②各个硬件的具体尺寸和安装空间；③超导腔体有效加速效率和功率源的利用率的最大化；④降低超导腔体或者耦合器的功率，保证超导直线加速器的运行稳定性；⑤超导直线加速器元件失效的在线恢复补偿等；⑥兼顾未来能量升级，采用了"束流强度无关性(beam current independent)"的设计理念。

质子源采用紧凑型的电子回旋共振型(ECR)离子源，具有很好的稳定性和可调节性，同时也具有高流强的升级能力，目前该类型离子源已经经过调试运行，无打火记录长达 14h。离子源引出的 35keV 的质子束经过 LEBT 匹配到 RFQ 加速器。RFQ 加速器采用四翼型射频结构，腔体长度 4.2m，出口能量 2.1MeV，高频功率 100kW。目前该 RFQ 的原型样机已经在中国科学院近代物理研究所研制成功并稳定载束运行累计长达 2000h。束流经过 MEBT 的横纵向匹配进入超导段进行加速。超导加速段主要由不同类型、不同频率的超导腔组成，包括 162.5MHz 的 HWR 腔体、325MHz 的轮辐(Spoke)腔体以及 650MHz 的椭球腔体组成。超导段的横向聚焦元件在低能采用超导螺线管，高能部分采用常温四极透镜。超导腔体和超导螺线管安装在低温恒温器中，工作温度为 2K。HEBT 是加速器和散裂靶的连接部分，其主要作用是将束流调制、匹配形成散裂靶要求的束流参数。

直线加速器采用高频电场加速原理对质子束进行加速。高频系统是整个加速器重要的组成和支撑系统，其主要作用是将直流功率转化为高频功率，并注入到腔体内产生高频加速场。该系统主要包括高频信号源、高频功率源、高频参考信号分配系统和低电平控制系统。

为了束流调试以及稳定运行，我们需要对束流参数进行准确的测量。通过动力学优化设计，在直线加速器中放置了充分且必要的束流诊断元件。束流诊断系统包括发射度测量装置、束流位置探测器、束流流强探测器、能量探测器、相位测量装置和束团长度测量装置等。

在束流调试中，为了对所有的在线元件进行有效的控制并实现对机器进行快速可靠的保护，冗余可靠的控制系统是加速器的关键系统。控制系统采用实验物理与工业控制系统(EPICS)架构，主要包括定时系统、网络系统、数据库系统及机器保护系统。

5.1.1 工作原理与组成

CiADS 加速器经过不同阶段的优化设计，最终的超导质子直线加速器布局如图 5.1 所示，主要包括 ECR 离子源、低能传输段、RFQ 加速器、中能传输段、超导加速段和高能传输段及束流收集终端。

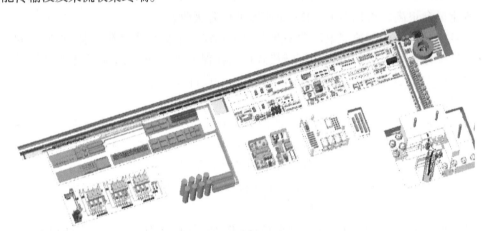

图 5.1　超导质子直线加速器布局示意图

1. ECR 离子源

离子源是用来产生一定能量离子束的装置，通常包括离子产生和引出两个系统，离子源必须能够使原子或者分子离化，形成等离子体，按需产生特定的离子。离子源种类较多，常见的约有十几种，如 ECRIS、EBIS、Penning 源、RF 源等。CiADS 项目要求离子源产生 20mA、35kV 的质子束，束流发射度不大于 0.2πmm·mrad，束流稳定性小于 1% 及能够长期稳定可靠运行。

CiADS 的离子源采用了 ECR 型的离子源，共振频率为 2.45GHz。该离子源需要满足连续和脉冲两种工作模式。离子源的最大引出电流可达 20mA，用来满足后端的超导直线加速器 5mA 的束流以及将来的流强升级。综合考虑了束流的空间电荷效应和离子源引出电极的运行稳定性，质子的引出能量选择为 35keV。源体的引出孔径选择为 4mm，可以满足归一化均方根(RMS)横向发射度小于 0.2πmm·mrad。

2. 低能传输段

依据在加速器中的调试运行经验，在 CiADS 的低能传输段的设计中，我们对原来的双螺线管紧凑型设计进行了改进升级。采用了"偏转型"LEBT 设计去除杂质离子，其中二级磁铁采用了特殊边缘角消除了束流横向不对称效应。整个 LEBT 采用三螺线管设计来进行束流匹配。螺线管拟采用超导螺线管用于"冷阱"来防止氢气等气体进入下游的加速器影响其性能。LEBT 的另一个主要功能是通过斩波技术将连续束流切割成短脉冲，这些短脉冲可以用于束流的精确调整参数测量及加速器的机器保护。斩波器设计电压是 6kV，上升沿(电压从 0V 上升到 6kV 所需的时间)为 20μs，最小的束流长度为 20μs。在光学和动力学模拟中，空间电荷效应补偿采用了 87%。在 LEBT 的设计中，首次采用了"点光源"的理念对束流进行了刮除，使得进入 RFQ 加速器的束流具有好的横向束流品质。

3. RFQ 加速器

RFQ 加速器是束流从直流束流变为脉冲束流的加速结构，其决定了束流的纵向品质。CiADS 的 RFQ 加速器设计主要考虑了连续波运行要求及 10mA 的流强要求，通过尽量降低束晕的形成来降低在高能段束流损失的概率，降低束流在 RFQ 腔体内的损失。RFQ 腔体的频率采用 162.5MHz，极间电压是 65kV，射频结构采用四翼型。RFQ 的动力学设计采用了"新四段论"的设计方法，利用四个周期单元进行横向匹配，利用 100 个单元完成了纵向聚束成形。

4. 中能传输段

中能传输段是束流进入超导加速器之前最后一段常温束流传输段，它主要有以下几个功能：①RFQ 引出的束流到超导加速段的横纵向束流匹配；②束流横纵向相空间分布信息的测量，束流能量、流强和质心等信息的测量；③束团边缘粒子的刮除；④常温段和超导段之间安装用于吸附杂质气体的冷阱。MEBT 的设计采用了紧凑型设计理念，保证了聚焦力在 RFQ 加速器和超导加速段的平滑过渡，从而降低了发射度增长。束流的横纵向尺寸保持合适的大小，综合考虑非线性外场和空间电荷效应引起的发射度增长和束晕的形成。CiADS 中能传输段包括 3 个 162.5MHz 的聚束腔体和 9 个四极透镜。其中聚束腔体采用了四分之一波长腔体，最大有效加速电场可达到 160kV；四极透镜均采用了紧凑型的四极透镜和矫正磁铁组合结构，大大缩短了长度；束线上安装了束流位置探测器、流强探测器、束流相位探测器和发射度测量探测器等束流诊断元件。

5. 超导加速器

超导加速段利用四种类型的超导腔体把质子从 2.1MeV 加速到 500MeV。其中 162.5MHz 的半波长超导腔体采用双间隙结构，相对光速 β 值分别为 0.10 和 0.19($\beta = v/c$，其中 v 为粒子速度，c 为光速)，将束流加速到 44MeV；之后我们利用 325MHz 的轮辐型加速腔体把束流提高到 180MeV；最后我们采用 650MHz 的无间隙的椭球腔体把束流加速到最终能量 500MeV。整个超导加速器的横向聚焦采用超导螺线管和常温四极透镜两种类型，不同类型的孔径可以是 40mm、50mm 和 80mm。从低能到高能，超导直线加速器的同步相位从-45°逐渐过渡到-20°，这些参数的选择是满足横纵向接受度是束流发射度 9～10 倍的设计依据，可以有效地减少非线性场对束流的影响，降低束流损失的概率。

6. 高能传输段及束流收集终端

HEBT 及束流收集终端将 2.5MW 的束流从超导加速器的出口传输到 CiADS 的热态固体金属颗粒流靶样机上。它主要有几个功能：一是对超导加速器输出的束流进行横纵向发射度、能量和流强等信息的测量；二是高功率质子束流的实时监测及保护；三是束流的均匀化，主要是把束流在 100nm×100mm 的范围内均匀化，降低束流收集器上的峰值功率密度；四是满足束流调试的束线和束流收集器的需求；五是对器靶耦合段进行关键技术预研。CiADS 的高能传输段及束流收集终端由一系列的四极透镜和偏转铁组成，束流管道直径为 80mm，是束流平均尺寸的 7 倍，大大降低了束流损失的概率。

5.1.2 物理设计

物理设计是整个加速器的核心工作，负责整体直线加速器的元件布局，并对各个子系统以及硬件提出参数要求和技术指标。CiADS 直线加速器的物理设计经过多次的迭代优化，目前的设计方案已经高度成熟。CiADS 加速器整体参数要求是 500MeV、10mA 的连续质子束流。物理设计以此为边界条件对整个加速器进行优化设计。与其他质子加速器相比，CiADS 质子加速器具有以下特性：

（1）高束流功率：对于一台工业规模的嬗变装置，所需的束流功率至少要达到 10MW，这相当于目前世界上质子加速器所能产生最大束流功率的十倍左右。

（2）高可靠性要求：通过对散裂靶及次临界系统的热力学分析发现，为了保证散裂靶及次临界系统的结构安全，CiADS 质子加速器长时间间隔的失束次数必须控制在非常低的水平，根据目前的研究结果，对于工业级嬗变装置，1～10s 间隔的失束次数，一年内不能多于 25000 次；10s～5min 间隔的失束次数，一年内不能多于 2500 次；而大于 5min 的失束次数，一年内不能多于 50 次。同时，CiADS 还要求束流的可用性（availability）大于 70%，这远远超出了目前加速器所能达到的水平，必须选择合适的技术路线，同时在设计和建造中采取针对性的措施，并在试验研究装置的运行中进行深入研究。中国科学院研究团队初步对腔体、螺线管等关键部件的失效导致的失束控制进行研究，初步验证了其可行性，同时对注入器段采用热备份的双注入器方案也进行了验证研究。

（3）连续波（CW）运行模式：束流功率主要由能量和束流强度（简称"流强"）决定。对于 CiADS 质子加速器，束流能量主要由散裂反应的效率决定，约为 1GeV，对应的束流平均流强至少为 10mA。对于如此高的平均流强，如果采用脉冲工作方式，则对应的峰值流强将会非常高。例如，如果采用 10%的占空比，则对应的峰值流强将达到 100mA，这已经接近目前离子源、功率耦合器等的极限，从而使整个加速器的可靠性大大降低，并且极大增加加速器的造价。因此，CiADS 加速器应该采用连续波模式。针对连续波运行问题，其关键在于常温加速器，中国科学院近代物理研究所和中国科学院高能物理研究所分别进行常温 162.5MHz 和 325MHz 的 RFQ 腔体的研制和运行，目前 162.5MHz 的 RFQ 已经通过专家验收可以稳定运行在连续波模式下，基本解决了常温加速结构的连续被运行问题，为 CiADS 提供了技术支持和运行经验。

(4)非常严格的束流损失控制：为了实现对加速器停束后的快速维护，束流功率损失一般要求控制在 1W/m 水平以下，这对大功率加速器来说是一个非常大的挑战，它意味着束流损失必须控制在非常低的水平。图 5.2 给出了一台 10mA 超导直线加速器束流损失率随能量的变化关系，可以看到，在 1GeV 左右，束流损失率必须控制在 10^{-7} 粒子数/m 的量级。而对目前用于动力学模拟的计算机，粒子数最多也就能达到 10^6。为了保证如此小的束流损失，必须发展更有效的束流动力学模拟算法及相应的程序。同时也因为此，要发展新的直线加速器加速和聚焦结构设计方法，尽可能从根本上控制系统中的非线性效应、失配等导致束流损失产生的条件。这也从一方面说明了 CW 运行模式的优势，因为脉冲模式对应的高峰值流强，其非线性空间电荷力也更强，束流损失也更加难以控制。对束流损失控制而言，其源头是在低能加速段，就是针对低能加速器发射度抑制、束晕控制和束流准直等问题进行研究，为 CiADS 的束流损失控制提供理论和设计的指导。

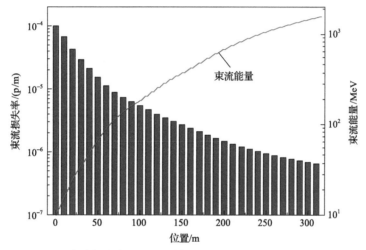

图 5.2　束流损失率随加速器轴向长度及能量变化关系（10mA）

为了达到 CiADS 质子加速器系统的要求，在物理设计和技术选择上具有很多的创新。首先在动力学设计上，我们在国际上首次运用优化算法进行加速结构的优化，从而使得整个直线加速器的布局达到最优；技术路线选择上，将保守常温加速结构加上先进的超导加速结构，保证了整个加速器连续波运行的可靠性。

研究装置方面，CiADS 阶段，加速器系统的主要目的是研制初步能与靶和堆耦合的强流连续波质子加速器，并进一步研究该加速器作为嬗变装置所需的高稳定性、高可靠性、高可用性问题，研究强流束输运的物理问题，为下一步试验装置的建设提供理论和实验的依据。因此，CiADS 的加速器参数如表 5.2 所示。CiADS 直线加速器是世界上第一台全超导的连续波运行的质子直线加速器。平均束流强度 10mA 比目前直线加速器平均束流强度高一个数量级，同时也是世界上第一台连续波运行的质子直线加速器，束流功率是目前已运行加速器的两倍之上。

表 5.2 CiADS 研究装置质子直线加速器主要参数表

参数	设计值	单位
质子源及低能传输线（两套分别对应注入器Ⅰ和Ⅱ）		
束流能量	35	keV
横向发射度	0.2	πmm·mrad
最大流强	15	mA
引出线圈	2	
螺线管/校正线圈	2/4	
切束器	1	
长度（含低能传输线）	≈1.7	m
有超导的注入器		
RFQ 出口能量	2.1	MeV
RFQ 频率	162.5	MHz
RFQ 长度	4.208	m
RFQ 出口纵向发射度	0.09	π mm·mrad
中能传输线	7 四极铁 ＋2 聚束器 ＋ 束诊	
中能传输线长度	2.7	m
超导段长度	18.56	m
HWR 腔数量	16～24	
超导螺线管数量	16～24	
注入器出口能量	10～20	MeV
中能传输线Ⅱ		
束流能量	10～20	MeV
聚束器数量	8	
二级铁数量	3	
四级铁数量	28	
非线性铁数量	8	
中能传输线Ⅱ长度	8	m
主加速器		
Spoke 021 加速段	包括匹配用聚束器	
出口能量	≈40	MeV
总长度	42	m
低温恒温器数量	7	
轮辐腔数量	42	
超导螺线管数量	21	

续表

参数	设计值	单位
Spoke 040 加速段		
出口能量	≈160	MeV
总长度	62	m
低温恒温器数量	8	
Spoke 腔数量	64	
超导螺线管数量	16	
椭球(或轮辐)063 加速段		
输出能量	≈250	MeV
总长度	50	m
低温恒温器数量	8	
椭球(轮辐)腔数量	24	
三组合四级铁数量	9	

CiADS 注入器主要由电子回旋共振型(ECR)离子源、低能传输线(LEBT)、射频四极场(RFQ)加速器、中能传输线(MEBT)以及低 β 值超导加速段五部分组成，这也是低能直线加速器的标准构成。其中 ECR 离子源用来产生强流质子束，由 ECR 离子源引出的低能质子束(35keV)经低能传输线的聚焦、匹配甚至切割成需要的束流时间结构，然后注入到 RFQ 加速器。RFQ 加速器最大的特点是，对于空间电荷效应非常强的低能束流可以有效地对其进行聚焦和加速，并且在纵向可将连续或接近连续的束流聚成一个个适合于下游加速结构的束团。束流离开 RFQ 时，能量已经到达几兆电子伏，再通过 MEBT 的聚焦和相空间匹配，以便其顺利注入到下游的超导加速结构而进行进一步加速。

1. 强流质子源及低能传输线子系统

该系统包含两套强流质子源及与之配套的低能传输线，与两个注入器的后续结构匹配。结合 CiADS 直线加速器总体设计目标，考虑将来升级需要，采用 ECR 离子源，产生的质子束流强不低于 10mA，低能传输段为带校正线圈的双螺线管结构，主要用来调节低能段与 RFQ 的匹配。

ECR 离子源研制的关键是磁场和引出系统的设计。该离子源采用全永磁结构，因此减少了高压端的供电和调节设备，便于离子源稳定运行和检修。在研制和调试过程中，引出区打火是必须解决的关键问题之一，为此拟采用四电极系统引出质子束，以降低打火频率。该系统已经在预研的离子源调试中得到验证，而且四电极系统还可以降低束流的发射度。影响离子源寿命的主要部件是微波窗，对于工作在 CW 模式的离子源，微波窗受到反流电子的轰击比较严重，因此新型微波馈入方式的研究和新型微波窗的研制是工作重点之一。

图 5.3 给出了离子源及 LEBT 的结构布局，离子源安装在一个陶瓷真空室的前端，两个螺线管之间距离是 780mm，放置一个真空室，真空室内有法拉第筒和单丝探测器，第二个螺线管与 RFQ 之间的距离为 150mm，其间放置静电切束器、束流接收锥和 DCCT 探测器。切束器应该在束流占空比在 1%至 90%之间连续可调，以配合 RFQ 和直线加速器的调试。

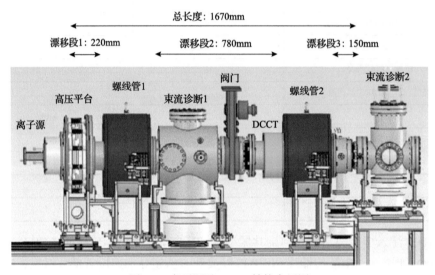

图 5.3　离子源及 LEBT 结构布局图

离子源真空系统，涉及不锈钢、低碳钢和陶瓷等不同材料的使用。它们的放气率不同，通过实验和有关资料可以得到它们的放气率，再经过计算可以得到每种材料在系统中的放气量和所需用的真空泵的抽速。LEBT 真空管道的材料为不锈钢，经过真空预处理后其表面放气量很小，因此它的气源主要来自离子源中的气体。图 5.4 为离子源和低能线设备分布图。

图 5.4　离子源和低能线设备分布图

2. 射频四极场加速器子系统

射频四极场加速器 RFQ 及中能传输线 MEBT1 的主要设备包括 RFQ 射频加速腔、腔体水冷及调谐系统、高频功率发生及馈送系统、腔体温度及水流监测保护系统、真空系统、常温磁铁、聚束器和束诊单元等。RFQ 主要参数如表 5.3 所示。

表 5.3　RFQ 的主要参数

参数	设计值	单位
频率	162.5	MHz
注入能量	35	keV
输出能量	2.1	MeV
流强	15	mA
占空比	100	%
束流传输效率	99.6	%
翼间电压	65	kV
平均孔径 r	5.731	mm
极面半径	4.298	mm
最大表面电场	15.7791	MV/m
初始 RMS 发射度($x/y/z$)	0.3/0.3/0	π mm·mrad
输出 RMS 发射度($x/y/z$)	0.31/0.31/0.288	π mm·mrad
翼长度	419.2	cm
腔体长度	420.8	cm

射频四极场加速腔的作用是在空间建立交变的高频电场，用于粒子加速，采用四翼型结构设计(图 5.5)，腔体频率 162.5MHz，腔体材料为高品质无氧铜，全长 4～5m。根

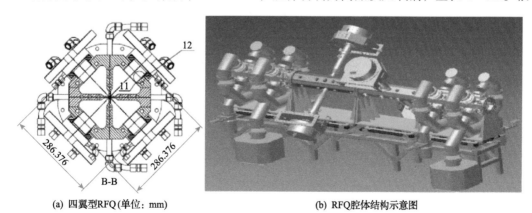

(a) 四翼型RFQ(单位: mm)　　　　　(b) RFQ腔体结构示意图

图 5.5　RFQ 腔体的机械结构设计

据物理和机械加工的需要将其分成几个工艺段，每个工艺段之间用带有真空和高频密封的法兰连接。

3. 中能传输线子系统

中能传输段（MEBT）主要用于束流从 RFQ 到超导段的横向和纵向匹配，并在此处完成束流参数的全面测量、束流位置和参数的误差校正以及束晕刮除，整体布局如图 5.6 所示。

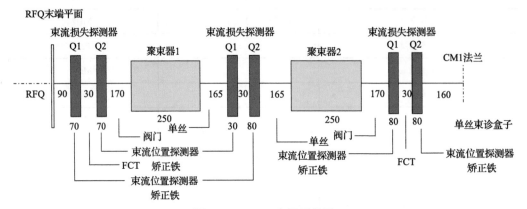

图 5.6　MEBT1 布局示意图

图中数据为距离，单位为 mm

注入器中能传输线 MEBT 由七个四极场磁透镜和两个 162.5MHz 常温聚束腔组成，分别用于横向和纵向的束流匹配。为了尽可能控制发射度增长，采用了紧凑的元件布局和机械设计，设计结构如图 5.7 所示。MEBT 也配备了足够的束诊元件来完成束流性能的诊断，以指导 MEBT1 的参数调节。表 5.4～表 5.6 分别给出了四极场磁铁+校正线圈、常温聚束器和束诊元件的物理参数。

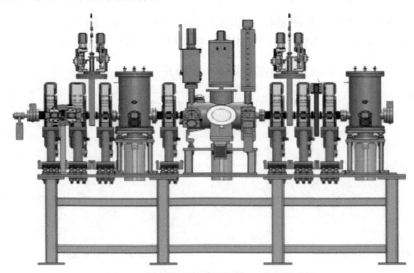

图 5.7　注入器中能传输线（MEBT）设计图

表 5.4　四极场磁铁+校正线圈物理参数表

参数	类型一	类型二
物理长度/mm	80	100
极头长度/mm	52	74
孔径/mm	54	54
最高极面场/Gs	6500	6500
校正线圈积分场强/(Gs·m)	21	21
校正量/mrad	10	10
个数	6	1

注：Gs 为高斯磁场单位，$1Gs=1\times10^{-4}T$。

表 5.5　常温聚束器物理参数表

腔体类型	QWR
频率/MHz	162.5
有效加速电压/kV	100/130
功率/kW	10
纵向长度/mm	<280
个数	2

表 5.6　束诊元件物理参数表

参数	个数	目标测量值/作用
FCT+ICT	2	流强
双向单丝	1	剖面
BPM	4	位置，相位
发射度测量	1	发射度
快法拉第桶	1	束团长度
刮束器	3	刮除束晕
束流收集终端	1	超导段保护

中能输运线（MEBT）真空管用不锈钢加工而成，全长约 3m，真空室内径基本为 50mm，在特殊部位可根据束流的包络和磁铁的内径，采用变口径的真空盒。在该段上装有两个聚束腔，每个聚束腔的底部安装 1 台 150L/s 的离子泵。由于聚束腔抽气口直径仅为 50mm，离子泵的有效抽速受到限制，因此在每个聚束腔的侧面 CF35 法兰安装一台吸气剂泵（NEG 型）。因为 NEG 泵在相对小的空间内对大多数气体可以提供较大的抽速，所以特别适用于空间受限的位置。选用一种新型的 CapaciTorr D 400-2 NEG 泵，该泵吸气剂由 St172（Zr-V-Fe）材料组成，材料被烧结成多孔的圆盘形，它能在很小的空间获得高抽速，并且可以减少吸气剂产生的粉尘。

4. 超导加速段子系统

超导加速器的核心部件是各种类型的超导腔，以及与之相匹配的功率放大系统、功率耦合系统、低电平系统、频率调节系统和低温恒温保持系统。需研制频率为 162.5MHz 不同 β 值的半波长谐振腔(HWR)、频率为 325MHz 不同 β 值的轮辐形(Spoke)超导腔，以及频率为 650MHz 的椭圆形(Ellip)超导腔。各类型超导腔体的设计 β 值最后由动力学的优化设计给出。目前，优化后的腔体参数及数量如表 5.7 所示。

表 5.7 HWR010 腔体主要电磁参数

β	频率/MHz	$U_{\mathrm{acc.\,Max}}$/MV	$E_{\max}$/(MV/m)	$B_{\max}$/mT	分路阻抗(R/Q)/Ω
0.10	162.5	0.78	25	50	148

注：$E_{\max}$ 为最大表面电场；$B_{\max}$ 为最大表面磁场；R/Q 为分路阻抗，其中 R 为分路的阻抗，Q 为束流品质因子(无量纲数)；$U_{\mathrm{acc.\,Max}}$ 为粒子最大加速电压。

超导加速器是以低温恒温器系统为单元的各种类型超导腔体的组合，以及与之相匹配的固态功率源系统、超导螺线管系统、超导电源系统和束诊系统等。

超导 HWR 加速段是注入器主要的加速结构，主要采用挤压型的 HWR010 腔体。表 5.7 给出了 HWR010 腔体的主要电磁参数。设计中采用的是全周期结构，周期长度为 1.16m。周期长度的选择主要考虑低温恒温器的热过渡。每个低温恒温器包含四个周期，每个低温恒温器长度为 4.64m。整个加速段包含四个低温恒温器。全周期的考虑主要是为了避免由于分段导致的重新匹配带来的束晕等问题，同时对于束流调试而言，全周期的匹配只需要重新匹配初始的 TWISS 参数即可，而且每个低温恒温器内的元件数量较少，这些优势都会给束流调试带来一定的方便。图 5.8 给出了低温恒温器的元件布局示意图。

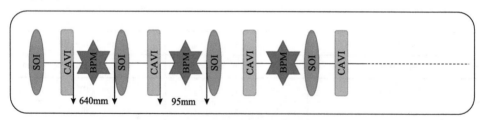

图 5.8 低温恒温器的元件布局示意图

SOI 为离子源；CAVI 为谐振腔(可分为不同几何结构的谐振腔，如 Spoke、Ellip 等)；BPM 为束流位置监测器

5. 主加速器段设计

主加速器的作用是将束流从 10～20MeV 加速到最终能量，第一阶段为 250MeV。共采用三种不同超导加速腔体类型，其中两种是工作在 325MHz 的超导轮辐腔(Spoke)，几何 β 分别为 0.21 和 0.40，另外一种是工作在 650MHz 的 5 单元超导椭圆腔(Ellip)，腔体几何 β 为 0.63。

250MeV 所需要的每种腔体及 CM 数目如表 5.8 所示，各腔段的 Lattice 结构如图 5.9 所示。

表 5.8 主加速器（250MeV）主要腔体类型

腔体类型	β	频率/MHz	V_{max}/MV	E_{max}/(MV/m)	B_{max}/mT	腔体个数低温恒温器(CM)个数
Spoke021	0.21	325	1.64	31.14	65	42/7
Spoke040	0.40	325	2.86	32.06	65	64/8
Ellip063	0.63	650	10.26	37.72	65	24/8

注：V_{max} 为最大电压。

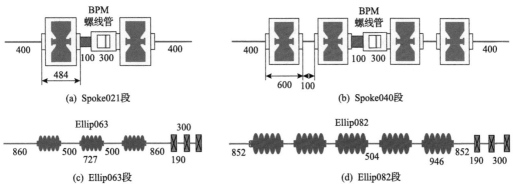

(a) Spoke021段   (b) Spoke040段

(c) Ellip063段   (d) Ellip082段

图 5.9 主加速各腔段聚焦结构示意图（单位：mm）

主加速器的设计主要有以下几个特点：

（1）在聚焦结构设计中，每一周期的两端均保留了大约 400mm 的漂移节，这样即使在需要低温恒温器分段时，整个聚焦结构的周期特性也不会被破坏。对于强流加速器，失配是束晕产生的主要原因，而束晕是可能导致粒子丢失的一个关键因素。因此，通过这种聚焦结构设计，可以最大程度降低由于失配导致粒子丢失的可能性。此种聚焦结构设计，得益于设计中采用的局部补偿容错设计理念，它使得常规运行状态的加速梯度较低，从而允许这种长周期结构设计，否则将会导致周期相移大于 90°，引起束流的包络不稳定性。

（2）由于 RFQ 出口纵向相移小于横向相移，在主加速器的设计中保留了这种特性，即选择纵向发射度小于横向发射度。这样纵向相移可以达到包络不稳定性的极限限制，即 90°，从而可以最大限度地利用腔体的加速能力，获得最大加速梯度。

（3）在椭球腔部分，采用常温三组合透镜来实现横向聚焦。这固然是因为采用三组合透镜可以获得相对平滑的束流包络，但最主要的原因是采用三组合透镜更容易实现容错设计。如果采用双组合透镜，在一个透镜失效的情况下，就必须关闭剩余的另外一个透镜，而通过调谐相邻周期的双组合透镜来实现束流的再匹配。这样束流在一个相对较长的时间内将没有横向聚焦，匹配难度较大。如果采用三组合结构，在一个透镜失效的情况下，可以将剩余的两个透镜当作双组合透镜来使用，这样对束流的影响将会大大减小，重新匹配也将更容易实现。图 5.10 给出了每一段的能量增益及腔体数量等信息。

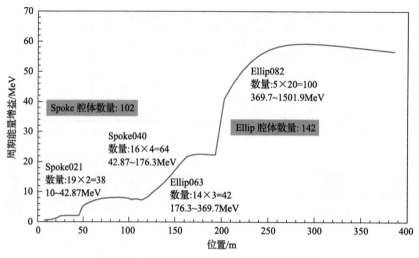

图 5.10　主加速器单位能量增益及腔体数量

5.1.3　关键硬件系统介绍

1. 超导加速腔系统

优化后的腔体参数如表 5.9 所示。

表 5.9　CiADS 直线加速器各类超导腔一览表

部件	腔型	工作频率/MHz	β	束流孔径/mm	E_{peak}/E_{acc}	B_{peak}/E_{acc} /[mT/(mV·m)]	$R/Q/\Omega$	适用能段/MeV	超导腔个数/低温恒温器数	最大腔压/MV
注入器	HWR010	162.5	0.10	40	5.3	10.9	148	2.1~10	32/8	0.8
MEBT2	HWR010	162.5	0.10	40	5.3	10.9	148	10~10	12	0.8
主加速器	Spoke021	325	0.21	40	3.9	8.1	206	10~40	42/7	1.7
	Spoke040	325	0.40	50	4.1	8.0	271	40~160	64/8	2.9
	Ellip063	650	0.63	100	2.6	4.7	304	160~250	24/8	10.3

注：E_{peak} 为峰值电场强度；E_{acc} 为加速梯度；E_{peak}/E_{acc} 为峰值电场与平均加速电场的比值；B_{peak} 为峰值磁场，单位为 mT·m/MV。

　　HWR 腔具有结构对称性好、β 范围宽、结构紧凑等优点。国际上多个直线加速器在方案设计中采用了 HWR 超导腔。其中 SARAF Ⅰ期建设已经完成，还在调试阶段，它使用一个 HWR 超导腔恒温器(包含六个 HWR 超导腔)，能将质子从 1.5MeV/u(u 表示核子)加速到了 4MeV/u，流强可达到 1mA。HWR 腔由内导体、外导体、端盖及束管、耦合器口和清洗口等部分组成，如图 5.11 所示。

　　Spoke 腔为类同轴线谐振腔，其电磁场工作模式为类 TM011 模。它具有结构紧凑、机械性能稳定、加速效率较高等优点，尤其适用于加速能量较低的低 β 质子，因而在本书中将广泛采用。Spoke 腔由芯棒、外壳、端盖以及束管、耦合器口和加强筋等部分组成，如图 5.12 所示。

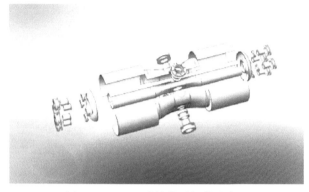

图 5.11　HWR 腔结构及部件示意图

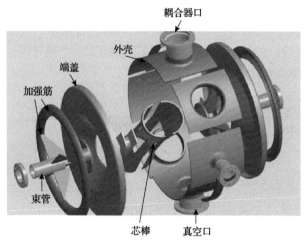

图 5.12　Spoke 腔结构及部件示意图

高功率输入耦合器是加速器高频系统的重要部件之一，它位于传输波导和加速腔之间（图 5.13），主要功能是将微波功率馈送到超导腔内，并利用陶瓷窗将大气与腔内的超高真空环境隔离开。对超导腔来说，耦合器还要起到更多的作用：提供从室温到超导低温的低漏热过渡连接作用；保证超导腔内的高洁净度及尽可能减少对腔和束流性能的影响；有的耦合器还需要提供可调的耦合度以满足不同的运行模式和负载要求。根据运行经验，高功率输入耦合器是加速器高频系统出现故障或者性能下降的一个重要因素。如超导腔的水平测试性能往往不如垂直测试性能，主要原因之一就是高功率输入耦合器的影响。另外，高功率输入耦合器能承受的最大功率往往限制了加速腔向束流提供的功率上限。因此，加速器高频系统对高功率输入耦合器的性能要求非常高，往往成为高频加速结构的研制中需要攻克的关键技术难点之一。

2. 固态功率源系统

射频功率源为 250MeV 的 CiADS 质子直线加速器的注入器常温射频四极腔（RFQ）、常温聚束腔（Buncher）、半波长超导腔，主加速器的轮辐（Spoke）超导腔及椭球（Elliptical）超导腔提供所需的射频场，其场幅与相位稳定度分别为±1%和+1°。

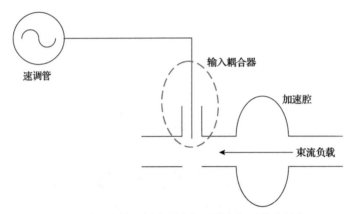

图 5.13　高功率输入耦合器在加速器高频系统中的位置

根据 250MeV 的 CiADS 质子直线加速器的整体设计要求，两条注入器共包括 2 台 RFQ、4 台常温聚束腔、32 台超导腔，主加速器包括 126 个超导腔。250MeV 的 CiADS 质子直线加速器射频功率源的分配如图 5.14 所示。

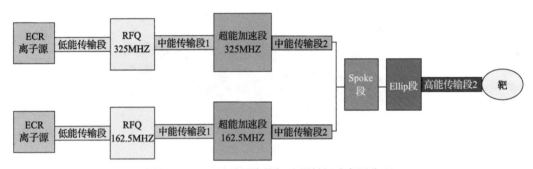

图 5.14　CiADS 质子直线加速器射频功率源分配

射频功率源的工作频率包括 162.5MHz、325MHz，全部为连续波工作模式。RFQ 的功率源采用四极管放大器，162.5MHz/325MHz 聚束腔和超导腔的功率源全部采用全固态射频功率源，650MHz 超导腔的功率源采用速调管或功率放大器。射频功率源的低电平射频(LLRF)系统全部采用数字化低电平控制系统。

固态高频功率源工作在连续波模式(占空比 100%)时，对软故障和替换性是关键性要求，它是依据高线性、大余量、低耗散、高稳定的原则设计的，为当前最佳选择。CiADS 加速器的 HWR 腔、聚束器和超导 Spoke 腔激励均采用全固态射频功率源，可有效地降低故障率，保障整机在长期不停机的情况下稳定运行。固态射频功率源一般由推动级放大器、模块化电源、控制保护器、功率分路器、功率模块、功率合路器和冷却器等部件组成，如图 5.15 所示。

固态高频功率源基于分布参数设计，兼顾微波结构设计及电磁兼容性。由于加速器腔体属于动态负载(谐振结构及温度漂移等因素)，各功率模块的隔离特性要求较高，故障时会对功率源系统造成冲击。鉴于加速器自身的特点，功率源系统的幅度、相位和频率设计都必须具备高精度和高可靠性。

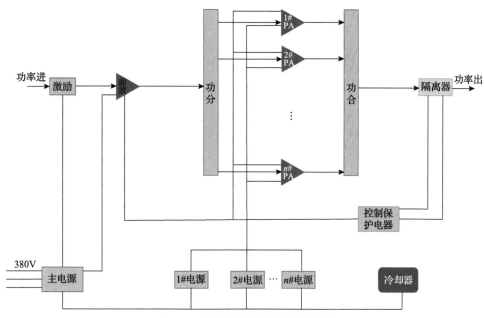

图 5.15　固态射频功率源组成框图

PA 表示射频功率放大器(power amplifier)

3. 低温恒温器系统

为了使 4 种超导腔(HWR010、Spoke021、Spoke040、Ellip063)，以及相应的超导磁铁在 4.5K/2K 温度下稳定运行，需要设计和制造相应的低温恒温器共 37 个，如表 5.10 所示。

表 5.10　CiADS 250 MeV 直线加速器所需低温恒温器统计

设备	腔型	恒温器数量	超导腔数量(每个低温恒温器)	磁铁数量(每个低温恒温器)
注入器	HWR010	8	4	4
MEBT2	HWR010	12	1	0
主加速器	Spoke021	6	7	3
	Spoke040	8	8	2
	Ellip063	3	3	0

本书低温恒温器的结构基本一致，如图 5.16 所示。本书将研制适用于 Spoke021、Spoke040 两种轮辐型超导腔的低温恒温器共 14 个，单腔 HWR010 低温恒温器 12 个，四腔 HWR010 低温恒温器共 8 个，以及适用于 Ellip063 椭圆腔的低温恒温器 3 个。研制内容包括设计、加工制造以及与腔体的集成和性能测试。

低温恒温器的真空系统设计，由于超导腔内表面和超导磁铁真空盒内表面处于低温状态，形成了低温泵，可以通过低温冷凝和冷捕集分离、除去大量气体。一个由液 He 冷却的表面，经过长时间的抽气后，许多气体如 H_2O、CO_2、O_2 等的蒸汽压近乎为零，但 He、Ne 和 H_2 仍有较高蒸汽压，必须用离子泵抽除。当低温表面吸附的气体分子

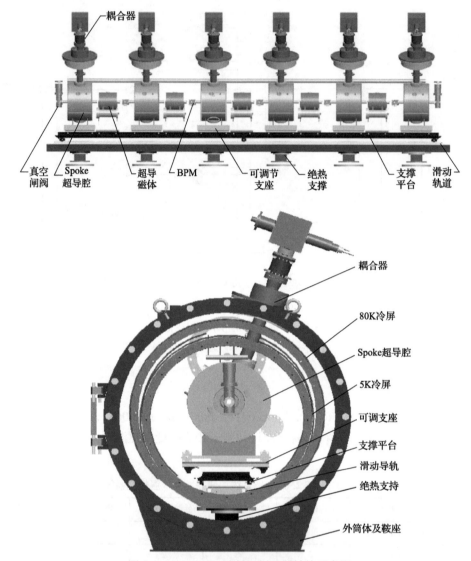

图 5.16　Spoke021 腔低温恒温器结构示意图

达到饱和后，需要通过"再生"将低温凝结层清除掉。"再生"是提高低温表面温度，释放冷凝的气体分子，通过离子泵或分子泵把这些气体分子抽走。因此每个恒温器的两端都要安装离子泵，用来抽除在低温状态下蒸汽压较高的气体和低温表面"再生"时放出的大量气体。

4. 超导螺线管系统

磁铁是加速器中用于实现束流偏转和聚焦的元件，用于束流的横向匹配传输。工程需研制 4 台常温螺线管(带校正线圈)、40 台常温四极铁和 9 套三组合常温四极透镜、3 台二极常温偏转磁铁、66 台超导螺线管磁铁。

超导螺线管的研制难度较大，因为要求有较高的磁场、较紧凑的结构，以便安装于低温恒温器中的超导腔体之间，较低的杂散磁场可降低对超导腔体的性能影响，可降低磁轴的测量要求和低温条件下的安装精度。磁体的设计采用了主动补偿线圈和双向校正线圈，其结构设计和杂流场的模拟结果见图 5.17。

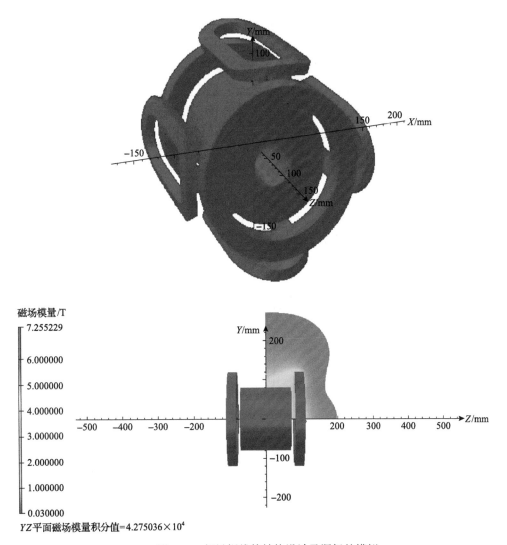

图 5.17　超导螺线管结构设计及漏场的模拟

5. 超导电源系统

CiADS 质子直线加速器的电源系统，将设计和制作全数字化控制的普通磁铁电源和超导磁铁电源。根据直线加速器磁铁负载的特点及物理设计的要求，设计电源的功率回路及相关的控制和保护电路，并对电源长期运行的可靠性和稳定性进行测试分析。这些电源将组成一个系统，向各种类型磁铁提供高精度的稳定励磁电流，从而使加速器获得符合运行模式的稳定磁场结构。

超导磁铁电源及失超保护电路是为超导磁铁提供励磁电流，并在磁铁失超后提供保护的设备总称。由于磁铁在超导态工作，电源的性能指标和失超保护电路的可靠性对超导磁铁的安全稳定运行至关重要。

超导磁铁电源及失超保护电路主要由电源功率主体和失超保护电路组成。电源功率主体向超导磁铁提供高精度的励磁电流，其电流稳定度优于$\pm 5 \times 10^{-5}/8h$，输出电压纹波优于 50mV；失超保护电路是针对超导磁铁复杂的线圈结构和电路连接方式设计的，实现严密的保护逻辑，失超保护响应时间在 700μs 之内。

超导磁铁电源的特点是输出电流大、电压低，并且要求输出电压纹波小。如果选择可控硅型电源作为这些磁铁的励磁电源，由于输出电压相对较低，要达到所要求的输出电压纹波指标比较困难。为此，电源主回路考虑选用"移相零压开关全桥脉宽调制"的软开关技术。与其他电路拓扑相比，它的特点是同样具有较高的工作效率，但是由于采用恒频移相脉宽调制技术，功率开关管在开关过程中不承受电压应力，所以对开关管要求降低，可靠性提高，同时制作相对容易。图 5.18 是移相零压开关全桥脉宽调制直流电源主电路原理图。关键技术降低是由于负载时间常数大对电源输出响应时间的影响，以及减小大功率输出时电磁干扰(EMI)对电源保护电路的影响以及电源功率器件散热问题。CiADS 质子直线加速器所需的普通磁铁电源也将采用相同的主回路拓扑结构。

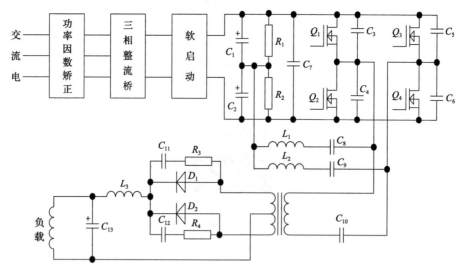

图 5.18　移相零压开关全桥脉宽调制直流电源主电路原理图

失超保护系统用于超导磁铁发生失超时执行保护动作。当超导线圈失超探测电路发出失超信号时(此时超导线圈将迅速由超导态进入电阻态)，失超保护电路必须在所要求的时间内将超导线圈中的电流降低到一定电流值(在这个电流值下超导线圈是安全的)。这个工作过程是通过失超保护电路在相同时间内接通卸能电阻(energy extraction resisters)、电源输出端并联连接的短路器(crowbar circuit)及切断供电电源完成的。图 5.19 和图 5.20 分别为单向失超保护系统和双向失超保护系统工作原理图。

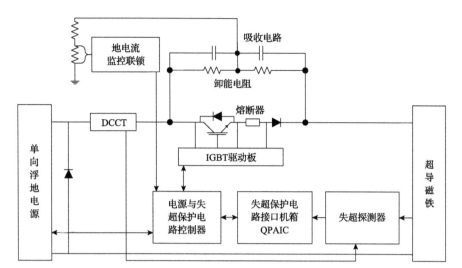

图 5.19　单向失超保护系统工作原理图

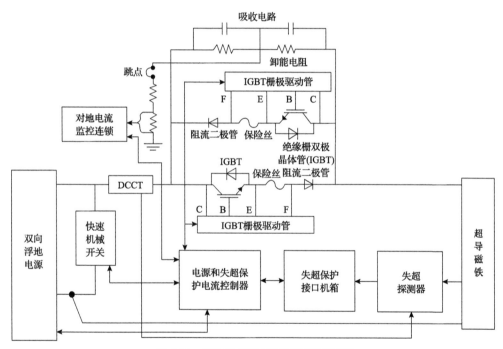

图 5.20　双向失超保护系统工作原理图

失超保护电路中包括几个主要的部件：电源与失超保护电路控制器、绝缘栅双极晶体管(IGBT)及 IGBT 驱动板、短路器、卸能电阻及吸收电路、直流电流传感器(DCCT)、地电流监控联锁等。IGBT 及 IGBT 驱动板、短路器、卸能电阻及吸收电路是保护电路的执行部件。在发生磁铁失超或其他紧急故障时，电源与失超保护电路控制器往 IGBT 驱动板和短路器发送触发信号，关断 IGBT 的同时接通短路器，建立一个卸能回路，并将卸能电阻和吸收电路接入该回路。这些部件之间协同动作，完成超导磁铁从供电回路到卸能回路的转换。

DCCT 检测通过超导磁铁的电流，并将电流值的大小送往失超探测器，作为判断磁铁是否失超的检测信号之一。在整个系统中，超导磁铁电源、超导磁铁都必须严格浮地，仅在失超保护电路的卸能电阻终点或一侧接地，并对接地电流进行监控。地电流的大小参与系统安全联锁，如果电流超出某个设定的阈值，需要启动相应的保护措施。关键技术是卸能电阻的选型，短路器如何及时有效接通，接地电流的测量及抗干扰等。

数字控制替代模拟控制是现代高能加速器磁铁电源系统发展的趋势。CiADS 质子直线加速器的电源系统将采用全数字化控制的方式。选择阿尔特拉(Altera)公司的现场可编程门阵列(FPGA)芯片作为电源数字控制器的信号处理核心。在 FPGA 中嵌入 Nios Ⅱ软核，采用 μC/OS-Ⅱ实时操作系统，进行任务调度和管理。应用 IEEE 标准的硬件描述语言 VHDL 设计电源的数字闭环控制系统，采用模块分时复用和流水线设计等多种方法节约硬件资源，提高运行速度。采用单芯片片上可编程系统的设计思想，将数字电源控制器所需的处理器、存储器和 I/O 等功能模块集成到一个可编程逻辑器件(PLD)上，构建成一个可编程的单芯片系统。结合加速器控制的需求设计合理的上层控制接口，实现电源的远程控制。

6. 束流诊断系统

束流诊断系统是机器调试运行中束流状态(流强、能量、截面、位置、长度、发射度、束流损失等)检测的必要手段，主要设备可以分为以下几种：

(1)束流位置探测器：束流位置探测器用来测量束流在管道中的位置，可分为纽扣型和条带型。常温段束流位置测量使用条带型探测器，低温恒温器中使用纽扣型探测器。

(2)束流流强探测器：快速束流变压器(FBCT)监视束团的形状和流强，实时了解束团时间分布结构的变化。DCCT 测量束流平均流强。

(3)束流损失探测器：用于确定束流损失的大小、位置及时间结构。选用闪烁体和光电倍增管组成的探测器，做快速束流损失测量，用于机器保护。电离室型探测器或金刚石探测器常作为常规监测束流损失探测器。

(4)束流截面探测器：束流截面探测器用来测量束流的横向截面尺寸和束晕，分为拦截型和非拦截型。

在注入器中将安排一系列束流测量元件，测量束流流强、束流位置、束流截面、束流能量、束流相位、束团长度，束流损失等参数，用于加速器调束、运行监视及帮助确定事故位置。离子源和 LEBT 中，要进行束流流强和束流截面测量。RFQ 加速器之后，要进行束流流强测量和束流相位测量。MEBT1 后进行束流发射度测量。除此之外在注入器中，需要束流截面和束晕测量，要安装一系列束流准直线圈，要有束流位置测量和相应的水平与垂直方向的导向磁铁，对束流的方向和位置进行校准。为了使束流损失局部化，并使其产生的放射性能得到有效控制，必须安装束流准直器，在束流注入到环中前，去除掉束晕粒子，避免它们在环中进一步加速并最终散失在环中，产生不可控制的放射性。在注入器中，安装束流损失探测器用于机器保护和束流损失监测。

CiADS 主直线加速器大量采用低温超导技术，在低温恒温器出口和入口，安装非拦截的束流截面测量探测器。低温恒温器内部，超导磁体附近安装纽扣型束流位置探测器，用于束流位置测量和相位测量。在恒温器外部，安装束流损失探测器，用于机器保护和常规束流损失监测。

为了直线加速器的分段安装和调试，需要一套移动测试平台，该平台包含束流各参数测量的全部诊断元件，如图 5.21 所示。

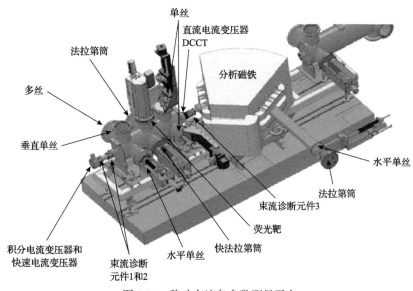

图 5.21　移动束流各参数测量平台

7. 中能传输线 II 子系统

中能传输线 II 的主要功能是将来自两个并行注入器的束流传输到主加速器，这是整个加速器中唯一的偏转段。整个束线长度较长（两台注入器需要分开较远以便有足够的安装空间），因此在偏转段需要放置聚束元件以保证束团长度不要太长，否则高频腔体的非线性效应将会比较明显，从而导致发射度明显增加。整个 MEBT2 示意图如图 5.22 所示。对每一台注入器，MEBT2 都由两个分支构成：一个分支将束流传输到废束站，并进行必要的束斑均匀化处理以减小废束站吸收靶上单位面积的束流功率；另外一支为负责将束流传输、匹配到主加速器入口。MEBT2 主要元件及其参数如表 5.11 所示。

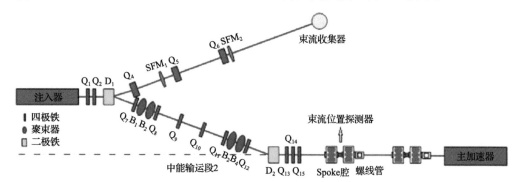

图 5.22　MEBT2 示意图

只画出了对应于一台注入器的部分，另外一半完全相同

表 5.11　MEBT2 主要元件及其参数

元件	长度/mm	孔径/mm	场梯度/有效电压/场强
Bend-1	327	20	0.5T
Bend-2	327	20	0.5T
Q_1	100	30	7.32T/m
Q_2	100	30	−8.30T/m
Q_3	100	30	3.60T/m
Q_4	100	30	−5.09T/m
Q_5	100	30	4.77T/m
Q_6	100	30	−3.99T/m
Q_7	100	30	6.39T/m
Q_8	100	30	−4.58T/m
Q_9	100	30	8.43T/m
Q_{10}	100	30	−11.81T/m
Q_{11}	100	30	6.33T/m
Solenoid-1	150	25	1.69T
Solenoid-2	150	25	2.26T
Buncher-1	300	20	120kV
Buncher-2	300	20	120kV
Buncher-3	300	20	120kV
Buncher-4	300	20	120kV
Buncher-5	445	20	146kV
Buncher-6	445	20	404kV

8. 加速器控制子系统

根据 CiADS 装置的物理布局,控制系统由中央控制室、通信系统、数据库和计算机服务器、设备检测控制、加速器物理调束装置、设备安全联锁系统(MPS)和人身安全联锁系统(PPS)及定时系统等组成。控制系统须确保加速器设备间协调运作,并提供人机交互的接口。

(1)中央控制室:控制系统应在中央控制室设有操作员控制台、信息显示系统、主定时系统、机器保护系统和人身安全联锁系统等主设备。中央控制台由 PC 机工作站和束流诊断仪器如示波器和频谱仪,以及机器保护系统和人身安全连锁系统的监视设备组成。

(2)通信系统:为了确保加速器设备高可靠性和高实时响应性,保证用户正常使用实验束,要求数据传输可靠,响应时间快,网络通信没有瓶颈,因此,需要建立一个基于工业以太网技术的可靠的控制网络、一个硬件分布式事件定时通信网络及一个快速保护专用网络。

(3)数据库和计算机服务器:控制系统的数据库分为中央信息管理数据库和实时数据库。中央信息管理数据库采用 TB 级大型关系式数据库,驻留在数据库服务器上,用于存储和管理加速器机器参数、各类设备的参数、辅助设备和电缆安装的数据以及机器保护系统的历史数据。它一般由设备配置数据库、装置参数数据库及机器保护系统历史数据三部分组成。机器保护系统历史数据用于故障事后诊断和分析,有利于设备的长期维护和运行。实时数据库可由静态文本数据库、数据库配置工具或由设备配置数据库生成，文本文件存放在计算机服务器上，通过网络下载到各子系统的前端控制计算机上运行。另外，控制系统计算机服务器必须提供文件系统服务和历史数据存储服务。

(4) 设备检测控制：被控设备包括沿加速器束流线上磁铁电源、射频、真空、低温设备以及各种束流探测器和仪器状态等。控制系统可对各类设备实施开/关机、调节参量变化的操作。

(5) 加速器物理调束装置：控制系统应为调束员提供方便友好的调束软件工具，确保物理调束人员易于建立物理应用程序，如磁聚焦结构的计算机控制和在线观测、束流轨道控制、束流损失分布和辐射分布测量等。

(6) 设备安全联锁系统和人身安全联锁系统：由于 CiADS 是一台超导强流质子加速器装置，各部分的束流损失要严格控制，因此装置的保护系统必须与束流损失的监测结合在一起，以束流损失的门限值为判据，对装置实施快速保护。一旦发现可能会引起硬件损坏或超出放射性强度限制的故障或故障隐患，必须在微秒级内打掉束流。除了设备自身连锁保护系统外，还有冷却水系统、供电系统和低温系统等通用设施的安全连锁。

(7) 定时系统：控制系统的主定时系统根据加速器物理控制模型的需要产生一系列时序信号提供给加速器的各子系统的设备，使束流从加速器离子源到注入器、主加速器的完整过程中，所有设备均能按正确时间序列工作。定时系统使用专用光纤网络来传递脉冲时钟信号和时间基准。

控制系统包括硬件体系结构、软件平台和应用软件，基本的系统框图如图 5.23 所示。

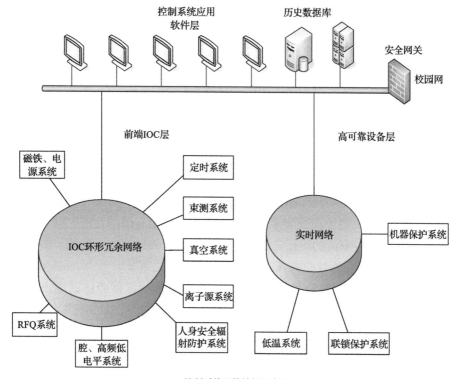

(a) 控制系统硬件结构示意图

(b) 控制系统软件结构示意图

图 5.23　控制系统硬件和软件结构示意图

5.1.4　研发进展

目前已研制质子能量 250MeV、束流强度 10mA 的初步能与靶和堆耦合的强流连续波质子加速器，以后将进一步研究该加速器作为商用装置所需的高稳定性、高可靠性、高可用性的问题。

我们开发相应的软件进行超导腔体、能量分段等整体参数的优化设计；之后利用 TraceWin 程序进行初步的设计，以求利用最少的超导腔体和合理的聚焦结构将束流加速到设计能量；然后利用 TraceWin、IMPACT、Track 等多粒子模拟程序来研究发射度增长、束晕、空间电荷效应等相关的物理问题；最后利用模拟软件进行误差分析，对整个加速器的动力学设计进行评价并对硬件的各项误差提出要求。

1. 射频超导加速腔体 β 值的选择

超导技术是目前高功率直线加速器的主要技术方案选择之一。随着机器运行占空比的增加，超导腔体的使用趋于低能化。CiADS 的直线加速器工作模式为连续波模式，鉴于功率源系统及腔体的高功耗问题，故加速器设计采用全超导方案(RFQ 加速器之后全部采用超导腔体加速)。超导直线加速器的主要特点是采用有限的几种腔型覆盖整个加速能量区间，超导腔体与束流的能量失配会导致腔体的有效加速效率降低，所以超导腔体 β 值和不同类型腔体转变能量的选择对腔体利用效率至关重要。

CiADS 直线加速器的目标能量为 500MeV，在此能量区间腔体成本占整个装置的 30%左右。因此，在满足物理设计要求和工程可达性的前提下，对加速腔体的 β 值、gap 数、频率、分段能量等参数进行整体优化，以求提高腔体和高频功率源的利用率，达到减少装置建造成本的目的。

粒子通过腔体获得的能量可通过能量增益公式算出：

$$\Delta W = q E_0 T L \cos\varphi \tag{5.1}$$

从公式(5.1)可以看出，粒子获得的能量仅与其电荷数(q)、腔体的加速电场(E_0)、渡越时间因子(T)、gap 长度(L)以及相位(φ)有关。渡越时间因子是表征腔体加速能力的物理量，是有效电压与峰值电压的比值，同时也反映出粒子速度与腔体的匹配程度。T 值越大，腔体的利用率越高，粒子获得的能量也越大。因此，需要选取合适的腔体和转换能量，增加整个加速段的有效加速效率，从而达到节省成本的目的。

在超导加速段整体参数的优化选择中，我们创新性地把加速器的设计方法与优化思想结合进行多参数的优化。利用 C++语言，结合粒子群优化算法，开发了针对超导直线加速器整体参数优化的程序。最终我们以单位长度能量增益连续为约束条件，T 值为优化目标，从整体确定腔体的类型和参数。超导腔体过渡时间因子(transit time factor, TTF)曲线如图 5.24 所示，单位长度能量增益曲线如图 5.25 所示，腔体的主要设计参数见表 5.9。优化过程是以 600MeV 为最终能量进行的，动力学设计截取 500MeV 的能量段进行。

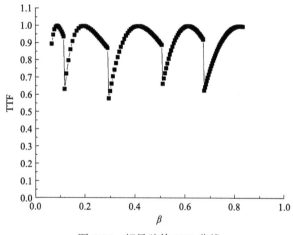

图 5.24　超导腔体 TTF 曲线

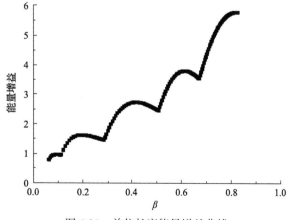

图 5.25　单位长度能量增益曲线

2. 常温加速器前端动力学设计

CiADS 超导直线加速器的设计流强为 10mA，设计束流功率为 2.5MW，是国际上在运行的最高功率加速器功率值的两倍。束流损失控制是整个加速器设计和调试的关键问题之一。我们提出了在低能低功率段对束流进行整形和约束，尽可能地降低束流在高能段损失的概率。常温前端加速器主要包括电子回旋共振离子源、低能传输段（LEBT）、射频四极场加速器以及中能传输段（MEBT）。其中离子源将用于产生稳定的质子束流。在 LEBT 段首次利用点光源刮束的新理念进行刮束，尽可能避免束流的非线性作用，降低横向有效几何发射度。RFQ 加速器作为束流纵向成形和预加速的首个高频元件，很大程度上决定了束流纵向分布的品质。MEBT 是整个加速器中束流诊断元件分布最集中的部分，这将在束流调试中为后端的超导加速段提供准确可靠的束流测量参数。

结合中国科学院战略性先导科技专项 ADS 加速器注入器 II 的调试运行经验，在 CiADS 加速器的 LEBT 设计中，为了降低杂质离子，针对原来的双螺线管紧凑型"直线" LEBT 进行了升级改造。在 CiADS 加速器 LEBT 的动力学设计中采用了偏转结构的技术方案。

LEBT 的主要作用是实现离子源（ECRIS）与 RFQ 之间的束流匹配，同时发挥着主加速离子筛选、机器保护、束流诊断的作用：①将离子源引出的束流匹配传输至 RFQ 加速器中；②分离杂质离子，获得纯净的质子束，并且对束流强度进行连续可调；③超导加速器注入过程中，束流会被脉冲化切割，在微秒时间内偏转束流以实现设备的快速保护。

由于在 LEBT 中，真空度一般在 $1.0 \times 10^{-4} \sim 1.0 \times 10^{-3}$Pa 量级，在此真空度下空间电荷效应非常强烈，为了减少空间电荷导致束流在低能段的发射度增长，在技术方案上 CiADS 的 LEBT 选用磁聚焦结构螺线管，该技术方案能够有效地利用空间电荷效应补偿进行低能段束流发射度的控制，根据实验测量及加速器束流调试经验，在 1.5×10^{-3}Pa 下的空间电荷效应补偿因子选取 0.87。

由于螺线管场区中具有高阶非线性区域，当束流包络过大时，束流由于感受到非线性电磁场作用将出现"像差"（图 5.26），在相空间中观察即产生"尾巴"。该问题的存在直接导致束流横向品质的变差，束流有效发射度的增长，增加束流在高能段束晕产生概率，进而导致束流丢失。在 CiADS 的 LEBT 设计中，其创新点即是通过有效的"束流整形"达到横向束流品质的提高，通过点光源刮束有效避免螺线管像差的影响。

3. RFQ 加速器动力学设计

针对 CiADS 的 RFQ 要求连续波运行的特点，采用了 162.5MHz 的谐振频率，并在动力学设计时考虑使用较低的极间电压，从两个方面来尽量降低腔体单位表面积的高频热功耗。162.5MHz 的 RFQ 的动力学设计采用不变孔径不变电压的方案。为了避免损失的粒子打在真空管道、磁体、高频腔体等元件上引起材料的活化辐射，RFQ 的输出能量选择在 2.1MeV。CiADS 的 RFQ 主要参数设计要求见表 5.12。

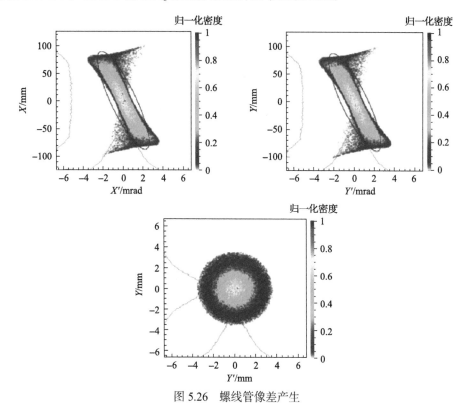

图 5.26　螺线管像差产生

表 5.12　CiADS 的 RFQ 主要动力学设计参数

束流种类	运行频率	占空比	平均流强	出口能量	出口横向发射度	出口纵向发射度	结构总长	出口横向相空间分布
质子	162.5MHz	100%	15mA	2.1MeV	$\leqslant$ $0.20\pi\,mm\cdot mrad$	$\leqslant$ $0.23\pi\,mm\cdot mrad$	4.2m	近似对称束

RFQ 动力学设计采用的程序是著名的由美国洛斯阿拉莫斯国家实验室开发的 Parmteqm 设计模拟软件。采用了其内部的 CURLI、RFQQUICK、PARI、PARMTEQM 等模块。设计采用了传统的四段设计方法：径向匹配段、成型段、绝热聚束段和加速段。

4. MEBT 动力学设计

MEBT 主要用于束流从 RFQ 到超导段的横向和纵向匹配，结合 ADS 加速器的 CW 运行调试经验，在 MEBT 对束流的横纵向参数进行准确测量，是实现超导段束流调试匹配的关键所在。MEBT 将进行束晕刮除用于降低束流在超导段的损失概率。此外 MEBT 与超导段的衔接处放置冷阱，用于保持超导段的洁净。

MEBT 的束流能量为 2.1MeV，整体布局如图 5.27 所示。注入器 MEBT 全长约 3.806m，主要由9个四极磁透镜和3个162.5MHz常温聚束腔QWR以及一系列的束诊元件组成，分别用于横向和纵向的束流匹配和测量。

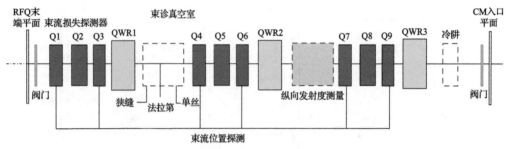

图 5.27　MEBT 整体布局图

MEBT 的动力学基于 RFQ 参数及超导段入口要求进行优化设计，MEBT 入口及出口相图见图 5.28，束流包络图见图 5.29，MEBT 入口及出口束流参数见表 5.13，从图及束流参数表中可以看出设计包络较为平滑且满足超导段横向对称的束流参数要求，纵向也能够满足超导段入口的束流参数匹配要求。束流沿纵向的横向密度分布见图 5.30，图 5.30 中可知，束流最外侧粒子远小于管道孔径，能够实现束流的有效传输。

为了利用分析铁测量 RFQ 出口能量及能散，通过 90°偏转铁实现束流的能散测量，两台聚束器配合来进行束团尺寸的调节，最后通过一组三组合四极透镜后接束流诊断元件进行横发射度测量。

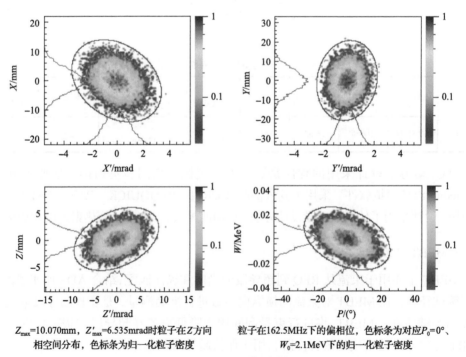

$Z_{max}=10.070mm$，$Z'_{max}=6.535mrad$时粒子在 Z 方向相空间分布，色标条为归一化粒子密度

粒子在162.5MHz下的偏相位，色标条为对应$P_0=0°$、$W_0=2.1MeV$下的归一化粒子密度

(a) MEBT入口束流相图

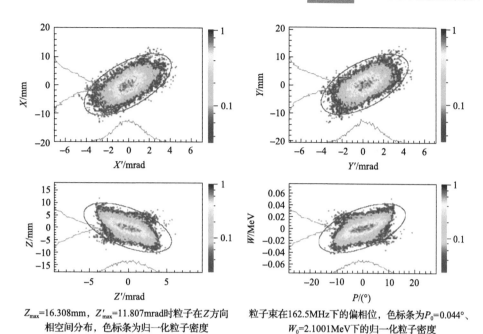

Z_{max}=16.308mm，Z'_{max}=11.807mrad时粒子在Z方向　　　粒子束在162.5MHz下的偏相位，色标条为P_0=0.044°、
相空间分布，色标条为归一化粒子密度　　　　　W_0=2.1001MeV下的归一化粒子密度

(b) MEBT出口束流相图

图 5.28　MEBT 段入口和出口束流相图

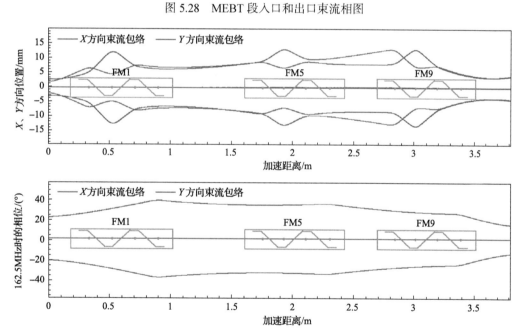

图 5.29　MEBT 段束流横向和纵向包络图（3 倍 RMS）

FM1、FM5、FM9 是射频加速腔

表 5.13　MEBT 入口及出口束流参数

位置	α_x	β_x/m	α_y	β_y/m	α_z	β_z/m
入口	0.30	0.25	−0.11	0.11	−0.40	1.60
出口	−0.78	0.48	−0.74	0.49	0.67	0.69

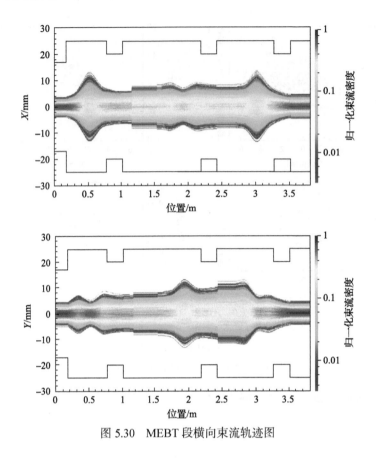

图 5.30　MEBT 段横向束流轨迹图

5. 超导加速器动力学设计

CiADS 直线加速器运行模式为连续波模式，超导加速段是整个加速器的主要加速部分。超导加速段是以低温恒温器为基本物理单元的集成，以及与之相匹配的超导腔体、固态功率源、超导螺线管、超导磁铁电源、束诊元件等。

在 CiADS 整个超导加速段设计过程中，统一遵循一系列设计原则，主要包括避免包络不稳定，优化不同结构、不同频率之间的匹配，避免结构共振。

在整个加速段，在水平、垂直及纵向三个方向的周期相移均需小于 90°，整个加速器的单位长度相移平滑以避免包络不稳定。

此外，在非周期结构设计中不同加速段之间的匹配对减小发射度增长以及抑制束晕的产生是非常重要的。在实际非周期结构的纵向匹配过程中，我们主要通过三步实现匹配要求。

通过调节过渡段前部分最后两个腔体的电场强度和相位，使得最后腔体处 $\beta = \sigma^2/\varepsilon$（其中，$\sigma$ 为束流密度标准差，表示横向的散布程度；ε 为束流的发射度，表示束流在相空间中的面积）；在过渡段中间形成束腰，束腰处 $\sigma^* = \sqrt{\beta^* \varepsilon}$；通过调节过渡段后部分前两个腔体的电场强度和相位，使得匹配段的失配较小。

横向匹配遵循以上同样的原则。

在设计过程中，跳频的位置是需要特别处理的。在跳频的位置，频率的改变会引起纵向聚焦力的突然改变，如果控制不当：一方面会造成束团内粒子的强烈的重新分布，进而造成束流相空间的畸变和束晕的产生；另一方面会造成发射度与接受度的比值变小，进而可能会导致束流受到非线性的影响。在 CiADS 超导加速段的设计中，在跳频的位置，我们增大高频腔体的同步相位的绝对值，同时降低腔体电压，以保证在增大纵向接受度的同时周期相移不大于 90°。

根据束流能量和超导腔体类型的不同，CiADS 超导加速器系统划分为超导 HWR010 段、HWR019 段、Spoke042 段、Ellip062 段及 Ellip082 段。超导腔体整体参数及数量如表 5.14 所示。为了提高加速器的可靠性和稳定性，运行腔压选择为最大腔压的 75%，另外的 25%用于元件失效补偿。这一设计理念是基于提高 CiADS 超导加速器的运行稳定性以及可用性提出的。

表 5.14　CiADS 直线加速器各类超导腔一览表

腔型	f/MHz	β	孔径/mm	E_{peak}/(MV/m)	B_{peak}/mT	能段/MeV	腔个数	恒温器个数	U_{max}/MV
HWR010	162.5	0.10	40	28	56.75	2.1~8.0	14	2	1.06
HWR019	162.5	0.19	40	35	63.7	8.0~44	28	4	2.8
Spoke042	325	0.42	50	35	65.9	44~180	54	9	6.7
Ellip062	650	0.62	80	35	67.3	180~375	44	11	13
Ellip082	650	0.82	100	35	68.3	375~500	15	3	20

超导加速段的动力学设计分为两个阶段：结构设计和束流动力学模拟分析。在结构设计过程中，主要是根据现有的强流加速器设计原则对加速聚焦周期布局以及不同超导腔体段之间的匹配进行优化设计，从而确定整体加速结构和元件数量。束流动力学模拟主要是利用多粒子模拟程序进行粒子传输模拟，研究发射度增长、粒子损失等非线性问题。

6. 高能传输段及束流收集终端

加速器整体物理模拟高能传输段及束流收集终端主要功能是 2.5MW 束流的无损传输以及 250kW 热态功率颗粒流靶样机上束流的均匀化，同时需要对束流进行测量和调试，并实现对器靶耦合段关键技术的束流验证。

高能传输段需要将 250kW 的束流无损传到束流收集终端。动力学设计中，超导腔出口的束流经多个四极磁铁组成的匹配段将横向 Twiss 参数［描述束流(粒子束)在各个方向的特性轨迹］匹配到周期段的入口。用 7m 长的周期段控制束流包络，每个周期段均由三组合四极透镜和漂移段组成，周期段的结构相移为 70°，可有效防止共振。

高能传输段和束流收集终端主要实现 250kW 热态功率颗粒流靶样机上束流的均匀化。在高能传输段之后经两个 10°的二极磁铁将束流水平偏转，直线传输 25m 后再经两个 45°的二极磁铁将束流偏转为垂直向下，偏转段均采用消色散设计。

在高能传输段和束流收集终端安装束诊系统进行束流的测量和调试。在周期段间的束腰处放置 BPM、ACCT、DCCT 来测量束流的位置和流强，在 BPM 间通过 TOF 方法测束流能量，放置狭缝和单丝来测量束流横向发射度。

为实现束流无损传输，需要控制束流最大包络，增大误差容忍度。图 5.31 给出了横向束流功率密度分布。加速器管道半径为 40mm，管道孔径与束流最大包络之比为 2，周期段的管道孔径与束流平均包络比值为 7，可实现束流无损传输。

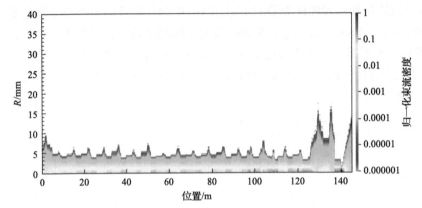

图 5.31　高能传输段及束流收集终端沿纵向的横向束流功率密度分布

中国科学院近代物理研究所坚持自主创新，经过十年科技攻关成功研制了 ADS 超导直线加速器样机(设计能量 20MeV)，并在国际上首次实现了约 10mA 连续波质子束加速和百千瓦、百小时稳定运行，最高束流功率达 205kW，可用性大于 93%，如图 5.32 所示。这一工作将连续波束流强度较原有世界最好指标提高近 5 倍，确立了我国在该领域的领

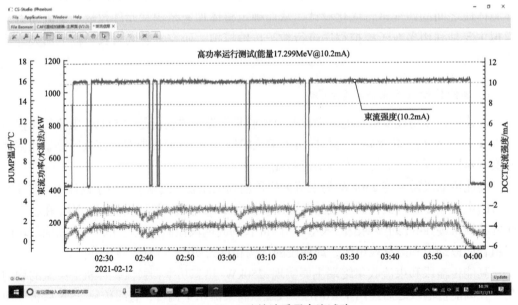

图 5.32　10mA 连续波质子束流试验

先优势，也标志着我国科学家推动国际强流质子超导直线加速器实质性进入 10mA 连续波稳定运行时代。这是自 20 世纪 80 年代 ADS 概念提出以来，"粒子束大炮"流强首次达到可工业化应用的指标，将推动 ADS 技术从概念走向现实。

5.2　高功率散裂靶

目前主要有三种中子源：放射性同位素中子源、反应堆中子源和散裂中子源[1]。最先使用的是放射性同位素中子源，体积小，使用方便，但是产生的中子通量低。反应堆中子源运用广泛、中子通量高，但是由于散热技术的限制，其最大中子通量受到了限制。自 20 世纪 80 年代起，由质子加速器驱动的散裂中子源，逐步进入实用阶段，它的出现打破了反应堆中子源中子通量的极限。其原理是利用高能强流质子加速器，产生能量几百兆电子伏或吉电子伏量级的质子去轰击重核（如钨或者铀），相比于放射性核素中子源和反应堆中子源，散裂中子源不仅能在比较小的体积内产生非常高的脉冲中子通量，而且提供的中子能谱更宽且中子束的脉冲也可以调节。表 5.15 对比了这三种典型中子源的特点[2]。因此，在需要高通量中子束的应用中，散裂中子源应该是最理想的选择。

表 5.15　三种典型中子源特点的比较

项目	放射性同位素中子源	反应堆中子源	散裂中子源
中子产生	(α,n) 反应、(γ,n) 反应、自发裂变	核裂变、链式反应	高能质子轰击重核的散裂反应
反应方式	连续	连续	脉冲
时间结构	无	无	有
中子能谱	窄	较宽	宽
中子通量/[n/(cm²·s)]	$\approx 10^7$	$\approx 10^{15}$	$\approx 10^{17}$
每产生一个中子靶内能量沉积/MeV	$0.1 \sim 6$	180	$20 \sim 45$
本底	高	高	低

目前，随着加速器技术不断发展，高能强流质子加速器产生的质子束流可以达到几百兆电子伏量级甚至吉电子伏量级，在束流轰击下重原子核靶（如 W、U 等）不稳定而发生散裂反应（图 5.33），每个散裂过程可放出 20～30 个中子，放出的中子会发散到各个方向，利用加速器高能强流质子束流可以极大提高中子产生效率。

散裂中子源主要由两部分组成：一是强流加速器系统（提供高能强流粒子束流）；二是散裂靶系统（产生散裂反应放出中子）。因此高功率散裂中子源的建造不仅受强流加速器制造技术的限制，同时还受散裂靶技术的限制。随着束流功率的不断提高，靶内相对较小的体积内将会沉积约一半的束流能量，热移除能力是靶设计中的关键问题之一，也是散裂中子源发展所面临的挑战。散裂中子源经过几十年的不断发展，束流功率水平已经从最初的千瓦量级提升到兆瓦量级，散裂靶材也从最初的固体靶发展到后来的液态金属靶。迄今为止，全世界上有各种类型的散裂靶，它们或者正在被设计，或者正在被建造，或者已经处于运行中。这些靶按照它们工作时的物质形态可以大致分为：固体靶、液态重金属（heavy liquid metal, HLM）靶以及最近由中国科学院近代物理研究所先进核能物理团队提出的密集颗粒流靶（dense granular target, DGT）。图 5.34 展示了散裂靶的发展历程。

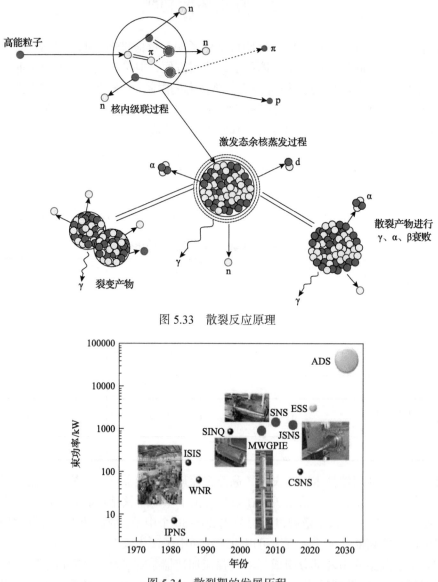

图 5.33　散裂反应原理

图 5.34　散裂靶的发展历程

黑实点代表固体靶，蓝实点代表液态金属靶，粉实点代表正在建造的散裂靶

5.2.1　工作原理与组成

　　ADS 系统中散裂靶连接加速器和反应堆，是整个系统的"心脏"[3]。散裂靶的散裂

中子产额决定次临界反应堆的能量放大系数和核废料的嬗变效率。同时，在强流质子束流沉积能量的情况下，能够确保散裂靶的安全有效是 ADS 系统正常运行的关键。未来的工业 ADS 中的散裂靶需要耦合的质子束流功率可达 10MW 量级，空间功率密度可以达到反应堆的数十倍甚至百倍。针对散裂靶的设计，一般要求：质子轰击到靶后的中子产额应尽量高，能承受很高的束流功率，可持续运行数月(>半年)且可在几天内实现靶材的更换。

散裂靶主要由散裂靶靶体、驱动系统、纯化系统、靶回路系统、换热系统、测控系统、辅助配套系统及器靶耦合系统等组成。图 5.35 为 CiADS 颗粒靶系统示意图。表 5.16 给出了靶系统的主要构成。根据不同散裂靶工作形态，其系统功能略有不同，例如驱动系统在颗粒散裂靶中为颗粒驱动提升装置，而在液态散裂靶中为驱动液态金属装置，旋转固体靶中为提供散裂靶旋转装置[4]。

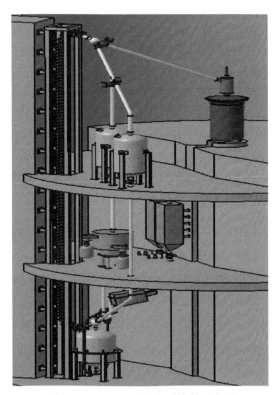

图 5.35　CiADS 颗粒靶系统的示意图

表 5.16　靶系统的主要构成

系统名称	系统主要构成
靶体	含靶头、束流作用区、支撑部件、特种阀门等
靶材	依据不同散裂工质
驱动系统	驱动主系统、纯化辅助系统
回路系统	含靶体、各主设备之间接口

系统名称	系统主要构成
换热系统	含换热器、冷却回路
测控系统	散裂靶控制及其关键数据监测
辅助系统	包括维护系统、氦气与真空系统、水电气支撑系统、辐射防护系统等
耦合子系统	束靶耦合、靶堆耦合

1. 靶材

如前所述，根据不同靶材的物质形态分为：固体散裂靶、液态散裂靶、颗粒散裂靶。靶材的主要功能是：①能够与加速器提供的高能质子束流发生散裂反应，产生散裂中子；②将散裂反应中沉积的能量通过换热系统移除靶系统，维持靶系统的正常运行。

对于固体散裂靶（块状靶或者平板形靶）来讲，其热移除原理一般利用冷却剂（如水、重水、氦气等）将靶体内部的热沉积带走，从而对靶体进行冷却。这种冷却方式虽然比较简单，然而其缺点也非常明显：当束流功率提升后，为了提高冷却效率以及实现更均匀的冷却，必须提高冷却剂的流量，那么靶体中冷却剂流道的体积占比也会更大，因此更多的束流能量将会损失在冷却剂中，那么中子源亮度也将随之降低。所以说，早期的固体靶包括日本高能加速器研究机构（High Energy Accelerator Research Organization, KEK）的 KENS，美国阿贡国家实验室（Argonne National Laboratory, ANL）的 IPNS、洛斯阿拉莫斯国家实验室（Los Alamos National Laboratory, LANL）的 WNR 以及英国卢瑟福·阿普尔顿实验室（Rutherford Appleton Laboratory, RAL）的 ISIS 等[5]，它们的设计功率均在中低功率（几千瓦到百千瓦量级）水平。

为了提升固体靶的运行功率，国际上设计出了两种方案。一种方案是利用固体棒紧密排列的设计。该方案本质上是通过改进冷却流道的结构，采用横向流冷却方式提高换热效率。此外，紧密排列使得束流能量在冷却剂中的损失也减少了。PSI（Paul Scherrer Institut）的 SINQ 项目中所使用的 Mk.Ⅳ 固体靶（图 5.36）就采用了这种设计方案，从而成功地实现了 0.96MW 功率运行[6]。另一种方案就是让固体靶转动起来的设计（旋转靶）。

图 5.36　SINQ 项目中的 Mk.Ⅳ 固体靶

该方案使束靶耦合区随着靶体的旋转扩大至整个靶体外侧,从而将能量沉积分散至靶体的更多区域,因而可以提升靶的运行功率。其中,美国散裂中子源(spallation neutron source, SNS)3MW 束流功率的第二靶(second target station, STS)设计[7,8]、中国散裂中子源 100kW 束流功率的 CSNS[9](图 5.37),以及欧洲 5MW 束流功率的 ESS[8](图 5.38)均采用了固体旋转靶设计方案。

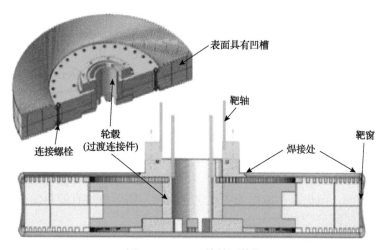

图 5.37　CSNS 旋转固体靶

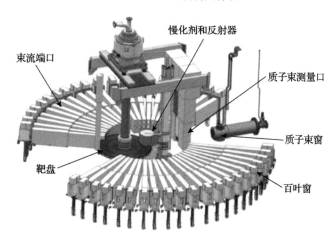

图 5.38　ESS 旋转固体靶

尽管采用以上改进方案可以提升固体靶的运行功率,但是其能量沉积只能通过在线处理方式被带走,所以固体靶的热移除能力是非常有限的。如果靶体的热沉积能够离线处理的话,那么靶功率的上极限就可以显著增加。有学者提出液态重金属(HLM)设计方案[10]。目前正在运行的兆瓦量级散裂中子源,包括美国橡树岭国家实验室(Oak Ridge National Laboratory, ORNL)的 SNS[7]以及日本质子加速器研究设施(Japan Proton Accelerator Research Complex, J-PARC)的 JSNS[11],均采用这种靶型。液态重金属靶一般采用液态汞或者液态铅铋合金(lead bismuth eutectic, LBE),它们先流经束靶耦合区,在该区域与束流相互作用发挥靶材料的功能;然后通过冷却回路将高温重金属中的热量带走,进行离线冷却；最后冷却的液态重金属被循环利用。1996 年底，PSI 的 MEGAPIE 项目最先使用液态重金属靶(图 5.39)，其在 0.8MW 束流功率下成功运行了四个月，首次证实了 HLM 靶在兆瓦量级束流功率能够正常运行，为以后 HLM 靶的相关研究和设计提供了宝贵经验。相比铅铋合金，金属汞的熔点更低，使用液态汞可以避免铅铋合金在靶回路中意外凝固。欧洲 5MW 束流功率的 ESS、美国 1.4MW 束流功率的 SNS 以及日本 1MW 的 JSNS 都使用液态汞作为靶材料。从图 5.34 可以看出，为处理核废料而提出的加速器驱动次临界系统(ADS)需要更高的束流功率(几十兆瓦量级)。相比固体靶，由于 HLM 靶可以承受的束流功率更高，因此国际上一般使用 HLM 靶作为 ADS 的靶系统。例如，欧洲的 MYRRHA(Multi-purpose hYbrid Research Reactor for High-tech Applications)项目[12,13]中所采用的一种靶设计方案就是无窗 LBE 靶(图 5.40)。对于液态散裂靶而言，无须考虑固体靶中靶材料辐照损伤问题，但是，靶系统回路的泄漏问题以及液态金属本身对靶回路壁面的腐蚀等问题，仍旧制约着液态金属散裂靶的工程应用。同时，对有窗靶仍需要考虑靶窗材料问题，靶窗材料长期处于连续束流轰击下，窗体材料的机械性能受到辐照损伤和液态金属腐蚀等因素的影响。对无窗靶设计而言，设计通过喷嘴或者漏斗型入口控制其液面，但仍存在液面的不稳定性问题，需要解决有效热输运、维持质子束输运线高真空等问题。

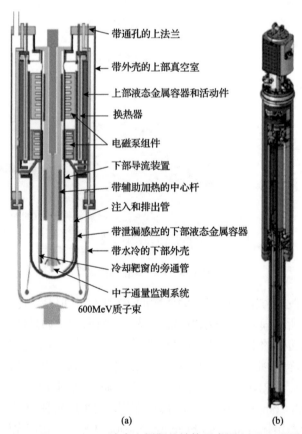

带通孔的上法兰

带外壳的上部真空室

上部液态金属容器和活动件

换热器

电磁泵组件

下部导流装置

带辅助加热的中心杆

注入和排出管

带泄漏感应的下部液态金属容器

带水冷的下部外壳

冷却靶窗的旁通管

中子通量监测系统

600MeV质子束

(a)   (b)

图 5.39　MEGAPIE LBE 液态金属靶的结构示意图(a)和工程图(b)

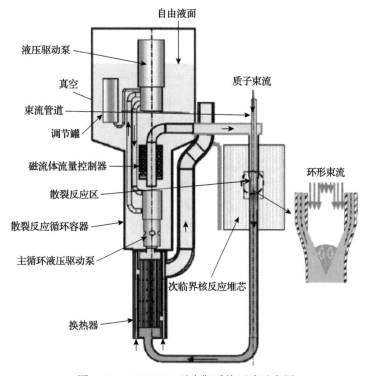

图 5.40　MYRRHA 无窗靶系统回路示意图

通过分析国外重金属散裂靶研究成果，发现存在研制和运行费用高并伴有次生放射性产物以及材料腐蚀等缺点。中国科学院近代物理研究所研究团队在战略性先导科技专项支持下提出了一种密集固体颗粒散裂靶的设计[14]，作为我国 ADS 散裂靶两套候选方案之一，进行了重点探索和优化。密集颗粒流散裂靶系统如图 5.41 所示。固体颗粒从束流

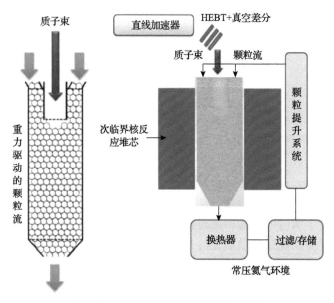

图 5.41　密集颗粒流散裂靶系统示意图

管道与靶体壁面构成的环形流动中，靠重力驱动注入，在束流管道出口下方形成一定颗粒自由界面。加速器质子束流经由器靶耦合系统进入并作用于固体颗粒散裂靶，形成束流耦合区。在耦合区发生散裂反应，伴随极大功率体积热的释放，热量被颗粒球运动带出靶体进行异地换热。同时，为更有效带走散裂反应热，设计惰性气体氦气从出口通过自然对流或强迫对流流过颗粒与颗粒、壁面之间的空隙，最终从入口流出。

根据我国 CiADS 设计方案，采用密集固体颗粒散裂靶、LBE 散裂靶两套备选方案。其中密集固体颗粒散裂靶能够验证其作为一种新型高功率散裂靶装置实际应用前景。目前固体靶材料常见为金属钨、金属铀、金属钽、金属钽，如日本高能加速器研究机构 (KEK) 的 KENS、中国散裂中子源(100kW 束流功率，已建成)、欧洲散裂中子源(5MW 束流功率，规划建设中)均采用钨作为靶材料，美国 IPNS 采用金属铀作为固体靶材，英国 ISIS 采用金属钨和钽作为靶材。在靶材的选择方面首先需要考虑具备较好的中子学性能，大多采用重金属作为靶材的选择；其次，由于强流质子束流轰击靶材时沉积功率密度较高，需要考虑靶材具备一定良好的热物性，能够将沉积热量传递到冷却工质中；最后，靶材具备一定的抗辐照性能，靶材在加速器或反应堆中运行过程中，承受高能量沉积、高辐照的工况下，对材料的辐照性能要求较高。

2. 靶体

靶体的设计作为散裂靶设计中最关键设计之一，其中需要考虑功能设计、尺寸设计、性能设计、靶体结构材料设计等。其中功能设计包括中子学性能设计，基于加速器质子束流能量，设计中子通量以满足相关试验要求，同时考虑整体系统中各个子系统的耦合，保证散裂靶系统能够正常运行。尺寸设计方面主要考虑换热效率、靶体维护维修以及与驱动系统、换热系统等连接问题。从设计角度而言，靶体作为更换频次较高的系统，设计之初需要考虑后期靶维护、更换等要求；而性能设计主要考虑实际运行工况中，靶材、结构材料受到高能质子轰击产生辐照损伤、高温疲劳损伤等，进而影响其力学性能。靶体结构材料针对不同的散裂工质，具备较高的机械、力学性能、耐冲击腐蚀疲劳、抗辐照性能等要求，特殊工况下，也需要考虑电性能、磁性能等因素。

3. 换热系统

散裂靶热移除性能一直是制约其功率提升的关键问题之一，如前所述，固体靶多采用水冷、气冷方式进行在线热移除，加速器束流与固体散裂相互作用时，一部分束流沉积于冷却工质内部造成一定束流能量损失，同时，由于冷却工质通过热对流、热传导方式与靶材进行热交换，在线热移除方式存在一定的热量交换上限，导致单纯的固态靶功率偏小；而液态重金属散裂靶直接与加速器束流相互作用，束流沉积能量大部分沉积于循环流动的液态重金属内部，随后通过换热循环回路以离线换热方式进行换热。

换热器系统主要功能是将散裂靶冷却工质热量移除至二回路冷却回路中，其中换热器作为靶回路与二回路连接的关键装置，设计需要考虑换热效率、出入口温度效应等工作工况要求。对于液态金属冷却工质而言，出口温度需要考虑液态金属熔点，且需要考虑长时间运行工况下腐蚀、磨损导致的传热效率下降，阻力增大等影响。

4. 驱动系统

驱动系统包括靶系统驱动装置及靶回路中的纯化装置，其中驱动装置的主要作用：一方面驱动靶系统中冷却工质的运行；另一方面驱动靶系统中的运行部件运行。顾名思义，采用水冷或气冷的固体靶系统需要相应的水泵或气泵来满足固体靶工质循环及冷却的要求，旋转固态靶中需要驱动固体靶与冷却工质在旋转工况下协同运转。液态重金属散裂靶需要采用特殊液态金属泵驱动液态金属在靶系统中稳定运行，液态金属泵、电磁驱动泵等较为特殊材料构成的驱动装置。颗粒散裂靶则采用工业应用较为成熟的斗式提升机等机械提升方式，参考液态金属电磁驱动原理，中国科学院提出电磁驱动颗粒驱动装置。

纯化系统主要功能为将靶系统中在运行过程中产生的杂质、辐照产物移除，保证靶系统回路安全稳定运行。

5. 耦合子系统

耦合子系统主要由束靶耦合系统和堆靶容器链接系统等组成，其功能主要是衔接散裂靶和加速器及反应堆。束靶耦合系统保证加速器束流作用于散裂靶产生散裂中子，进而驱动反应堆；堆靶容器链接系统保证散裂靶能够在反应堆内稳定运行。耦合子系统的关键点是在束靶耦合系统下确保加速器束流和散裂靶正常反应的同时，保证加速器的安全性并满足散裂靶内的压强要求；堆靶容器链接系统关键点是要在保证散裂靶在堆内正常运行的同时减少泄漏中子，提高堆芯中子经济性。

在 CiADS 装置中，器靶耦合系统是将直线加速器输出的 500MeV、5mA 的质子束通过传输、匹配，送入束靶反应区。器靶耦合系统包括加速器的偏转-聚焦系统、束窗-真空差分系统、束流准直系统、束流扫描系统和束流监测系统。根据加速器和反应堆的布局，束流首先在水平偏转段偏转 90°后，经过横向准直系统的束流准直和束晕刮除，通过束窗-真空差分系统，最后通过入靶段向下偏转 90°送入散裂靶中。束团在经过入靶段的扫描系统时，在靶面形成圆形或中空的均匀束斑，以降低散裂靶的峰值功率密度，从而降低冷却工质及材料的最高温度，使其低于熔点。

6. 辅助系统

靶维护系统包括清洁系统和拆解系统。清洁系统的功能主要是清除靶回路系统的杂质以及影响靶系统的辐照产物，特别是保证散裂靶在拆解维护时无放射性气体、冷却剂逸出；拆解系统的功能则是实现对靶体几处关键连接法兰的脱开，为靶体移出做准备。

CiADS 的靶在工作时，需要注入高纯氦气作为支撑气体，且工作压力为 0.05MPa。氦气与真空系统包括主回路系统、氦气除尘系统、氦气净化系统、抽真空置换系统、冷却系统、加热系统、气固混合及气固分离系统、氦气回收系统以及控制系统。

辐射防护问题是核设施环境评价的关键，是关系 CiADS 系统工程是否实施、最终设施能否顺利运行的重要因素。需要考虑高能质子束流轰击散裂靶产生大量散裂中子作为反应堆的外中子源，高功率散裂靶周围高能复杂粒子场的屏蔽设计、靶筒部件的检修和更换、放射性产物在钨颗粒流回路中的流动等问题。

5.2.2 颗粒靶

经过对比研究，针对工业级 ADS 系统的需求，CiADS 装置中散裂靶采用固体颗粒流方案。该方案以流动的固体颗粒为靶介质及冷却介质，与束流耦合产生中子的同时将高功率密度的束流沉积热带出束靶反应区。CiADS 装置散裂靶的耦合束流能量为 500MeV、强度为 5mA。

1. 物理总体概述

CiADS 装置散裂靶的耦合束流总功率 2.5MW。整体靶系统主要包含颗粒驱动系统、颗粒纯化系统、靶回路系统、换热系统、测控系统、辅助配套系统及器靶耦合系统等，各子系统重要设计参数见表 5.17。

表 5.17　CiADS 装置散裂靶主要参数表

参数	数值	单位
束流种类	质子	
束流能量	250～500	MeV
最高束流强度	5～10	mA
入靶束斑直径	11	cm
靶颗粒材料	钨基合金	
靶颗粒直径	1	mm
入口平均温度	250	℃
出口平均温度	<330	℃
平均流速	<0.5	m/s
散裂区结构材料	316L	
回路结构材料	316L	
泄漏中子平均能量	≈3.6	MeV
侧壁泄漏中子产额	≈6.2	n/p
氦气压力	<0.5	bar
换热功率	≈2.5	MW
钨颗粒流量	<72	m³/h
钨颗粒驱动功率	<2	MW
提升高度	≈40	m
提升速度	<0.5	m/s
氦气总泄漏率	$<10^{-5}$	Pa·m³/s

靶体由靶头、束流作用区、支撑部件、特种阀门等组成，主要功能是衔接器靶耦合段和换热器系统，使束流照射于束流作用区，通过靶头特定形状设计及特种阀门控制颗粒流态，并对靶体内的流动颗粒进行监测，确保散裂靶系统的安全可靠运行。

颗粒专属系统包括颗粒驱动系统和颗粒纯化系统两部分。

颗粒驱动系统采用磁力提升模式。相对于其他颗粒驱动方式，磁力提升机具有无内部可动部件、输送空间密闭的优点。经由换热系统冷却后的靶材料被送入驱动系统，串联的多级螺线管形成行波磁场，将具有铁磁性的颗粒吸引提升并送入耦合区；而随着颗粒重新经过束流作用区后，温度会提升至居里点以上，颗粒退磁，能够以稳定的状态在回路中进行多次循环运行。

颗粒纯化系统的主要功能是在线去除钨颗粒在长时间运行过程中由于少量破碎而产生的碎渣及部分粉尘。拣选系统主要由粒度拣选器、粒度测量仪、除尘系统及拣选除尘系统密闭腔等组成，其中拣选器是一个倾斜的网筛，钨颗粒在重力作用下从网筛上通过，通过网筛的倾斜角度控制钨颗粒通过的流量。网筛的长度决定能否达到要求的除渣率。

靶回路系统是靶体与器-靶耦合系统、颗粒驱动系统、换热系统、颗粒纯化系统等连接到一起，形成靶材颗粒循环通路并完成颗粒的填充、回收、应急处理等辅助功能的系统，主要包括管道、阀门、连接及密封机构、储料罐、应急料罐、辅助提升机、支撑件等部件。

换热系统主要由换热器本体、测量控制系统(含保护装置)及换热器冷却回路(含泵体、阀门等)等组成，其作用是将束流沉积在颗粒中的热量移除，保证系统中固体颗粒在合理的温度范围之内。

测控系统的主要任务是监测和控制散裂靶被控设备，使其按照要求保持良好的工作状态，在发生故障时，能够启动正确的故障处理程序进行故障处理，从而保障被控设备和人身的安全。

辅助配套系统主要包含维护系统、氦气与真空系统、水电气支撑系统、辐射防护系统等。其主要功能是提供散裂靶主回路运行的配套条件，保证整体系统的安全运行和维护。

经过提升循环的颗粒首先进入靶段上部的缓冲容纳空间，通过这一空间对驱动系统流量的波动进行缓冲过滤，从而向散裂反应区提供稳定的颗粒流量。在意外失去动力的情况下，缓冲空间的颗粒仍可继续向散裂反应区进行注入，维持热移除能力，保证系统安全停机。缓冲空间下方的颗粒注入管道采用类似于 MYRRHA 无窗靶设计的轴对称靶段结构，颗粒在束流管道和靶段外靶壁面构成的环形流道中在重力作用下向下流动，在束流管道下方形成束流耦合界面，来自加速器的质子束经过耦合系统进入束流管道辐照作用在颗粒流中，形成束靶反应区。

束靶反应区位于颗粒注入管道的下方。在同轴管道内管(即束流管道)的末端，颗粒的流动截面由环面变成圆面，颗粒向中心汇聚，形成耦合界面，在这一区域与束流相互作用发生散裂反应。靶段由同轴的束流管道和颗粒流道组成，颗粒循环流动的流量为 $72m^3/h$。

束靶反应区是散裂靶的核心区域，这一区域采用轴对称设计，束流管道同轴的装置在靶体结构的中轴位置。下部出口连接管道，使经过束流辐照后的流动颗粒材料流入回路中进行进一步的循环处理。束靶反应区中的颗粒靶材料受到束流作用温度升高，而工作温度依赖于颗粒流动的速度分布。因此，靶体参数主要关注于颗粒流速、颗粒温度分布等参数，表 5.18 给出了靶体主要参数。

表 5.18　靶体主要参数

参数	参数值
总流量	$72m^3/h$
束流能量	500MeV
束流强度	5mA
束流耦合区平均流速	0.44m/s
靶材料加注平均流速	0.72m/s
束流耦合区平均密堆率	0.58
靶管内径	240mm
束流管道外径	150mm
靶入口温度	250℃
靶出口平均温度	320℃
束斑直径	≈11cm

靶系统通过散裂反应产生驱动次临界堆的中子。高能质子束流对靶进行辐照，通过与靶材料发生散裂反应产生大量兆电子伏量级的快中子。对这一过程的计算使用由美国洛斯阿拉莫斯国家实验室开发的粒子在物质中输运与反应过程的通用蒙特卡罗计算程序 MCNP。

为了保证设计结果的准确性，模拟方法通过计算模型、数据库选择等计算设置方面做了具体对比验证。392MeV 质子轰击钨靶实验在 RCNP 回旋加速器完成。利用 100m 飞行时间距离，得到了高精度中子能量分辨，在 300MeV 时可达到 9%。图 5.42 为 392MeV p+W(质子束流打金属钨)中子双微分截面实验数据及 PHITS 理论计算，并且与美国 WNR 实验数据及进行比较，可以看出 PHITS 理论计算能够很好地与实验数据符合。

CiADS 系统中加速器束流作用于靶材料后发生一系列复杂的反应过程，并通过这些反应将能量沉积于散裂靶系统内。对于这一过程，设计过程中使用 MCNPX 软件进行模拟。这一模拟计算中核内级联过程使用 Bertini 模型，蒸发过程使用 Dresner 模型。对于上述模型选择，通过与文献核热量测定实验的校验，认为模型能够较好地模拟反应过程中的热量沉积。

对于实现 2.5MW 总束流功率，选择 500MeV@5mA 与 250MeV@10mA 两种可能的工作模式。系统使用束流能量为 500MeV@5mA 束流时，同时兼顾了系统中子产额经济性与装置建设难度。如图 5.43 所示靶段直径设计为 24cm，在靶段管道外径 20～28cm 时，靶段的总中子泄漏变化不明显，总中子数变化率小于 5%，其侧壁泄漏占到总量的 98% 以上。在这一条件下，参数调节选择方面具有较大的宽容范围。

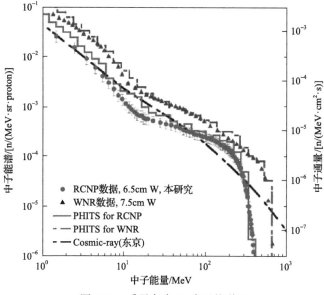

图 5.42　质子轰击 W 中子能谱图

PHITS for RCNP 表示基于 RCNP（Research Center for Nuclear Physics）数据库，PHITS 软件模拟；PHITS for WNR 表示基于 WNR（Weapons Neutron Research Facility）洛斯阿拉莫斯中子科学中心的数据库，PHITS 软件模拟；Cosmic-ray（东京）表示东京地区测量的宇宙射线背景数据

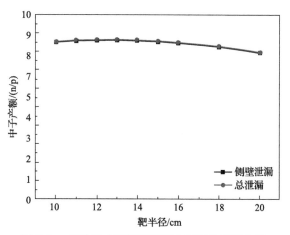

图 5.43　设计尺寸下侧壁泄漏中子与总泄漏中子

　　图 5.44 展示了不同靶半径条件下侧壁泄漏中子的通量与能量的关系。如同图 5.45 所示，对于不同靶段尺寸的设计，中子通量峰值位置发生了小幅度变化。由于靶直径减小导致靶外周直径减小，从而增加了靶直径泄漏的中子通量和中子硬度。

　　图 5.46 是在不同靶段深度位置出射中子的方向性分布，各个深度位置的出射中子的方向性分布基本一致，大角度即背散射的中子数量显著小于侧向出射。因此，由靶体向反应堆提供的中子主要为前冲和侧向方向，以此作为堆靶耦合的基本条件。

　　以颗粒作为靶工质材料运行的过程中，颗粒既作为靶材料接受束流的照射产生中子，同时又作为冷却工质循环流动，将沉积的热量带出散裂反应区域，实现循环冷却降低温

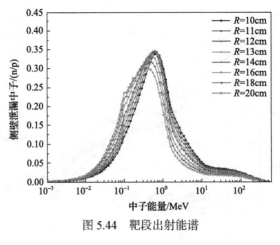

图 5.44　靶段出射能谱

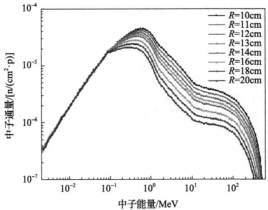

图 5.45　不同靶半径(R)的泄漏中子通量与能谱

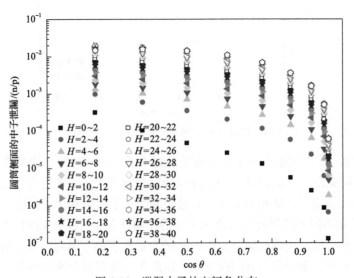

图 5.46　泄漏中子的空间角分布

H 为靶深，单位：cm；θ 为中子发射角（0°～90°）

度的功能和目的。评估束靶耦合过程中热量沉积效果、靶段的功率和温度载荷，从颗粒靶的流动和中子学计算分别得出相关参数并进行耦合计算。在束靶耦合作用的过程中，主要的能量来源包括质子、光子、电子、中子等的作用过程，其中质子直接作用热沉积为主要部分。

图 5.47 给出了靶体中沿轴线的一维能量沉积分布。质子束流能量为 500MeV 时，能量沉积的布拉格峰值在束流入射深度约为 6cm 处，束流总有效能量沉积深度约为 29cm。

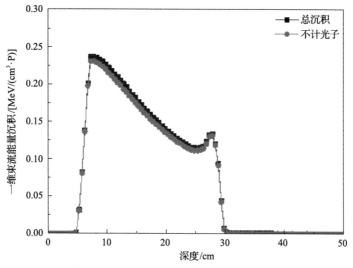

图 5.47 颗粒堆积体中一维束流能量沉积分布

模拟计算出束流功率在钨靶体内沉积热量的空间功率分布如图 5.48 所示，耦合区域束流直接反应热量约为总束流功率 66%。对于 24cm 靶直径内，使用 5m 半径束斑半径

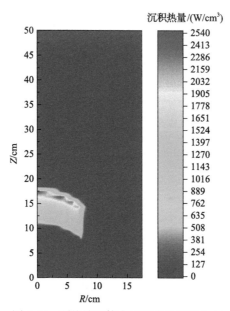

图 5.48 颗粒堆积体中二维能量沉积分布

质子束流时,总能量沉积约为 1.9MW,占总能量的 76%。该能量沉积包括质子打入靶内,由于其电离原子中的电子而损失能量以及次级带电粒子电离原子中的电子而损失的能量,即电离能损,以及核反应后具有较高激发能的余核发射粒子后的反冲能等。

靶段中材料的流动状况稳定是靶体运行稳定的先决条件,颗粒由上缓冲容器经过环形的供流管道在束流管道管口位置向中心汇集,并进一步向下流动,进入耦合反应区。

供流管道下方正对的区域难以受到束流的有效照射,因此减少这一区域有助于提高颗粒的有效载热流量,但这一区域同时可以起到对靶管道的保温绝热作用,同时这一区域也需要较大的截面积以保证流量的稳定性,而供流管道的流动状态直接影响耦合反应区域的流动稳定,继而对这一区域的热量加载与移除以及峰值温度产生影响。

图 5.49 给出了颗粒在注入束流耦合区域前的环形管道内的流动情况,大多数颗粒的流动速度较为一致,位于平均值 0.72m/s 附近,少数在壁面附近的颗粒由于受到壁面的摩擦作用在流动中呈现出一定的间歇性,速度有所降低。

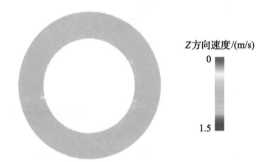

图 5.49　靶材料注入管道流动横截面的垂直速度分布图

图 5.50 是靶材料注入管道流动横向速度分布图,与垂直运动的速率分布不同,大多数颗粒的横向(水平)运动速度小于垂直速度,在实际流动过程中表现出较弱的混合作用,但也存在个别颗粒偶发的横向迁移运动,因此可以认为在环形供流管道中颗粒的运动总体是稳定均匀的,并以此状态将靶颗粒材料送入束流耦合反应区。

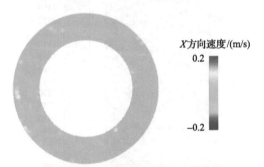

图 5.50　靶材料注入管道流动横向速度分布图

在同轴管道中内管(即束流管道)末端,颗粒由供流流道中的环形截面向中心汇集,从而形成束流耦合界面,界面附近的颗粒表现出向着圆心轴线的运动趋势。在这一过程中,颗粒的轴向运动转化为径向运动,从图 5.50 可以清晰地看到这一速度减缓的过程,即介于外部高流速和内部低流速之间的速度过渡区域，并最终随着新的流动区域的完全填充，失去径向运动的速度，总体以减慢后的运动速度继续向下流动，并将在这一区域内加载的热量带出耦合反应区。图 5.51 是由束流管道末端位置，束流耦合界面处截面上颗粒运动的垂直速度的分布情况。在供流管道正下方对应的区域，颗粒的流动仍然保持了较大的轴向速度，而在这一环形包围的内部圆形区域（即束流耦合界面）内，存在部分颗粒轴向速度显著降低到约 0.1m/s 的速度水平，在图 5.52 中，可以看到这一区域的颗粒运动转为径向运动。

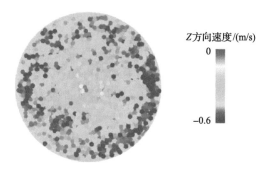

图 5.51　束流耦合界面处的靶颗粒垂直速度分布图

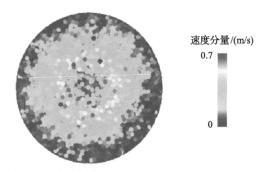

图 5.52　束流耦合界面处的靶颗粒水平速度分布图

　　在径向运动的过程中，向中心汇集的颗粒形成了一个径向速度较大的环形区域。这一区域的运动速度基本与其原来的轴向运动速度一致，而在这一环形的内部汇流区的中心和供流管道下方正对的区域速度仍然较低。

　　图 5.53 是这一区域轴向流动速度的纵剖面图，设计结果显示，在耦合界面附近存在一个速度梯度较大的流动变化区，颗粒的流动速度放缓并随着向下流动再次趋于均一。而随着流动进一步发展，其均一性得到巩固和加强，表现出稳定的流动特点。束流耦合界面附近的流速变化区域，是由供流管道的环形过流面积向束流耦合作用区的圆形过流面积转变的区域。

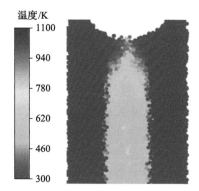

图 5.53　靶束流耦合管道
流动纵剖面的温度分布

经过对颗粒流动过程的模拟，对于此种靶型实际情况下的流动效果与性能的评估需要进一步结合束流在靶体中的热量沉积分布与流动状况进行计算，从而得出系统靶段的实际运行状态。

2. 关键系统介绍

1) 靶材

靶材料主要功能是：①与加速器提供的高能质子束发生散裂反应，产生散裂中子驱动次临界堆的持续裂变反应；②将散裂反应中沉积的能量输运出系统，以维持系统的正常运行。

钨是最常见的固体靶材料，多个散裂中子源项目都采用其作为靶材料，如日本高能加速器研究机构(KEK)的 KENS、中国散裂中子源(100kW 束流功率，已建成)、欧洲散裂中子源(5MW 束流功率，规划建设中)均采用钨作为靶材料。

图 5.54 给出了钨靶与其他各种靶材料的中子产额，除了 U 和 Th 之外，W 具有较高的中子产额。因此，钨材料作为散裂靶材具有较好的中子学性能，可满足散裂靶材料第一个主要功能的要求。

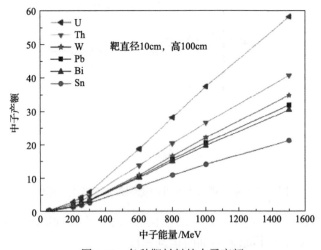

图 5.54　各种靶材料的中子产额

由于强流质子束轰击散裂靶材料时其沉积功率密度很高，需要将产生的热量快速移除。因此，散裂靶材必须具有较强的热移除能力和较高的流动性。CiADS 装置中靶系统以毫米尺寸的圆球形钨合金颗粒作为靶材料，并通过这些靶材料颗粒的运动将束流沉积的热量带出束流耦合区，因此，它可满足散裂靶材料的第二个主要功能要求。

根据实际运行工况设计，颗粒在流动过程中会受到冲击、磨损，还会受到高能质子轰击产生辐照损伤，以及多次重复温度升高降低的热疲劳。根据其运行工况，要求散裂靶材料必须具备以下性能：①高的机械、力学性能；②高的耐磨性能；③高的耐冲击疲劳性；④高的抗辐照损伤；⑤较好的磁学特性。

由于纯钨金属脆性较高，不适合在如此恶劣工况下运行，特别是在高能质子辐照后，容易产生晶体结构缺陷，同时裂变产物、氢、氦和缺陷相互作用加速材料的辐照脆性都严重影响着靶体的使用寿命，因此采用钨合金来提高钨材料的韧性和抗腐蚀性能。

钨镍铁合金具有高抗拉强度（700～1000MPa）、高导热系数（约为模具钢的 5 倍）、低热膨胀系数（只有铁或钢的 1/3～1/2）、良好的导电性、可焊性和加工性、成本低等优点，此外它与反应堆中材料兼容性好、无腐蚀。钨镍铁合金颗粒球作为散裂靶材料的参数如表 5.19 所示。

表 5.19　散裂靶材料的钨镍铁球的物理机械参数

参数	数值	参数	数值	参数	数值
成分	93W-4.5Ni-2.5Fe	延展性	≥10%	拉伸强度	≥950MPa
直径	1.0mm±0.1mm	硬度	≥26HRC	弹性模量	≥350GPa
密度	17.6g/cm³	表面粗糙度	≤0.8	1mm 球压溃	变形率≤20%（500N）
杂质含量	≤0.1%	屈服强度	≥800MPa		

摩擦磨损是散裂靶在运行过程中面临的一个非常重要的问题。球的摩擦性能直接影响到靶系统运行的稳定性。对此，我们选取多种有潜力的候选靶段材料，开展了与不同成分钨镍铁合金球的摩擦磨损实验（实验氛围为氩气氛围），表 5.20 为部分钨合金球与样品的比磨损率，结果显示，尽管随着温度的增加，样品磨损程度有所增加，但高温下的磨损仍然非常小。这表明钨合金球有非常优秀的耐摩擦磨损性能。

表 5.20　钨合金球（93W-4.5Ni-2.5Fe）与不同材料（SIMP 钢/Ti₃SiC₂/SiC）磨损实验中不同温度下比磨损率对比

组合	材料	不同温度下的比磨损率/（mm³/Nm）				
		室温（25℃）	300℃	500℃	800℃	1000℃
1	钨合金球	$-4.63×10^{-6}$	$-9.249×10^{-6}$	$-4.625×10^{-6}$	$-1.85×10^{-5}$	$-1.85×10^{-5}$
	SIMP 钢	$-5.92×10^{-6}$	$-7.17×10^{-6}$	$-1.32×10^{-4}$	$-5.62×10^{-4}$	$-8.22×10^{-4}$
2	钨合金球	$-4.92×10^{-5}$	$-7.08×10^{-5}$	$-4.62×10^{-6}$	$-9.24×10^{-6}$	$1.29×10^{-4}$
	Ti₃SiC₂	$-3.08×10^{-3}$	$-1.34×10^{-2}$	$-1.83×10^{-2}$	$-2.10×10^{-2}$	$-2.34×10^{-2}$
3	钨合金球	$-4.62×10^{-6}$	$-6.47×10^{-5}$	$-3.78×10^{-5}$	$-3.78×10^{-5}$	
	SiC	$-3.56×10^{-7}$	$-2.41×10^{-6}$	$-1.56×10^{-6}$	$-9.63×10^{-7}$	

由于散裂靶实际运行时的摩擦磨损情况与实验稍有区别，实验样机上的实验数据只能定量地描述理想状态下的摩擦磨损情况，考虑散裂靶实际运行工况下的情况，进一步利用小型管链提升机回路开展靶材料的摩擦磨损实验，实验条件为大气环境、常温状态、总运行时间 804h。钨合金球损失率随运行时间的变化如图 5.55 所示。随着运行时间的增加，靶材料的磨损率比较大，经过一段时间之后，总磨损率几乎不变，达到极值。

2）磁力提升系统

磁力提升系统是整个散裂靶实现重金属颗粒循环流动的核心动力源，是将合金颗粒从底部输送到散裂靶顶部的核心驱动力，还是靶系统的重要部件之一。作为散裂靶材和换热工质的钨合金颗粒必须经过颗粒驱动(提升)、耦合、换热、拣选等整个散裂靶回路,形成连续循环才能实现其设计功能。

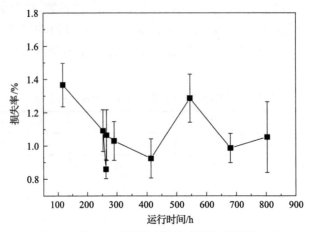

图 5.55　钨合金球损失率随实验运行时间的变化

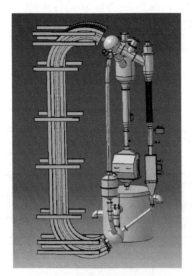

图 5.56　磁力提升系统的基本结构示意图

经由换热系统冷却后的靶材料颗粒被送入颗粒驱动系统,在驱动机构(螺线管)的作用下经由输运管道提升至散裂靶系统的指定位置后引出,在重力作用下进入回路,依次经过回路中的靶体段、换热器、拣选纯化之后,再次进入驱动系统入口,完成颗粒的连续闭路循环,磁力提升系统基本结构如图 5.56 所示。

驱动机构(螺线管)负责提供磁力,使颗粒靶材料克服重力作用稳定提升至散裂靶系统指定位置(提升高度 40m,螺线管单元 5000 个)。输运管道系统在确保靶材磁力最大化前提下对离散态颗粒进行约束,驱动系统电源由 24 套注入引出开关电源(380V、80kW 或 100kW)和 4 套变频器构成,注入引出开关电源为 12 组注入、引出螺线管单元供电,保证颗粒靶材料的注入、引出效率,变频器为提升段螺线管单元供电,提供颗粒靶材的提升作用力。提升机冷却系统负责将驱动单元产生的热量带走,保证驱动单元正常运行,设计流量 1075m³/h。支撑结构四组,保证颗粒驱动系统各组件单元稳定运行。

3)换热系统

颗粒流散裂靶系统的核心问题之一是换热问题,换热系统需要在有限的空间内以可靠、高效的方式将热量传递到二回路。颗粒流换热器不同于传统的流体换热器,颗粒流换热需要在不影响颗粒的流动性和换热能力之间找到很好的平衡点,在设备的制造和选择上需要具备较高的可靠性。

目前颗粒冷却装置主要有滚筒冷却器、流化床换热器、列管式换热器、板式换热器等几种形式结构，考虑到系统的可靠性、冷却效果等因素，本书采用颗粒流板式换热器结构(图 5.57)。

图 5.57　颗粒流板式换热器结构示意图

钨合金颗粒在束流和散裂靶靶段反应区域加热后经管道在重力作用下流入换热系统，利用换热器的流道分流结构对颗粒进行分流，使钨颗粒的流动尽量均匀地分布到各个换热器流道当中，以实现换热效果的最大化。在换热流道内热量经过颗粒之间换热、颗粒-壁面之间换热、最后通过换热介质进行热量交换。冷却后的钨颗粒经换热器出口整流后注入输送系统入口段，进行下一个循环，维持换热器工作所需的颗粒堆积高度与流动状态。该系统入口与出口分别与散裂靶靶体出口段、输送系统入口段相连接。

换热系统的功能是将束流沉积在颗粒中的热量移除系统，保证系统中固体颗粒的温度分布在合理范围之内。如果不能及时、有效地移除热量，热量将累积在颗粒中，随着回路整体运行几个循环后，累计热量将导致靶区颗粒温度过高，产生严重后果。

换热系统主要由换热器本体、测量检测和控制装置及换热器冷却回路等子系统组成，共同完成颗粒的换热过程。换热器本体是换热系统的主体结构，颗粒和冷却介质的热量交换都是在换热器本体内部进行。高温颗粒从换热器上方进入换热器本体，从下方流出，相邻换热板之间的空间是颗粒的流道，根据换热器需要换走的热量，换热器设计有多对换热板，颗粒进入换热器本体时，流道分流结构对进入换热器的合金颗粒进行分流，使颗粒可以充满各个换热流道。通过换热板流道后颗粒经过一个料仓口进入回路管道，因为这个料仓口的存在，各个颗粒流道内的颗粒流动速度大致相同，在料仓口不同温度的颗粒再次混合进行热交换，使颗粒自身温度更加均匀。另外，由于换热板采用分段结构，在中间部分，颗粒可以进行二次混合，使颗粒自身温度分布尽可能地均匀。冷却介质从换热器本体侧面流入换热板中间的冷却介质通道，通过换热板与热颗粒进过换热之后从侧面冷却水出口流出。

换热器运行过程中通过测量颗粒通道和冷却水通道的各项参数，判断换热器运行状态是否正常，不正常时给出报警或触发停机保护。换热器系统需要测量的参数包括颗粒进入和流出换热器时的温度、冷却水进出换热器时的温度、冷却水的流量和压力、换热器本体内的颗粒堆积面的位置等。

颗粒进入和流出换热器时的温度通过热电偶进行测量，为保证热电偶和换热器本体的密封，使用 CF 法兰连接的不锈钢铠装热电偶。热电偶可测温高达 1200℃，测量精度高，缺点是热电偶外部的不锈钢铠装层影响了测温的实时性。如果出口颗粒温度高，则换热性能未达到要求，检测系统会给出报警信号，通过流量控制器调节颗粒的出口流量来降低颗粒出口温度，或者通过调节冷却介质的流量来增加换热效果，从而降低颗粒出口温度。为了保证温度测量的准确性，在换热器侧面安装透红外玻璃，使用红外热像仪实时监测换热器内部颗粒温度，与热电偶的测量温度进行对比校验。在颗粒进出换热器温度确定之后，可以通过微调侧壁冷却介质的流量和压力使颗粒侧进出口温差保持稳定，从而也确定换热器运行时冷却介质的流量及压力等工作参数。

颗粒在换热器本体内部堆积面的位置使用称重测量单元和超声波探头进行测量。称重测量单元测量到的质量用来判断换热器内部是否处于充满颗粒的状态。超声波探头用来探测换热器内部的颗粒堆积表面的具体位置。根据测量结果，当颗粒堆积表面太小时给出报警信号。同时，利用流量调节器调节颗粒在换热器内部位置的高低，使换热器内部颗粒处于正常工作时的位置。冷却水进出口的流量和压力数据需要实时监控和记录，随时判断换热器冷却水是否正常供应。冷却水首先需要通过水质净化系统，避免杂质进入换热器冷却板，造成冷却流道堵塞，可以通过电动阀门调节进入换热器的冷却水流量。如果出现冷却水压力降低、流量变小的情况，则换热器出口的颗粒温度达不到靶系统运行的要求，启动报警系统，需要调节电动阀门和稳压系统，保持冷却水侧的流量和压力；当出现冷却水压力和流量严重变小的情况时，需要启动停机保护装置。

4) 器靶耦合系统

散裂靶内的气体为氦气，其压强为负压，真空度接近常压；而超导加速器的真空要求为 10^{-7}Pa，高能束流传输段(HEBT)的真空度要求优于 10^{-6}Pa。考虑到靶区放射性物质的隔离，CiADS 初期采用有窗靶，后期根据实际情况可能采用真空差分系统。束窗的作用是散裂靶与加速器的真空隔离。初期差分系统的作用是与快关阀门一起用于束窗破损时保护加速器段的真空，并准直束流的入射轨道。束流通过差分系统和束窗后直接进入散裂靶。

入靶段束流的能量、流强、位置、尺寸等束流参数影响到散裂靶和反应堆的正常安全运行。入靶段的束流监测系统可以准确测量束流参数，实现匹配加速器和散裂靶的目标；同时，可以实时监测束流状态，保证 CiADS 装置的安全。

由于入靶段的低真空氦气和粉尘的贡献，质子束流在入靶段会产生散射导致丢失。束流与散裂靶的核反应中，会产生反冲中子，需要在差分小孔处对反冲中子进行屏蔽。

器靶耦合段总长约 100m，由四极磁铁及电源系统、二级磁铁及电源系统等组成，其布局如图 5.58 所示，参数如表 5.21 所示。

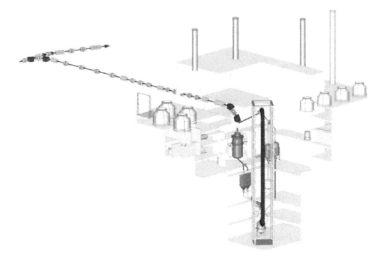

图 5.58　器靶耦合段布局示意图

表 5.21　器靶耦合段参数

参数	数值	单位
粒子	质子	—
能量	500	MeV
流强	5	mA
模式	连续束	—
归一化 RMS 发射度(x/y/z)	0.28/0.28/0.33	πmm·mrad
入口 α_x/α_y/α_z	1/1/−1	—
入口 β_x/β_y/β_z	20/20/20	mm/(πmrad)
靶面束团形状	圆形	—
靶面束团半高全宽	160	mm
靶面束团均匀度	±10	%
靶面 99.99%流强束团直径	<110	mm

注：α_x、α_y、α_z 分别为 x、y、z 方向的聚焦特性，α、β 均为 T_{wiss} 参数。

5.2.3　铅铋靶

液态金属散裂靶可以分为有窗靶和无窗靶，有窗靶使用靶窗（束窗），将加速器束流传输腔和液态金属靶材料隔离，以保证加速器运行的高真空环境。自液体靶提出以来，国际上对有窗靶的研究一直在进行，并且作为散裂中子源实现了工程应用，如 SNS、JSNS、MEGAPIE。有窗靶的优势在于靶件内液态金属的流动状态不会影响加速器运行状态，但是，由于靶窗持续不断地受到高能质子束流的辐照和液态重金属的冲刷腐蚀，现有的结构材料不能满足期望的使用寿命，这成为制约有窗靶发展的一大瓶颈。无窗靶不使用靶窗结构，它与加速器直接相连，通过液态金属流动形成的稳定自由液面来维持加速器出口处的真空状态。由于液态金属具有较低的饱和蒸汽压，避免了液态金属的挥发，确保加速器束流传输腔内真空状态的稳定，同时流动的液态重金属还将高能质子束流轰击所产生的热量移出，可以提高束流功率。因此，无窗靶是具有更大应用前景的散裂靶方案。

无窗靶的优点可以概括为：第一，液态金属流动性好，输热能力强，可以适用于更高能量的束流，提升散裂靶功率；第二，无窗靶没有靶窗结构，液态金属直接接受质子束辐照，减少了窗口材料损伤对靶件造成的影响，提高了靶件使用寿命；第三，液态金属散裂靶和液态金属反应堆可使用相同的工质，技术集成度高，兼容性和耦合程度高，工程上更易实现，后续维护和更换也更加方便。但是，目前对于无窗靶的研究还不成熟，需要攻克以下几个难题：第一，无窗靶通过自由液面与束流真空腔对接，在运行时需要保持极其稳定的状态，以保证稳定的散裂中子产额和能谱分布，自由液面形成机理和控制方法必须明确，要避免液面飞溅及蒸发对加速器真空环境的污染，要避免液态表面空化对自由液面稳定性的影响；第二，散裂反应区域沉积热量高，而这一区域位于自由液面下方，在维持自由液面稳定的同时还必须提高该区域流动传热能力；第三，当散裂靶与次临界堆芯中经过一定时间的耦合运行后，靶件受辐照、高温、流动腐蚀等影响而达到预期使用寿命，必须更换新的靶件，要保证靶件具有方便可靠的更换方式；第四，使用铅铋共熔体靶作为介质会对结构材料产生腐蚀、磨蚀等不利影响，经中子辐照后还会生成剧毒放射性物质 ^{210}Po，需要解决铅铋共熔体相关的工艺技术，如氧控、钋后处理、LBE 废物处理等，这同时也是铅铋反应堆必须解决的技术问题。

在过去几十年间，国内外对液态无窗散裂靶已展开了大量的研究工作，提出了多种无窗靶方案，如表 5.22 所示。但是，截至目前，国际上还没有建成具备束流耦合条件的液态无窗散裂靶。

表 5.22 国际上液态无窗散裂靶的研究项目统计

国家/地区	项目名称	开展时间	靶材料	设计束流/功率参数
加拿大	ING	20 世纪 60 年代	Pb-Bi	1GeV,65mA
德国	SNQ	1978~1985 年	Pb-Bi	350~1100MeV,1.75~5.5MW
意大利	EADF	1999 年	LBE	600MeV,2~6mA
比利时	MYRRHY	1998~2002 年	LBE	350MeV,5mA
欧盟	PDS-XADS	2001~2004 年	LBE	600~800MeV,6mA
比利时	PDS-XADS	2005 年	LBE	600~800MeV,6mA
欧盟	XT-ADS	2005~2008 年	LBE	350MeV,5mA
欧盟	EUROTRANS/EFIT	2009 年	Pb	800MeV,20mA
中国	ADS	2011~2017 年	LBE	250MeV,10mA

液态金属散裂靶方案设计，选用中子学性能好、导热能力强且具有一定运行经验的 LBE 作为散裂靶材料，该材料可兼做冷却剂，实现靶窗和靶区的热量导出。散裂靶系统

设计为回路式系统以便实现靶性能的单独分析。CiADS 项目拟采取的束流方案和次临界堆芯方案，提出了两种散裂靶概念设计方案：①用于低流强(2mA 左右)，可用于较浅次临界水平(K_{eff}=0.95 以上)堆芯耦合的有窗靶方案；②用于高流强(10mA)，可用于深度次临界系统耦合的无窗靶方案。

1. 有窗 LBE 靶

有窗靶靶头结构为试管套管型，LBE 由外套管通道向下流入，经导流管到靶底部绕流向上，流经靶窗底部，由内套管通道流出并带走热量，在中心区发生散裂反应产生中子,驱动次临界堆芯.有窗靶采用上端插入式,靶窗位置插入堆芯活性区中心以上 11.5cm,以达到最大的源效率。有窗靶中，散裂靶上产生的额定热功率为 0.18MW，散裂靶回路示意图如图 5.59 所示，主要运行参数见表 5.23。其热交换系统包括两个回路：一回路采用液态铅铋做冷却剂，由靶本体、换热器、电磁泵和铅铋液储存箱组成；二回路采用加压水做冷却剂,由空冷换热器、水泵和水池组成,通过主换热器与一回路冷却系统连接。系统运行时，一回路流动的铅-铋将靶区的热量带出，通过一回路/二回路的换热器传递给二回路冷却剂加压水，二回路再通过空冷器将热量传递到环境中去。考虑结构强度和液态铅铋对管道的腐蚀，根据结构材料不锈钢管的国家标准，初步选用 141mm×9mm(内径 141mm，厚度 9mm)不锈钢管作为回路结构材料。

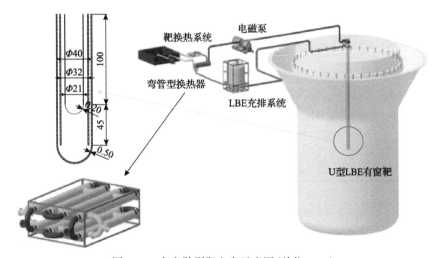

图 5.59　有窗散裂靶方案示意图(单位：cm)

表 5.23　有窗靶主要物理参数

主要参数	裸靶	靶堆耦合
束流能量/MeV	250	250
束斑强度/mA	0.725	0.725
靶窗作用最大功率密度/(W/cm³)	317.8	328.1
靶体作用最大功率密度/(W/cm³)	572.75	573.47
靶窗最大中子通量/[n/(cm²·s)]	$9.18×10^{13}$	$2.17×10^{14}$

主要参数	裸靶	靶堆耦合
侧壁最大中子通量率/[n/(cm²·s)]	4.03×10^{12}	1.40×10^{14}
中子平均能量/MeV	4.62	0.402
中子产额(n/p)	2.43	—
K_{eff}	—	0.98
放大倍数	—	55.2
最大离位损伤率/(dpa/FPY)	≈9	≈10.15
最大氦气产生率/(appm/FPY)	504	≈504
^{210}Po 最大累积量/g	0.07	2.14

物理设计工作阶段，对 250MeV 质子与液态铅铋散裂靶作用的散裂过程和与次临界堆耦合的驱动过程做了大量研究工作，主要包括束流条件影响性分析、靶几何参数对中子产额及能谱的影响性分析、靶在次临界堆中的轴向位置影响性分析。在以上分析的基础上，考虑热工可行性，结合结构力学要求，我们选定了束流条件，分别对 U 型和 Y 型液态铅铋散裂靶物理模型和靶堆耦合物理模型进行设计。通过对物理模型的计算，获得了散裂靶上的热能沉积、散裂中子产额、散裂中子场、靶堆耦合中子学参数、辐照损伤参数、散裂产物产额等关键参数，并对散裂产物的化学毒性和放射性毒性进行了预估，对有窗靶定堆功率下随燃耗变化的束流要求进行了初步的分析。

表 5.23 给出了有窗靶与 $K_{eff}=0.98$ 次临界系统耦合时主要物理参数，在该耦合方案下，0.725mA 的质子束流驱动可达到 10MW 耦合目标。靶回路中，靶窗 DPA 和气体产生率受耦合中子影响较小，如氧控和传热满足设计要求，该靶系统可连续运行约 4 年时间。回路中 ^{210}Po 的产量受耦合特性影响较大，与 $K_{eff}=0.98$ 次临界系统耦合时，每年约产生 2.14g。表 5.24 给出了 U 型靶回路系统热工水力学参数，在 U 型靶中，回路系统主

表 5.24　U 型靶回路系统热工水力学参数

参数	数值
设计热功率/MW	0.18
LBE 质量流量/(kg/s)	42
靶头 LBE 入口温度/℃	220
靶头 LBE 出口温度/℃	260
LBE 最大流速/(m/s)	0.56
主换热器中加压水进出口温度/℃	130/140
加压水质量流量/(kg/s)	7.2
水回路压力/bar	10
LBE 回路总压损/bar	0.19
主泵	电磁泵

要温度远低于限制，靶性能从热工水力学角度而言可承受更高流强驱动，初步评估，热工水力学允许流强在 2mA 以上。

2. 无窗 LBE 靶

在目前无窗靶研究方面，较为成熟的主要有两种类型：一是比利时 SCK CEN 主持的 MYRRHA 项目，后成为欧洲 XT-ADS 的无窗靶设计方案，其设计思路为流体在流体管道和与其同轴的束流管道构成的环形流道内向下流动，在束流管道口处使用锥形渐缩口汇流，形成液面；另一类为 XADS 的设计方案，其特点为束流与液态金属散裂靶流动方向垂直，在流动自然形成的界面上进行束流轰击。相比较而言，前者能够更有效地利用空间，提供更大的散射区域、更强的中子源，但设计难度也更大。

通过对比国际主流的无窗散裂靶，MYRRHA 采用的管道中的环形喷口无窗靶具有散裂反应区域长、器靶堆耦合形状合理的优点。在进行 CiADS 无窗靶设计时的参考构型如图 5.60 所示。该设计具备以下特点：

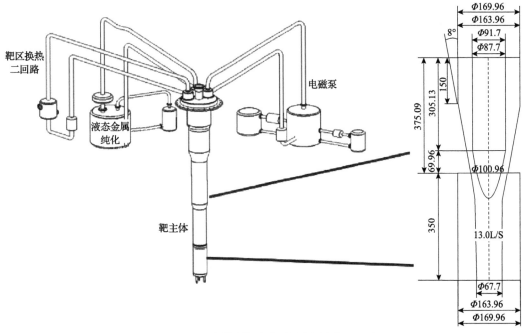

图 5.60　无窗散裂靶方案示意图（单位：mm）

环形供流—喷口段：流体通过竖直向下流动的环形供流流道流入环形喷口，并自这一喷口向下喷出，在下方的空腔内形成自由液面与加速器束流相互作用。这一竖直向下流动的流道可以很好地适应和利用次临界堆中心位置抽出少数几根燃料棒所形成的细长空间，而喷口和下方的腔体则能够有效地形成真空区。

锥形汇流段：该段的壁面是环形喷口外壁面的锥形延长，自环形喷口喷出的 HLM 工质通过一定长度的锥形壁面的约束流动向中心汇聚，通过调节汇流段的长度和角度，可以有效控制液面以合适的角度、半径、速度脱离汇流段，形成离壁自由流动进而在适当的位置形成有利于 ADS 运行的自由液面。

引出段：在真空状态下，自由流动的液态重金属(HLM)工质在这一部分重新恢复管道流动，这样一来使得 HLM 工质有效地获得泵送和循环。

相关的研究无论在数值模拟还是实验研究过程中，都发现在汇流处导致一定回流现象，如图 5.61 所示。基于上述现象，上海交通大学顾汉洋研究团队采用较长的锥形壁面限制流动，或者采用旋转注入方式、控制液面上端压强等手段以及采用环形束流方式避免回流区域。

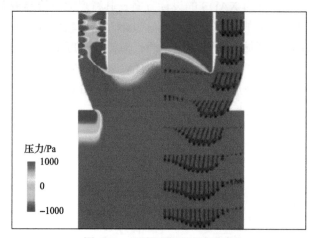

图 5.61　汇流区出现回流现象

5.2.4　研发进展

中国科学院近代物理研究所在 ADS 系统方面的研究取得了较大的进展，为 CiADS 系统建设提供了丰富的理论和实验基础。

系统的物理模型耦合基于微观固体颗粒的接触力学模型，颗粒的运动考虑平动和转动的分子动力学模型，粒子在固体颗粒中的输运过程采用基于蒙特卡罗算法的核内和核外级联并耦合蒸发模型，微观固体颗粒的热输运初步考虑接触和辐射传热等。计算方法在空间网格划分上采取离散元方法，针对大规模并行发展了时间隐藏算法。并行算法涉及数十到数百量级的 GPU 核心，即计算核芯涉及十万到百万量级的流处理器的并行算法，在 256 块 GPU 上实现了其并行效率超过 60%(图 5.62)。

由中国科学院近代物理研究所团队自主设计建造的颗粒流散裂靶原理样机，如图 5.63 和图 5.64 所示，2017 年 6 月 7 日对颗粒流散裂靶原理样机 I（颗粒流机械驱动提升）进行了测试；2017 年 7 月 12 日对颗粒流散裂靶原理样机 II（颗粒流电磁驱动提升）进行测试，关键参数如下：流量稳定的密集颗粒流状态、流态稳定性与流量可调节性、人工干预停机后快速恢复正常运行、运行无故障连续稳定运行时间进行了测试。两次测试的完成，标志着国际首台颗粒流散裂靶原理样机正式建成，并具备了开展相关实验的能力。

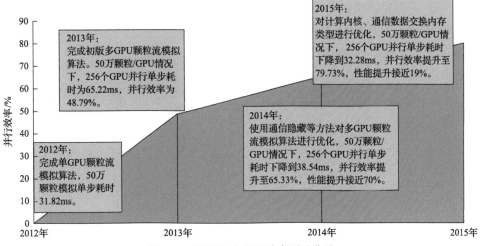

图 5.62　并行算法并行效率测试曲线

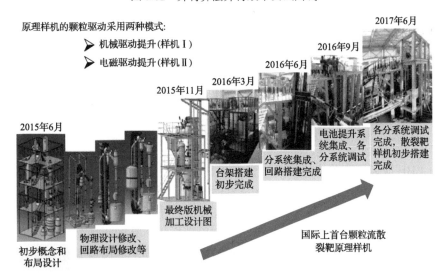

图 5.63　颗粒流散裂靶原理样机建设时间轴

图 5.64　颗粒流散裂靶原理样机 I（机械驱动提升）和原理样机 II（电磁驱动提升）

图 5.65 为颗粒流靶原理样机Ⅱ现场测试期间，靶段部分的稳态密集流动。图 5.66 为电磁驱动状态下靶段颗粒流态。

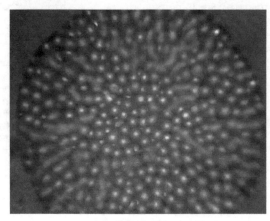

图 5.65 靶段密集颗粒稳态流动

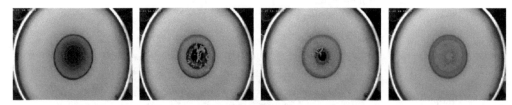

图 5.66 不同电磁驱动状态下靶段颗粒流动

目前 LBE 散裂靶实验样机设备正在安装、调试之中，样机平台尚未具备实验要求。

中国科学院近代物理研究所研发团队在时间紧、任务重且没有任何其他参考的情况下，始终秉承着独立创新和敢为人先的科研态度、自主研发的奋斗精神，先后突破了一系列关键技术，建成了国际首台颗粒流散裂靶原理样机，是国际高功率散裂靶研究领域的一个重要里程碑，为国家重大科技基础设施——加速器驱动嬗变研究装置(CiADS)散裂靶的建设打下了坚实的技术和人才基础。

5.3 ADANES 反应堆

ADANES 反应堆系统主要由反应堆本体系统、冷却剂系统、颗粒工艺系统、仪表与控制系统、电源系统、专设安全设施、辐射防护系统、废物管理系统以及相应的厂房系统等子系统组成。作为 ADANES 燃烧器的核心，ADANES 反应堆系统承担着反应堆的发生核反应、嬗变核废料、产生和传递热量、包容放射性等任务。反应堆堆芯结构决定燃烧器的运行特性和功能。反应堆堆芯受到来自散裂靶产生的外源中子和次临界反应堆内的裂变中子的影响，从而实现增殖核燃料、嬗变核废料和发电等功能。在反应堆运行中，堆内产生大量的热量，这些热量需要通过冷却剂的流动带出，以保证反应堆的结构完整性和放射性物质包容性[15]。

ADANES 反应堆系统是一个复杂、庞大的系统，其系统优化和参数选取，可以提高燃料利用率、产能效率，降低建造与维护成本，增加系统安全性与经济性，是提高 ADANES 竞争力的关键。目前 ADANES 反应堆处于物理设计和整体优化过程。本节主要从物理层面对 ADANES 反应堆进行介绍，包括 ADANES 系统模拟设计算法、堆芯中子物理、ADANES 燃料循环、瞬态计算分析、系统特性分析等。

5.3.1　ADANES 系统模拟设计算法

1. 总体介绍

ADANES 系统物理设计分为燃烧器系统设计和燃料再生处理系统设计[16-20]。燃烧器系统设计包括粒子输运、燃料燃耗过程等。燃料再生处理系统设计包括乏燃料处理以及再生燃料制备等。将两个设计模块耦合，可以进行 ADANES 整体的物理设计。图 5.67 为 ADANES 燃料循环系统设计流程。

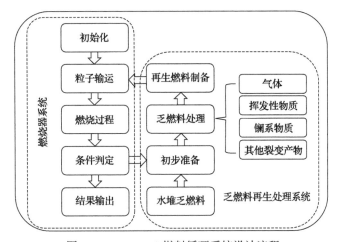

图 5.67　ADANES 燃料循环系统设计流程

燃烧器系统模拟计算采用 GMT 程序（GPU-based Monte Carlo particle transport）[21]和 MCADS 程序（Monte Carlo activation and depletion code system）[22]。GMT 程序主要计算束-靶耦合中子学、能量沉积、散裂产物等。程序主要包括四个模块：三维几何模块、材料模块、核反应模块以及粒子输运模块。程序中对核反应过程由核内级联模型（INCL）和退激发模型（ABLA）两者结合来描述，而对于粒子的输运，针对不同的情况可分别采用不同的方法进行粒子跟踪。MCADS 包括三维几何模块、材料模块、输运模块、核反应模块和燃耗模块。其中粒子输运模块具有处理连续能量、任意几何、时间相关的中子/光子/电子耦合等问题的能力，满足堆芯中子物理输运和临界计算。该模块主要用来计算反应堆中子学、能量沉积、散裂产物分布等物理量。燃耗模块 LITAC 是基于 ORIGEN 2.1 程序[7]和数据库编写的燃耗程序。它是点堆单群燃耗及放射性衰变计算模块，该模块用矩阵指数法求解一个联立的、线性的、一阶常微分方程组，能够计算核燃料循环过程中放射性物质的积累、衰变、程序输出核素的成分、产物质量分数、放射性活度、衰变热、化学毒性等参数。

乏燃料再生处理系统主要包括高温蒸发、物理处理、精细分离。高温蒸发主要采用 AIROX 流程[18]去除气体、挥发性、半挥发性核素，物理处理主要采用高温重结晶方法去除稀土核素[19]，精细分离主要提取稀有的同位素。乏燃料处理后与堆芯材料组装成再生燃料，之后入堆进行再次循环。

2. 计算方法

参考国内外粒子输运燃耗计算的 MONTEBURNS、MOCUP、RMC、ALEPH 等程序[23-25]，基于 MCNP 和 LITAC 程序[22-27]，中国科学院近代物理研究所开发了 MCADS 程序[22]。MCADS 结合 MCNP 对复杂几何、复杂材料、连续能量截面的处理能力优势和 ORIGEN 2.1 对核燃料、结构材料、冷却剂、散裂靶的嬗变计算能力的优势，能够精确描述反应堆和散裂靶的几何构型、材料、ADS 嬗变物理过程，适用于 ADS 次临界系统的中子学概念设计。该程序包括中子输运方程和燃耗方程的求解。其中，中子输运方程式(5.2)采用蒙特卡罗方法求解[28]：

$$\frac{1}{v}\frac{\partial\phi}{\partial t}+\Omega\cdot\nabla\phi+\sum_t\phi$$
$$=\int_0^\infty \mathrm{d}E'\int_{\Omega'}\sum_s f\phi(r,E',\Omega',t)\mathrm{d}\Omega'+Q_f(r,E,\Omega,t)+S(r,E,\Omega,t) \tag{5.2}$$

式中，$\phi=\phi(r,E,\Omega,t)$，$\frac{\partial n}{\partial t}=\frac{1}{v}\frac{\partial\phi}{\partial t}=\frac{1}{v}\frac{\partial\phi(r,E,\Omega,t)}{\partial t}$，其中 $\frac{\partial\phi}{\partial t}$ 为中子角通量密度，v 为中子速度；$\sum_t=\sum_t(r,E)$ 为宏观的总截面（包括宏观散射和吸收）；$\sum_s=\sum_s(r,E')$ 为宏观散射截面；E' 为碰撞前的中子能量；Ω' 为运动方向；E 为碰撞后的中子能量；运动方向为 $\Omega_f=f(r;E'\to E,\Omega'\to\Omega)$ 代表分布函数；$Q_f(r,E,\Omega,t)$ 为核裂变产生的中子密度，其表达式为

$$Q_f(r,E,\Omega,t)=\frac{\chi(E)}{4\pi}\int_0^\infty \mathrm{d}E'\int_\Omega v(E')\sum_f\phi(r,E',\Omega',t)\mathrm{d}\Omega' \tag{5.3}$$

其中，$v(E')$ 为能量 E' 的中子每次发生裂变所产生的平均中子数；$\chi(E)$ 为裂变中子能谱分布；$\sum_f=\sum_f(r,E')$ 为宏观截面截面；$\phi(r,E',\Omega',t)$ 为外源中子密度。

通过大量粒子的随机运动过程的统计和归纳，得出中子通量分布，进一步得出堆芯的特征量 K_{eff}、中子能谱、功率分布等物理量，从而验证堆芯的长周期可持续运行的特征。将蒙特卡罗方法得到的中子通量代入燃耗方程式(5.4)中，进行核素的燃耗计算。

$$\frac{\mathrm{d}X_i}{\mathrm{d}t}=\sum_{j=1}^N l_{ij}\lambda_j X_j+\bar\phi\sum_{k=1}^N f_{ik}\lambda_k X_k-(\lambda_i+\bar\phi\sigma_i)X_i,\quad i=1,2,\cdots,N \tag{5.4}$$

式中，X_i 为 t 时刻核素 i 的原子密度；λ_i 为核素 i 的衰变常数；σ_i 为核素 i 的平均中子吸收截面；l_{ij} 为核素 j 衰变产生核素 i 的衰变分支比；f_{ik} 为核素吸收中子产生核素 i 的

分支比；$\bar{\phi}$ 为平均中子通量（在短时间内是常数）。

严格上说，该方程是非线性方程，因为 $\bar{\phi}$ 中子通量是随 X_i 核素密度的变化而变化的，二者互相依赖。

式(5-3)可以模拟堆芯燃料的演化过程。通过其计算结果可以研究不同核素随时间的变化规律，进而评估反应堆的整体增殖和嬗变能力。

燃耗模块 LITAC 是基于 ORIGEN 2.1 程序和数据库开发的点堆单群燃耗及放射性衰变计算程序，采用 C 语言编写。ADS 核燃料中 MA 核素占有相当大的比例，针对该特点，LITAC 扩充了有直接裂变产物贡献的次锕系核素，使得有裂变产物贡献的核素达到了 20 种，LITAC 可以提高数据的输出精度。

MCADS 的执行流程图如图 5.68 所示。耦合的具体步骤如下。①初始化参数：MCNP 和 LITAC 输入文件的参数设置和输出设置；②MCNP 输运计算各个详细燃耗区的中子通量分布和各核素的单群截面（SDEF 模式，即外源模式），同时在 KCODE 模式下计算系统的有效增殖因子；③将得到的中子通量和截面数据更新后代入燃耗程序 LITAC 进行各个分区的燃耗计算，得出各燃耗区的材料组分；④之后判断是否冷却衰变、换料等，随后更新 MCNP 的材料输入等卡片，再次进行输运计算；⑤经多次迭代计算后，达到设定的燃耗深度或计算时间，程序结束。

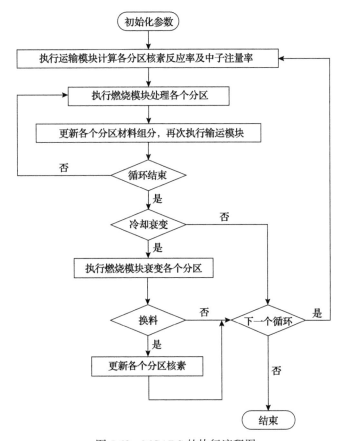

图 5.68　MCADS 的执行流程图

在反应堆运行的整个运行周期内，中子截面、核素质量和中子注量率会随时间和空间而变化。把空间和时间划分为若干个区域和间隔，称之为燃耗区和燃耗步长，在每个燃耗步长内，同一个燃耗区内的中子注量率是一个定值。为了在保证耦合程序运算结果的精度的同时尽可能地节约计算时间，MCNP 和 LITAC 之间的耦合程序设计过程中采用了类似 MONTEBURNS 的处理方式，采取半步长法。

3. 计算参数

1) 中子通量计算

首先对不同燃耗区的单位源强的中子通量 $\bar{\phi}_n$ 进行统计记录。其中，$\bar{\phi}_n = \iiint\limits_{V,t,E} \phi(\vec{r}, E, t)\dfrac{\mathrm{d}V}{V}\mathrm{d}E\mathrm{d}t$ [其中，$\phi(\vec{r}, E, t)$ 表示在位置 $\vec{r}$、能量 E、时间 t 条件下的中子通量]。提供给燃耗计算需要平均中子通量的实际值 $\bar{\phi}$，其公式如下：$\bar{\phi} = C \times \bar{\phi}_n$，其中 C 为归一化常数，$\bar{\phi}_n$ 为每个燃耗区的中子通量统计卡 F4 统计结果。在不同的运行模式下，C 的求解公式是不同的。

(1) 临界计算(KCODE 模式)：假设系统的热功率为 P，C 的计算公式为

$$C = \frac{Pv \times 10^6}{1.6023 \times 10^{-13} \times K_{\mathrm{eff}} \times E_{\mathrm{f}}} \tag{5.5}$$

式中，v 为每次裂变的中子数；E_{f} 为一个中子引发裂变发生能量，约为 200MeV；K_{eff} 为有效增殖因子，可以在 KCODE 模式中直接获得。

(2) 固定源(SDEF 模式)：C 的计算公式为

$$C = \frac{Pv \times 10^6}{\mathrm{floss} \times 1.6023 \times 10^{-13} \times E_{\mathrm{f}}} \tag{5.6}$$

式中，floss 为一个外源中子在堆芯产生的总裂变中子数目。

2) 外中子源强度的计算(仅对加速器驱动次临界系统)公式为

$$\mathrm{source\_out} = \frac{P}{(\mathrm{floss}/v) \times 1.6023 \times 10^{-13} \times E_{\mathrm{f}}} \tag{5.7}$$

3) 有效增殖系数为

$$K_{\mathrm{S}} = \frac{\mathrm{floss}}{1 + \mathrm{floss}} \tag{5.8}$$

4) 外源价值的计算公式为

$$\varphi^* = \frac{\dfrac{1}{K_{\mathrm{eff}}} - 1}{\dfrac{1}{K_{\mathrm{S}}} - 1} \tag{5.9}$$

式中，φ^* 为外源价值；K_{eff} 为 ADS KCODE 模式下计算的有效增殖系数；K_{S} 为 ADS 外

源模式下计算的有效增殖系数。

5) 燃耗区的燃耗深度为

$$\text{bup}(n) = \text{bup}(n-1) + \frac{\text{fisn}(i) \times P \times \Delta t_n}{\text{floss} \times \text{mass}(i)} \tag{5-10}$$

式中，$\text{fisn}(i)$ 为一个外源中子在该燃耗区产生的裂变中子数；$\text{bup}(n)$ 为燃耗计算区的燃耗深度，MW·d/t(U)；$\text{mass}(i)$ 为重核素质量，t；Δt 为燃耗计算时的步长。

6) 束流强度计算公式为

$$I = \left(\frac{1}{K_{\text{eff}}} - 1 \right) \frac{1.6023 \times 10^{-13} vP}{\text{floss} \cdot E_{\text{f}}} \frac{1}{\varphi^*} \tag{5-11}$$

式中，v 为每个外源粒子和散裂靶反应的中子产额。

7) 功率分布计算

功率分布(能量沉积)是统计裂变释放的统计位置的热量，包含裂变能和光子的沉积能量。其物理公式如下：

$$F_{\text{f}}' = \frac{\rho_{\text{a}}}{m} Q \int \mathrm{d}E \int \mathrm{d}t \int \mathrm{d}V \int \mathrm{d}\Omega \sigma_{\text{f}}(E) \Psi(\vec{r}, \hat{\Omega}, E, t) \tag{5-12}$$

式中，F_{f}' 为该位置单位质量的沉积能量；ρ_{a} 为材料密度；m 为质量；Q 为裂变热能；$\Psi(\vec{r}, \hat{\Omega}, E, t)$ 为角通量密度。需要将 F_{f}' 转化为功率密度分布。功率分布可以导入热工软件进行热工研究。

8) 单群截面的修正

在燃烧计算中，由于核素的组分是变化的，需要不断地修正单群反应截面。反应率 R_n 的公式如下：

$$R_n = \iiint\limits_{V,t,E} \sigma_{i,j}(E) \phi(\vec{r}, E, t) \frac{\mathrm{d}V}{V} \mathrm{d}E \mathrm{d}t \tag{5-13}$$

式中，j 为核素标识；$\sigma_{i,j}$ 为核素 j 的第 i 种微观反应截面，包括(n,r)、(n,f)、(n,2n)、(n,3n)等反应截面。结合中子通量，可以得到不同类型的反应截面如式(5-14)所示：

$$\bar{\sigma}_{i,j} = \frac{\iiint\limits_{V,t,E} \sigma_{i,j}(E) \phi(\vec{r}, E, t) \frac{\mathrm{d}V}{V} \mathrm{d}E \mathrm{d}t}{\iiint\limits_{V,t,E} \phi(\vec{r}, E, t) \frac{\mathrm{d}V}{V} \mathrm{d}E \mathrm{d}t} \tag{5-14}$$

该式即为根据实际问题需要更新的单群中子截面。

9) 堆芯的能谱分布

根据需要统计不同位置能谱，先统计不同位置 r 和不同能量段 e_i—e_j 的中子通

量 $\overline{\phi}(r)(e_i—e_j)$，即可得到需要位置的中子能谱 $E(r)$。

4. 基准题校验[22]

对 MCADS 耦合燃耗程序，进行了 IAEA-ADS 基准题、OECD/NEA-PWR 基准题和 OECD/NEA-FR 基准题校验[22]，得到了良好的结果。

图 5.69 和图 5.70 是 IAEA-ADS 基准题的验证结果：图 5.69 给出了初始 K_{eff} 为 0.96 时 K_{eff} 随时间的变化，并且和其他程序的计算结果做了对比，可以看出在燃耗的 150 天中，可以看到 K_{eff} 明显降低然后再升高，这种现象是由 ^{233}Pa 造成的。其计算结果落在了其他程序计算结果的范围之内，具有很好的一致性。图 5.70 给出了初始 K_{eff} 为 0.96 时外源强度随运行时间的变化曲线，可以看出外源强度与系统的次临界度有关；随着燃耗的加深，K_{eff} 会随着堆芯内核素的变化而变化，与 K_{eff} 的变化趋势正好相反。总体可以看出，MCADS 的计算结果与其他国家的软件数据符合得很好，因此采用该程序进行反应堆的概念设计是可靠性的。

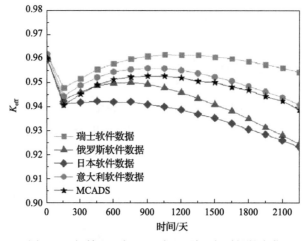

图 5.69　初始 K_{eff} 为 0.96 时 K_{eff} 随运行时间的变化

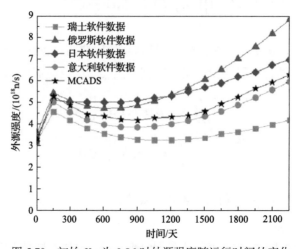

图 5.70　初始 K_{eff} 为 0.96 时外源强度随运行时间的变化

5.3.2　ADANES 设计目标

1. 总体介绍

加速器驱动先进核能系统主要由燃烧器和乏燃料再生构成。其燃烧器采用陶瓷颗粒流冷却，具有固有安全性及经济性，整体核能系统可提供千年甚至万年级以上能源生产，而仅产生少量核废料，易于管控，是一种先进的核能方案，实现了核裂变能的可持续发展目标，满足我国内陆核电和向国际推广的发展需求。

未来 ADANES 工业级系统的设计目标是：燃料利用率提高到大于 95%；具有使用压水堆乏燃料作为 ADANES 核燃料的能力；长换料周期大于 10 年；具有增殖 Pu 的能力；堆芯冷却剂具有较高的出口温度（>700℃）；模块化设计；非能动的余热导出系统。表 5.25 是 ADANES 的主参数列表。

表 5.25　ADANES 主参数列表

参数	数值	单位
热功率	0.5～2.0	GW
功率密度	≈40	W/cm^3
燃料	UC、UN、UO$_2$	
^{235}U 的富集度	≈10	%
散裂靶	颗粒流靶	
束流	H/D/He	
束流能量	0.5～2.0	GeV
束流强度	10～20	mA
冷却剂	陶瓷颗粒+氦气	气固两相流
一回路压力	常压	
发电系统	超临界二氧化碳	
发电效率	≈40	%
堆芯出口温度	>700	℃
后处理技术	改进型 AIROX+高温重结晶	
换料周期	≈10	年

2. 陶瓷堆芯

目前，陶瓷材料可以作为 ADANES 燃烧器的候选材料。因为陶瓷材料不但具有优异的中子物理特性（低中子吸收），而且耐高温、抗辐射、耐腐蚀，同时化学性稳定、热力学性能突出（高热传导、高热容）。ADANES 燃烧器中燃料、冷却材料、反射材料、结构材料和控制材料都由陶瓷材料组成[1]。表 5.26 为堆芯材料的组成和特性需求。

---

[1] 资料来源：中国科学院近代物理研究所. 加速器驱动嬗变研究装置可行性研究报告（内部资料）. 兰州，2017 年。

表 5.26　堆芯材料的组成和特性需求

材料组成	特性需求	候选材料
核燃料	高熔点、高密度、高燃耗、高热导	UO_2、UC、UN 等
冷却材料	高热容和热导、高熔点、化学性稳定、低压	气固两相冷却剂，Al_2O_3、SiC 等
结构材料	抗辐照、结构稳定、低中子吸收、低热膨胀、高熔点	SiC、Al_2O_3、ZrO_2 等
吸收和控制材料	强中子吸收，化学性稳定	B_4C 等
反射材料	低中子吸收	Be 等

(1) 核燃料。UO_2 具有良好的辐照稳定性能、高运行温度和对冷却剂及结构材料的耐腐蚀性，为反应堆的常用燃料，因而其堆芯使用经验丰富。UC 和 UN 具有更高的热导率和良好的中子物理性能，使反应堆中子能谱更硬，增殖性能更强，是未来核燃料的发展趋势。

(2) 冷却材料。类似于重力驱动的颗粒流散裂靶，冷却剂可以选择气固两相冷却剂，由固体(颗粒)相和气相组成。它同时结合固体和流体的优势。与传统的冷却剂(如氦、水、水汽两相、液态金属、有机物和熔盐)相比，两相冷却剂由高熔点、高比热容、导热系数、耐辐照颗粒材料组成，同时具有毒性小、化学毒性低、腐蚀性低、便于操作等优势。其是目前反应堆候选材料，但技术跨越较大，还需要深入研究。

(3) 结构材料。堆芯中的所有结构材料，如燃料包壳和组装支撑结构，都是陶瓷材料。它们具有高强度、耐腐蚀、低中子吸收和中子辐射稳定性的优点，目前 SiC、Al_2O_3、ZrO_2 是核材料的研究热点方向。

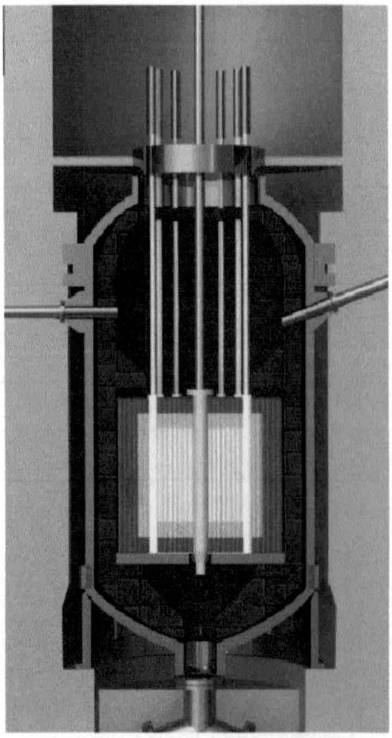

图 5.71　陶瓷反应堆效果图

(4) 吸收和控制材料。B_{10} 是强中子吸收材料，其吸收截面非常大；B_4C 具有良好的吸收中子和稳定的化学性质，它吸收中子后不释放射线，同时 B_4C 熔点高、强度高、耐蚀性好。因此，B_4C 通常可以用作吸收和控制材料。

(5) 反射材料。在反应堆活性区周围用来反射从活性区泄漏出的中子，使其改变方向重新回到活性区。对反射层材料的要求是散射截面要大、吸收截面要小。在快中子堆中，大部分裂变反应由高能中子引起，反射层材料由高原子质量数的致密物质组成，尽可能避免反向散射进堆芯的中子被慢化。陶瓷反射层材料有铍、氧化锆等。

3. 陶瓷反应堆介绍

加速器驱动陶瓷反应堆[4]包括加速器、散裂靶和陶瓷反应堆，如图 5.71 所示。作为燃烧器的核心，反应堆芯设计决定燃烧器的运行特性和功能，陶瓷反应堆具备以下的特点。①功能多样：陶瓷反应堆的散裂靶和冷却剂材料具有可选性，可以同时实现核废料嬗变、核燃料增殖和能量的输出,可以设计具备不同功能的反应堆(产能、制氢、同位素生产、嬗变、工艺热等)。②高温堆芯:陶瓷堆芯具有快中子能谱、耐高温堆芯、高的出口温度和发电效率长的换料周期长等特点。③气固冷却:由氦气+高热性能颗粒组成,结合了气相和固相的优点,具有良好的导热性和热惯性,同时具有广泛的材料选择性、低毒、低放射性、无腐蚀、低磨蚀、粉尘少。在热交换过程中是正常压力或负压环境,同时冷却剂和次级回路采用离线的热交换,效率高且稳定安全。④运行模式:采取双冗余模式(两个加速器+多个反应堆)。加速器的存在丰富了系统的运行模式,可运行在次临界、临界状态,也可交替运行。

5.3.3　堆芯中子物理研究

　　图 5.72 为燃料组件和燃料棒的基本单元示意图。其中,中心浅蓝色的圆形区域为燃料棒,外侧黄色为组件基底,最外侧的六个小圆形为冷却剂孔道。多个燃料棒的基本单元组合为组件。组件组合为堆芯(图 5.73),堆芯中心位置(红色)为散裂靶组件,外侧排布的燃料组件,最外侧为反射层和屏蔽层。下面对堆芯高度、燃料类型、冷却材料和尺寸等进行计算分析。

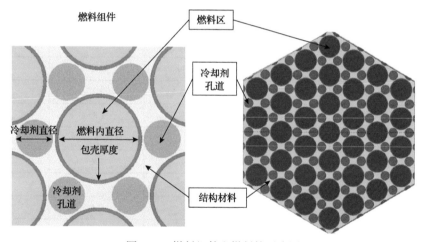

图 5.72　燃料组件和燃料棒示意图

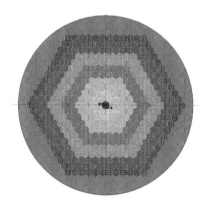

图 5.73　堆芯示意图

1. 堆芯高度计算

下面选取了四种构型(堆芯高 3.0m、2.8m、2.6m 和 2.4m),保持其功率密度为 45W/cm^3 左右,定束流强度为 1GeV。四种堆芯如图 5.74 所示,对应的堆芯参数见表 5.27。

 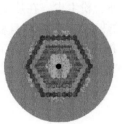  

(a) 堆芯高3.0mm   (b) 堆芯高2.8mm   (c) 堆芯高2.6mm   (d) 堆芯高2.4mm

图 5.74 四种高度堆芯示意图

表 5.27 堆芯参数列表

参数	不同高度堆芯的参数			
	3.0m	2.8m	2.6m	2.4m
堆芯功率密度/(W/cm^3)	44.48	45.17	44.48	44.32
堆芯总功率/MW	800	650	520	410
堆芯体积/cm^3	17.99	14.39	11.69	9.25
燃料体积/cm^3	9.10	7.28	5.91	4.68
冷却剂体积/cm^3	2.85	2.28	1.85	1.67
堆型层数	7	7	6	6
组件个数	168	144	126	108
组件对边距/cm	20.3	20.3	20.3	20.3
高度/m	3.0	2.8	2.6	2.4
燃料质量/t	104.20	83.36	67.73	53.58
燃料密度/(g/cm^3)	11.456	11.456	11.456	11.456
$^{235}U/(^{238}U+^{235}U)$/%	9.14	9.21	9.30	9.38
燃料棒直径/cm	2.5	2.5	2.5	2.5
冷却剂孔道直径/cm	1.0	1.0	1.0	1.0
反射层厚度/cm	60	60	60	60
中子通量(内区)/[n/(s·cm^3)]	1.32×10^{15}	1.22×10^{15}	1.10×10^{15}	1.04×10^{15}
中子通量(外区)/[n/(s·cm^3)]	0.86×10^{14}	0.88×10^{14}	1.12×10^{14}	1.08×10^{14}

因为堆芯大小不同,所以不能进行定功率的比较,而是对定功率密度进行比较。图 5.75(a) 为 K_{eff} 随时间变化的曲线,初始的 K_{eff} 相同,堆芯尺寸大时曲线升高得较快,中子泄漏率较低。同样,由于堆芯大时总功率较大,所需的束流强度较大,均小于 20mA。

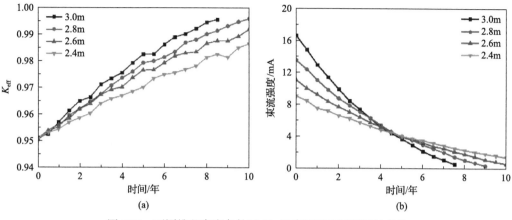

图 5.75　不同堆芯高度条件下 K_{eff} 和束流强度随时间的变化

2. 燃料类型计算

初始 K_{eff} 为 0.95，质子束流能量为 1.2GeV，定功率为 1GW。燃料为 UC，^{235}U 富集度约为 10%。下面计算不同燃料比例下的 K_{eff} 曲线变化。

初始 K_{eff} 为 0.95，定功率燃耗，因此束流的初始值约为 17mA。从图 5.76 可以看出，$U^{15}N$ 的 K_{eff} 增长最快，UC 居中，$U^{14}N$ 较慢；$U^{15}N$ 的束流密度减小得最快，UC 居中，$U^{14}N$ 较慢。下面对 $U^{14}N$ 和 $U^{15}N$ 进行不同比例混合，按照 $U^{14}N:U^{15}N$ 分别为 5:5、6:4、7:3、8:2、9:1 和 99:1 的比例进行比较(图 5.77)。

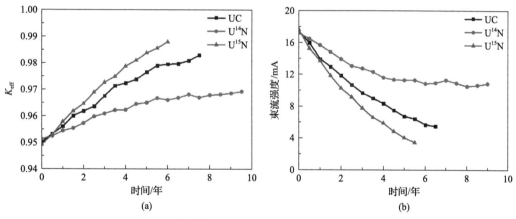

图 5.76　不同燃料下的 K_{eff} 和束流强度随时间变化曲线

从图 5.77 的 K_{eff} 曲线可以看出，当 $U^{14}N:U^{15}N>7:3$ 时，UN 的增殖曲线比 UC 的升高得快；当 ^{15}N 所占的比例越大时，其结果越接近 $U^{15}N$ 的曲线；当比例为 99:1 时，与 $U^{15}N$ 的曲线基本相同。

3. 冷却剂材料计算分析

计算参数如下：堆型功率为 1GW，质子束流能量为 1.2GeV，冷却剂选择 Al_2O_3、ZrO_2、

SiC、MgO、Zr$_3$Si$_2$。

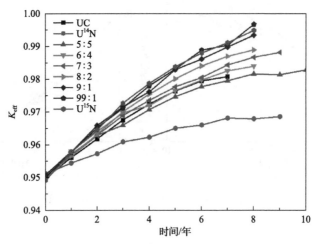

图 5.77　不同燃料比例下 K_{eff} 随时间变化曲线

计算中我们选取初始 K_{eff} 为 0.95，运行模式为加速器驱动的次临界模式，堆芯的总功率为 1GW，这时所需的束流强度都小于 20mA。从图 5.78 中可以看出，随时间的增加，K_{eff} 曲线逐渐升高，五种冷却剂的变化区别不太明显。其中 Zr$_3$Si$_2$ 可能比其余四种增加得更快。由此可以看出，基于选取的这五种陶瓷材料的堆芯，都具有增殖性能。

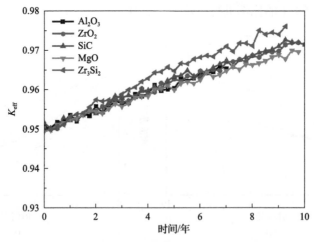

图 5.78　不同颗粒冷却材料下 K_{eff} 随时间变化曲线

4. 冷却剂孔道计算

本节对冷却孔道进行了优化，如图 5.79 所示，将圆形孔道改为目前的类三角孔道（由三个椭圆边组成）。圆形冷却孔道：半径为 0.55cm，面积约为 0.95cm^2，周长约为 3.45cm；类三角冷却孔道：长轴为 2.8cm，短轴为 1.1cm，面积约为 1.58cm^2，周长约为 5.73cm。类三角孔道比圆形孔道面积增加约 66%，周长增加约为 66%。

图 5.80 为类三角和圆形孔道冷却剂 K_{eff} 的变化曲线比较。选取初始的 K_{eff} 为 0.95。

ZrO_2 冷却剂比 ZrO_2+MoSi_2 冷却剂的增殖性能较好。类三角孔道情形下的 K_{eff} 相比圆形孔道情形上升得较快，是由于类三角孔道的截面积比圆形孔道大，中子的慢化效果不如圆形孔道，有更多的快中子。

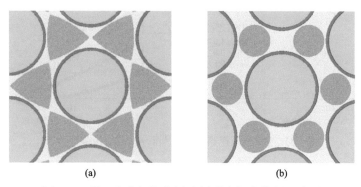

(a)　　　　　　　　　　　(b)

图 5.79　类三角冷却孔道(a)和圆形冷却孔道(b)示意图

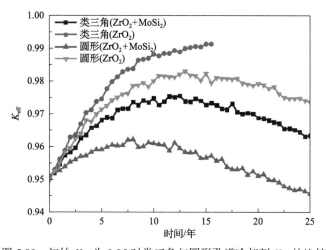

图 5.80　初始 K_{eff} 为 0.95 时类三角与圆形孔道冷却剂 K_{eff} 的比较

5. UC 与乏燃料不同比例下计算

如图 5.81 所示，由于混合时，UC:乏燃料的比例是变化的，所以随着乏燃料的比例越大，初始 K_{eff} 会越来越小，束流需求越来越大。随着乏燃料比例的增加，初始的 ^{235}U 的量逐渐减低，K_{eff} 同时降低，束流需求逐渐增大。10 年后，随着乏燃料比例的增加，^{239}Pu 的增加量增大，^{235}U 的减少量减小，增殖比 $^{239}Pu/^{235}U$ 的比例不断增大。这是由于乏燃料比例增加使燃料中含有的超铀元素量增加导致的。

6. 控制曲线的计算

计算参数如下：堆芯功率为 1GW，质子束流能量为 1.2GeV，冷却剂选择陶瓷颗粒 ZrO_2。目前的计算为次临界和临界计算，初始的 K_{eff} 设为 0.98。前 4 年为次临界计算，K_{eff} 控制在 0.98 左右，有一定的增殖量；后 K_{eff} 在 1.0 附近运行，时间可维持 30 年。

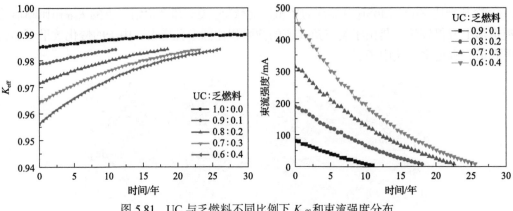

图 5.81 UC 与乏燃料不同比例下 K_{eff} 和束流强度分布

如图 5.82 所示，曲线的控制主要采用燃料中混合 B_4C，更改 ^{10}B 的含量来控制反应堆的反应性。K_{eff} 过高时就增加 ^{10}B，过低时就减少 ^{10}B 的含量，让 K_{eff} 保持在 1.0 附近运行。

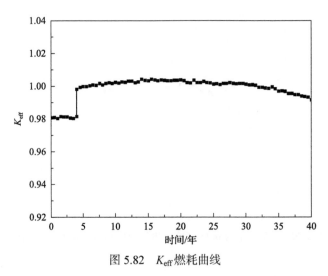

图 5.82 K_{eff} 燃耗曲线

7. 束流参数扫描计算

图 5.83 为 H、D 和 He 三种束流的比较，保持其功率密度为 45W/cm^3 左右。从图 5.83 的结果可以看出，H、D 和 He 的 K_{eff} 变化趋势类似。H、D 和 He 的原子质量数分别为 1、2、4。束流单核子能量不同，H 的能量为 1GeV/A，D 的能量为 500MeV/A，He 的能量为 250MeV/A，束流需求为 H 小于 20mA，D 小于 20mA，He 为 40mA。

8. 靶材料参数扫描计算

下面的计算为不同靶材料(ZrO$_2$、SiC、Be)的比较，保持其功率密度为 45W/cm^3 左右；束流为质子束流，能量为 1GeV。

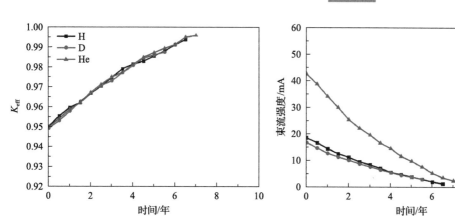

图 5.83　H、D 和 He 的 K_{eff} 曲线和束流强度的变化

　　图 5.84 是不同靶材料（ZrO_2、SiC、Be）的比较，三种靶材料都具备很强的增殖能力，三者的差别微小。束流强度的变化与 K_{eff} 曲线相反。由此可以得到 ZrO_2、SiC、Be 的中子特性类似。因此，ZrO_2、SiC、Be 都可作为散裂靶材料。

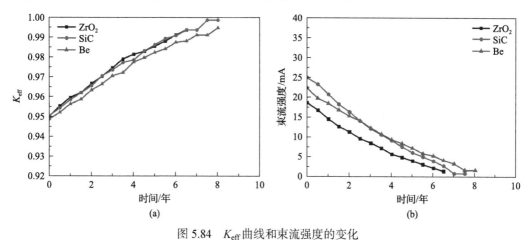

图 5.84　K_{eff} 曲线和束流强度的变化

9. 堆芯热工计算

　　本节对冷却剂热工特性进行概念计算。采用商用的 FULENT 软件来估计（不同温度下 Al_2O_3 的传热系数随时间的变化曲线），如图 5.85 所示。

　　图 5.85 结果表明，颗粒通过堆芯的时间越短（即颗粒流速越大），传热系数越大。同时，温度越高，传热系数越大。传热的理论公式为：热功率（Q）=传热系数（HTC）×进出口温差（T）×传热面积（S），其中 Q 单位为 W，传热系数单位为 W/(m^2·K)，温差单位为 K，传热面积单位为 m^2。燃料棒功率约为 50kW，温差为 300K，传热面积约为 0.3m^2。由公式可知，传热系数约为 560W/(m^2·K)。假设颗粒流速约为 0.3m/s，芯长为 3m，则需要 10s 才能通过传热区。根据图 5.85，此时传热系数约为 750W/(m^2·K)，大于所需的 560W/(m^2·K)。此时的压力是大气压力，随着压力的增加，传热系数也会增加。因此，

理论上颗粒传热是满足设计要求的。

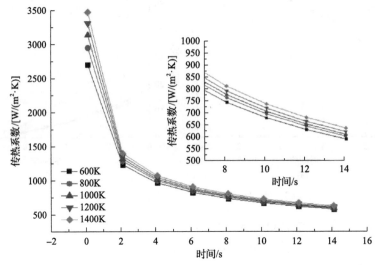

图 5.85 不同温度下 Al_2O_3 传热系数随时间的变化曲线(密堆率约为 0.6,压力为 0.1MPa)

10. 中子物理方案设计

通过上述的参数扫描计算,可以初步确定表 5.28 所示的候选参数设置。

表 5.28 候选参数设置

参数	数值
束流	H 或 D
靶材料	Be、SiC、ZrO_2
结构材料	SiC、ZrO_2
冷却剂材料	SiC、ZrO_2
堆芯高度	3m
燃料棒直径	2.3cm
燃料类型	UC 或 UN

从图 5.86 可以看出,初始 K_{eff} 为 0.95、0.965 和 0.98。从图 5.86 中可以看出,三者都具有增殖的能力,初始 K_{eff} 越低,其升高的速率越快,最终,K_{eff} 随时间的增加会趋于一致。束流强度的变化趋势与 K_{eff} 变化趋势是相反的。

从图 5.87 可以看出,初始 K_{eff} 为 0.965 和 0.98 条件下,^{239}Pu 和 ^{235}U 的质量随时间的变化。从图 5.87 可以看出,初始 ^{235}U 为 8t 左右,^{239}Pu 为零。随时间的增加,^{239}Pu 逐渐增加,^{235}U 逐渐减小,二者在 16 年左右达到相同,之后 ^{239}Pu 的质量会大于 ^{235}U 的质量。表 5.29 及表 5.30 为不同 K_{eff} 条件下 ^{239}Pu、^{235}U 和 ^{238}U 的质量变化在 0 年、10 年、20 年、30 年的具体数值。

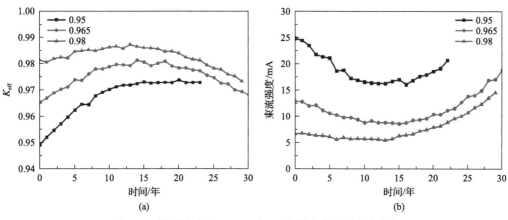

图 5.86　燃料棒直径 2.3cm 时 K_{eff} 曲线和束流强度的变化

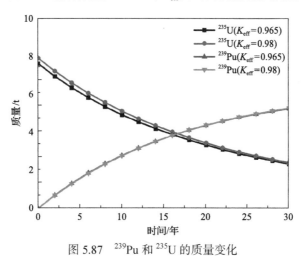

图 5.87　^{239}Pu 和 ^{235}U 的质量变化

表 5.29　初始 K_{eff}=0.98 时 ^{239}Pu 和 ^{235}U 的质量变化

时间/年	^{235}U		^{239}Pu		^{238}U	
	质量/t	改变/t	质量/t	改变/t	质量/t	改变/t
0	7.928	0	0	0	75.78	0
10	5.133	2.795	2.771	2.771	71.68	4.1
20	3.451	4.477	4.378	4.378	67.71	8.07
30	2.401	5.527	5.294	5.294	63.91	11.87

表 5.30　初始 K_{eff}=0.965 时 ^{239}Pu 和 ^{235}U 的质量变化

时间/年	^{235}U		^{239}Pu		^{238}U	
	质量/t	改变/t	质量/t	改变/t	质量/t	改变/t
0	7.650	0	0	0	76.06	0
10	4.937	2.713	2.790	2.790	71.88	4.18
20	3.341	4.309	4.370	4.370	67.84	8.22
30	2.339	5.311	5.267	5.267	64.05	12.01

快中子反应堆是中子没有经过充分慢化的反应堆，其中子能谱直接决定了燃料利用率和废料嬗变率。图 5.88 为不同 K_{eff} 时堆芯不同位置处的中子能谱分布图，其坐标轴为双对数坐标。分析可知，其冷却剂中子能谱的形状类似，峰值都在 0.1MeV 左右，接近堆芯位置的中子通量能比距离远的稍高，而热谱区稍低，二者均为快中子能谱，满足先进核能系统的产能、增殖和嬗变的基本要求。

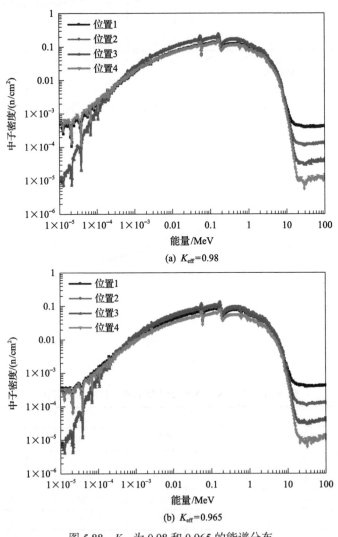

(a) K_{eff}=0.98

(b) K_{eff}=0.965

图 5.88　K_{eff} 为 0.98 和 0.965 的能谱分布

位置 1~4，距离堆芯中心依次增加

图 5.89 为不同 K_{eff} 条件下 X 方向的中子通量分布图。中子通量的最高值在堆芯中心，分布呈现对称分布。当初始 K_{eff} 为 0.98 时，中子通量分布更为平缓。对应所需的束流强度，峰值的中子通量为 $10^{14} \sim 10^{15}$n/s 的量级。

图 5.90 为 XY、XZ 方向的二维中子通量分布图。中子通量的最高值在堆芯，呈现对称分布。对应所需的束流强度，峰值的中子通量为 $10^{14} \sim 10^{15}$n/s 量级。

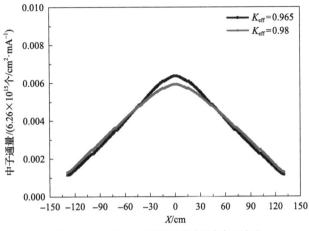

图 5.89　X 方向中子通量分布（直角坐标）

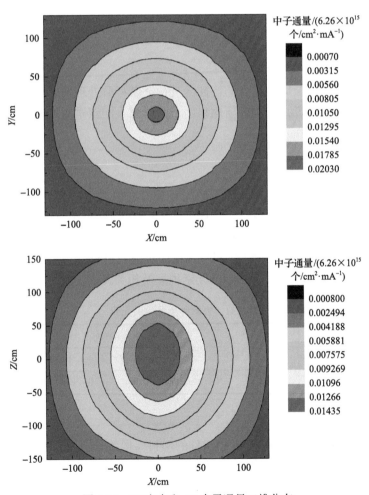

图 5.90　XY 方向和 XZ 中子通量二维分布

图 5.91 为 Z 方向总平均功率密度分布，分布是对称的。其中最中心位置为散裂靶的

位置，束流强度为 10mA 时，峰值功率约为 50W/cm³。

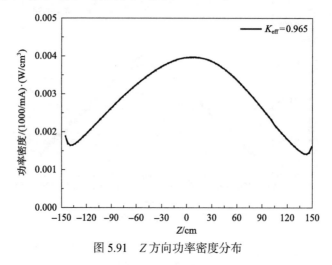

图 5.91　Z 方向功率密度分布

5.3.4　核燃料循环中子学研究

本节基于陶瓷堆可长周期运行的特征，进行乏燃料后处理的研究。在一代堆后进行乏燃料处理，去除中子毒物，制成新燃料。下面研究不同核素对堆芯中子物理和燃料循环的影响。

1. 计算方法

燃料循环算法采用 PYTHON 程序编写，计算流程包括：①对第一代的反应堆乏燃料衰变冷却 5 年，然后对核素质量进行统计；②核素的去除（采用改进的 AIROX 流程）[2]，包括气体、挥发性元素、镧系元素和金属元素等；③对筛选的缺口（筛选的核素总量）进行补充，制备再生燃料；④将再生燃料放入反应堆继续进行下一步燃耗计算；⑤燃耗结束后回到①继续进行。表 5.31 为去除的元素种类及相关元素。

表 5.31　去除种类及相关元素

去除种类	元素种类
气体和挥发性元素	H、C、Xe、Kr、I、Cs、Ru 等
镧系元素	La、Ce、Pr、Nd、Pm、Sm、Eu、Gd、Tb、Dy 等

2. 燃料循环计算

下面是堆芯结构的比较，图 5.92 中组件的燃料棒根数分别为 37 根、127 根、217 根，显示了反应堆堆芯的横截面示意图。堆芯燃料棒是大圆，冷却孔道为小圆。首先对不同结构进行优化计算，选取合适的堆芯结构。

从图 5.93 可以看出，当燃料棒数为 37 根时，核燃料循环震荡比较大。127 根和 217 根燃料棒的燃烧比较平稳，主要是功率分布更为平稳，需要进行功率分布计算。从束流强度的波动性也可以看出，燃料棒数为 37 根时波动性很大。长时间的燃耗后，127 根和 217 根的 K_{eff} 和束流趋于一致。

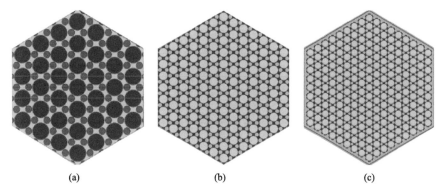

(a)　　　　　　　　　(b)　　　　　　　　　(c)

图 5.92　37 根燃料棒(a)、127 根燃料棒(b)和 217 根燃料棒(c)的组件示意图

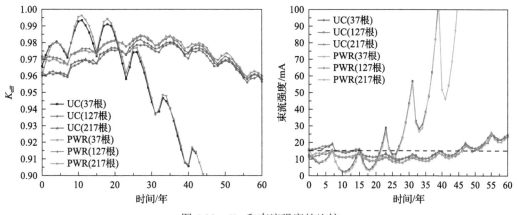

图 5.93　K_{eff} 和束流强度的比较

表 5.32 为核燃料循环的参数列表。散裂靶和冷却剂由气固两相流材料组成，具有固体和流体的双重特性，其优点包括增加了系统的热容和材料选择的多样性。加速器的束流类型为质子束，限制在 1.5GeV@15mA，冷却剂为气固两相流，系统压力为大气压或负压。燃料包层和结构材料也是陶瓷材料。入口和出口温度分别约为 300℃和＞600℃。在计算中，陶瓷快堆的整个过程都是由加速器驱动的。最初的核燃料是 UC，其 ^{235}U 富集度约为 10%。初始 K_{eff} 约为 0.97，恒定功率为 1.0GW。堆芯的高度和直径为 300cm。

表 5.32　核燃料循环的参数列表

参数	数值
堆芯功率	1.0GW
功率密度	40W/cm^3
燃料	UC
^{235}U 富集度	≈10%
散裂靶	He-Al$_2$O$_3$ 或 He-ZrO$_2$

续表

参数	数值
颗粒密堆率	≈50%
束流	质子束约 1.5GeV@15mA
冷却剂	He-Al$_2$O$_3$ 或 He-ZrO$_2$
换料周期	≈10 年
包壳和结构材料	SiC
高度/直径	300cm/300cm
气体和挥发性元素去除率	100%
镧系元素去除率	0%、50%、100%

　　陶瓷堆芯的初始 K_{eff} 设定为 0.97 左右，^{235}U 的富集度约为 10%。图 5.94 显示了 60 年来 Al$_2$O$_3$ 冷却剂和 ZrO$_2$ 冷却剂之间 7 次换料周期的分布，换料周期约为 8 年。

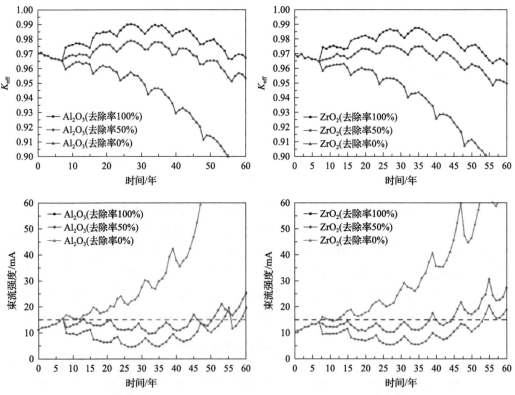

图 5.94　在不同去除率下 Al$_2$O$_3$ 冷却剂和 ZrO$_2$ 冷却剂 K_{eff} 和束流强度的比较

　　稀土元素的去除率越高，初始 K_{eff} 越大。这是由于中子吸收材料的减少。在 100% 和 50% 稀土去除过程中，K_{eff} 在 60 年内先增大后减小，在 30 年左右达到顶峰，60 年包括 7 次换料后处理。当稀土元素去除率低于 50% 时，K_{eff} 迅速下降，这种情况不适合长期运行。因此，去除率大于 50%是长期运行的指标。

　　稀土元素的去除率越高，初始束流强度越小。陶瓷芯的初始 K_{eff} 设定为 0.97 左右，Al_2O_3 和 ZrO_2 冷却剂的束流强度接近 10mA。在 100%和 50%稀土去除过程中，束流强度在 60 年内先减小后增大。在接近第 30 年时跌至谷底。与 ZrO_2 冷却剂相比，Al_2O_3 冷却剂更适合长期运行。对于 50%的稀土元素去除率，Al_2O_3 冷却剂中的堆芯可以在 15mA 以下运行近 50 年，而 ZrO_2 冷却剂中的堆芯可以运行不到 40 年。

　　图 5.95 显示了 Al_2O_3 冷却剂下核素的质量变化曲线。^{239}Pu 和 ^{235}U 的质量不断变化，^{235}U 的含量逐渐减少，^{239}Pu 的含量逐渐增加至稳定水平。每一代 ^{235}U 和 ^{239}Pu 的质量都是密切相关的。在 60 年的时间里，^{235}U 的含量从最初的约 4.7t 下降到几十千克。60 年来，^{239}Pu 从最初的 0t 增长到约 4.5t。

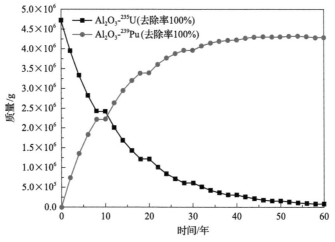

图 5.95　Al_2O_3 冷却剂下核素的质量变化曲线

　　表 5.33 显示了多次循环后移除的移除质量/燃料质量(%)，显示 Al_2O_3 冷却剂中 100% 去除的 7 个换料周期数据。在 7 次换料期间，气体和挥发性物质的去除率约为 2%。在 7 个换料周期内，镧系元素(Pr、Nd、Pm、Sm、Eu、Gd)的去除率约为 1%。图 5.95 和 表 5.33 显示，随着换料代数的增加，趋势变得稳定，可满足未来可持续稳定能源供应的 核能战略。

表 5.33　去除核素质量变化

去除率/%	循环次数	气体和挥发性核素	镧系元素(Pr、Nd、Pm、Sm、Eu、Gd)质量/%	总质量/%
100%去除质量	1	1.82	1.05	2.87
	2	1.98	1.03	3.01
	3	1.94	1.02	2.96
	4	1.97	1.01	2.98
	5	1.99	1.01	3
	6	2.00	1.00	3
	7	2.01	1.00	3.01

5.3.5 瞬态计算分析

1. 堆芯方案参数选型

基于 ADANES 新概念陶瓷堆在无保护状态下因反应性控制失效而造成的堆芯超功率工况，对堆芯进行瞬态分析。ADANES 反应堆是一种采用陶瓷颗粒流冷却的反应堆，在其初步设计中，共布置有 7 圈燃料组件，堆芯最中心位置为散裂靶预留位置。在 ADANES 堆芯的初步分析中，重点关注改变组件设计中燃料孔道、冷却剂孔道尺寸、燃料/冷却剂材料选型后堆芯中子学特性的变化规律。对于燃料，首先考虑加工技术较为成熟的 UO_2 燃料，同时，考虑到 UN 燃料高密度、高热导、高温稳定性等优点，也将对装载 UN 燃料的堆芯方案开展分析。针对冷却剂形式，则重点考察 ZrO_2 以及 Al_2O_3 形式的陶瓷颗粒流。针对堆芯其他材料，如燃料基体、轴向径向反射层，则采用 SiC 材料。因此，待开展分析的堆芯方案共分为四种，如表 5.34 所示。

表 5.34 待分析方案燃料及冷却剂组成

材料	方案 1	方案 2	方案 3	方案 4
燃料	UO_2	UO_2	UN	UN
冷却剂	Al_2O_3	ZrO_2	Al_2O_3	ZrO_2

另外，燃料组件中燃料棒孔道与冷却剂孔道的尺寸大小决定了燃料、冷却剂以及基体材料的体积比例，不同的体积比所表现出的中子学特性不一致。如表 5.35 所示，为了分析在堆芯整体尺寸不改变的情况下，组件几何参数变化对中子学特性的影响，共分析了 17 种情况。

表 5.35 待分析组件几何参数变化

算例	燃料棒直径/mm	冷却剂直径/mm	算例	燃料棒直径/mm	冷却剂直径/mm
算例 1	18	10	算例 10	22	12
算例 2	18	12	算例 11	22	14
算例 3	18	14	算例 12	22	16
算例 4	18	16	算例 13	24	10
算例 5	20	10	算例 14	24	12
算例 6	20	12	算例 15	24	14
算例 7	20	14	算例 16	26	10
算例 8	20	16	算例 17	26	12
算例 9	22	10			

基于以上组合，共需对 68 种组合开展分析，分别使用 SARAX[29,30]对以上 68 种组合进行建模：利用 TULIP 程序，根据高精度多群截面数据生成用于堆芯物理计算的 33 群少群截面参数，随后利用 LAVENDER 程序进行三维堆芯计算。

2. 稳态中子学分析

图 5.96 分别给出了四种方案下 17 个组件几何参数变化的堆芯有效增殖因子随时间

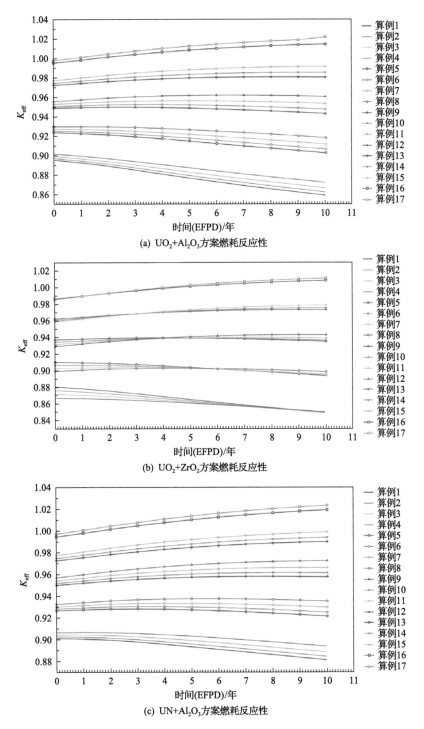

(a) UO$_2$+Al$_2$O$_3$方案燃耗反应性

(b) UO$_2$+ZrO$_2$方案燃耗反应性

(c) UN+Al$_2$O$_3$方案燃耗反应性

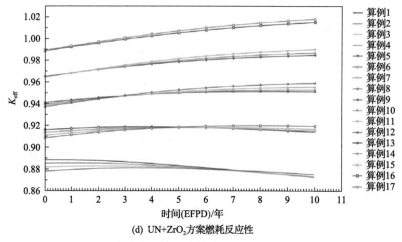

(d) UN+ZrO₂方案燃耗反应性

图 5.96   四种方案下堆芯有效增殖因子随时间的变化曲线

的变化曲线。通过比较分析，可以得到以下主要结论：首先，由于 UN 燃料的密度大，在相同体积下燃料的装载量高，因此可以提供较大的初始反应性。在方案 1 中，算例 7 的初始 K_{eff} 为 0.92754，而在相应的 UN 燃料方案（方案 3），初始 K_{eff} 为 0.93034。其次，堆芯表现出一定的增殖特性，部分算例在寿期末的有效增殖因子大于 1，可通过引入控制系统，在反应堆运行后期切换运行模式，使反应堆的临界不再依赖外中子源。再次，使用 Al_2O_3 冷却剂相比 ZrO_2 能够提供更高的堆芯有效增殖因子。因此，选择合适的燃料、冷却剂体积占比，可以实现堆芯剩余反应性在寿期内的平缓变化，这对堆芯的反应性控制方案设计以及中子束流设计都是有利的。

根据图 5.97 能谱计算结果可以发现，在冷却剂形式相同的情况下，UN 燃料堆芯的能谱比 UO_2 燃料堆芯的能谱硬，因此在燃耗反应性计算时，UN 燃料设计表现出更强的增殖特性。另外，对于同一种燃料形式，ZrO_2 冷却剂设计的能谱比 Al_2O_3 冷却剂设计的能谱更硬。能谱偏硬可以带来更好的增殖特性，但相反地会减弱堆芯的负反馈效应，因此在实际计算时需要对其进行综合考虑。图 5.98 给出了方案 1 中燃料棒与冷却剂通道直径分别为 24mm、10mm 情况下的堆芯径向功率、三维堆芯功率分布以及堆芯轴向功率分

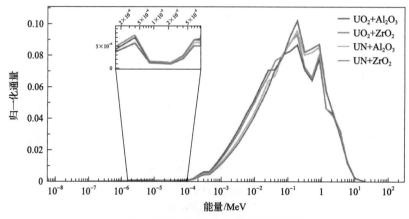

图 5.97   四种方案下堆芯能谱计算结果

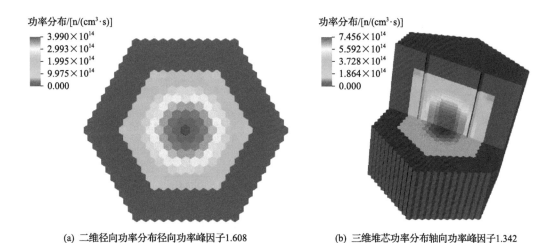

功率分布/[n/(cm³·s)]

- 3.990×10¹⁴
- 2.993×10¹⁴
- 1.995×10¹⁴
- 9.975×10¹⁴
- 0.000

功率分布/[n/(cm³·s)]

- 7.456×10¹⁴
- 5.592×10¹⁴
- 3.728×10¹⁴
- 1.864×10¹⁴
- 0.000

(a) 二维径向功率分布径向功率峰因子1.608　　(b) 三维堆芯功率分布轴向功率峰因子1.342

图 5.98　堆芯径向功率和轴向功率分布

布情况，可以看到，堆芯的径向功率峰因子为 1.608，轴向功率峰因子为 1.342。目前堆芯只设置有一种富集度的燃料组件，因此，功率峰集中在堆芯中部，后续可设计富集度分区的方案，对功率进行展平。

如图 5.99 所示，针对于每一种堆型、每一个算例，其多普勒反馈系数、轴向膨胀系数均为负值，而冷却剂密度系数为正值。由于冷却剂密度系数的正值绝对值较小，因此，每一个方案的等温温度系数均为负值。而在这四种效应中，多普勒反馈效应所提供的

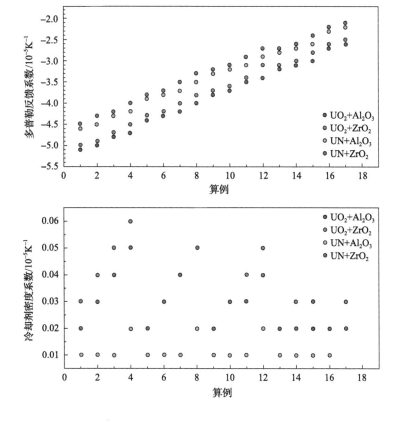

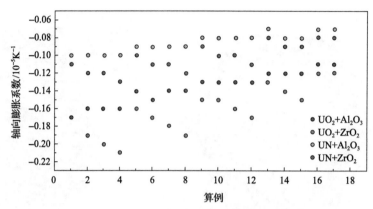

图 5.99 多普勒反馈系数、冷却剂密度系数、轴向膨胀系数计算结果

负反馈占据主导作用。考虑到堆芯加工建造技术的成熟性，本研究将重点针对使用 UO_2 燃料与 Al_2O_3 颗粒流冷却剂的堆芯方案开展系统性的瞬态计算分析，其燃料棒与冷却剂通道直径分别为 22mm、14mm。

3. 无保护超功率瞬态分析

无保护超功率瞬态是由于可能存在的误操作、机械故障等原因引起的反应性误引入事故。在这种事故下，由于反应性的引入，会使得堆芯功率有明显的上升。在 ADANES 堆芯设计正常运行过程中，正反应性的引入主要是由束流流强变化引起的。在本研究中，重点开展了以下四种情况下的无保护超功率事故的模拟：在 25%、50%、75%、100%功率 (P_r) 水平下，10s 内线性引入 0.5\$[①]反应性。

图 5.100 分别给出了引入线性正反应性后，堆芯功率和最大燃料温度的变化情况。从数值结果可以看到，引入正反应性，堆芯功率会相应上升。由于温度升高，燃料的多普勒效应以及堆芯的热膨胀效应会向堆芯内引入负反应性，使得堆芯功率逐渐降低，最终稳定在新的功率水平下。当堆芯处于不同的相对功率水平时，10s 线性引入+0.5\$反应性导致的功率升高幅度均在 350MW 左右。图 5.101 给出了阶跃引入+0.5\$反应性堆芯参

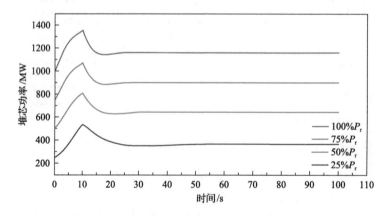

---

① \$为核反应堆中对反应性的一种度量单位，描述反应堆离临界状态的偏移程度。

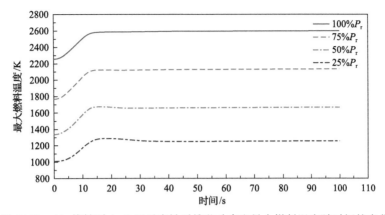

图 5.100　10s 线性引入+0.5$反应性后堆芯功率和最大燃料温度随时间的变化

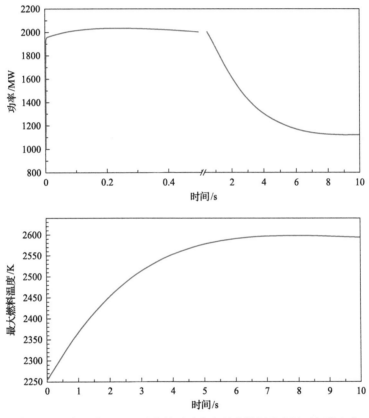

图 5.101　阶跃引入+0.5$反应性后功率和最大燃料温度随时间的变化

数的变化情况。在这种工况下，堆芯峰值功率会上升至额定功率的 2 倍，最大燃料温度上升至 2600K，但最终功率仍稳定在了+0.5$反应性所对应的功率水平下。

5.3.6　系统特性分析

本节对加速器驱动陶瓷堆的经济性、安全性、可持续性、防核扩散以及其他特点进行定性分析。

1. 经济性

陶瓷堆芯：①陶瓷堆芯具有耐高温（>1600℃）的特性，保证了堆芯的安全性，这样可简化安全系统的设计，提高性价比。②长周期（>30年）的堆芯燃烧，提高燃料的利用率。同时堆芯长期不更换核燃料，可以降低运行维护成本和核燃料成本。③冷却剂较高的出口温度（>600℃）可以提高发电效率（效率大于40%）。④重力驱动颗粒冷却剂，无须主泵驱动，具备非能动特性，降低成本。⑤一回路是常压或负压，简化安全系统，提高性价比。堆芯运行模式：①采用次临界的短时间（3～5年）点火模式，可让反应堆自持运行，1台加速器可以匹配5～8台反应堆，设计中可以采用双加速器模式，可以支持大于10台反应堆运行，分担加速器的成本，提高性价比。②根据功能和用途，可设计不同的运行模式，次临界（增殖和嬗变）、临界（产能），以及次临界与临界交替运行等。根据ADANES，陶瓷快堆结合核燃料再生系统形成封闭核能系统。它可以利用现有的水堆乏燃料（与现有工业系统的继承性好），降低核燃料成本，减少水堆乏燃料的处置成本。

2. 安全性

陶瓷堆芯具备耐高温特性和次临界的固有安全性等。陶瓷堆具有以下特点：①堆芯由陶瓷材料制成，具有耐高温、抗辐射、热惯性、非能驱动、化学稳定的特性。该堆芯具有优异的物理和热力学性能。核燃料、冷却剂、结构材料、反射层材料及吸收和控制材料能充分承受温度高达1600℃，因此反应堆具有良好的操作安全性和可靠性，可以消除堆芯熔毁和场外应急。②在临界工况下，反应堆设计为被动式余热排出系统（重力驱动），提高了运行的安全性，事故概率非常低。

加速器：①陶瓷快堆的运行早期为次临界运行模式，之后为临界运行模式，运行简洁高效。在初期运行时，其反应性由加速器控制，可确保在事故条件下，可快速调节，自动停机，具有非常高的固有安全水平。②直线加速器可模块化，可升级，易于维修。

采用超导射频技术：其结构表面电阻小，具有较大的束流孔径，对抑制高次模及束流损失也有好处；采用冗余、容错设计，可采用并联和串联的冗余备份形式。

一回路：①冷却剂一回路为颗粒流冷却剂，压力为常压或负压，使得系统的安全性有较大的提高；②由于一回路为气体常压，压力容器为"无压力"容器，增加安全性。

3. 可持续性

燃料利用率：①堆芯由陶瓷材料制成，具有良好的中子物理性能（快中子能谱），可以长周期（>30年）运行，在燃烧过程中增殖、嬗变和产能；②^{235}U不断被消耗，^{239}Pu不断增殖，到堆芯寿期末，可以将^{239}Pu提出，作为二代反应堆的起堆燃料，具备良好的可持续性，结合燃料再生系统可以将核燃料的利用率从目前的1%左右提高到90%以上；③堆芯可以利用现有的水堆乏燃料。

核废料：在高燃料利用率下，产生的核废料很少，同时放射毒性小，对环境的可持续发展是有利的，产生的核废料放射寿命由数十万年缩短到约几百年。

4. 防核扩散

燃料再生处理：①高温干法处理，排除阻碍燃烧和有毒的裂变中子产物，不涉及精细的核素分离（不提取 ^{235}U 和 ^{239}Pu），不富集核燃料；②相关的材料和技术被偷盗或转移，没有吸引力。

5. 功能丰富

陶瓷堆还具有同位素生产、制氢等功能。

同位素生产：陶瓷堆包括加速器和反应堆生产的同位素方法。超导直线加速器生产放射性同位素具有比活度高、半衰期短的特点，且多为发射 β+或单能 γ 射线的缺中子核素。反应堆具有高的快中子能谱，有良好的增殖性能，可较快生产军民两用的核素。

制氢：该系统具有很高的出口温度（>600℃），可以提供高温热、低温热或蒸气，实现高温电解水蒸气制取氢，大大降低电能的消耗，提高效率。这套低能耗、高性能制氢系统有望降低环境污染、提高安全性和降低制氢成本，为军民两用的氢和氢能源生产开辟新道路。

动力：采用高效热交换的新型两相冷却剂堆芯可以拥有较高的功率密度和安全性，拥有较高的热效率和良好的自然循环能力，可以作为舰船用核动力。

工艺热：反应堆的出口温度较高（>600℃），会产生大量的余热，可提供取暖、海水淡化、化工等用途。

6. 选址灵活

反应堆为无水环境，因此沿海和内陆都可建造。常规核电厂在发电过程中，需要大量的冷却水，这是其建在海边的一个重要原因。陶瓷颗粒冷却堆型+SCO$_2$ 发电，是无水冷却，内陆和沿海均可，扩大了选址范围。

7. 鲁棒性强

陶瓷冷却反应堆可发电、制氢、生产同位素等，其在内陆和沿海均可建造，燃料广泛。该系统可以很好地利用水堆遗留的乏燃料，天然铀、贫铀、钍等均可作为核燃料。同时可以发展加速器、散裂靶和反应堆技术，可将颗粒技术扩展到食品、化工、工程等领域。该系统集发电、嬗变和增殖于一体，大幅提高了铀资源利用率。通过对现有乏燃料的处理与传统技术有效衔接，进而实现核裂变能的升级换代。

5.4　CiADS 系统介绍

核裂变能是我国能源发展战略规划中的支柱能源之一。在我国核电快速建设的同时，核电站产生的乏燃料，特别是其中的长寿命高放废料的安全处理处置，已成为我国乃至国际核能界无法回避的重大问题，是影响核电可持续发展的瓶颈问题之一。

加速器驱动次临界系统(ADS)利用加速器提供的高能强流质子束轰击重原子核产生的高通量广谱散裂中子，驱动次临界反应堆运行，将长寿命高放射性核素嬗变成为短寿命放射性核素或者稳定核素，是国际公认的核废料嬗变技术途径的最佳选择。目前，国际上尚未有建成的 ADS 装置，正处于从关键技术攻关逐步转入系统集成研究的阶段。

加速器驱动嬗变研究装置(CiADS)是国家"十二五"期间优先安排建设的重大科技基础设施。

CiADS 项目的实施将强力推进我国高能强流超导直线加速器技术的创新发展与应用；创新设计的颗粒流散裂靶与高能强流超导直线加速器结合，将催生新一代高功率中子源，有力促进中子科学、材料科学等基础科学研究和中子应用技术开发；铅铋冷却次临界反应堆的建设，将为研发新型第四代反应堆奠定重要的基础。

CiADS 项目的实施还将造就我国加速器驱动嬗变科学研究中心，并使之成为世界上加速器驱动嬗变核废料技术研发基地，形成强大的国内外合作吸引力，推进探索解决影响核裂变能可持续发展的技术瓶颈，为我国相关科技发展与国际和平利用核能做出重要的贡献。

CiADS 项目的科学目标是，开展加速器驱动系统中超导直线加速器、高功率散裂靶、次临界反应堆芯/包层各单项系统稳定、可靠、长期运行的科学研究，逐渐实现加速器驱动系统从低功率到高功率的耦合运行，开展次锕系元素嬗变原理性实验探索，开发具有自主知识产权的加速器驱动嬗变系统设计、控制软件系统，为未来建设加速器驱动嬗变工业示范装置奠定基础。

CiADS 项目的工程目标是，建设全球首个实现高功率耦合运行的兆瓦级加速器驱动嬗变研究装置。全超导加速器驱动系统热功率 10MW，包含束流功率约 2.5MW，次临界反应堆芯/包层热功率约 7.5MW，可以实现单次大于 24h 满功率耦合运行。

CiADS 装置构成如图 5.102 所示，采用"超导直线加速器+高功率散裂靶+次临界反应堆"组合的技术路线，设计遵循高安全性、高可靠性和工程可达性，技术具备扩展到工业级的潜力。

(1)超导直线加速器。由质子源、低能段传输线、射频四极加速器系统(RFQ)、中能段传输线、超导加速段、高能传输线和束流收集终端构成。直线加速段总长度约 350m，设计输出功率 2.5MW，输出束流能量大于 250MeV。

(2)高功率散裂靶。采用紧凑型液态铅铋有窗靶与反应堆耦合，设计可承受束流功率 2.5MW，由靶体、器靶耦合系统以及更换靶窗的遥操维护系统组成。在实验终端开展颗粒流靶方案的技术验证，作为未来工业级 ADS 装置散裂靶的技术储备。

(3)次临界反应堆。采用液态铅铋作为冷却剂，堆顶盖留有散裂靶通道，主容器采用池式结构设计，能够在结构上同时实现与散裂靶的耦合和实体隔离，采用非能动余热导出热交换系统，能够保证事故工况下次临界系统的安全。

(4)装置终端。按照功率和安全等级分为多个区域。次临界反应堆作为一号终端，进行 ADS 高功率器靶堆耦合研究；二号终端为先进高功率靶技术研究终端，进行颗粒流靶研究和散裂靶热试；三号终端为高功率束流收集终端，并预留核功能材料辐照位置；

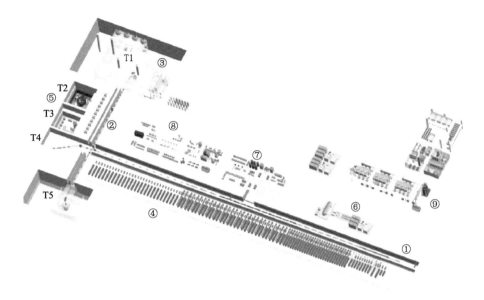

图 5.102　CiADS 装置构成示意图

①超导直线加速器；②器靶耦合段；③反应堆与散裂靶装置区；④加速器设备大厅；⑤束流收集终端及散裂靶热态实验区；
⑥低温中心设备大厅；⑦加速器装配调试及工艺实验大厅；⑧超导综合测调与加速器维修大厅；
⑨冷冻水设备大厅；T1～T5 分别为一号终端至五号终端

四号终端为加速器低功率束流阻挡器，同时预留为 ADS 中子与核数据库研究终端。同时，考虑到未来 ADS 燃料相关关键技术前期研究需求和核物理稀有放射性同位素基础研究需求，设计预留接口，可以放置一个基于加速器和实验堆的稀有放射性同位素多用途的五号终端，同时可以进行 ADS 燃料研发关键技术的前期验证。

CiADS 和 HIAF 装置区航拍照片及渲染图分别如图 5.103 和图 5.104 所示。CiADS 和 HIAF 总部区渲染图如图 5.105 所示。

2021 年 7 月 30 日，国家重大科技基础设施"加速器驱动嬗变研究装置"开工建设启动会在广东省惠州市 CiADS 装置区现场顺利召开。CiADS 主要由超导直线加速器、高功率散裂靶、次临界反应堆（主要由中国核工业集团有限公司负责投入建设）三大系统及其辅助配套设施构成，项目建设周期 6 年，配套工程由广东省和惠州市支持建设，其

图 5.103　CiADS 和 HIAF 装置区航拍照片（2022 年 8 月 8 日）

图 5.104　CiADS 和 HIAF 装置区渲染图

图 5.105　CiADS 和 HIAF 总部区渲染图

中场平、道路等工程已完工，基本具备施工条件。CiADS 建成后将是世界上首个兆瓦级加速器驱动次临界系统原理验证装置，使我国率先全面掌握加速器驱动次临界系统涉及的关键技术及系统集成和运行的经验，显著提升我国在先进核能技术研发领域的研究水平和自主创新能力，探索安全妥善处理、处置核废料的技术路线和工艺，为我国率先掌握加速器驱动次临界系统集成和核废料嬗变技术提供条件支撑，同时为我国在未来设计建设加速器驱动嬗变工业示范装置奠定基础。

<h2 style="text-align:center">参 考 文 献</h2>

[1] 冯开明. 可控核聚变与国际热核实验堆(ITER)计划. 中国核电, 2009, 2(3): 8.

[2] Lisowski P W, Bowman C D, Russell G J, et al. The Los Alamos National: The Los Alamos neutron science center spallation neutron sources. Physics Procedia, 2017, 90: 374-380.

[3] 赵志祥, 夏海鸿. 加速器驱动次临界系统(ADS)与核能可持续发展. 中国工程科学, 2008, (3): 66-72.

[4] Class A G, Angeli D, Batta A, et al. XT-ADS Windowless spallation target thermohydraulic design & experimental setup. Journal of Nuclear Materials, 2011, 415(3): 378-384.

[5] Bauer G S, Salvatores M, Heusener G, et al. MEGAPIE, a 1 MW pilot experiment for a liquid metal spallation target. Journal of Nuclear Materials, 2001, 296(1): 17-33.

[6] Riemer B, Wohlmuther M, Takada H. et al. Spallation target developments//Thorium Energy for the World. Berlin: Springer International Publishing, 2016: 273-277.

[7] Gabriel T A, Haines J R, Mcmanamy T J, et al. Overview of the spallation neutron source(SNS) with emphasis on target systems. Journal of Nuclear Materials, 2003, 318: 1-13.

[8] Mcmanamy T J, Rennich M J, Gallmeier F X, et al. 3MW solid rotating target design. Journal of Nuclear Materials, 2010, 398(1-3): 35-42.

[9] Jia X J, Bauer G S, He W, et al. Mock-up stands for a rotating target for CSNS project. Journal of Nuclear Materials, 2010,

398 (1-3): 28-34.

[10] Wagner W, Groschel F, Thomsen K, et al. MEGAPIE at SINQ-The first liquid metal target driven by a megawatt class proton beam. Journal of Nuclear Materials, 2008, 377 (1): 12-16.

[11] Masatoshi A, Ryoichi K, Mitsutaka N, et al. Recent developmets of instruments in a spallation neutron source at J-PARC and those prospects in the future. Journal of the Physical Society of Japan, 2013, 82: SA024.

[12] Abderrahim H A, Kupschus P, Malambu E, et al. MYRRHA: A multipurpose accelerator driven system for research & development. Nuclear Instruments & Methods in Physics Research Section A-accelerators Spectrometers Detectors and Associated Equipment, 2001, 463 (3): 487-494.

[13] Abderrahim H A, Baeten P, De Bruyn D, et al. MYRRHA, a multipurpose hybrid research reactor for high-end applications. Nuclear Physics News, 2010, 20 (1): 24-28.

[14] Lei Y, Zhan W L. New concept for ADS spallation target: Gravity-driven dense granular flow target. Science China Technological Sciences, 2015, 58 (10): 1705-1711.

[15] 谢仲生, 吴宏春, 张少泓. 核反应堆物理分析. 西安: 西安交通大学出版社, 2004.

[16] Yan X S, Yang L, Zhang X C, et al. Concept of an accelerator-driven advanced nuclear energy system. Energies, 2017, 10: 944.

[17] Yang L, Zhan W L. A closed nuclear energy system by accelerator-driven ceramic reactor and extend AIROX reprocessing. Science China Technological Science, 2017, 60 (11): 1702-1706.

[18] Majumdar D, Jahshan S N, Allison C M, et al. Recycling of nuclear spent fuel with AIROX Processing. Washington D C: DOE, 1992.

[19] Taylor P, Mceachern R J. Process to remove rare earths from spent nuclear fuel. Ottawa: Atomic Energy of Canada Limited, 1997.

[20] Yan X S, Zhang X C, Zhan W L, et al. Conceptual study of an accelerator-driven ceramic fast reactor with long-term operation. International Journal of Energy Research, 2018, 42 (4): 1693-1701.

[21] Cai H J, Fu F, Li J Y, et al. Code development and target station design study for Chinese Accelerator-Driven System Project. Nuclear Science and Engineering, 2016, 183 (1): 107-115.

[22] Yan X S, Qi J, Yang L, et al. Monte Carlo burn-up code system MCADS and its application//22nd International Conference on Nuclear Engineering, Prague, 2014.

[23] Croff A G. A User's manual for the ORIGEN2 computer code. Oak Ridge: Oak Ridge National Laboratory, 1980.

[24] Moore R L, Schnitzler B G, Wemple C A, et al. MOCUP: MCNP-ORIGEN2 coupled utility program. Idaho: Idaho National Engineering Laboratory, 1995.

[25] Holly R T. Development of Monteburns: A code that links MCNP and ORIGEN2 in an automated fashion for burn-up calculations. Los Alamos: Los Alamos National Laboratory, 1998.

[26] Wim H, Bernard V. ALEPH1. 1. 2 A Monte Carlo burn-up code. Brussels: Belgian Nuclear Research Centre, 2006.

[27] 张勋超, 齐记, 张雅玲, 等. MCADS 程序的开发和 ADS 基准题计算. 原子核物理评论, 2014, 31: 555-560.

[28] 谢仲生, 邓力. 中子输运理论数值计算方法. 西安: 西北工业大学出版社, 2005.

[29] Zheng Y Q, Du X N, Xu Z T, et al. SARAX: A new code for fast reactor analysis, part Ⅰ: Methods. Nuclear Engineering and Design, 2018, 340: 421-430.

[30] Zheng Y Q, Qiao L, Zhai Z A, et al. SARAX: A new code for fast reactor analysis, part Ⅱ: Verification, validation and uncertainty quantification. Nuclear Engineering and Design, 2018, 331: 41-53.

第6章

ADANES 乏燃料再生利用

6.1 整体介绍

针对核能面临的挑战及第四代核能系统国际论坛(GIF)提出的可持续性、安全性、经济性和防核扩散的未来核裂变能发展目标，中国科学院研究人员创造性地提出了"加速器驱动的先进核能系统(accelerator driven advanced nuclear energy system, ADANES)"的全新概念，它可有效解决传统 ADS 在处理核废料时存在的技术难度大、缺少经济性和不可避免的大量次级放射性沾污问题。

ADANES 包括燃烧器和乏燃料再生循环利用两部分。ADANES 乏燃料再生循环利用经过高温蒸发(挥发)处理和稀土分离处理流程，去除部分裂变碎片后，制备成再生核燃料。然后，再生核燃料在高可控反应性的燃烧器中燃烧，将长寿命高放射性核素嬗变为短寿命核素或稳定核素，将 ^{238}U 增殖为 ^{239}Pu，并维持长期自持运行。燃烧结束后，燃烧器卸出的乏燃料则再次进入乏燃料再生循环利用系统，这就构成理想的核燃料闭式循环。

此外，乏燃料中包含有很多对国民经济和国防建设具有重要价值的裂变碎片核素和超铀核素，包括医用同位素、核电池同位素以及其他稀贵金属等，通过对乏燃料的精细化学分离处理可获得以上高附加值的核素，提高系统的经济性。

6.1.1 整体流程介绍

乏燃料再生一般都是从乏燃料组件开始考虑。从反应堆组件考虑的乏燃料再生循环系统基本包括乏燃料预处理、乏燃料后处理以及新燃料制备三大部分。乏燃料预处理包括燃料组件拆解、燃料棒切割等处理；乏燃料后处理包括后处理前端，即包壳去除、裂变产物分离等；新燃料制备包括处理后燃料转化、燃料芯块制备等。

加速器驱动的乏燃料再生基于加速器驱动先进核能系统的特点，其乏燃料后处理技术与传统后处理方案完全不同，只需要除去裂变产物中一部分挥发性裂变产物和中子毒物稀土元素，长寿命的次锕系元素 Np、Am、Cm 不用进行传统的精细分离，直接可以与二氧化铀一起转化为新的核燃料元件在加速器驱动的燃烧器中燃烧。基于此，中国科学院近代物理研究所加速器驱动乏燃料再生方案，包括高温蒸发处理、无水物理处理以及精细化学分离处理方案(图 6.1)。其中高温蒸发处理包括乏燃料棒的高温氧化粉化去包壳以及高温挥发法排除低沸点裂变产物，无水物理处理使稀土中子毒物元素分离排除，精细化学处理则使中子稀土毒物以及高附加值核素分离提取。

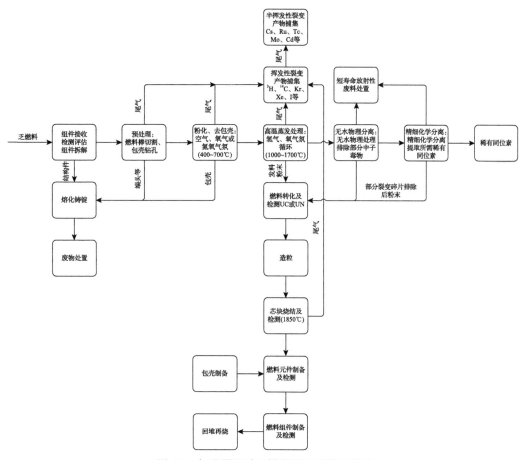

图 6.1　加速器驱动乏燃料再生系统示意图

　　乏燃料的高温氧化粉化去包壳技术是通过将带包壳的 UO_2 芯块在氧化环境中煅烧，使 UO_2 转变为 U_3O_8，在转换过程中 UO_2 体积发生膨胀，实现芯块的粉化和与包壳管的分离，同时还能够将其中一些挥发性裂变产物(^3H、Xe、Kr、I)和半挥发性裂变产物(Mo、Tc)等排出。而高温蒸发处理旨在在更高温度下实现更高沸点的半挥发性裂变产物的排除(如 Cs、Ru、Tc、Mo 等)。物理处理旨在通过物理的方法而不采用酸碱溶剂进行稀土中子毒物的分离，通常乏燃料中稀土元素基本以固溶体的形式存在因而很难分离。近期研究人员发现，模拟乏燃料在高温(1100~1600℃)二次结晶时，稀土元素会从铀氧化物基底中以富稀土萤石相的结构析出，这为乏燃料稀土元素的物理分离技术提供了新的思路。精细化学处理是通过新的化学分离技术(高效制备色谱分离技术、离子液体选择性分离技术)进行乏燃料中稀土元素的分离或其他高附加值核素的提取。

6.1.2 特点与优势

1. 当前"一次通过"和"分离嬗变策略"

目前,世界范围内核裂变能的主要反应堆型是水冷却热中子堆和气体冷却热中子堆,其核燃料循环存在两种方式。燃料循环的策略如图 6.2 所示,其中横坐标为处置后系统乏燃料的放射性毒性去除率,纵轴为铀资源的燃烧利用率。

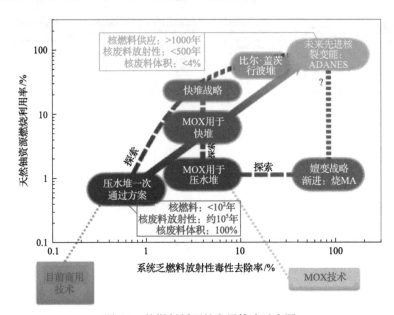

图 6.2 核燃料循环的发展策略示意图

在以美国为代表采取的"一次通过"的方案中,反应堆中产生的乏燃料卸出并经暂存冷却后直接进行地质深埋处置,流程相对简单,耗资较少,但核污染风险依然存在,问题并没有得到彻底解决。另外,水冷热堆对铀资源(包括 ^{235}U 和 ^{238}U)的使用率较低(<1%)。因此,开环的"一次通过"核燃料循环方案难以维持核裂变能的持续和安全发展。

以法国为代表的采取的"U、Pu 复用"方案,利用复杂的后处理将可利用的铀、钚从乏燃料中提取出来后,制成 MOX 燃料元件在水冷热堆中进一步使用,而对分离出的长寿命高放射性核废料进行地质深埋处置(见图 6.2 中"MOX"用于压水堆处)。该燃料循环过程中的铀资源利用率可提高到 3%,核废料的体积有所减少且毒性也相对减弱,但核废料的放射性寿命依然在万年量级,且其成本要高于"一次通过"方案。

如果将"U、Pu 复用"方案中分离出的高放废物中的次锕系元素(minor actinide,MA,指乏燃料中除铀和钚之外的锕系元素,包括镎、镅、锔、锫、锎、锿和镄)和长寿命裂变产物(long lived fission product,LLFP)进一步分离出来,利用快中子堆来焚烧(嬗变),仅对剩下的中低放废物(MA<0.1%)进行地质深埋处置,则是所谓的分离-嬗变策

略（Partitioning & Transmutation Strategy，P-T策略）。P-T方案存在以下问题：

(1)需要高纯度地分离出Pu、U、MA等，使核扩散风险增大。

(2)由高纯Pu、U、MA制成的燃料元件会增加快中子堆芯运行的不稳定性。

(3)若要使地质深埋的废物中的MA含量低于0.1%，处理费用极高。

(4)多代嬗变后放射性毒性增加，处理更趋复杂，因此今年关于增殖快堆的研究基本处停滞状态。

因此，P-T方案因其性价比和技术难度，发展也面临着巨大的挑战。其他的燃料循环方式也在探索中，包括MOX元件用于快堆、纯快堆战略。未来的先进核裂变能瞄准铀资源利用率接近100%且满足核废料的最少化，应该说以上方案与该目标还有不小的差距。

2. 乏燃料再生利用策略及与P-T策略的比较

模拟乏燃料再生利用把经过简易排除裂变产物处理的乏燃料(除去约50%的裂变碎片)再制成新的核燃料进行燃烧(而非将需要嬗变的核素逐一分离后再制成燃料)，同时进行核废料嬗变、核燃料增殖和核能安全生产，不仅可以安全、高效利用核资源，还大幅降低放射性核废料(核废料量小于4%乏燃料，放射性寿命短于500年)的机器处置难度，可实现理想的核燃料闭式循环。这一系统的目标是在满足核废料"最少化"的前提下使铀资源的利用率接近100%。P-T方案与乏燃料再生利用方案的简单比较见表6.1。P-T方案与乏燃料再生利用方案的主要后处理流程如图6.3所示。

表 6.1　P-T方案与乏燃料再生利用方案的简单比较

参数	P-T	乏燃料再生利用
分离/排除流程原理验证	钚铀还原萃取、热释化学等	氧化还原流程+稀土提纯
控制废物中MA<0.1%乏燃料的能力	分离提出物高纯、高放；条件要求高，难以实现	分离排放物一般纯度、低放；条件简单，便于实现
闭式燃料循环	多代循环反应产物复杂，毒性很强，难以多次循环	只排裂变产物，其余继续燃烧，可反复循环
嬗变燃料制作	MA燃料高放，制作困难	UNF燃料相对低放，较易制作
嬗变燃料燃烧稳定性	稳定性弱	稳定性强
核扩散风险	提纯裂变材料，风险高	裂变材料不富集，风险低
裂变燃料需求	每代都需要，需求量较大	第一代需要少量LEU，二代及以后，增殖的钚可用
总体技术可行性	复杂、有弱项	相对简易、可行
系统性价比	低	高

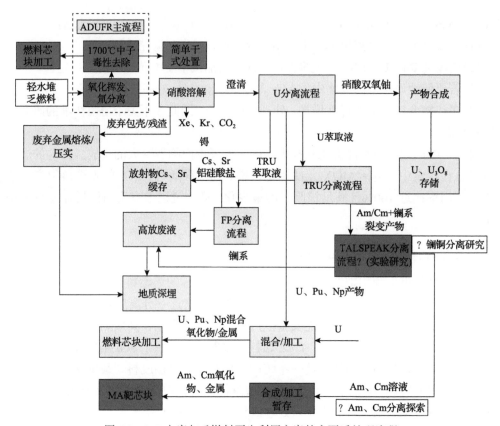

图 6.3　P-T 方案与乏燃料再生利用方案的主要后处理流程

6.2　乏燃料后处理

6.2.1　高温蒸发处理

高温氧化挥发处理技术是乏燃料元件在空气、氧气或氮氧化物等氧化气氛下，通过高温煅烧将 UO_2 芯块氧化转变为 U_3O_8 或 UO_3 细微粉末，破坏 UO_2 的晶格，利用 UO_2 芯块氧化后体积会有 36% 的增加而形成体积膨胀力的特性破坏包壳，使其与芯块分离。同时实现 ^3H、$^{85}Kr/Se$、^{14}C、^{129}I、Cs、Ru 和 Tc 等裂变元素以气体形式去除，释放的气体再通过气体捕集系统进行集中收集处理，氧化后的燃料粉末再进入溶解和后续的主分离工序。

1. 高温氧化挥发技术的基本原理及其特点

乏燃料后处理是实现核燃料闭合循环的关键步骤，它能充分利用铀资源、安全妥善管理放射性废物，对保证核能可持续发展具有重要意义。

现阶段大规模应用的压水堆核燃料，其结构为封装于耐腐蚀包壳材料(锆)中的 UO_2 陶瓷芯块。在通过乏燃料水法后处理回收其中铀钚的过程中，需打开包壳将其溶解在硝酸溶液中后再进入化学分离主工序。打开包壳，将燃料氧化物陶瓷芯块与硝酸接触，并使其溶解于硝酸的过程被称为水法后处理的首端，现阶段工业化的后处理首端通过采用剪切机和溶解器构成的首端系统来实现。

目前，在大型后处理厂中，为提高燃料芯块的溶解速度和效率，通常需将乏燃料剪切成 2~3cm 的短段，这对剪切机刀头材料耐磨性能和机械部件的可靠性均提出了极高的要求。剪切产生的乏燃料短段进入溶解器，采用沸腾(或近沸腾)的浓硝酸将其溶解。溶解过程中的强放射性、沸腾的高浓度硝酸、乏燃料中的高氧化性元素离子对溶解设备的腐蚀，以及对临界安全和高可靠性等造成的风险均给溶解器的材质和结构带来了极大挑战。因此，高可靠性大规模剪切机和溶解器是后处理工程化过程的关键设备，是制约我国后处理厂建设的瓶颈技术。

高温氧化挥发处理技术有望引入到首端过程，从而给传统的后处理工艺带来巨大的改进。它是在传统乏燃料后处理的乏燃料元件剪切和溶解之间，通过高温氧化挥发技术将乏燃料元件中的 UO_2 陶瓷芯块氧化为易被硝酸溶解的 U_3O_8 或 UO_3 粉末，实现包壳与燃料芯块的分离，同时易挥发性和半挥发性裂变元素以气体的形式被全部或部分去除。该项工艺技术是于 20 世纪 60~70 年代发展起来的，研究最初仅希望用于干法后处理中燃料芯块与包壳的分离，此后则更多地考虑将其引入水法后处理，构建先进的水法后处理首端工艺。

在后处理乏燃料剪切与溶解过程之间引入高温氧化挥发技术，与传统水法后处理相比，具有剪切效率高、溶解难度低、便于挥发性放射性裂变元素的集中管理等优点。

高温氧化挥发处理技术是依托先进水法或干法乏燃料后处理技术的研究和应用而发展起来的。当时美国爱达荷国家实验室(INL)开展了一项名为 Declad and Oxidize(DEOX)的研究计划，该计划的初期研究主要集中在通过乏燃料后处理首端高温氧化工艺去除元件的包壳，包括高温氧化过程对燃料包壳的分离和颗粒大小的影响等。后续才开展氧化挥发过程中裂变产物的去除和捕集技术研究，并最终使其发展为适用于先进后处理工艺流程的工序，如图 6.4 所示。

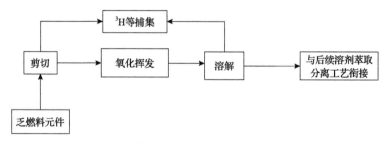

图 6.4　乏燃料后处理首端氧化挥发工艺流程

高温氧化挥发过程主要由三部分组成：高温氧化挥发煅烧系统、挥发元素的捕集系统及加料和粉末收集系统，其中高温氧化挥发煅烧系统(尤其是氧化挥发器)是整个系统的核心部分。该过程主要实现三个目的：①通过高温氧化过程，实现乏燃料元件锆包壳与芯块分离；②在高温氧化气氛中将 UO_2 氧化转变为 U_3O_8 或 UO_3 细微粉末，实现裂变元素的释放去除；③捕集释放的裂变气体。

乏燃料 UO_2 芯块在氧化转化为 U_3O_8 过程，本身体积发生碰撞，一方面使包壳管破裂，另一方面使芯块膨胀破裂粉化实现包壳和燃料芯体的有效分离。因此 UO_2 氧化反应过程是关键。

2. 乏燃料高温氧化首端处理工艺

国际上已知的乏燃料高温氧化首端处理工艺，均以与传统干湿法核燃料循环衔接为出发点，其中既有单一高温氧化挥发工艺的研究，也有多次氧化还原循环工艺的探索。单一的高温氧化挥发技术仅采用单次恒温或梯度变温的氧化模式。例如，美国爱达荷国家实验室和橡树岭国家实验室已开展了单一的高温氧化挥发技术研究，结果显示真实乏燃料元件在 500～600℃下煅烧 2～4h 后，可完全实现芯块的粉化，但是 Tc、Ru 和 Cs 等半挥发性裂变元素的去除率较低，主要挥发的仅有 ^3H、^{14}C 和 ^{129}I 等低沸点组分。俄罗斯 Khlopin 镭研究所则在氮气和氧气混合氛围中进行了两段氧化法，先选择 900～1100℃的高温最大限度地破坏燃料芯块包壳，然后再于 400～600℃氛围下长时间转化芯块尽管锆包壳破碎显著，但是由于最初的高温会使芯块表层刚转化的 U_3O_8 有所团聚，因而影响到后期芯块中间部分 UO_2 的转化和裂变产物的去除，导致仅有 11%的 ^{14}C、6%的 ^{129}I 和少量的 ^{137}Cs 得以挥发。

多次氧化还原循环工艺技术的研究，一般首推 AIROX 和 OREOX 流程。AIROX (Atomics International Reduction Oxidation)流程的研究始于 20 世纪 50～60 年代，是美国原子能委员会(Atomic Energy Commission, AEC)反应堆发展项目中用于干法后处理乏燃料芯块与包壳分离的部分，以轻水堆乏燃料的再次回堆复用为主要研究目标。在 AIROX 流程中，先用氧使 UO_2 燃料转化为 U_3O_8，然后用氢气再将 U_3O_8 转化为 UO_2。氧化时，由于相的转变，可使体积增加约 30%，从而将核燃料粉末化。重复进行氧化-还原反应三次，不但可以使燃料与外壳分离，除去气体和挥发性裂变产物，而且能制得烧结性质极好的物料。这样回收的物料可直接用于制造燃料元件，返回反应堆使用。20 世纪 60 年代，美国橡树岭国家实验室开始对氧化挥发法进行研究，他们先使剪断的燃料棒在氮气流中加热，然后在 450℃、650℃和 750℃温度下于纯氧气氛中氧化 4～8h。在绝大多数实验中，燃料的质量约增加 3.7%，表明所有的 UO_2 已全部转化为 U_3O_8。

OREOX (Oxidation and Reduction of Oxide Fuel)流程则是自 1991 年韩国原子能研究所(KAERI)加入美国与加拿大的干法后处理首端工艺研究后，对 AIROX 流程进行了一定的改进，氧化温度较前者有明显的提高(最高达 1200℃)。其目的在于利用压水堆或沸水堆产生的乏燃料，经过 DUPIC (direct use of spent PWR fuel in CANDU reactors)循环，制成再生芯块，直接用于 CANDU (Canadian deuterium uranium reactor)堆中再次燃烧，以充分提高现有燃料的燃耗。

中国科学院近代物理研究所针对国内在乏燃料首端工艺研究方面刚起步的现状，通过制备 UO_2 模拟芯块，在考察氧化与还原两种气氛下，温度、气氛和保温时间等对粉化与转化效果的基础上，开展了氧化-还原循环对 UO_2 模拟芯块和真实天然铀芯块的粉化研究[1]。为更接近真实乏燃料的组成，根据我国压水堆(PWR)中 ^{235}U 初始丰度为 3.2%、燃耗为 33000MW·d/t U、冷却时间为 10 年的乏燃料元素组成（ORIGEN 计算结果），选择并准确称量了其中 19 种典型的裂变产物单质或化合物，混合加入至 UO_2 基质中，制备出 UO_2 模拟芯块。各种添加裂变元素的形态及质量列于表 6.2。在模拟乏燃料粉末制备过程中，在亚微米尺度上均匀地混合，以复制乏燃料的复杂相位微观结构。其具体制备流程如下：首先采用高效球磨机对干粉混合 2h，然后转至玛瑙研钵，加入无水乙醇将粉料制成浆，研磨 1h 后，在氮气保护下干燥，得到模拟乏燃料粉末备用。将乏燃料粉末加入圆柱形模具中，在 750MPa 压强（10MPa 表压）下进行压制并保压 2min。将退模后的 UO_2 芯块生坯置于刚玉舟中，在 4%（体积分数）H_2-Ar 气氛下于高温管式炉中煅烧。升温过程的速率均为 5℃/min，达到 1700℃后保温 6h，确保 UO_2 重新结晶并形成较大的晶体。最后在氮气保护下自然降至室温，所得 $\Phi 10mm \times 2mm$ 的 UO_2 模拟芯块表面基本完整，具有显著的金属光泽。通过致密度测量仪测定该 UO_2 模拟芯块密度为 10.25g/cm³，是理论密度的 93.5%。

表 6.2　模拟乏燃料芯块中各种裂变元素含量

元素	质量比（以乏燃料计）/(g/t)	添加物的化学形态	添加物质量（以 10g 模拟乏燃料计）/mg
Nd	4.02×10^3	Nd_2O_3	46.8
Zr	3.62×10^3	ZrO_2	49.0
Mo	3.34×10^3	Mo	33.4
Cs	2.37×10^3	CsI	46.3
Ce	2.36×10^3	CeO_2	28.9
Ru	2.17×10^3	Ru	21.7
Ba	1.73×10^3	$Ba(OH)_2 \cdot 8H_2O$	39.8
Pd	1.37×10^3	PdO	15.7
La	1.22×10^3	La_2O_3	14.3
Pr	1.11×10^3	Pr_2O_3	13.0
Sm	8.60×10^2	Sm_2O_3	9.97
Sr	7.69×10^2	SrO	9.13
Te	4.83×10^2	Te	4.83
Rh	4.64×10^2	Rh	4.64
Y	4.56×10^2	Y_2O_3	5.79
Rb	3.52×10^2	RbOH	4.22
Eu	1.30×10^2	Eu_2O_3	1.50
Gd	1.20×10^2	Gd_2O_3	1.39
Se	5.63×10^1	SeO_2	0.79

通过实验室制备的 UO_2 模拟芯块，中国科学院近代物理研究所研究了氧化与还原气氛下，温度、气体组成和保温时间对粉化与转化过程的影响。结果显示，氧化条件为在空气条件下以 450℃烧结 4h、还原条件为在 4%（体积分数）H_2-Ar 气氛条件下以 700℃烧结 4h 的三次氧化—还原循环流程，对 UO_2 模拟芯块和真实天然铀芯块均有良好的粉化效果。针对制成的包含有多种裂变元素的模拟乏燃料，在经过三次氧化-还原循环流程处理的基础上，进一步结合 1200℃/4h 的更高温挥发技术，形成国内首个模拟后处理氧化

挥发首端工艺。该工艺能够使 Mo、Te、Se 和 Ru 等半挥发性裂变元素以氧化物的形态被有效去除，去除率均达到 85% 以上。

3. 高温氧化挥发过程关键影响因素分析

裸露的 UO_2 颗粒在空气中被逐渐氧化至 U_3O_7 和 U_3O_8 的研究已开展了约 40 年，其与乏燃料后处理过程中元件的 UO_2 氧化行为存在较大差异。其中最大的区别在于乏燃料后处理中 UO_2 芯块包裹在包壳中，在氧化过程中 UO_2 与氧化气氛的接触面积较小，这必将对其氧化行为产生影响，因此实现包壳与芯块的快速脱离是提高 UO_2 氧化为 U_3O_8 效率的关键因素。在氧化挥发过程中，氧化气氛、氧化温度、元件剪切长度等因素均对乏燃料元件的脱壳、芯块氧化和裂变产物氧化挥发有影响。

1) 氧化温度

(1) 氧化温度对 UO_2 芯块氧化速度的影响。

在氧气气氛中，氧化温度对不含包壳的 UO_2 芯块氧化转化的影响如图 6.5 所示[2]。由图 6.5 可见，UO_2 芯块氧化转化随着氧化温度的升高而加快。

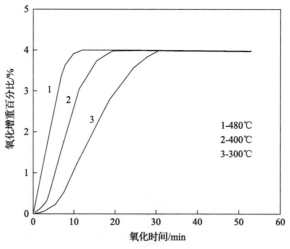

图 6.5　氧化温度对 UO_2 氧化转化的影响[2]

(2) 氧化温度对 UO_2 芯块与包壳分离的影响。

20 世纪 70 年初期，美国爱达荷国家实验室在热燃料检测厂 (HFEF) 进行了真实乏燃料元件氧化挥发处理热实验，实验所用的乏燃料元件为压水堆反应堆 BR-3 元件、Zr-4 合金型包壳、燃料燃耗为 37GW·d/t U、冷却时间 25 年、加热温度范围为 500～1000℃、剪切长度为 3cm。其研究结果表明，在氧气或空气气氛中，500℃ 以下氧化煅烧 3～4h，可实现 UO_2 完全氧化为 U_3O_8 以及元件包壳与芯块有效脱除。20 世纪 80 年代初，在由美国能源部和美国萨瓦纳河国家实验室组成的领导小组的领导下，美国橡树岭国家实验室将 500～600℃ 氧化挥发过程作为先进水法乏燃料后处理流程的可选工序 (后来被称为标准氧化挥发过程)，并将 ^3H、^{14}C、^{129}I 等易挥发裂变元素的去除作为主要目标，采用典型商用堆乏燃料开展了相关研究，并测试了整个流程，取得的实验结果与美国爱达荷国家实验室实验结果基本吻合。

　　韩国在美国标准氧化挥发技术的基础上，结合本国干法后处理特点，与美国合作对适合于干法乏燃料后处理首端氧化挥发法处理技术进行了详尽研究，韩国原子能研究院(KAERI)于20世纪90年代末期提出了干法乏燃料后处理工艺流程，亦称为ER流程，如图6.6所示[3]。该工艺中氧化挥发过程的氧化温度分两个阶段：首先将剪切成3~10cm长的乏燃料元件在氧气或空气气氛中，在约500℃温度下进行氧化煅烧，实现芯块与包壳的分离，并将UO_2转化为U_3O_8粉末颗粒；然后在同样的氧化气氛中，在约1200℃温度下进行氧化煅烧，实现U_3O_8粉末颗粒的有效控制，使其形成适宜的聚合结构(即米粒结构)，并达到合适的粒径分布，最后将U_3O_8聚合体转换为易于还原成金属铀的UO_2聚合体。

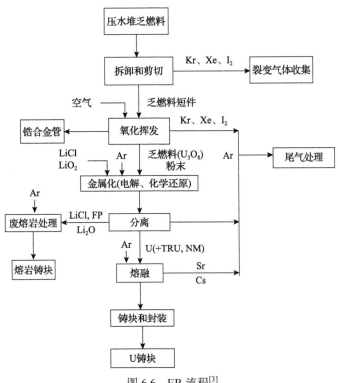

图6.6　ER流程[3]

　　俄罗斯Khlopin镭研究所针对本国的乏燃料后处理工艺流程特点，提出了包括热化学处理和氧化挥发两个过程的乏燃料后处理首端氧化挥发工艺[3]。热化学处理是在氮气和氧气混合氛围中加热到900~1100℃，利用高温条件下氮气与锆合金的反应实现包壳与芯块的分离。热化学处理后铀氧化物燃料再在400~600℃氧气氛围氧化，实现UO_2转化为U_3O_8和^3H、^{85}Kr、^{14}C和^{129}I等易挥发裂变产物的释放去除。

　　(3)氧化温度对裂变产物氧化挥发的影响。

　　美国爱达荷国家实验室在热燃料检测厂进行的真实乏燃料元件氧化挥发处理热实验结果表明[4]，氧化温度低于500℃时，主要挥发去除的是^3H、^{14}C和^{129}I等易挥发性裂变元素，Cs、Ru 和 Tc 等半挥发性元素的去除率较低，温度高于 500℃时才能提高 Ru 和 Tc 等半挥发性元素的去除率。

表 6.3 为俄罗斯乏燃料元件经两步氧化挥发处理和溶解过程后裂变产物的分布数据[4]。表 6.3 数据表明，氧化挥发两步法能将芯块中 99%以上的氚去除，溶解液中氚的含量仅为 0.4%。氧化挥发过程能去除 11%的 ^{14}C、6%的 ^{129}I 和少量的 ^{137}Cs。

表 6.3　经两步氧化挥发处理和溶解过程后裂变产物的分布

核素	包壳	氧化挥发过程	溶解液	溶解气体捕集
^3H	$8.2×10^7Bq(52.3\%)$	$7.2×10^7Bq(46.3\%)$	$6.4×10^5Bq(0.4\%)$	—
^{14}C	$1.5×10^5Bq(8\%)$	$2.0×10^5Bq(11\%)$	—	$18.2×10^5Bq(81\%)$
^{129}I	$22\mu g(0.3\%)$	$410\mu g(5.7\%)$	—	$22mg(94\%)$
^{137}Cs	$1.3×10^9Bq(0.8\%)$		$1.5×10^{11}Bq(99.2\%)$	—

注：括号内的百分数为溶解度。

2）氧化气氛

氧化气氛是影响 UO_2 氧化转化和芯块与包壳脱除的另一关键因素。目前，高温氧化挥发过程采取的氧化气氛有氧气、空气、氧氮混合和氮氧化物等。图 6.7 为氧化气氛中氧气含量对 UO_2 氧化转化的影响，其温度为 480℃[5]。图 6.7 表明，UO_2 氧化转化百分比随氧化气氛中氧气含量的增加而增大。但美国爱达荷国家实验室和橡树岭国家实验室的真实乏燃料元件的氧化挥发实验结果表明，对剪切成长度为 2～3cm 的 UO_2 元件来说，在 500～600℃高温条件下氧化煅烧 2h 以上，空气和氧气对燃料氧化性能的影响没有明显差异，均能实现 UO_2 完全氧化为 U_3O_8 以及元件包壳与芯块有效脱除。

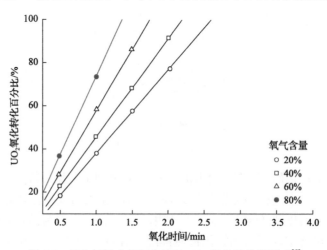

图 6.7　氧化气氛中氧气含量对 UO_2 氧化转化的影响[5]

俄罗斯 Khlopin 镭研究所的两步氧化挥发技术研究结果表明，长 25cm 的元件短段在氮气和氧气混合氛围中加热到 900～1100℃，利用高温条件下的氮气溶解至锆包壳中，并在给定的温度下加热 40min 后，锆包壳失去金属的延展性而变得容易破碎，实现包壳与芯块的分离。热化学处理后的铀氧化物燃料在 400～600℃氧气氛围进行氧化 1～2h，可实现 UO_2 完全氧化转化。

近年来，加拿大的 McEachern 等[6]研究了二氧化氮对 UO_2 氧化的影响，结果表明未辐照的 UO_2 粉末的氧化动力学符合抛物线速率规律。在含有 NO_2-O_2 的空气中，总压为 50kPa 条件下的氧化速率常数为在相同压力下氧气气氛中的 2 倍。同时研究结果表明，在 215～250℃温度下，空气中含有少量 NO_2（1%）时，氧化未辐照过的 UO_2 芯块的速率明显比在纯空气中快。因此，氧化气氛中 NO_2 的存在可实现氧化速率的提高，但目前实验结果还处在定性阶段，对后续工艺的影响还有待进一步研究。

3）乏燃料元件剪切长度对氧化挥发过程脱壳的影响

图 6.8 为燃耗为 35GW·d/t U 乏燃料元件在氧气气氛中、500℃条件下煅烧 10h，元件剪切长度对氧化挥发过程脱壳的影响[7]。当元件剪切长度小于 25mm 时，在上述条件下氧化 10h，元件脱壳率均能达到 100%。随着元件剪切长度的继续增大，元件脱壳率呈下降趋势。但俄罗斯 Khlopin 镭研究所的两步氧化挥发技术研究结果表明，25cm 长的元件短段在氮气和氧气混合氛围中，900～1100℃条件下加热 40min 就能实现包壳与芯块的分离，表明选择适当氧化气氛能降低对元件剪切长度的要求，甚至可实现乏燃料后处理整个过程无需机械剪切，简化流程。

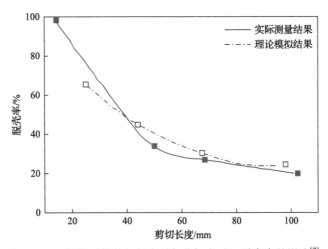

图 6.8　乏燃料元件剪切长度对氧化挥发过程脱壳率的影响[7]

4）燃耗对氧化挥发过程脱壳的影响

图 6.9 显示了燃耗为 37～60GW·d/t U 时的乏燃料元件在 500℃、氧气气氛中煅烧 10～20h 元件脱壳的实验结果[8]，当燃耗低于 40GW·d/t U，剪切长度为 22mm，仅需煅烧 10h 即可实现元件包壳的完全脱除；剪切长度为 70mm，煅烧 15h，包壳脱除率也能达到 30% 以上。随着燃耗的加深，在相同条件下，其包壳脱除率也随之降低。当燃耗高于 50GW·d/t U，剪切长度为 30mm，煅烧温度提升至 700℃时，包壳脱除率仅提高至 80%。

中国科学院近代物理研究所[1]考虑到挥发性元素去除过程对芯块微观结构和粒径的影响，进行了三次氧化-还原循环处理工艺（氧化条件为在空气条件下以 450℃烧结 4h，还原条件为在 4%H₂-Ar 气氛下 700℃烧结 4h)，然后在同一个煅烧设备中紧接着进行更高温的半挥发元素去除实验。利用同步热重分析仪可以对这一更高温的挥发过程进行质量检测，分析结果如图 6.10 所示。具体为：对氧化还原处理后的模拟乏燃料先预处理为 U_3O_8 形态，然后进行差热分析，显示室温至 700℃时整个体系均为放热过程，且样品质量在 500~1100℃有所增加，通过热力学理论分析认为这是由裂变气体的氧化转化造成的。1100℃以上体系转变为吸热过程，特别是 1100~1300℃的高温下有明显的质量降低，可充分说明有一定质量的元素被挥发去除。经过电感耦合等离子体发射光谱仪（ICP-OES）对初始芯块、氧化还原后粉末和热重高温处理后样品进行对比分析，初步认定其中 Mo、Te、Ru、Se、Rh、Cs 和 Rb 七种元素的含量发生了不同程度的改变。

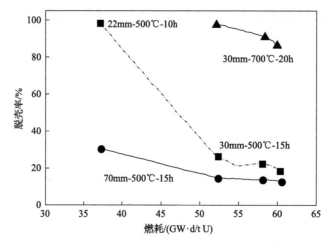

图 6.9　燃耗对氧化挥发过程脱壳率的影响[8]

22mm-500℃-10h 表示前切长度为 22mm，在 500℃下煅烧 10h，其他含义类似

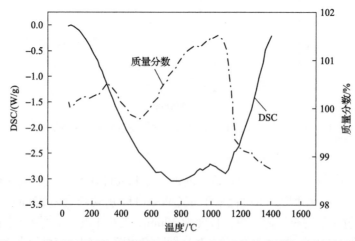

图 6.10　经氧化还原处理后模拟乏燃料在更高温条件下的热重分析结果[1]

　　为了对半挥发元素去除率进行准确定量，中国科学院近代物理研究所[1]将氧化-还原循环与 1200℃下保温 4h 的高温挥发技术结合，共同组成一个完整的乏燃料氧化挥发首端工艺。实验结果显示，Se 在氧化-还原过程就已经全部挥发剔除，原因是其氧化物 SeO_2

在 300℃附近具有显著的升华现象。Mo 和 Te 的含量变化主要发生在 1100～1200℃，原因为其所形成的半挥发物 MoO_3 和 TeO_2 的沸点均在 1200℃左右。Ru 虽然在高温下易被氧化为挥发性的 RuO_4（沸点为 101℃），但是当温度低于 500℃时，气态 RuO_4 又会部分分解为高沸点的 RuO_2，所以其主要的挥发过程也是在温度高于 1100℃时发生的。ICP-OES 检测结果在整个氧化挥发首端工艺中对上述七种半挥发元素的总去除率列于表 6.4，其中 Mo、Te、Se 和 Ru 等元素的去除率均超过 85%，说明可避免该类裂变气体对乏燃料后处理主流程工艺的干扰。尽管 Cs_2O 的沸点为 1280℃，但是由于它能够与基质 U 在氧化气氛下生成一定量的铀酸铯化合物，因而大大影响了其挥发去除率的提高。相关研究报道，Cs 的去除应该在更高温度，甚至是煅烧制备再生燃料芯块的条件下进行，也可以添加一定的水蒸气或者臭氧以提高挥发效率。Rh 的氧化物 RhO_2 在 1000～2000℃下的饱和蒸气压极低，因而挥发去除的可能性并不大。此外，目前仍然未见 Rb 挥发去除机理的相关报道。

表 6.4 模拟乏燃料中七种半挥发性元素的去除率

参数	元素						
	Mo	Te	Ru	Se	Cs	Rh	Rb
去除率/%	96.4	86.7	99.0	100	29.1	< 5.0	< 5.0

4. 裂变产物释放机理

1) 裂变产物在芯块内产生和释放机理

从机理上来说，燃料芯块内裂变产物的行为很大程度上决定了压力容器内释放特性。图 6.11 所示为燃料芯块晶粒内的裂变产物行为，这些气体原子可能会向晶界扩散或者沉淀在晶间气泡中，减慢了它们向晶界的迁移速度。一旦晶界表面的裂变气体积累到一定程度，会形成较大的气泡并充满晶界，这些气泡可以向燃料棒的空隙移动。裂变产物在芯块内的产生和释放机理主要包括以下过程：

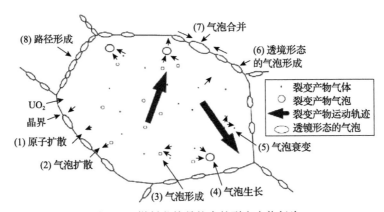

图 6.11 燃料芯块晶粒内的裂变产物行为

(1) 裂变产物气体和原子在密度梯度的作用下移动。

(2) 气泡发生扩散。

(3) 裂变产物气体和原子聚集成气泡。

(4)裂变产物气体和原子与气泡碰撞以后被气泡吸收，从而导致气泡生长。

(5)裂变产物气泡逐渐衰变。

(6)裂变产物气体、原子和气泡通过扩散到达晶界，并且在晶界处形成透镜形态的气泡。

(7)透镜形态的气泡聚集在晶界并且使气泡合并。

(8)气泡连接形成路径，裂变产物向芯块和包壳之间的间隙释放。

目前，国内外已有的裂变产物释放模型主要有六种，即蒸汽氧化模型(专门用于计算挥发性裂变产物)、NUREG-0772模型(专门用于计算挥发性裂变产物)、Kelly准则(专门用于计算非挥发性裂变产物)、CORSOR-O模型、CORSOR-M模型及CORSOR-Booth模型。目前国际上最新的研究成果中，以CORSOR系列模型使用较为广泛，下面进行详细介绍。

CORSOR-O模型如式(6.1)所示：

$$f_o = k_0 \cdot e^{-q/(RT)} \left[f_{H_2} \cdot f_{coro2} + \left(1 - f_{H_2}\right) f_{coro1} \right] \tag{6.1}$$

式中，f_o 为释放率，1/min；k_0 为释放系数；q 为活化能，kJ/mol；R 为气体常数，其值为 0.01987cal/(mol·K)；T 为堆芯节点的平均温度；f_{H_2} 为堆芯节点内流动气体 H_2 的摩尔份额；f_{coro1} 为初始燃料条件下的相对因子；f_{coro2} 为减少燃料条件下的相对因子。

CORSOR-M模型如式(6.2)所示：

$$f_m = k_0 e^{-q/(RT)} \tag{6.2}$$

式中，f_m 为释放率，1/min；k_0 为释放系数；q 为活化能，kJ/mol。

CORSOR-Booth模型考虑了放射性核素质量迁移限制，采用了铯元素的经验释放系数来描述扩散的物理过程，其他元素的释放份额类比铯元素释放量的计算方法。对于铯元素在燃料栅元件的有效扩散系数可以采用CORSOR-M模型表示为

$$D = D_0 e^{-Q/(RT)} \tag{6.3}$$

式中，Q 为活化能，cal/mol；R 为气体常数，cal/(mol·K)；D_0 为燃耗，m^2/s。

铯元素在 t 时刻的释放份额由近似求解球形燃料芯块的扩散方程得到，表示为式(6.4)和式(6.5)。

$$f = 6\sqrt{\frac{D't}{\pi}} - 3D't, \quad D't < 1/\pi^2 \tag{6.4}$$

$$f = 1 - \frac{6}{\pi^2} e^{-\pi^2 D't}, \quad D't > 1/\pi^2 \tag{6.5}$$

式中，$D't = Dt/a^2$ 为无量纲量，其中 a 为燃料芯块的等效球形半径。

铯元素在 t 到 $t+\Delta t$ 时间内由芯块的释放率可表示如下：

$$C_s = \frac{\left[f\left(\sum D't \right)_{t+\Delta t} - f\left(\sum D't \right)_t \right] V \rho}{F \Delta t} \tag{6.6}$$

式中，ρ 为燃料中 UO_2 的物质的量浓度；V 为燃料体积；F 为滞留在燃料芯块中的铯元素份额。

CORSOR-Booth 模型中的释放率还包括气相的质量迁移，由燃料棒释放出的气相 i 的质量迁移释放率可以类比传热计算：

$$\dot{m}_i = \frac{A_{\text{fuel}} Nu D_{i,\text{gas}}}{D_{\text{fuel}} RT} P_{i,\text{eq}} \tag{6.7}$$

式中，$\dot{m}_i$ 为质量迁移释放率，mol/s；D_{fuel} 为燃料芯块直径，m；A_{fuel} 为燃料棒与冷却剂接触面积；$D_{i,\text{gas}}$ 为气相 i 的扩散系数，m^2/s；Nu 为努塞尔数；R 为气体常数，$cal/(mol \cdot K)$；$P_{i,\text{eq}}$ 为组分 i 在温度 T 下的等效蒸气压，Pa。

质量迁移方程式(6.7)中驱动力为芯块表面与自由环境(≈ 0)间产生的压差。由式(6.6)得到的铯元素的有效释放率为扩散和气相质量迁移两部分作用之和的结果，因此扩散本身产生的作用效果可以表示为

$$D_{Cs} = \left(\frac{1}{C_s} - \frac{1}{\dot{m}_{Cs}} \right)^{-1} \tag{6.8}$$

对于其他裂变产物 i 由于扩散造成的释放，可以由铯元素的扩散释放率乘经验因子 S_i 表示：

$$D_i = D_{Cs} S_i \tag{6.9}$$

因此，任意裂变产物 i 由于扩散和质量迁移造成的总的释放率可表示为

$$\dot{m}_{\text{总},i} = \frac{1}{D_i^{-1} + \dot{m}_i^{-1}} \tag{6.10}$$

式中，$\dot{m}_{\text{总},i}$ 为总释放率，mol/s。

裂变产物在各个时期释放以后，除了惰性气体，裂变产物最初是以蒸气的形态释放的，其他裂变产物释放以后将快速转变为气溶胶。因此，气溶胶的行为决定了裂变产物的迁移特性。

除碘和铷的迁移过程比较复杂外，其他裂变产物的气溶胶迁移过程一般服从常规气溶胶迁移物理规律。气溶胶颗粒由于相对运动发生碰撞会引起凝聚，或者由小颗粒聚集成大颗粒。气溶胶颗粒的相对运动由许多机理产生，如布朗运动、湍流、流体切变或其他作用力(如重力、电场力等)。在某些机理的作用下(包括重力沉降、布朗扩散、惯性运动和热电泳)，气溶胶颗粒从流体域迁移沉积在某个表面。图 6.12 所示为气溶胶在基本流体元素中的迁移现象。

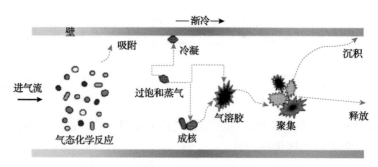

图 6.12　气溶胶在基本流体元素中的迁移现象

(1)团聚和冷凝现象。

由均匀成核或异相成核形成的气溶胶粒子将在布朗扩散运动、湍流及重力沉降作用下向载气靠近，而这种运动也将导致粒子与粒子间的碰撞进而团聚，最终导致气溶胶粒子尺寸在迁移过程中逐渐变大。

(2)蒸汽冷凝导致的沉降。

由堆芯释放的部分气相裂变产物和结构材料在接触冷壁后沉降，这种沉降现象一般采用传热和传质方程来描述，并假设全部组分的物理性质均已知，特别是饱和蒸气压值。

(3)重力沉降。

气溶胶粒子在迁移过程中同样受到重力的影响，由于这种附加的向下的分力，将有可能导致粒子沉积在水平表面上。这种沉降作用主要对长时间低速流动的气溶胶粒子影响显著。

(4)布朗运动和湍流扩散造成的沉降。

布朗运动将直接导致气溶胶粒子与壁面的接触，进而在壁面沉降。这种现象主要对层流状态下的气溶胶粒子影响显著。湍流扩散作用将对高速流下的气溶胶粒子产生显著影响。

(5)惯性沉降。

惯性沉降主要发生在几何结构发生改变的位置，如管线的拐弯处、流通面积突变处、障碍物处等。气溶胶迁移时的惯性力将导致部分颗粒在经过类似结构时偏离主流而与壁面接触。对于这类沉降机制，颗粒尺寸是一个重要参数，而较大的颗粒发生惯性沉降的概率要更大些。

(6)热泳沉降。

当气溶胶颗粒在温度场中迁移时，高温区的气体分子与气溶胶颗粒间的不平衡碰撞要远多于低温区的情况，这将导致气溶胶颗粒朝向温度更低的壁面运动。

(7)扩散电泳沉降。

当蒸汽接触到冷壁后，可能造成蒸汽的凝结，而这种凝结作用也将导致气体[以斯特藩(Stefan)速度运动]携带大量气溶胶颗粒靠近壁面进而沉降。

(8)再悬浮。

发生堆芯再淹没时将产生大量蒸汽，这将导致管线内沉降现象加剧的同时，沉降的颗粒有可能再次冲刷悬浮，这种现象多发生在高湍流流动或较为干燥的沉积物中，对于这种物理现象的机理解释也较为复杂，目前较为接受的是当施加在气溶胶颗粒表面的空气动力学作用力大于同壁面间的黏附力时，这种再悬浮作用产生。

（9）再蒸发。

再蒸发现象与气溶胶沉降过程恰好相反，当工况发生变化时（如温度、流体氧化气氛或蒸汽浓度），有可能导致已经沉降的气相重新活化，发生再次蒸发，而这种现象主要受气溶胶化学组成的影响。

2）燃料氧化对裂变产物扩散释放的影响

（1）扩散释放。

扩散释放是指裂变产物在温度和温度梯度的驱动下由燃料内向燃料外迁移。Booth[9]首先建立了裂变产物的扩散释放模型，将燃料芯块假设成由许多燃料小球组成，燃料小球间互不影响。裂变产物通过扩散由燃料小球内向燃料小球外迁移，裂变产物扩散到燃料小球外面后认为是释放。

裂变产物在燃料小球内的平衡方程为

$$\frac{\partial C(r,t)}{\partial t} = y_{c} f(t) + D(t)\frac{1}{r^2}\frac{\partial}{\partial r}\left[r^2\frac{\partial C(r,t)}{\partial r}\right] - \lambda C(r,t) \tag{6.11}$$

式中，$C(r,t)$ 为 t 时刻燃料小球半径为 r 处裂变产物的浓度，atoms/m^3；y_c 为裂变产物的累积裂变产额，atoms/fission；$f(t)$ 为单位体积燃料内的裂变率，fissions/(m^3·s)；$D(t)$ 为裂变产物在燃料小球内的扩散系数，m^2/s；λ 为裂变产物的衰变常数，1/s。

裂变产物平衡方程初始条件和边界条件为

$$C(r,0) = 0, \qquad 0 < r < a, \quad t = 0 \tag{6.12}$$

$$\frac{\partial C(r,t)}{\partial r} = 0, \qquad r > a, \quad t > 0 \tag{6.13}$$

$$C(a,t) = 0, \qquad r = a, \quad t > 0 \tag{6.14}$$

式中，a 为等效燃料小球的半径。

裂变产物扩散释放的释放产生比为

$$\frac{R}{B} = \frac{3}{ay_{c}f(t)}\left[-D\frac{\partial C(r,t)}{\partial r}\Bigg|_{r=a}\right] \tag{6.15}$$

式中，R 为裂变产物的释放率，atoms/s；B 为裂变产物的产生率，atoms/s。

（2）燃料氧化后的扩散系数。

燃料氧化后，燃料芯块的热导率下降。Kim[10]在实测数据基础上得出了与氧铀比相关的热导率计算公式：

$$k = \left[(0.02 + 3.5x) + (2.5\times10^{-4} - 1.3\times10^{-3}x)T\right]^{-1} \tag{6.16}$$

式中，k 为燃料芯块的热导率，W/(m·K)；x 为燃料的氧铀比减去 2；T 为燃料芯块的温度，K。由式 (6.16) 可以得出燃料芯块的积分热导率：

$$\int_{t_s}^{t_c} k\mathrm{d}T = \frac{(0.02 + 3.5x) + (2.5 \times 10^{-4} - 1.3 \times 10^{-3}x)T}{2.5 \times 10^{-4} - 1.3 \times 10^{-3}x}\bigg|_{t_s}^{t_c} \tag{6.17}$$

式中，t_c 为燃料芯块中心温度；t_s 为燃料芯块表面温度。

Booth 模型通过扩散系数 D 表征裂变产物扩散的快慢程度。燃料氧化后，燃料的氧铀比升高，铀原子空位增多，裂变产物通过空位扩散的速率加快。人们通过堆内或堆外实验得到了大量扩散系数的计算公式，其中 Turnbull 等[11]推荐的公式应用最为广泛，计算表达式如下：

$$D = D_1(T) + D_2(T, x) + D_3(f) \tag{6.18}$$

$$D_1(T) = 7.6 \times 10^{-10} \exp\left[-7 \times 10^4 / (HT)\right] \tag{6.19}$$

$$D_2(T, x) = s^2 j_v (V_i + V_u) \tag{6.20}$$

$$D_3(f) = 2 \times 10^{-40} f \tag{6.21}$$

$$j_v = 10^{13} \exp\left[-5.52 \times 10^4 / (HT)\right] \tag{6.22}$$

$$V_i = \left(\frac{9 \times 10^{-5} + 100V_u}{200}\right)\left\{\left[1 + \frac{8 \times 10^{-2}}{j_v \left(9 \times 10^{-5} + 100V_u\right)^2}\right]^{0.5} - 1\right\} \tag{6.23}$$

$$V_u = \frac{Sx^2}{F^2}\left[0.5 + \frac{F}{x^2} + 0.5\left(1 + \frac{4F^2}{x^2}\right)^{0.5}\right] \tag{6.24}$$

$$F = \exp\left[-7.13 \times 10^4 / (HT)\right] \tag{6.25}$$

$$S = \exp\left[-1.47 \times 10^5 / (HT)\right] \tag{6.26}$$

式 (6.18)～式 (6.26) 中，D_1 为裂变产物的固有扩散系数，在高温区占主导，m²/s；D_2 为与空位扩散相关的扩散系数，在中温区占主导，m²/s；D_3 为裂变引起的自扩散，在低温区占主导，m²/s；f 为单位体积燃料内的裂变率，fissions/(m³·s)；H 为气体常数，1.987cal/(mol·K)；T 为温度，K；s 为原子跳跃距离，3×10^{-10}m；j_v 为空位的跳跃频率，1/s；V_i 为辐照导致的空位浓度，vacancies/atom；V_u 为铀原子的空位浓度，vacancies/atom；S 为 Schottky 缺陷的浓度；F 为 Frenkel 缺陷的浓度。

景福庭等[12]选择燃料的线功率密度为 186W/cm，分别计算三种情形下 ^{133}Xe 的释放份额：

（1）仅考虑燃料氧化后导热率的变化，导热率降低，燃料芯块温度升高，裂变产物在燃料中扩散加快，扩散释放增多。

（2）仅考虑燃料氧化后，燃料中出现超化学计量的氧原子，铀原子空位增多，裂变产物在燃料中通过与空位机理相关的扩散加快，扩散释放增多。

（3）同时考虑前两种因素的影响。

^{133}Xe 在不同氧铀比时的释放份额如图 6.13 所示。

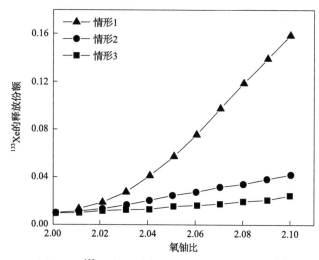

图 6.13　^{133}Xe 的释放份额随氧铀比的变化关系[12]

由图 6.13 可见，^{133}Xe 的释放份额随着氧铀比的增大而增大，燃料氧化会加快裂变产物释放，在裂变产物的释放计算中需要考虑燃料氧化的影响；同时可发现情形 2 的 R/B 高于情形 1，即在加快裂变产生释放的因素中空位增多引起扩散加快对裂变产物释放的影响要大于导热率降低后燃料温度上升带来的影响，该结论与 Kim[10]得到的结论一致。

选择燃料的氧铀比为 2.03，同时考虑燃料导热率和裂变产物扩散系数的变化，用加速因子 p 表示裂变产物释放的加快程度：

$$p = \frac{(R/B)_{x=0.03}}{(R/B)_{x=0.0}} \tag{6.27}$$

氧铀比为 2.03，不同线功率密度时三种裂变产物释放的加速因子 p 见表 6.5。

表 6.5　不同线功率密度时裂变产物释放的加速因子

线功率密度/(W/cm)	^{131}I	^{133}Xe	^{85}Kr
120	1.08	1.08	1.02
140	1.26	1.25	1.09
160	1.71	1.67	1.31

续表

线功率密度/(W/cm)	^{131}I	^{133}Xe	^{85}Kr
180	2.45	2.41	1.75
200	3.31	3.30	2.39
220	4.14	4.19	3.16
240	4.55	4.69	3.77

从表 6.5 可知，p 随线功率密度升高而增大，即线功率密度越高，燃料氧化对裂变产物释放的加速效应越明显。

5. 裂变产物捕集

燃料元件在反应堆中的裂变过程会产生一定的挥发性气体，且大部分分布于芯块裂隙与包壳管的内壁之间，如 ^3H、^{14}C、^{85}Kr、^{129}I 和 Xe 等。

1) ^{129}I 的捕集

裂变产物中得到最广泛关注的大概为 ^{131}I 及其化合物。^{131}I 的半衰期只有 8.02 天，在核燃料后处理厂，乏燃料的冷却期一般以年计，所以燃料在反应堆受辐照而产生的 ^{131}I 在冷期内已衰变掉。由于乏燃料中含有一些超轴核素，如 ^{244}Cm 等。^{244}Cm 的自发裂变半衰期为 1.35×10^7 年，在冷却期为 7 年的 40000MW·d/t U 乏燃料中，由 ^{244}Cm 的自发裂变造成的 ^{131}I 平衡活度达到 3.86MBq/t U。例如，德国的卡尔斯鲁厄后处理厂(WAK)早在 1990 年末就停止运行了，但是，高放废液贮槽在停止运行以后的时间里仍不断有 ^{131}I 从罐进入排气系统。

另一个受到普遍关注的是 ^{129}I，它的半衰期长达 1.57×10^5 年，如果释放入环境，可造成长期危害。^{129}I 的产额大约为 $4.8\times10^7Bq/(MW\cdot a)$，或者为 $10^9Bq/t$ 乏燃料。燃耗为 $30\sim40GW\cdot d/t$，冷却时间为 1 年的轻水堆乏燃料的碘含量为 $210\sim273g/t$。

后处理厂工艺物料及尾气中碘的化学行为复杂，形态多样，既能溶于水相，又能溶于有机相，是碘的无机化合物与工艺物流中存在的有机物质相互作用形成的。乏燃料中含有的碘 99%以上挥发到溶解器废气(dissolver off gas, DOG)中，保留在乏燃料溶解液中的不足 1%，溶解残渣和废包壳中也保留了很少一部分。在 DOG 中，大部分碘以单质的形式存在，但也有一些以 HI、HOI、ICN 和羟基碘化物的形式存在。燃料的溶解方式(间歇式或连续式)、溶液沸腾时间、氧化氮的存在、空气吹入、有机物质的存在等因素决定碘的存在形态。

尾气中碘的净化是将以各种形态存在的碘从气相"赶入"水相中，并尽量降低碘在溶液及以后的气体物流中的含量。由于碘在尾气中的存在形态较为复杂，通过一种方法难以去除，因而需要连续采用不同的方法进行捕集。

目前，国外乏燃料后处理厂除碘工艺中主要采用液体吸收和固体吸附两级过滤。工艺尾气首先经过初步洗涤过滤，净化部分的单质碘和氮氧化物，然后有机碘和剩余的碘再通过固体吸附剂二次吸附，最终排至大气。

(1)湿法洗涤技术。

①碱洗。用碱性溶液洗涤吸收乏燃料后处理溶解尾气中的碘是最常见且相对简单的

单元操作。后处理厂中使用碱洗法除碘时通常使用 $1\sim2mol/L$ 的 NaOH 洗涤，单独使用或与银基固体吸附剂结合使用。在这些条件下，I_2 发生以下歧化反应：

$$3I_2 + 6OH^- \longleftrightarrow 5I^- + IO_3^- + 3H_2O \tag{6.28}$$

碱法洗涤对碘的去污因子为 $10\sim100$。去污因子差异的原因可能是由于尾气中碘的存在形式不同。研究表明，碱洗可以有效净化元素碘，但对有机碘的去污效率则很低。碱洗工艺会产生液体废物，需要处置或转化成易于处理的形式。

②Iodox 工艺。Iodox 工艺使用 $20\sim23mol/L$ 的 HNO_3 洗涤溶液来溶解和氧化元素碘和有机碘。实验室条件下，该工艺的碘去污因子可以超过 10^4。在 Iodox 过程中发生的主要化学(氧化)反应如下：

$$2CH_3I + 3HNO_3 \longleftrightarrow I_2 + 2CH_3NO_3 + HNO_2 + H_2O \tag{6.29}$$

$$I_2 + HNO_3 + H_2O \longleftrightarrow 2HOI + HNO_2 \tag{6.30}$$

$$HOI + 2HNO_3 \longleftrightarrow HIO_3 + HNO_2 \tag{6.31}$$

Iodox 工艺最大的缺点是使用高浓度氧化性硝酸会对设备的腐蚀性，以及在系统中可能形成硝化有机物 CH_3NO_3。

③氟碳溶剂洗涤。洗涤剂采用二氯二氟甲烷(称为 $R\sim12$)，温度为 $-25\sim10℉$[①]，元素碘和有机碘的去污因子可达到 10^4。NO_2 对碘的净化没有明显的影响，但 $97\%\sim99\%$ 的 NO_2 会保留在碳氟化合物溶剂中。在不同温度或压力下，可实现不同溶剂中污染物(^{85}Kr、Xe、CO_2、NO_2 等)的受控分离。

(2)固体吸附剂吸附技术。

从工程角度来看，利用固体吸附剂对碘的吸附作用除去气态碘化合物有许多优于传统液体洗涤方法的优点。吸附柱操作在设计上更简单，从而使系统更可靠，维护成本更低。碘的净化效率与除碘系统的设计优化密切相关，采用固体吸附剂的一个好处是不需要使用腐蚀性很强的溶液。大多数第一代工业规模的乏燃料后处理厂使用的是液体洗涤除碘技术，因此关于实际乏燃料后处理厂中固体吸附剂性能的数据比较少。但是实验室和中试规模的应用数据显示，目前主要应用的固体吸附剂包括活性炭、大孔树脂和银基吸附剂。

①活性炭。浸渍活性炭几乎专门用于核电厂的气态放射性碘的净化，但通常在乏燃料后处理厂碘净化系统中不采用这种吸附剂。主要是因为它在高温下除碘效率较差，具有相对较低的燃点，并且气体中存在的氮氧化物可能在活性炭床中形成不稳定或易爆炸化合物。

②大孔树脂。大孔树脂(例如 Amberlite XAD 系列)通常是官能团化的丙烯酸酯或具有二乙烯基苯交联的聚苯乙烯。大孔树脂为非离子吸附剂，对不带电物质如元素或有机

① ℉是华氏温度的单位，华氏温度(℉)=32+摄氏温度(℃)×1.8。

碘具有更强的吸引力。丙烯酸酯具有较高的碘容量并表现出良好的抗辐照性和耐酸性。然而，温度高于50℃时，树脂的除碘效率会大大降低。

③银基吸附剂。银对碘具有很强的亲和力，绝大多数固体碘吸附剂会使用银作为活性组分。负载银的吸附剂主要是银交换或浸渍的沸石、二氧化硅或氧化铝。银基吸附剂都具有以下特征：对元素碘和有机碘吸附能力强；高负载能力和净化效率；基材不易燃。

银基吸附材料的主要缺点是银的成本高，这促使研究人员希望找到一种便宜的金属元素，以替代银吸附剂用于工艺废气的碘净化处理。目前，研究人员已经研究了铅、铜、镉、锰、钯、铊、汞和铜等离子交换的沸石作为银基吸附剂的可能替代物。然而，所有这些元素作为活性组分的固体吸附剂对甲基碘的净化效率和/或低负载能力都不能令人满意。

a. 硝酸银浸渍基材。在欧洲和日本的乏燃料后处理厂中，已成功地将含有硝酸银形式的固体吸附剂应用在后处理工艺尾气元素碘和烷基碘（主要是甲基碘）的处理工艺中。根据以下反应，硝酸银与元素碘反应形成稳定的碘化银或碘酸银：

$$I_2 + AgNO_3 \longleftrightarrow AgI + INO_3 \tag{6.32}$$

$$2INO_3 + AgNO_3 \longleftrightarrow AgIO_3 + 3NO_2 + 0.5I_2 \tag{6.33}$$

$$INO_3 \longleftrightarrow 0.5O_2 + NO_2 + 0.5I_2 \tag{6.34}$$

有机碘，如甲基碘，与硝酸银发生以下化学反应：

$$RI + AgNO_3 \longleftrightarrow AgI + RNO_3 \tag{6.35}$$

WAK厂使用硝酸银浸渍无定形硅酸得到两种产品，即Ag-KTC和Ag-KTB。Ag-KTB在两者中的机械稳定性更高，并且已在市场上销售，即AC-6120。该材料的标准BET表面积为$65\sim110m^2/g$，孔体积分布为$20\sim40nm$，粒度为$1\sim2mm$，孔体积约为$0.6mL/g$，总银含量为$8\%\sim12\%$（质量分数）。实验室测试结果表明，水蒸气对碘吸附剂的吸附性能产生不利影响；当温度为150℃、吸附床层厚度为10cm、迎面风速为25cm/s、NO_x浓度为$1\%\sim5\%$时，碘的净化效率可以达到99.99%。德国WAK厂自1975年开始将AC-6120固体碘吸附剂用于该厂工艺尾气的处理系统，直到1992年该厂关闭。工厂运行期间，平均^{129}I浓度为$1\sim5mg/m^3$，溶解尾气和贮槽尾气碘净化效率分别为99.8%和99.0%。

Fukasawa等[13]开发并测试了硝酸银浸渍氧化铝（AgA）作为碘吸附材料。该吸附剂材料含有24%（质量分数）的银，并被用于处理Tokai乏燃料后处理厂的工艺尾气。在150℃，20cm/s的迎面风速下测试该材料的甲基碘和元素碘的净化效率，最终去污因子约为250，相当于99.6%的净化效率。

在高温（150℃）条件下，硝酸银浸渍的吸附剂对元素和有机碘化物具有较高的去污效率，银利用率也非常高。这种吸附剂表现出对NO_x较高的耐受性，并且中等浓度的NO_2（$1\%\sim10\%$）实际上可以通过防止银还原成元素状态来提高吸附性能。然而，高湿度会显著降低碘的净化效率。我国乏燃料后处理厂使用硝酸银浸渍的硅胶作为工艺尾气中碘的固定吸附剂，运行期间，碘的净化效率可以达到 99%。

b. 银沸石。美国大多数工作都集中在开发用于除碘的各种类型的银沸石上。银沸石是通过将沸石化合物中的一部分钠与银离子交换而制备的，通常缩写为 AgX。AgX 的一个例子是银交换的八面沸石。不同类型的沸石具有不同的物理性质，最主要的影响因素是 $SiO_2：Al_2O_3$ 比。沸石通常随着该比例增加而变得更硬且更耐酸，但是高 $SiO_2：Al_2O_3$ 比与离子交换容量成反比。普遍认为，碘吸附是通过物理吸附和化学吸附共同作用完成的，但确切的机理尚未阐明。在典型的银交换 Linde 分子筛沸石中提出的碘的反应是：

$$I_2 + Ag_2O \longleftrightarrow 2AgI + 0.5O_2 \tag{6.36}$$

在适当的操作条件下，AgX 吸附剂确实显示出对元素碘和有机碘化物的高去污因子，通常为 $10^3 \sim 10^5$。高湿度似乎对元素碘的吸附影响不大，但可以将甲基碘的去污因子降低数个数量级。温度升高对元素碘的吸附影响极小，但可显著提高有机碘化物的去污因子。工艺尾气中高浓度的 NO_2（>2%）以及烃类化合物会显著降低甲基碘的吸附量。标准 AgX 吸附剂不耐酸，不适用于含有大量水蒸气和 NO_x 的废气处理。因此，AgX 在溶解尾气处理系统中的应用将限于碱性洗涤系统后的二级处理过程。丝光沸石是一类天然和合成沸石，具有比八面沸石类型更高的硅铝比，因此具有更高的化学稳定性。合成丝光沸石的 Si：Al 比例通常为 10，具有以下化学形态：$(Na_2O) \cdot (Al_2O_3) \cdot (SiO_2)_{10} \cdot 6H_2O$。

丝光沸石的高化学稳定性使它们具有高耐酸性，因此银交换形式 AgZ 已被广泛研究用于溶解尾气中的第一级碘处理应用。商业化的银基丝光沸石通常为 15% 的载银量，比表面积约为 $400m^2/g$，并且在高达 500℃ 的温度下具有热稳定性。一些研究人员已经注意到，金属状态下的银似乎比银离子具有更强的元素碘化学吸附能力。因此，AgZ 经常在使用前用 500℃ 的氢气进行预处理，以便将银还原成金属态，即形成 Ag°Z。

载银沸石的主要优点之一是其可以再生，通过将碘转移到更便宜的基材上而实现银吸附剂再生，可以提高该技术的经济可行性。研究人员证明，通过在 500℃ 下将纯氢气流通过吸附床层，碘会从 AgZ 和 AgX 中以碘化氢的形式解吸，然后在 150℃ 下，化学吸附在铅沸石（PbX）上。AgX 在 5 次再生循环后，碘容量将降低 50%；而 AgZ 在 13 次循环后，碘容量仅减少 20%。表 6.6 总结了可用于碘净化的固体吸附剂。银基氧化铝、二氧化硅和丝光沸石吸附剂是目前最受青睐的吸附剂。丝光沸石的一个优点是可以再生吸附剂，从而使银的重复利用率显著提高；然后将被吸附的碘转化到更廉价的金属吸附剂上，用于长期废物储存。

表 6.6 ^{129}I 固体吸附剂

吸附剂	使用温度/℃	吸附量/(g/g)	去污系数	抗 NO_x 性	成熟度	备注
活性炭	<120	—	$10 \sim 10^3$	着火	工业规模	核电站大量使用
大孔树脂	<50	$200 \sim 1000$	$10^3 \sim 10^4$	高	实验室规模	有机碘吸附量低，对湿度敏感
AgA	≈150	$100 \sim 235$	$10^2 \sim 10^3$	高	实验室规模	吸附容量非常大

续表

吸附剂	使用温度/℃	吸附量/(g/g)	去污系数	抗NO$_x$性	成熟度	备注
附银硅胶	≈130	≈135	$10^2 \sim 10^5$	高	工业规模	在WAK厂使用，不可再生
AgX	≈150	80~200	$10^2 \sim 10^5$	低	工业规模	烃类和NO$_x$影响吸附性能
AgZ	≈150	≈170	$10^2 \sim 10^5$	高	实验室规模	500℃依然稳定，可再生
Ag°Z	≈150	≈170	$10^2 \sim 10^5$	高	实验室规模	—

2) 惰性气体 Kr、Xe 的捕集

空气中含有惰性气体，但它们的浓度很低，100L 空气中仅含有 0.114mL 的 Kr 和 0.0086mL 的 Xe。表 6.7 列出了天然 Kr 和 Xe 的同位素组成。氪是由核燃料裂变产生的一种挥发性惰性气体，它最重要的同位素是 ^{85}Kr。^{85}Kr 是一种半衰期为 10.7 年的 β-γ 发射体，如果把它排入大气，就可能被人体吸入或对人体产生外照射。而 ^{133}Xe 的半衰期为 5.24 天。目前工业用惰性气体 Xe 与 Kr 主要通过低温精馏法获得。由于 Xe 与 Kr 在大气中的含量极低(Xe 的浓度是 8.7×10^{-8}，Kr 的浓度是 1.14×10^{-6})，分离提纯难度大，工艺复杂，能耗大，制备成本高，极大地限制了它们的工业应用。

表 6.7　天然 Kr 和 Xe 的同位素组成

参数	Kr 同位素						Xe 同位素								
	^{78}Kr	^{80}Kr	^{82}Kr	^{83}Kr	^{84}Kr	^{86}Kr	^{124}Xe	^{126}Xe	^{128}Xe	^{129}Xe	^{130}Xe	^{131}Xe	^{132}Xe	^{134}Xe	^{136}Xe
原子分数/%	0.35	2.25	11.6	11.3	57.0	17.37	0.10	0.09	1.92	26.44	4.08	21.18	26.89	10.44	8.90

吸附分离是一种更理想的 Xe 和 Kr 分离手段，其可在接近常温常压(298K、100kPa，下同)条件下，使用固态多孔材料对 Xe 和 Kr 进行低能耗、高选择性的分离。固态多孔材料在吸附分离过程中起决定作用，其吸附分离性能直接决定分离过程的效率与可达到的分离效果。选用兼具高选择性、高吸附容量且稳定性良好的多孔吸附材料，不仅可以有效提升 Xe∶Kr 吸附分离效率，还有助于提高产品质量与工艺安全性，同时能显著降低过程能耗。为实现 Xe∶Kr 高效分离，现已研发了多种吸附分离材料，包括传统的沸石分子筛、多孔碳材料如活性炭及碳分子筛等，以及近些年来迅猛发展的金属有机框架(metal-organic frameworks，MOFs)材料、有机分子笼等新型多孔材料。

(1)沸石分子筛。

沸石分子筛是一类具有均匀微孔的无机硅铝酸盐晶态材料，因其适宜的孔道结构与高水热稳定性，广泛应用于大宗工业气体如 N$_2$、O$_2$、CO、CH$_4$ 等传统吸附分离工艺中。Jameson 等[14]使用 GCMC 模拟计算了商用沸石分子筛 NaA、NaX 等材料对 Xe 和 Kr 的吸附分离性能，并结合 ^{129}Xe 核磁共振等手段加以验证。其中，孔径较小的 NaA 性能较优，在 300K、100kPa 及 Xe∶Kr=50∶50(体积比)条件下，根据理想吸附溶液理论(ideal adsorption solution theory，IAST)计算的 Xe∶Kr 选择性预测值约 4.5，Xe 吸附容量为 1.52~2.28mmol/g(质量分数为 20%~30%)。

丝光沸石由于硅铝比高，五元环多，具有优良的耐热、耐酸和抗水汽性能。Munakata

等[15]研究表明，质子化的丝光沸石(HZ)和载银丝光沸石(AgZ)也具有吸附分离 Xe 和 Kr 的能力。Garn 等[16]为改进丝光沸石的性能，发展了以聚丙烯腈(polyacrylonitrile，PAN)为载体，搭载丝光沸石的复合多孔材料 HZ/AgZ-PAN。220K 条件下，AgZ-PAN 相比 HZ-PAN 具有更高的 Xe 吸附容量，为 0.46mmol/g，Xe∶Kr 吸附容量比为 4.6。

　　Farrusseng 团队研究发现[17]，通过负载银纳米颗粒，可以提升沸石分子筛在低压下对 Xe 的选择性吸附能力，并提出了 Ag@ZSM-5(Ag-doped Zeolite Socony Mobil-5)沸石分子筛用于 Xe∶Kr 吸附分离，材料的 Xe 等量吸附热达到 65kJ/mol，常温常压及 Xe∶Kr= 20∶80 条件下 IAST 选择性约为 40，而 Xe 吸附容量仅约 1.2mmol/g。不难看出，沸石分子筛材料的 Xe 吸附容量普遍偏低，且因其刚性的孔道结构，很难对孔道尺寸与化学环境进行精密调控，因而在 Xe 和 Kr 吸附分离应用中受到限制。

　　(2)活性炭与碳分子筛。

　　活性炭具有价廉、比表面积高、热稳定性与化学稳定性好等优势。Bazan 等[18]研究发现，相比沸石分子筛，活性炭具有较高的 Xe 吸附容量(4.2mmol/g)；但分离选择性较低，Xe∶Kr 吸附容量比约为 3.8，常温常压及 Xe∶Kr=20∶80 条件下 IAST 选择性仅为 2.9。

　　通过选取不同的材料作为前体(碳源)，在特定温度下烧结，可在一定程度上调节所得碳材料的比表面积与孔径分布，从而改善其吸附容量与选择性。如 Gong 等[19]选取金属有机框架材料 ZIF-11 作为前体，1000℃下煅烧，得到 Z11CBF-1000-2 材料，孔径 5～8Å(1Å=0.1nm)。材料常温常压下 Xe 吸附容量为 4.87mmol/g，IAST 选择性 13.0(Xe∶Kr= 20∶80)。在模拟 UNF(used nuclear fuel)气体处理工况的低浓度(Xe 浓度为 400ppm[①]，Kr 浓度为 40ppm，下同)动态吸附测试中，Xe 吸附容量由常规活性炭的 5.6mmol/kg 提升至 20.6mmol/kg，同时，Xe∶Kr 选择性达到 19.7。

　　相比活性炭，碳分子筛材料具有更为均一的孔道结构，广泛应用于空分制氮。冯淑娟和周崇阳[20]比较了多种活性炭与碳分子筛的 Xe 吸附能力，发现由于碳分子筛具有接近 Xe 分子大小的超微孔，且孔径分布范围窄，对 Xe 的选择性吸附性能整体优于活性炭，298K 条件下动态吸附系数(柱尾 Xe 浓度达到进气浓度 50%时单位吸附剂对应的载气总通量)达到 1.91m³/kg。刘孟等[21]通过 293K 动态吸附测试对比了活性炭与若干碳分子筛的 Xe 吸附能力，其中 TDX-01 碳分子筛性能最优，动态吸附系数为 2.103m³/kg；同时，红外光谱测定结果证实，材料动态吸附系数差异并非由极性基团引起，故认为 TDX-01 材料的孔道结构相比其他活性炭及碳分子筛更适宜于 Xe 吸附。

　　基于多孔碳材料的高比表面积，可获得较高的 Xe 吸附容量。然而碳材料为非极性材料，孔道内缺少诱导 Xe 极化的强极性位点，故材料的 Xe∶Kr 选择性普遍较低。同时，由于实际 UNF 处理过程中存在一定量的氮氧化物 NO_x，其在碳材料中发生吸附且伴随有与碳材料的氧化还原反应，导致吸附介质中毒失活、多孔结构塌陷，同时释放大量热，存在起火燃烧的风险，限制了活性炭、碳分子筛等多孔碳材料在 Xe 和 Kr 分离中的应用。

　　(3)金属有机框架材料。

　　金属有机框架(MOF)材料是一类新型有机无机杂化多孔材料，通常可在较温和条件

----

　　① ppm 即百万分之一，1ppm=$1×10^{-6}$。

下以无机或有机的二级结构单元定向组装的形式原位合成框架结构，通过不同金属/金属簇、有机配体的配位组装，可获得不同拓扑结构的 MOF 材料，并实现对其化学组成、孔道结构、孔径分布等性质的精准调控。基于 MOF 材料具有的孔隙率高、比表面积高、孔径均一、孔表面可修饰、孔结构可调等特点，MOF 在气体分离、非均相催化、质子导电、生物医学等领域展现出广阔的应用前景，特别是作为吸附介质，在 CO_2、H_2、CH_4、C_2H_2、C_2H_4 等气体分离或储存中取得了重要进展。在 Xe 和 Kr 吸附分离中，MOF 材料同样具有极大的发展空间，近几年受到研究人员的重视。

Mueller 等[22]首次尝试将 MOF 材料用于 Xe 和 Kr 分离，研究了 MOF-5、HKUST-1 等材料吸附分离 Xe 和 Kr 的可行性。对装填 MOF-5 的压力储罐贮 Xe 能力进行测试：在 1MPa 条件下，储罐贮 Xe 容量从 70g/L（空罐）提升至 280g/L；给定相同 Xe 储气量（100g/L），罐内压力由 1.7MPa 降至 0.2MPa。由此可见，MOF-5 材料具有吸附 Xe 的能力。以 Xe:Kr=6:94 混合气为进料气，对 HKUST-1 填充柱的动态穿透测试结果表明，在 328K、4MPa 条件下，HKUST-1 的 Xe 吸附容量可达 60%（质量分数），是相同条件下商用活性炭 AC 40 吸附容量的 2 倍，可将混合气 Xe 浓度降至 50ppm。上述研究初步揭示了 MOF 材料在 Xe 和 Kr 吸附分离工业应用的潜力。

Xe 和 Kr 原子直径相似（Xe 原子直径为 4.047Å，Kr 原子直径为 3.655Å），但极化率存在一定差异（Xe 极化率为 $40.44 \times 10^{-25} cm^3$，Kr 极化率为 $24.844 \times 10^{-25} cm^3$）。故较难通过控制孔径实现对 Xe 的排阻，现有的 MOF 等多孔材料多利用二者极化率差异，通过对极化环境、孔道结构等的调控，优先吸附极化率高的 Xe，以实现 Xe 和 Kr 分离。

除固体吸附法外，低温蒸馏和氟利昂吸收也被用来回收 Kr。

①低温蒸馏。

美国爱达荷核燃料后处理厂的惰性气体回收装置在 20 世纪 50 年代末期已将低温活性炭吸附装置拆除，改为低温蒸馏塔。核燃料溶解的排气用氢氧化钠密封的压缩机压入贮气槽。贮气槽中的氢氧化钠喷淋液和压缩机的氢氧化钠密封液除去了气体所含的大部分二氧化碳和硝酸。从贮气槽出来的气体先通过铑催化转化器，除去一氧化二氮和硝酸。随后气体依次通过水冷却器、除雾器和干燥器，以便除去其中的水、氨和残余的氮氧化物。经上述预处理的溶解排气，通过交换器降温后，即可连续进入蒸馏塔，而聚集在蒸馏塔底部的产品液体分批送入间歇式蒸馏釜。在蒸馏釜中，最先馏出的大部分是氧，但因其中也含有相当多的氪和氙，所以返至贮气槽再通过低温蒸馏全流程，其次馏出的才是主要产品富氪气流，最后馏出的主要是氙。

在卡尔斯鲁厄低温分离装置上进行了数月的低温蒸馏试验，用这个装置曾制取了纯度不小于97%的氪及纯度不小于99%的氙。

②氟利昂吸收。

惰性气体氪和氙能被许多溶剂选择性地吸收。1968 年，根据美国布鲁克海文国家实验室的试验结果，美国橡树岭气体扩散厂建造了使用氟利昂-11 和氟利昂-12 作溶剂的中间规模实验装置。装置的分离过程包括较低温度和较高压力的吸收工序、较高温度和较低压力的分馏工序，以及温度较分馏工序稍低、压力进一步降低的解吸工序。惰性气体产品由解吸塔的顶部蒸气回收。

③几种方法的比较。

表 6.8 列出几种回收 Kr 方法的流程比较。固体吸附为间歇操作，适用于小规模的提取。低温蒸馏既是从空气中分离氮和氧的辅助操作，又在爱达荷回收 Kr 装置中得到了实际应用，而且许多国家都对其进行了详细研究，是一种成熟的工艺。美国橡树岭气体扩散厂对氟利昂吸收流程进行了较长时间的中间规模研究，并取得成功。

表 6.8   Kr 回收流程比较

处理流程	低温蒸馏	溶剂吸收	固体吸附
分离用辅助材料	液化 DOG、N_2、Ar 或 O_2	辅助溶剂 CO_2、CCl_2F_2、CCl_4	辅助固体活性炭、分子筛
分离操作	精馏	吸收—分馏—解吸	吸附—解吸
操作方式	连续	连续	间歇
操作压力	很低	低-很低	低
Kr 存量	很多，3.7×10^{15}Bq	很少—少，3.7×10^{13}Bq	少，3.7×10^{14}Bq
典型停留时间	40h	0.4h	4h
Xe 和 Kr 的分离	可以	可能	可以
Kr 产品杂质	高	相当高	相当高
DOG 纯化	复杂	中等	中等
干扰杂质	H_2O、HNO_3、NO_x、N_2O、CO_2、CH_4、O_2、O_3	H_2O、HNO_3、NO_x	H_2O、HNO_3、NO_x、O_2

3) ^3H 的处理

氚气是一种挥发性(元素氚)或半挥发性(氚水)的氢同位素。氚是一种半衰期为 12.3 年的低能 β-发射体。它一旦被释放出来，将在生物生存的环境中以氚水的形式存在，分离净化相当困难。通常净化除氚的方法有金属吸气剂除氚、膜分离除氚和催化氧化-吸附除氚。然而这些常规除氚方法都有其自身的局限性，膜过滤技术处理能力低，工艺复杂；金属合金容易发生歧化反应而中毒失活。在所有已知方法中，催化氧化-吸附除氚法技术成熟，不仅处理能力强，还可以实现低浓度除氚，被认为是氚去除净化最有希望广泛应用的一种技术。截至目前，人们已经开发了一些新的除氚催化剂来处理含氚废气，并取得了较大的进展。

(1)金属吸气剂除氚法。

锆合金对氢气具有很强的吸附能力，是常见的储氢材料。金属吸气剂除氚法是利用金属合金的吸氢特性从废气中分离捕获氚，常用的金属合金有 Zr_2Fe、ZrMnFe 和 ZrCo 等。由于该方法不需要氧气的参与就可以实现氚净化，常被应用到惰性气体手套箱中。活化后的合金可以在低温下捕获氚，在高温或真空条件下释放氚气，不会产生氚水，利于回收。但是金属吸气剂也很难实现深度除氚，氚气与合金容易发生歧化反应，金属吸气剂使用一段时间后会中毒失活，需要重新高温活化，此外还容易被其他杂质气体如氧气、一氧化碳和水毒化，导致失活。

(2) 膜分离除氚法。

膜分离除氚法是利用膜对氢及其同位素的选择渗透性来实现氚的分离与纯化。在气体分离过程中膜是气体分子扩散迁移的选择性屏障。膜的种类多样，除了常见的聚合物膜还包括陶瓷膜、金属膜等。膜过滤法就是通过这种选择性的屏障(膜)把氚和其他气体分子分离开来，除了工艺成熟的钯基合金膜、聚酰亚胺膜等，近年来又兴起了三氧化二铝陶瓷膜用于氚的分离富集，并且钯银合金膜已经在尾气除氚中得到应用。虽然膜分离法可以大大降低尾气氚的浓度，但是该方法的处理能力低，一旦有意外事故，需要短时间处理大量含氚废气时，膜分离法很难应对这种意外情况，并且整个净化过程耗能高，这些因素都限制了膜分离法在氚分离领域的实际应用。

(3) 催化氧化-吸附除氚法。

催化氧化-吸附除氚法是一种较成熟的除氚工艺，氚在催化剂的催化下转化成氚水，然后通过分子筛等吸附剂将氚水富集，从而实现氚的净化分离。高效处理能力是该方法最大的优势，特别是发生意外的氚泄漏，这种方法可以在短时间内实现大空间的氚净化。杨勇等[23]研究认为，贵金属催化剂在空速为 $1500h^{-1}$ 时的除氚效率都能到达 99%以上。除此以外，催化氧化-吸附除氚法在氚浓度极低的条件下也可以高效催化，达到深度除氚的目的。目前，许多除氚设施都采用了该工艺作为除氚的主要手段，如美国洛斯阿拉莫斯国家实验室中的氚净化系统、国际热核聚变实验反应堆(ITER)的氚净化系统、日本原子能研究所氚实验室的除氚系统和中国工程物理研究院设计的除氚净化系统都采用了催化氧化-吸附除氚。

催化氧化-吸附除氚法是一种技术成熟且应用较为广泛的除氚工艺。稳定高效的除氚催化剂是该工艺的重要保障，催化剂的设计决定了该除氚方法的高效性、经济性和可行性。目前许多新型的材料被应用到除氚催化领域，并表现出优异的催化效果(高空速处理能力、重复使用性等)，除氚催化剂分为金属氧化物催化剂和贵金属催化剂。

常见的金属氧化物催化剂有氧化锰、氧化铜和多种金属复合氧化物，如霍加拉特催化剂等。这类催化剂虽然成本较低，可以大大降低氧化过程的活化能，促进反应的快速进行，并且在惰性氛围的手套箱中也表现出优异的催化效果，但该类催化剂必须在高温下才具有较高的活性，而高温也增加了氚的扩散和渗透。

贵金属催化剂在室温下就有很好的催化活性，但空气中的水汽或催化过程产生的水会使催化剂中毒，因此必须采用疏水的载体来克服水汽对催化剂的影响。常规的疏水催化剂大致可以分为两种：用聚四氟乙烯等聚合物或硅烷偶联剂进行表面改性的无机载体催化剂和直接在聚合物上负载Pt的催化剂，后者也是核设施中水净化系统的标准催化剂。

美国、苏联、日本和德国对氧化挥发法进行了研究。苏联通过热试验发现，氚的释放率与燃料燃耗以及处理的温度和时间的关系可以用式(6.37)表示：

$$N_T = 69.4 + 0.58(B - 14.5) + 9.4(\tau - 3) + 0.046(T - 520) \tag{6.37}$$

式中，N_T 为氧化处理时氚的释放率，%；B 为燃料的燃耗，$10^3 MW \cdot d/t\ U$；τ 为氧化处理的时间，h；T 为氧化处理的温度，℃。

美国橡树岭国家实验室对分子筛吸附氚的研究结果表明，由于氧化挥发过程中，气体体系中的氚含量低且分布不均匀，氚捕集率不高且难以控制。同时实验发现，分子筛材料在捕集氚过程中，也会与 ^{129}I、$^{14}CO_2$ 等产生共吸附，温度和压力的变化对改变其吸附的选择性影响较大，一般提高温度和体系操作压力可提高材料的吸附选择性，但会降低其对氚水的吸附容量，故研究选择性好、吸附容量大的氚水的吸附材料是近年来的热点之一。

4) ^{14}C 的处理

放射性碳主要是由燃料中夹杂的氮经中子活化后生成的。它通常以二氧化碳的形式存在，因而它可以当作挥发性物质来处理。放射性碳最重要的同位素是 ^{14}C，它是一种半衰期为 5730 年的低能 β-发射体，内照射危害大，可通过吸入或摄入在体内积聚，参与人体代谢过程并进入组织分子中引起细胞突变和/或细胞死亡，对公众的健康安全造成严重威胁。目前，国内在建以及在运机组均未有装备气态 ^{14}C 放射性流出物处理装置，考虑到核设施在长期运行过程中 ^{14}C 的累积效应，会对周边环境和生物造成"慢性"毒害作用。

基于物理和化学原因，CO_2 是最容易与其他气体分离的碳化合物。因此，针对 $^{14}CO_2$ 的处理技术发展较早且已较为成熟，主要分为以下三类：以酸碱中和原理为基础的反应吸收法、以溶解度原理为基础的溶剂吸收法和以物理吸附原理为基础的固体多孔材料吸附法。其中，反应吸收法原理简单、原料易得、处理效果好、产物易处理，在 $^{14}CO_2$ 处理领域得到了进一步发展，主要分为一步反应法和两步反应法(表 6.9)。一步反应法即通过浆液状或固体状的金属氢氧化物进行吸收，一般为浓度为 10%～20%(质量分数)的 $Ca(OH)_2$ 或 $Ba(OH)_2$ 浆液或 Ⅰ 类(碱金属)和 Ⅱ 类(碱土金属)氢氧化物，可以完全除去废气中的 $^{14}CO_2$，并生成稳定的且能满足长期存储和/或处置要求的碳酸盐产物。两步反应法也称为双碱法，其处理原理为：利用 NaOH 溶液对废气进行洗涤，与 CO_2 反应生成可溶性的 Na_2CO_3。之后将含有 Na_2CO_3 的富液转移到混合沉淀池中，向沉淀池中加入 $Ca(OH)_2$，使碳酸盐沉淀为可过滤分离的碳酸钙，剩余的 NaOH 滤液则进行再利用。研究表明，质量分数为 15%～25%的氢氧化钠溶液吸收 CO_2 的效果最好。加拿大原子能公司和美国橡树岭国家实验室曾开发过基于此原理的 $^{14}CO_2$ 的原型样机，取得了良好的效果。

表 6.9　气态 $^{14}CO_2$ 处理技术

处理方法	反应物	反应产物
一步反应法	$Ca(OH)_2$ 或 $Ba(OH)_2$ 浆液	碳酸盐
两步反应法	NaOH 溶液+$Ca(OH)_2$ 浆液	碳酸钙

AIROX 的相关研究已经证实，较低温度的氧化还原循环能够破除乏燃料包壳，以实现对挥发性气体的有效去除，并且也设计了相应的选择性捕集装置。半挥发性放射性核素可以通过高温金属烧结过滤器和高温 HEPA 过滤器去除。挥发性放射性核素(^3H、CO_2、I_2、Xe、Kr)可通过高温氧化催化剂形成 HTO，HTO 可通过八水氢氧化钡加热床形成吸附的 HTO 和化学吸附的碳酸钡。剩余的 I 以化学吸附碘化银或碘酸银的形式去除。Xe 和 Kr 可以通过低温蒸馏装置从氩气载气中冷凝。

6.2.2 无水物理处理

1. 乏燃料中稀土元素的相分离

乏燃料中稀土元素（La、Ce、Pr、Nd、Pm、Sm、Eu、Gd 等）是 U 发生裂变或其他裂变产物衰变而产生的。许多稀土元素具有非常大的中子吸收截面，故通常把它们称作乏燃料的中子毒物。当中子负担太大，核燃料必须从反应堆中卸出并进行处理。稀土中子毒物的有效去除可以使乏燃料得到再利用。

当前有几种基于空气氧化和热处理的干式处理技术，然而都无法有效去除乏燃料中的稀土元素。其中两种较熟知的干式技术方法为 AIROX 和 OREOX 流程。AIROX 流程中，燃料包壳可以通过氧化或传统机械方法完成去除。在氧化去包壳方法中，对燃料进行棒打孔操作，然后将其在空气中加热（400～600℃），使 UO_2 转化为 U_3O_8 以破碎包壳，形成的 U_3O_8 粉末很容易从包壳中分离，随后 U_3O_8 在氢气气氛中 600℃到 1100℃温度下还原生成 UO_2。氧化-还原操作在足够高的温度下进行保证挥发性裂变产物的排除。通过采用氧化-还原循环，AIROX 流程可以实现全部 Xe、Kr、Cs 和 I 的去除。OREOX 流程是基于 AIROX 流程的一种改进方法。为了保证更有效地去除挥发性裂变产物，氧化过程相比 AIROX 流程需要在更高的温度（1200℃）下进行。

湿法处理技术（基于燃料溶解和后续化学分离工艺）可以用于乏燃料中稀土元素的去除，然而由于其会产生大量的液体废物以及需严格保证钚扩散安全，使干法处理技术依然是各国发展的热点。稀土元素占裂变产物 30%的量和一半的中子毒性。因此任何考虑稀土元素去除的干法分离技术的改进都将对该技术的商业可用性产生重要影响。

1996 年，Taylor 和 McEachern[24]揭示了一种采用无还原气氛的高温处理方法，可以有效地将 U_3O_8 中的稀土元素集中转化到富稀土的萤石相[$(U,RE)O_{2+x}$]中，并且发现 RE 元素不仅发生相分离，而且在相分离过程中富稀土萤石相表现为粒径 1μm 左右的小颗粒，而基体 U_3O_8 表现为粒径 10μm 的大颗粒。基于此他们也提出大小颗粒的分离方法，如沉降、气体分级以及筛分等。Taylor 和 McEachern[24]的高温处理方法可以总结为两步：①UO_2 的低温氧化（200～800℃，氧气气氛）；②高温氧化（1000～1600℃）。第一步中 UO_2 被氧化为 U_3O_8，第二步中 U_3O_8 中的稀土发生相分离，以富稀土的萤石相结构析出到 U_3O_8 基体表面。此外，Taylor 和 McEachern[24]分析在 AIROX 和 OREOX 流程中未发生稀土相分离主要有两个原因：AIROX 和 OREOX 流程中样品并未加热到足够发生稀土元素相分离的温度；另外，AIROX 和 OREOX 流程中最后一步的还原过程将使已经发生相分离的微量稀土元素恢复到单一萤石相结构，故而无净分离。

Taylor 和 McEachern[24]阐述了未辐照 UO_2 的氧化过程。当纯 UO_2 被氧化时，其组成从相图中 UO_2 点向 O 顶点移动（图 6.14）。在 UO_2 和 U_4O_9 之间，氧阴离子将溶入萤石相晶格的间隙空位中，同时铀离子平均化合价发生改变从而保持萤石晶格结构。样品在温度为 1000～1500℃时在 UO_2-U_4O_9 区域只有单相（萤石相）。当纯 UO_2 氧化超过 U_4O_9 点，即 O/U 比为 2.25～2.67 时，存在两相：U_4O_9（萤石相）和 U_3O_8（正交相）。中间相只在相对低温（如 U_3O_7）或高压（U_2O_5）情况下才是稳定（或亚稳定）的。当更多氧气加入到系统中时，其组成位于 U_3O_8 到 O 之间。当温度高于 1100℃时，U_3O_8 丢失少量氧。而当温度高于 1500℃时，U_3O_8 在空气中分解形成 UO_{2+x}，其中 x 约为 0.25。

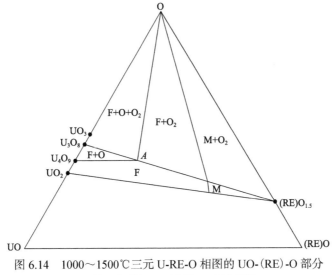

图 6.14　1000~1500℃三元 U-RE-O 相图的 UO-(RE)-O 部分
区域 F-萤石相，O-正交相，M-混合物[24]

辐照后燃料的氧化行为相比未辐照 UO_2 更加复杂，因为辐照后 UO_2 中存在无数裂变产物并且辐照后 UO_2 燃料微观结构与未辐照 UO_2 具有一定差异。当预测辐照后燃料中 RE 的化学性质时，可以假设其为含单一稀土元素的固溶体，并且可认为单一稀土元素的浓度约为 1.7%（原子分数）。它也是典型 PWR 燃料 35MW·d/kg U 燃耗下的稀土元素总的含量。典型压水堆乏燃料辐照后稀土元素的含量见表 6.10。

表 6.10　典型压水堆乏燃料 35MW·d/kg U 燃耗下稀土元素分布

元素	质量分数/%	原子分数/%
La	0.126	0.216
Ce	0.245	0.417
Pr	0.115	0.194
Nd	0.416	0.687
Pm	0.002	0.003
Sm	0.083	0.132
Eu	0.016	0.024
Gd	0.015	0.023
总计	1.019	1.696

Taylor 和 McEachern[24]给出了掺杂 1.7%（原子分数）RE UO_2 的平衡氧化行为（图 6.15）。UO_2 和 $(RE)O_{1.5}$ 化学计量比的固溶体位于两物质连线上。1.7%（原子分数）组分的点位于点 B。这种组成的样品在氧化时其组成将沿着相图 BC 线向氧顶点移动。如纯 UO_2，该区域到点 C，只存在单一的萤石相。然而，随着样品进一步氧化并超过点 C，可以观察

到 UO_2 和稀土掺杂的 UO_2 之间存在重要差异。在掺有稀土元素的材料中，样品组分沿着线段 CD 由两相组成，一种是贫稀土的 U_3O_8 相，另一种是富稀土的萤石相。因此，在氧化过程通过 C 点时，萤石相组分沿着线段 CA 移动，此时 U_3O_8 相分离而出。当氧化过程持续，组分位于 D 时，总的混合物由 U_3O_8 和组分为 A 的萤石相组成。U_3O_8 和萤石相的相对含量可通过杠杆定理计算而得。萤石相组成可通过延长 OA 至 UO-$(RE)O$ 轴，通过 E 点来确定 RE 和 U 的相对占比。

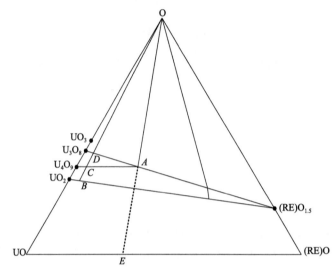

图 6.15　$1000 \sim 1500 ℃$ 三元 U-RE-O 相图的 UO-(RE)-O 部分[24]

Taylor 和 McEachern[24]认为，实际情况中，采用其提出的高温氧化处理时，掺杂稀土元素的 UO_2 并不完全按照上述平衡路径，因为氧化速度比 RE 析出的速度快很多，所以，氧化和相分离过程分两步完成。然而体系最终物相依然可以通过前面所说的 D 点描述。

在 Taylor 和 McEachern[24]的描述中，U-RE-O 相图中有两个参数在相分离法实际应用中具有重要作用。第一，在相分离区域 U_4O_9-A-U_3O_8，U_3O_8 中的稀土元素溶解度可以忽略。实验结果显示 RE 在 U_3O_8 中的溶解度很低，其溶解度上限范围为 $0.2\% \sim 0.5\%$（原子分数）。第二，相图中 A 点是另外一个重要的参数。为了产生尽可能多的富稀土萤石相，则需要 A 点尽可能靠近相图中 (RE)O 顶点。事实上，A 点确切的位置会随着温度和具体稀土元素种类的变化而变化。

Taylor 和 McEachern[24]估计，当乏燃料相分离成纯 U_3O_8 和具有组分为 $(RE_{0.35}, U_{0.65})O_2$ 的萤石结构相时，每千克压水堆辐照后含有 1.7%（原子分数）稀土元素的压水堆辐照后燃料将产生 37g 的富稀土相废料，同时约有 3% 的 U 将损失于富稀土相废料中。UO_2 和辐照后燃料的一个重要区别是，辐照后燃料将存在一定数量的钚。好在 UO_2 和 $(U,Pu)O_2$ 混合物的氧化行为显示钚对稀土相分离过程没有显著的影响。

Taylor 和 McEachern[24]对掺有稀土 RE 元素（RE=Nd, La, Yb, Ce）的 UO_2 粉末、芯块进行了上述过程的研究，都证实了两步氧化法可以实现模拟乏燃料中稀土元素的相分离。他们利用 DTA 和 DGA 技术对 ADU 制备的 UO_2 样品进行了氧化分析。具体地，首先将样品从室温以 10℃/min 中的升温速率加热到 400℃，并且在 400℃保温 16h。然后，样品加热到 1400℃保温 8h。图 6.16 和图 6.17 给出了 1.7%掺杂的 UO_2 粉末进行热处理过程中的热量变化和质量变化。在 DTA 和 DGA 曲线中能够看出明显的两条峰，这也是大家熟知的 UO_2 的两步氧化反应，但是没有看到富稀土萤石相相关的峰。他们认为这种现象也并不奇怪，由于相分离过程是扩散控制的，并且扩散系数很低，所以很难察觉出扩散过程中的热量放出。但是对 DTA 处理后的粉末进行 XRD 分析可以发现，在氧化和热处理过程中，富稀土的萤石相从 U_3O_8 中析出(图 6.18)。

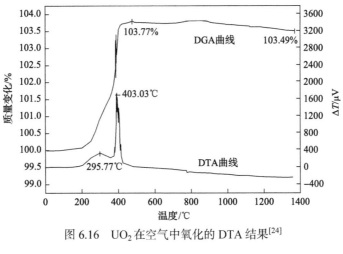

图 6.16　UO_2 在空气中氧化的 DTA 结果[24]

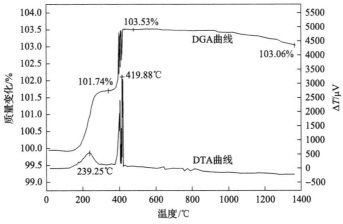

图 6.17　2% Nd 掺杂 UO_2 在空气氧化的 DTA 结果[24]

　　决定上述过程的关键因素之一是稀土元素在 U_3O_8 中的溶解度。因此，Taylor 和 McEachern[24]通过对热处理后的粉末进行 XRD 分析来确定稀土元素在 U_3O_8 中的溶解度(图 6.19)。分析中，把 26.0°附近处峰面积作为 U_3O_8 的强度($I_{U_3O_8}$)信号，而把 28.4°附近处峰面积作为萤石相强度($I_{fluorite}$)信号，样品中萤石相的含量正比于强度信号 $F=I_{fluorite}/(I_{fluorite}+I_{U_3O_8})$。

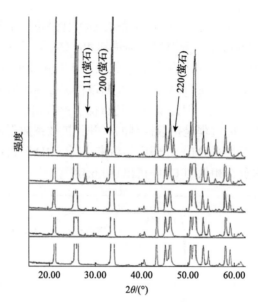

图 6.18 Nd 掺杂浓度从上到下分别为 2.0、1.0、0.5、0.1 和 0.0 情况下两步空气氧化后的 XRD 结果（580℃条件下保温 2h 后再在 1400℃条件下保温 1h）[24]

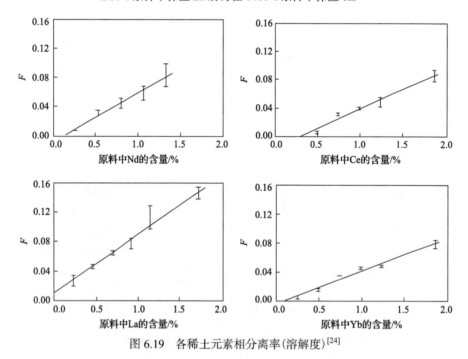

图 6.19 各稀土元素相分离率（溶解度）[24]

  此外，Taylor 和 McEachern[24]对单元 Nd 掺杂的芯块和多元掺杂的 SIMFUL 进行了两步处理，并对处理后样品进行 XRD 分析如图 6.20 和图 6.21 所示。

  另外，他们也给出了样品的 SEM 分析结果。结果显示存在许多大粒径（10μm 左右）的 U_3O_8 晶体，另外，大颗粒的 U_3O_8 晶粒上还附着有许多小颗粒的（1μm 左右），如图 6.22 所示。而这种现象只有在两步氧化的第二阶段发生。加热温度在 750~1000℃的较低温

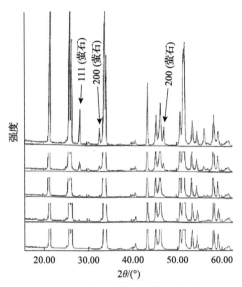

图 6.20　含 Nd 芯块在两步热处理后的 XRD 结果（低温氧化温度为 400℃，高温分别为 750℃、1000℃、1250℃、1380℃）[24]

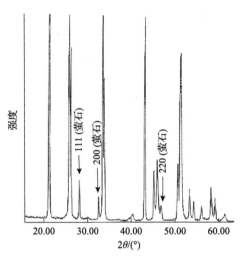

图 6.21　4% SIMFUEL 400℃条件下保温 16h 后再在 1200℃条件下保温 16h 的 XRD 结果[24]

图 6.22　1400℃热处理后的 SEM 结果

原文图片清晰度低，用文献[25]中结果示意度时，样品晶粒显示为无规则结构的"爆米花"结构，如图 6.23 所示。同时对大颗粒和小颗粒的"鼓包"进行了 EDX 元素分析（图 6.24）。

图 6.23　低温处理"爆米花"结构

原文图片清晰度低，用文献[25]中结果示意

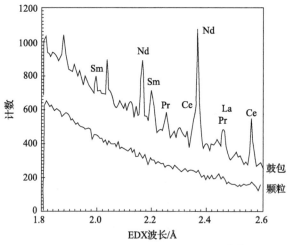

图 6.24　鼓包颗粒的 EDX 分析结果[24]

Lee 等[25]对单元稀土元素掺杂（Nd）的模拟乏燃料进行了稀土元素相分离研究。Lee 等[25]通过将 UO_2 和 Nd_2O_3 粉末研磨混合制备了 Nd 浓度（x）分别为 0.003、0.037 的模拟乏燃料芯块 $(U_{1-x}Nd_x)O_{2.00}$，其浓度对应于燃耗 80000MW·d/t U 和 180000MW·d/t U 的实际乏燃料。随后，对 $(U_{1-x}Nd)O_{2.00}$ 进行了三步热处理：首先，将芯块在空气中 500℃条件下加热 5h 转化为 $(U_{1-x}Nd)_3O_8$；然后，将氧化后的粉末在空气中在温度为 1000～1300℃条件下加热 24h；最后，将热处理后的粉末在空气中冷却到室温。图 6.25 给出了芯块在 500℃下氧化的 XRD 结果，可以看到，$(U_{0.997}Nd_{0.003})O_{2.00}$ 在 500℃氧化时产生了 U_3O_8 单相，而 $(U_{0.963}Nd_{0.037})O_{2.00}$ 在氧化时会形成正交结构的亚稳态相 $(U_{0.963}Nd_{0.037})_3O_8$，$(U_{0.91}Nd_{0.09})O_{2.00}$ 氧化过程中会形成正交结构的亚稳态相 $(U_{0.91}Nd_{0.09})_3O_8$ 和痕量 M_4O_9 类型的萤石相。

当对粉末加热到温度高于 1150℃时（图 6.26），可以看到会形成 U_3O_8 型的相和 $(U_{1-y}Nd_y)O_{2+v}$ 的萤石相。随着加热温度的进一步升高（1150～1300℃），萤石相的比例有所升高（图 6.27），而萤石相中 Nd 的含量（y）逐渐下降（图 6.28）。

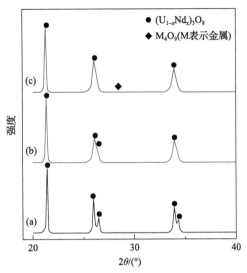

图 6.25　芯块在 500℃条件下氧化的 XRD 结果[25]

(a) x=0.003；(b) x=0.037；(c) x=0.09

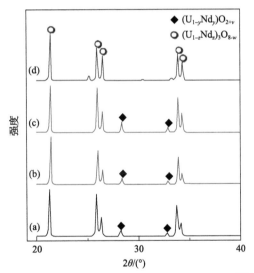

图 6.26　$(U_{1-x}Nd_x)_3O_8$ 热处理后的 XRD 结果[25]

(a) 1150℃，x=0.037；(b) 1200℃，x=0.037；(c) 1300℃，x=0.037；(d) 1300℃，x=0.003

　　Fan 等[26]通过三种不同方式制备了模拟乏燃料，研究了不同热处理条件下的稀土相分离过程。三种模拟乏燃料制备方式为：①ADU 制备法制备 $(U_{1-x}Nd_x)_3O_8$；②U_3O_8 和 Nd_2O_3 粉末湿法直接混合制备 $(U_{1-x}Nd_x)_3O_8$；③UO_2 和 Nd_2O_3 粉末混合后在 900℃温度下氧化制备 $(U_{1-x}Nd_x)_3O_8$。通过对不同方法制备得的 $(U_{1-x}Nd_x)_3O_8$ 进行高温（1000～1600℃）氧化，处理过程中模拟乏燃料新相的生成情况。图 6.29 给出了不同方法制备的模拟乏燃料 XRD 分析结果。

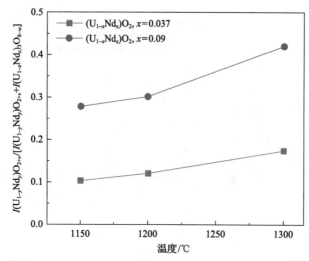

图 6.27 $(U_{1-x}Nd_x)_3O_8$ 热处理过程中富稀土相比例变化[25]

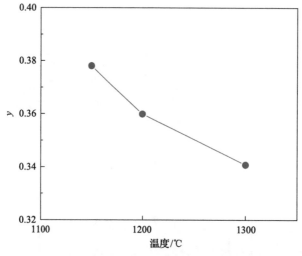

图 6.28 富稀土相中 Nd 浓度(y)随温度变化[25]

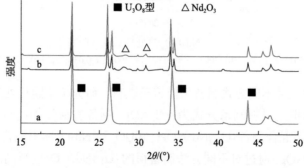

图 6.29 三种不同方法制备的 U/Nd 氧化物的 XRD 结果[26]

a. ADU/Nd(x=0.03)；b. U_3O_8 和 Nd_2O_3 混合物(x=0.1)；c. UO_2 和 Nd_2O_3(x=0.067)混合物 900℃

图 6.30 给出了 ADU 制备的模拟乏燃料$(U_{1-x}Nd_x)_3O_8$，在 1000～1700℃氧化处理时

的 XRD 结果，可以看到随着氧化温度的升高，萤石结构的富稀土相逐渐增加。通过与 Taylor 和 McFachern[24]同样的研究方法，利用峰面积表征富稀土相的比例，其比例系数随温度的变化如图 6.31 所示。

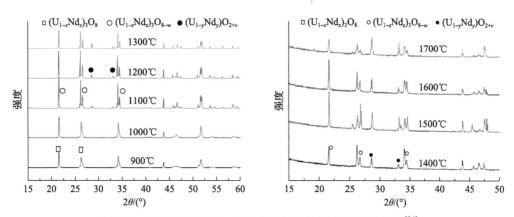

图 6.30　$(U_{1-x}Nd_x)_3O_8 (x=0.03)$高温氧化条件下的 XRD 结果[26]

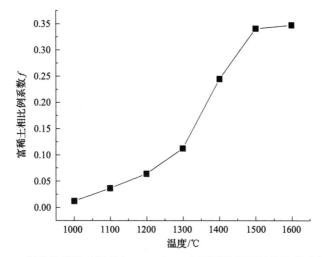

图 6.31　由 ADU 制备的模拟乏燃料$(U_{1-x}Nd_x)_3O_8$在不同温度下氧化处理后的 XRD 结果[26]

图 6.32 分别给出了 U_3O_8 和 Nd_2O_3 混合以及 UO_2 和 Nd_2O_3 混合制备模拟乏燃料高温处理的 XRD 结果，可以看到两种方法都观察到新相的产生，再一次证明，无论是稀土元素均匀弥散还是非均匀弥散的模拟乏燃料，在高温处理时都可以发生相分离现象。

此外，Fan 等[26]还研究了不同初始浓度 Nd 掺杂的模拟乏燃料随热处理温度变化的相分离情况（图 6.33）。同样，不同初始 Nd 掺杂浓度的模拟乏燃料在热处理过程中富稀土相的比例见图 6.34。

综上所述，模拟乏燃料在进行高温热处理的过程中，稀土元素会从小粒径颗粒的富稀土相析出到大粒径富铀相颗粒的表面，这种现象为乏燃料中稀土元素的分离去除提供了一种新的思路。

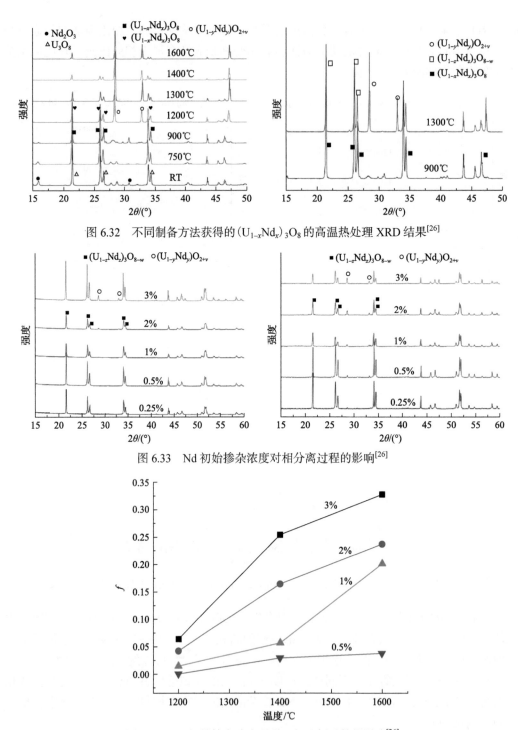

图 6.32　不同制备方法获得的$(U_{1-x}Nd_x)_3O_8$的高温热处理 XRD 结果[26]

图 6.33　Nd 初始掺杂浓度对相分离过程的影响[26]

图 6.34　Nd 初始掺杂浓度对稀土相比例系数的影响[26]

2. 乏燃料贫富稀土相解离

通过对乏燃料进行热处理有望实现稀土元素的相分离，形成富稀土相$(U_{1-x}Nd_x)_3O_{8-z}$

和贫稀土相$(U_xNd_{1-x})O_{2-z}$。然而，此时稀土元素依然黏附在贫稀土的铀基底颗粒上，要真正实现稀土元素的去除，首先必须将稀土元素这种黏附结合的形态打破，使其从铀基底相中解离出来。

解离常见于选矿工程中。矿石由各种组成矿物在外力作用下演变为单体的过程，被称为矿物解离，主要有粉碎解离和脱离解离。粉碎解离是指各种组成矿物，被碎、磨成粒度小于其组成矿物晶体粒度的细粒时，由于颗粒体积减小使各组分矿物分别部分解离成单体，该解离方式的颗粒破碎表面是穿切界面而过，不同矿物间的结合力未遭到破坏。脱离解离是外力作用下产生的各组成矿物沿共用边界相互分离。脱离解离由于只耗费不多的能量即可实现矿物解离，所以是矿物工程期望的理想解离方式。然而，实际碎、磨过程中的矿物解离往往是两种方式并存，并以粉碎解离为主。

根据粉碎过程中形成产品的粒度特征及这一过程中所用的粉碎设备方式的差别，可将物料粉碎分为四个阶段：破碎、磨矿、超细粉碎、超微粉碎。不同粒度级别的原料需要选择不同方式的粉碎设备。如果采用高温氧化技术作为乏燃料处理首端技术，那么乏燃料芯块经过几次循环氧化还原时原料粒径可达到 10μm 左右，此时，如果直接采用高温结晶相分离方法进行处理时，如果晶粒没有长大，那么富稀土的粒度在 1μm 量级，粉碎解离时需要选择合适的粉碎方式及合适的粉碎设备。粉末的过粉碎会导致后续分选难度提高，所以如果能提高贫富稀土两相晶粒可能有益于后续分离。

除此之外，Lee 等[27]研究了采用热处理方式进行富稀土相解离的可行性，即通过对高温处理的模拟乏燃料，进行再次的低温氧化还原，其可能实现稀土相的解离，但该技术还有待进一步验证和开发。

3. 贫富稀土相颗粒物理分离

发生贫富稀土相分离的模拟乏燃料经过解离过程，实现贫富稀土相颗粒的脱离。然而此时贫富稀土相颗粒依然是互相混合在一起的，真正实现稀土元素的分离，还必须将萤石结构的富稀土相颗粒从富铀相颗粒中挑选分离出来。

颗粒物质的物理分离一般指的是通过颗粒物质之间物理性质的差异而实现不同性质颗粒的分离，如粒径、密度、光学性质、电学性质、磁学性质。而最后解离的贫富稀土相最明显的差异就是粒径差异，所以通过贫富稀土相颗粒粒径的差异进行贫富稀土相颗粒分离是较可行的一种物理分离方式。当然，目前对贫富稀土相物理性质的研究还很少，所以，未来对贫富稀土相颗粒物理性质的研究也是一个主要的任务，其将可能产生新型的、更有效的分离方式，实现贫富稀土相真正无水物理分离。

6.2.3 精细化学分离

1. 乏燃料精细分离的意义

乏燃料中质量分数约3%的物质^{235}U 和^{239}Pu 的裂变产物及它们的衰变链的间接产物，包含了元素周期表中锌到镧系元素的所有元素。裂变产物中稀土元素的产额很高，除了放射性核素外，包含 30 多个稳定核素，在反应堆运行期间不断积累。有些同位素对热中子的俘获截面很大，若不除去，会造成反应堆中子中毒，如 ^{149}Sm、^{151}Sm、^{151}Eu、^{155}Eu、^{155}Gd、^{157}Gd 等[28]。因此去除乏燃料中的稀土元素对核燃料循环利用至关重要。

此外，乏燃料中含有很多对国民经济和国防建设具有重要价值的裂变核素和超铀核素，如表 6.11 所总结[29,30]。尤其是核反应堆乏燃料成分中含有大量具有特殊医疗用途的高价值放射性同位素(如 ^{90}Sr、^{153}Gd、^{225}Ac 等)，对乏燃料组分的高效分离以及高值同位素的富集萃取具备重要的科学研究价值和经济效益，对我国医用同位素的稳定自主供应具有重要的战略意义。从乏燃料中提纯这些核素具有很大的经济性，首先它不需要反应堆或者加速器生产核素那样消耗中子或者使用复杂的设备，而且裂变核素的产率很高，来源充足。例如，铂族金属只占地壳中元素总量的 $10^{-7}\%\sim10^{-6}\%$，而核裂变会产生相当数量的铑和钯。一般的核电站，每发电 1MW，便能同时产出 19kg 铑。其次，从乏燃料中分离回收的 ^{90}Sr、^{137}Cs 和超钚元素等长寿命的放射性核素后，废液的放射性水平大大降低，可进一步简化处理和处置的方法，提高废物贮存的安全性。乏燃料精细分离可以从乏燃料中分离出多种不同成分，如铀、钚、次锕系元素、裂变产物、核燃料封装的锆和钢、放射性产物，以及在再处理过程中添加的试剂等。乏燃料经过精细分离后，需要遗弃的物质体积将会大幅减少，降低了核废料储存的成本和环境风险。

表 6.11　从乏燃料中提取有用的裂变核素以及超铀核素

核素	射线种类	半衰期	裂变产额	主要用途
^{90}Sr	β^-	28.8 年	5.6	核电池、β^-源、^{90}Sr-^{90}Y 医用敷贴器，工业 ^{90}Sr-^{90}Y 辐射源用作测厚仪和料位计
^{99}Tc	β^-	2.11×10^5 年	6.2	防腐蚀剂，超导材料，β^-射线的标准源
Rh	^{102}Rh(微量杂质)的β^-、γ	稳定(^{102}Rh 半衰期 207 天)	3.7	贵金属，工业催化剂
^{106}Ru	β^-	373.6 天	0.5	电子工业，β^-源，近距离放射治疗(葡萄膜黑色素瘤)
Pd	^{107}Pd(微量杂质)的软β粒子	稳定(^{107}Pd 半衰期 6.5×10^6 年)	1.5	电子工业，催化剂
^{137}Cs	β^-、γ	30.18 年	6.2	γ 源(灭菌、料位计、密度计、厚度计、核子称)
^{144}Ce	β^-、γ	284.89 天	5.6	γ 源，能源
^{147}Pm	β^-	2.62 年	2.5	β^-源，X 射线源，发光粉
^{237}Np	α	2.14×10^6 年	—	生产 ^{238}Pu(核素能源，用于核电池、海底电缆增音、浮标电源、宇航热源)
^{241}Am	α	432.2 年	—	生产高纯医用 ^{238}Pu(心脏起搏器电源)，中子源，α源(测定胶片厚度和气体组成、烟雾报警器、静电消除器和高性能避雷装置)，γ 源，X 射线源

2. 乏燃料分离纯化的要求、技术现状、问题和发展趋势

由于乏燃料中包含大量的衰变周期长的裂变产物，为满足工业、科研要求，特别是在医疗上的应用要求，在对乏燃料中有价值的核素进行回收利用时，对放射性核素的纯度要求往往很高。但是由于经辐照的燃料元件组成复杂，包容大量的放射性核素，使得分离纯化必须通过化工作业与机械作业的高度协同进行的手段来完成。对设备材料、分离材料、化学试剂以及放射性元素的氧化态都要考虑射线对物质所致的辐照损伤、辐照降解、热效应和化学效应[30]。分离工艺要高度安全可靠，重视放射性液流跑冒滴漏的处理和处置，放射性核素提纯过程中一旦出了事故，一般要经过冗长停车去污清洗后才能进行维修，这会严重影响工厂的经济效益。

目前，分离纯化裂变核素和超铀核素常用的方法有沉淀法、溶剂萃取法、离子交换法或以上多种方法的配合。沉淀法存在操作复杂、生产周期长、规模小、不易连续生产等缺点。溶剂萃取法对某些核素具有良好的选择性、较高的回收率和净化效果，与沉淀法和离子交换法相比，具有操作简便、易于实现遥控、可连续生产等优势，是目前大量提取锶和稀土的重要方法。但由于溶剂萃取法对某些核素分离效果差，试剂不耐强辐照，而使其提取流程变得十分庞杂，增加了化学试剂的消耗和高效操作设备。现阶段所采用的离子交换法一般是指填充有离子交换剂的柱色谱技术。离子交换剂包括有机离子交换树脂和无机离子交换剂，其中有机离子交换树脂的 pH 耐受范围较宽，但是耐辐照性能差[31]；无机离子交换剂耐辐照性能好，但是其特异性较高，分离不具备光谱性。铯和锝可分别采用阳离子、阴离子交换剂进行分离纯化[32]。目前所应用的柱色谱技术主要使用数百微米级且粒径分布宽的粗颗粒树脂作为分离介质，其柱效低、选择性不足，存在产物纯度不高、分离耗时长、溶剂消耗量大等问题。这些分离技术远远落后于现代分离技术的前沿研究，难以实现对化学性质相近的稀土元素的高纯度分离。同时，这些传统技术生产过程较为粗放，分离介质使用寿命普遍较短，会产生大量的放射性废液和废固，增加了乏燃料处理的成本和环境风险，这与乏燃料后处理的环保理念背道而驰。因此将现代分离技术引入乏燃料的分离纯化中，对我国乏燃料后处理技术的革新具有重要意义，能有效提高乏燃料的后处理效率，尤其提高乏燃料中高值同位素的生产效率；同时还能降低乏燃料后处理成本并减少放射性废料的产生。

具体来讲，放射性同位素提纯技术发展的重点集中在以下两个方面：一是继续寻找分离效果好，辐照稳定性强的分离材料；二是采用更先进的分离技术替换现有的落后的分离技术，缩短工艺流程，延长设备寿命，减少溶剂排放，提高各分离纯化系统的兼容性和生产流程的自动化程度。

3. 高效液相色谱用于金属离子分离的原理和进展

相比于柱色谱技术，高效液相色谱法采用了颗粒更小、尺寸更均匀的色谱填料，可以为色谱分离提供更高的色谱分离效率，具有柱效高、分离选择性好、色谱峰窄、分离快速等显著优势。

根据分离机理的不同，高效液相色谱法可以大致分为反向色谱法、正相色谱法、离子色谱法、亲水相互作用色谱法、亲和色谱法以及尺寸排阻色谱法等多种色谱分离模式。未达到对分析物的最佳分离效果，需根据分析物在溶液中的化学性质选择合适的色谱分离模式。乏燃料溶液中的金属元素通常是以水和离子、金属酸根离子形式或者与溶液中某些阴离子形成络合离子的形式存在，而这些金属离子的色谱分离则是通过它们与色谱固定相之间的相互作用的差异来实现的。上述形式的金属离子与色谱固定相可能存在的相互作用主要包括以下几种。

(1)溶质离子与带电荷的固定相之间的静电相互作用。

(2)金属离子与含有配位基团的固定相间的配合作用。

(3)具有特殊分子结构的固定相(如冠醚、杯芳烃)对金属离子的空间识别效应。

(4)溶质离子与带有极性基团的固定相之间的氢键相互作用和偶极-偶极相互作用。

其中,与带电电荷的固定相之间的静电相互作用是所有形态的金属离子共同具有的相互作用形式,因此离子色谱法可以作为一种同时分离多种同电性(同为带正电荷或负电荷)离子的通用型色谱分离手段。而冠醚和杯芳烃类固定相通过其空腔结构进行特异性离子识别,仅适用于特定单一金属离子(如 ^{137}Cs)的高选择性分离[33]。

离子色谱法按照分离机理可以细分为离子交换色谱法、离子排斥色谱法、离子对色谱法、离子抑制色谱法和螯合离子色谱法,其中适用于金属离子分离的包括离子交换色谱法、离子对色谱法和螯合离子色谱法。离子交换色谱法是基于流动相中溶质离子和固定相表面离子交换基团之间的离子交换过程的色谱方法,其主要依赖的分离机理是静电相互作用。根据所分离目标离子的带电荷类型不同,带负电荷基团的阳离子型离子交换色谱固定相适用于带正电离子的分离;而与之相对的,带有正电荷基团的阴离子型离子交换色谱固定相适用于带负电离子的分离[34]。离子对色谱法所用的固定相为常规的反向色谱固定相,通过在流动相中加入一种与溶质离子带相反电荷的离子对试剂,使之与溶质离子形成中性的疏水性化合物,然后通过不同金属离子形成的疏水性化合物的疏水性强弱差异实现对不同金属离子的分离。螯合离子色谱法所用的固定相结构中除具有离子交换基团外,还含有能与金属离子形成配位作用的螯合配体基团,从而使其色谱保留机理同时包含了静电相互作用和配位作用[35],其对含有空位 d 轨道或空位 f 轨道的副族金属离子具有独特的分离选择性。

螯合离子色谱法在静电相互作用机理基础上又引入了配位作用,通过不同金属离子与特定结构的螯合配体固定相间配位能力的差异,实现对目标金属离子的分离,尤其是对镧系元素这类化学性质极为相似的金属离子的分离,螯合离子色谱比常规离子交换色谱更具优势。同时,由于螯合离子色谱固定相保留了离子交换基团,对那些无法通过配位作用在固定相上进行有效保留的金属离子,还可以借助静电相互作用来实现分离。螯合离子色谱的这种特征可以为离子种类复杂的乏燃料组分的分离提供更高的分离效率和更强的通用性。事实上,使用离子交换色谱法对一些难分离的金属离子进行分离时,往往需要在流动相中加入螯合配体添加剂,使其与金属离子形成不稳定的配合物,而流动相中的配体会与离子交换填料表面的阴离子基团竞争结合金属离子。由于不同金属与流动相添加剂间配位强度存在差异,金属离子在离子交换填料上的保留能力也会不同,可借助这种保留能力的差异实现难分离金属离子的分离。也就是说,配合作用机理不仅在螯合离子色谱法中起关键作用,其对离子交换色谱法分离选择性的提升效果也相当明显,尤其是在分离对象为具有配位能力的重金属离子时,如镧系元素。

冠醚和杯芳烃是一类具有特殊空腔结构的配体分子,其分子中的氧原子与某些金属离子具有很好的配合能力,同时根据其分子中穴孔结构大小的差异还可以特异性地结合特定尺寸的金属离子，所以将冠醚或杯芳烃结构固载至色谱填料表面，便可以制备具有特异性分离能力的色谱固定相。这类固定相虽然通用性较差，但是对特定金属离子的分离具有很高的选择性。因此可以通过分子结构的设计，制备与乏燃料中某些高价值核素化学性质及尺寸匹配的配体分子，进而实现多种高价值核素的选择性分离。这种色谱分离方法可以极大地简化分离纯化流程，但色谱填料的开发成本会明显高于常规离子色谱填料。尽管如此，在某些核素(如 ^{90}Sr、^{137}Cs)的分离纯化中仍具有很好的应用潜力。

综上可知，针对金属离子的分离纯化，目前分离效率最高且通用性最强的色谱分离方法为离子交换色谱法和螯合离子色谱法，而开发制备级的高效离子色谱柱以及高分离选择性的离子色谱填料对乏燃料中高值核素的分离纯化具有重要意义，这也将是未来一段时间内乏燃料分离纯化技术的一个关键研究方向。

(5)高效制备液相色谱应用于乏燃料精细分离。

鉴于高效液相色谱技术高柱效、高通量的特点，采用高效制备液相色谱技术纯化乏燃料中的高价值组分具有诸多优势。高效制备色谱一次分离能够同时纯化多种核素，因此缩短了多种核素分离纯化的整体工艺流程，大大减少溶剂排放，且硅胶基质填料为无机骨架，耐辐照性能好，可以满足高放射性离子的精细分离纯化要求，此外，制备色谱还具有自动化程度高的优势，降低对操作人员的辐射危害。目前高效制备液相色谱技术已经广泛应用在有机小分子和多肽等生物分子的分离纯化中，但是在金属离子精细分离领域，高效制备液相色谱的研究和应用并不多，对此仍需要进一步深入研究。使用高效制备液相色谱技术进行金属离子的纯化制备，首先需要了解目标金属元素的化学性质特征以及其在溶液中的氧化态，并据此选择合适的色谱固定相类型和色谱分离条件；其次要进行制备色谱方法和工艺开发，实现从分析色谱方法向制备色谱方法转移，优化载样量、产品纯度和回收率以及分离纯化效率。

在乏燃料里具有高回收价值的元素之中，Sr 和 Cs 分别为碱土金属和碱金属，会以水合离子形式存在于水溶液中；Rh、Ru、Pd 为铂系金属，在含有氯离子的酸性溶液中会与氯离子和水分子形成六配位或四配位的络合阴离子[36]；镧系元素和 Cm、Am 在乏燃料溶液中均以三价阳离子形式存在，而 U 和 Np 会以 UO_2^{2+} 和 NpO_2^{2+} 形式存在，Pu 可以以四种氧化价态存在，其中最稳定的为 Pu^{4+}[37]，Tc 在溶液中以 TcO_4^- 形式存在。因此，高效制备液相色谱分离方案建议采用阴离子交换色谱柱和阳离子交换色谱柱组合的方式实现对上述多种金属离子的分离纯化。具体来说，铂系金属以及在溶液中以酸根离子形式存在的金属可以在阴离子交换色谱柱上得到保留和分离，而其他在溶液中以阳离子形式存在的金属离子则可以通过阳离子交换色谱柱实现分离。

乏燃料组分极为复杂，其中以阳离子形式存在的金属离子种类多样，如何高效地对其中有价值的金属离子种类进行高纯度的快速分离，对所使用的高效制备色谱调料的分离选择性提出了很高的要求。使用强阳离子交换填料作为分离介质可以通过不同带点电荷的金属离子与填料间的静电相互作用强度差异来实现金属离子的分离；而对于带有相同电荷量的镧系元素的分离，可采用阳离子型交换填料配合流动相螯合添加剂(如 α-羟基异丁酸)的方式或者直接采用螯合离子色谱填料的方式，对这类结构相似的金属离子进行有效分离。

在高效制备液相色谱对复杂组分乏燃料进行精细分离的具体实施中，还涉及色谱填料的基材选择、基材的功能化修饰以及相关配套色谱设备的制备等多方面的工作。而在这些方面，我国也有了相当程度的技术积累和研究成果。

高效制备液相色谱用于复杂组分的乏燃料分离的一个优势来源于其所使用的小颗粒、高均匀度的高效液相色谱调料基材，这类材料使用可以极大地提高制备色谱柱的柱效，进而更高效地实现复杂组分的分离。最新的小颗粒硅胶($5\mu m$)基质色谱分离材料结合精密的色谱装备可以实现高效的分离分析，理论塔板数可达到 10 万/m 以上，可以在 30min 内实现 15 种稀土离子混合物的快速分离分析，分离选择性和分离效率相比于粗颗粒树脂均大大提高。中国科学院大连化学物理研究所研制的超高效制备色谱柱，耐压从 10MPa 提高到了 40MPa，突破了常规制备色谱柱 4 万塔板/m。

在分离材料合成上，高效制备液相色谱采用共价键合方式将功能化基团固载至填料基材表面，相较于现有的浸渍式树脂填料具有更高的可靠性和耐久性，而且色谱填料的共价键合制备方法既包含有成熟的硅烷化反应和氨基-环氧开环等反应体系，也有近年来国内研究者开发的"巯基-烯烃"，点击化学(click chemistry)反应，这为多种具备不同分离特性的离子色谱填料的大批量高效合成提供了可靠的技术基础。

在高效制备液相色谱装置的制造方面，中国科学院化学物理研究所联合国内仪器厂家突破了高效制备色谱系统的大部分关键设备，包括大流量高精度的伺服电缸泵、超耐压的弹簧制备柱等，保障了高效制备色谱方法精细分离乏燃料高值组分的可靠设备供应。其中，高精度伺服电缸输液泵实现了运行方式和输液精度的有效控制，运用电子凸轮曲线技术，逐周期反馈校正，完美实现溶剂压缩补偿和预补偿，流速准确度误差范围仅为 ±1%，流速精度 RSD≤0.5%，确保了高效制备色谱精细分离乏燃料方法的可靠性。而耐高压弹簧柱的使用极大简化了色谱柱的维护和更换，同时针对金属离子纯化难度大、产品分离纯度要求高等特点，增加色谱柱的耐压性和加强色谱柱的强制分配，以及通过高强度弹簧来保证色谱柱床的精密压紧力，进而实现制备色谱柱的高效分离，提高设备运行过程中的安全性。为了实现设备的耐腐蚀性，色谱柱体材料选用了内层为非金属、外套为金属的复合柱，既保证了色谱柱耐高压的机械强度，又保证了其耐腐蚀性，避免了因色谱柱腐蚀而引入到产品中的金属离子杂质，保障了所回收金属离子的纯度。

另外，为减少操作过程中的辐射对操作人员的伤害，实现分离纯化过程的自动化就成了装备设计的必要因素。发展自动化切换阀，实现在线检测和自动化样品收集是高效制备色谱自动化精细分离乏燃料组分的关键技术。在线检测是通过分析检测分离过程中洗脱液中物质的变化，根据样品中化合物的分离情况收集目标馏分。运行中需要通过分流阀与制备色谱柱的连接，通过阀的分流实现一路进入检测器，另一路进入馏分收集器，进而实现乏燃料高值组分的高精度准确分离与收集。因此，发展耐辐射设计的自动化分流阀和馏分收集阀也是高效制备色谱技术在乏燃料精细分离应用中的一个关键研究方向。

4. 离子液体选择性浸出法

离子液体是一种完全由离子组成的有机盐，组成部分包括有机阳离子和无机/有机阴离子。如高温下的 KCl、KOH 呈液体状态，此时它们就是离子液体。在室温或室温附近温度下呈现液态的由离子构成的物质，被称为室温离子液体(room temperature ionic liquid, RTIL)、室温熔融盐、有机离子液体等，尚无统一的名称，但倾向于简称离子液体。在离子化合物中，阴阳离子之间的作用力为库仑力，其大小与阴阳离子的电荷数量及半径有关，离子半径越大，它们之间的作用力越小，这种离子化合物的熔点就越低。某些离子化合物的阴阳离子体积很大，结构松散，导致它们之间的作用力较低，以至于熔点接近室温[38]。

离子液体的概念是在 20 世纪 80 年代第一次被提出，但首次发现离子液体是早在 1914 年，Walden[39]报道了通过己胺和硝酸反应得到[EtNH₃][NO₃]，但其较不稳定，因此没有获得人们过多的关注和重视。20 世纪 60 年代，Huriey 和 Wier[40]通过将 N-甲基吡啶加入 AlCl₃中，升高温度得到无色透明液体，这便是最初的离子液体，但其易与水发生反应生成 HCl。因此，人们想要寻找一种更加稳定的离子液体。1992 年，Wilkes 和 Zaworotko[41]合成四氟硼酸盐离子液体。随后，六氟磷酸盐离子液体也被合成出来，并成为主要的应用对象。虽然相比于之前的离子液体，它们在水中的稳定性得到了提高，但其还是能与水进行反应，从而限制了其在更多领域的应用。直到 1996 年，科研人员发现了含 F 的离子液体，这类离子液体对水具有良好的稳定性[42]。在此之后，离子液体才得到大量的合成及研究，使其在多领域得到了应用和发展[43]。离子液体具有很多优异的物理化学特性，如不易挥发、熔点较低、溶解性能较好、电化学窗口较宽及催化能力较强。除此之外，其结构可以根据具体的需要进行调整，通过改变阴阳离子的组合或引入功能基团来实现不同的功能。因此，离子液体能够在催化合成，萃取分离以及电化学等多个技术领域发挥重要作用。由于离子液体由不对称有机阳离子和无机或有机阴离子组成，离子液体的阴阳离子具有可修饰性，所以离子液体又被称为"可设计的溶剂"，离子液体的阴阳离子的改变可导致其物理和化学性质发生改变。目前研究的主要阴阳离子结构见表 6.12。

表 6.12 离子液体主要阴阳离子结构

离子类别	主要离子结构
阳离子	 咪唑类　吡咯类　吗啉类　吡啶类　季铵盐类 异喹啉类　哌啶翁类　吡嗪类　有机膦类

续表

离子类别	主要离子结构
阴离子	

（1）熔点。

熔点是物质从晶相到液相的转变温度，与分子液体相比，离子液体的相变行为更复杂，但是离子液体的熔点与其组成的阴阳离子的结构和性质有很大的关系[44]。对于常见的咪唑类离子液体，当有机阳离子的体积较小、对称性越好时，熔点会越高，而且阳离子取代基的链长增加会导致离子液体的熔点下降；而对于阴离子而言，大多数阴离子体积增大会使离子液体的熔点升高[45]。

（2）热稳定性。

目前一些有机试剂常被离子液体代替，最主要是因为离子液体的热稳定性较强，离子液体的蒸气压极低，在较大的温度范围内（300～400℃）也不会挥发，保持液体的状态[46]。Huddleston 等[47]对常见的咪唑类离子液体的热稳定性进行了归纳总结，发现离子液体的热稳定性随着其阴离子亲水性的增加而下降，热稳定性的顺序排列为 $Tf_2N^- >BF_4^- > PF_6^- >$ 卤素阴离子。

（3）溶解度。

离子液体的溶解性有其特殊性，它能与多种有机试剂互溶，主要取决于它们之间的溶剂化作用强弱[48]。离子液体一般与非极性有机溶剂或者长链烷烃不互溶，如乙醚、甲苯等。这主要包括离子液体中阳离子对极性溶质或二偶极溶质的氢键给予能力以及阴离子的氢键接受能力等[49]。另外，关于离子液体在水中溶解度的研究比较多，应用比较广泛，主要与阴阳离子的亲疏水性有关。一般地，当离子液体的阳离子烷基链增长时，离子液体在水中的溶解度反而会降低；当阴离子为 Tf_2N^-、BF_4^- 和 PF_6^- 时，离子液体常表现出疏水性。离子液体对二氧化碳、氧气、氢气以及一氧化碳等气体也有很强的溶解能力，目前发现的在离子液体中溶解度最高的气体是二氧化碳[50]。

(4) 其他性质。

离子液体的蒸气压极低，几乎没有挥发性，可避免环境污染，这是离子液体被认为是环境友好溶剂的主要依据[51]。它的液态温度范围宽，多数从低于或接近室温到300℃都能以液体的形式稳定存在。其稳定性好，除了金属卤化物型离子液体对空气和水敏感之外，绝大多数离子液体具有良好的物理化学稳定性[52]。离子液体对大部分无机和有机物质具有良好的有机溶解能力，且具有有机溶剂和催化剂双重功效，可作为许多化学反应的溶剂或催化活性载体及催化剂。它的电化学稳定性强，具有较宽的电化学窗口和较高的电导率，可以用作电化学反应介质及电池溶液。离子液体具有可设计性，其物理化学性质可以通过改变阴阳离子的结构或引入不同的功能基团来进行修饰调节[53]。随着对离子液体研究的不断深入，其可设计性受到越来越多的关注，已成为离子液体继环境友好之外又一突出的优点和核心价值。基于结构-性质关系，通过离子液体不同阴阳离子搭配和不同官能团的引入，可设计出数目巨大、种类繁多、具有不同功能特性的离子液体，理论上离子液体的数量可达1018种，并可精确调控离子液体的密度、黏度、熔点、极性、热稳定性、氢键碱性和氢键酸性多物理化学性质，使其在有机合成和催化、电化学、分离、材料制备生物转化等领域获得了广泛的应用[54]。

由于离子液体几乎没有挥发性，将离子液体作为萃取剂用于金属分离时，可以避免传统有机溶剂因挥发混入产品导致产品质量下降，以及溶剂损耗和环境污染。此外离子液体的热稳定性极强，可以通过升温的方式进行解吸回收并循环使用，降低成本。近年来研究发现，离子液体对某些金属具有很强的分离能力，特别是利用离子液体的可设计性，可针对特定离子的结构特征，优选离子液体的阴阳离子结构，并进一步引入有助于提高分离选择性的功能基团，构建出具有特定分离选择性的离子液体，从而实现高效分离[55]。

在乏燃料后处理领域，离子液体体系因其高萃取效率、高选择性和很强的辐照稳定性而得到国内外学者的密切关注，各国已经多次召开相关学术会议来研讨其在乏燃料后处理中应用的可行性[56,57]。如$[C_n mim][Tf_2N]$、$[C_n mim][PF_6]$、$[N_{a,b,c,d}][Tf_2N]$，以及其他一些功能化离子液体，在乏燃料后处理中的应用研究已经有了较多尝试[58]，但是仍有很多问题有待解决[59]。当前，具有广泛应用前景的为中国科学院近代物理研究所和中国科学院福建物质结构研究所提出的利用新型离子液体对乏燃料进行选择性浸出和浮选技术。

5. 离子液体选择性浮选乏燃料技术

离子液体选择性浮选乏燃料技术是一种利用离子液体对不同氧化物表面作用的不同，采用双有机相离子液体选择性浮选技术，从乏燃料中分离铀氧化物和稀土等中子毒物元素氧化物的方法。该项技术在氧化铀和稀土氧化物等不被溶解的情况下，即可实现两者固相之间的分离，可有效避免二次废液的产生，在节能和环保上具有重要意义。离子液体选择性浮选乏燃料技术路线如图6.35所示。

离子液体选择性浮选乏燃料技术主要包含乏燃料与离子液体搅拌混合、双有机相浮选、富稀土氧化物与上层有机相的物理过滤/离心、富铀氧化物与离子液体相的物理过滤/

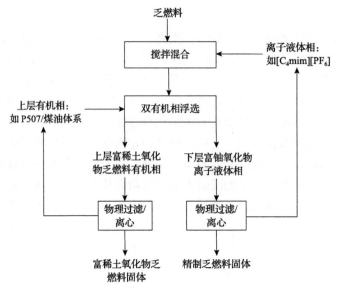

图 6.35 离子液体选择性浮选乏燃料技术路线

离心四个工艺流程。

乏燃料与离子液体搅拌混合的目的是使乏燃料表面与离子液体相进行充分接触,进而实现乏燃料中不同元素氧化物界面性质的改变。其中离子液体相可以是[C₄mim][Tf₂N]或[C₄mim][PF₆]等功能化离子液体。搅拌时间和搅拌强度对浮选选择性效果影响不大,保证乏燃料与离子液体搅拌充分即可。

双有机相浮选中的上层有机相通常由稀土或对应元素萃取剂(如 P507、P204、Cyanex 272 等)及煤油、油酸等常见有机稀释剂混合配制而成。在双有机相浮选过程中,稀土等中子毒物氧化物将被上层有机相带入到泡沫层中,而铀等氧化物则被滞留在下层的离子液体相中。浮选过程中,鼓泡可明显改善浮选选择性,即提高乏燃料中稀土及其他中子毒物元素氧化物与铀氧化物的选择性;随稀土及其他中子毒物元素氧化物密度的增大,浮选能力降低,对杂质元素的去除能力降低。

富稀土氧化物与上层有机相的物理过滤/离心、富铀氧化物与离子液体相的物理过滤/离心性质相同,因富稀土氧化物和富铀氧化物始终保持固态,因此通过简单物理过滤或离心即可实现固液分离。上层富稀土氧化物经物理过滤/离心后,得到富稀土氧化物的固体和可回用于浮选的上层有机相液体。下层富铀氧化物离子液体相经物理过滤/离心后得到富铀氧化物固体(用于后续精制乏燃料)和可回用于与乏燃料搅拌混合作用的下层离子相液体。

表 6.13 给出了采用[C₄mim][Tf₂N]作为离子液体相、P507/油酸作为上层有机相,利用多段离子液体选择性浮选乏燃料技术,实现乏燃料中的中子毒物 Nd 的高效去除。

综上,离子液体选择性浮选乏燃料技术提供了一种短流程的高效乏燃料处理再生技术,该技术实行过程中稀土等中子毒物氧化物,以及作为核燃料的铀氧化物始终保持固态,其间不使用酸碱等对乏燃料进行溶解,且通过多级浮选稀土等中子毒物氧化物去除率可高达 90%以上。相比于传统无机酸全溶后溶剂萃取的后处理工艺,离子液体选择性浮选乏燃料技术具有流程短、不产生二次废液、环保、高效等优势。针对离子液体选择

表 6.13　不同初始 Nd 含量对浮选分离的影响[59]

w_0 (Nd) /%	一次浮选分离		二次浮选分离		三次浮选分离	
	w (Nd) /%	去除率/%	w (Nd) /%	去除率/%	w (Nd) /%	去除率/%
15.8	5.02	68.2	2.03	88.2	1.56	90.1
9.89	3.56	64.1	2.26	77.1	1.48	85.1
7.23	3.03	58.1	1.76	75.7	1.12	84.5

注：模拟乏燃料为对不同初始 Nd 含量的 U_3O_8 和 Nd_2O_3 混合物。

性浮选乏燃料技术，中国科学院近代物理研究所秦芝课题组和中国科学院福建物质结构研究所杨帆课题组已获得"一种新的除去乏燃料中稀土元素的方法：CN201510598046.2"专利授权，然而离子液体选择性浮选乏燃料技术仍需不断革新，进一步研发离子液体选择性浮选乏燃料技术对乏燃料的清洁高效化后处理具有重大意义。

6. 离子液体选择性浸出乏燃料技术

离子液体选择性浸出乏燃料技术，是一种利用离子液体对不同氧化物浸出性的差异，从乏燃料中选择性浸出稀土等中子毒物氧化物的技术，而作为核燃料的铀等氧化物始终保持固态。该项技术突破了传统酸浸串联萃取分离以及高温熔盐电解处理乏燃料工艺路线的束缚，经单一相单级分离即可实现模拟乏燃料中稀土氧化物等中子毒物的高效去除（去除率大于90%），而铀始终保持氧化物的固体形态[损失率小于 1.0%（质量分数）]，具有流程短、效率高、节能环保等优点。

离子液体选择性浸出乏燃料技术主要包含加热搅拌浸出、物理过滤、电化学富集或氟化富集、酸洗活化再生这几个工艺过程，离子液体选择性浸出乏燃料技术路线如图 6.36 所示。

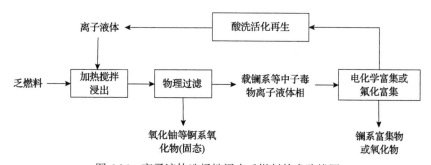

图 6.36　离子液体选择性浸出乏燃料技术路线图

影响加热搅拌浸出工艺的参数有离子液体类型、固液比、浸出温度和时间、添加剂种类及用量等。离子液体的选取是离子液体选择性浸出乏燃料技术的核心，一般选择酸性离子液体（如［Hbet］［Tf_2N］）对乏燃料进行选择性浸出，使稀土等中子毒物氧化物被酸性离子液体溶解进入离子液体液相，而核燃料的二氧化铀等保持固态。利用酸性离子液体对乏燃料浸出的过程中，稀土等中子毒物氧化物发生的反应如下：

$$RE_2O_{3(固相)} + 3IL\,—COOH_{(液相)} \xrightarrow{\ 加热\ } (IL\,—COO^-)_3 RE_{(液相)} \quad (6.38)$$

式中，IL 表示离子液体(ionic liquid)。

表 6.14 列出了[Hbet][Tf$_2$N]对不同氧化物的浸出性能研究，表 6.15 列出了[Hbet][Tf$_2$N]浸出模拟乏燃料的选择性浸出性能。

表 6.14 [Hbet][Tf$_2$N]浸出不同氧化物研究

氧化物类型	氧化物	浸出率/%
MO$_2$	UO$_2$	0.56
	ThO$_2$	0.03
	ZrO$_2$	0.01
M$_2$O$_3$	La$_2$O$_3$	99.99
	Pr$_2$O$_3$	100
	Nd$_2$O$_3$	100
	Sm$_2$O$_3$	100
	Eu$_2$O$_3$	99.99
	Gd$_2$O$_3$	100
	Y$_2$O$_3$	100

注：浸出相为水饱和的[Hbet][Tf$_2$N]，固相为各类金属氧化物，固液比为50mg/mL，浸出温度为40℃，浸出时间为60min。

表 6.15 [Hbet][Tf$_2$N]浸出模拟乏燃料性能

RE$_2$O$_3$	RE$_2$O$_3$溶解率/%	UO$_2$溶解率/%
La$_2$O$_3$	92.85	0.89
Pr$_2$O$_3$	95.03	0.67
Nd$_2$O$_3$	95.06	0.99
Sm$_2$O$_3$	93.53	0.65
Eu$_2$O$_3$	92.32	0.72
Gd$_2$O$_3$	93.89	0.54

注：浸出相为水饱和的[Hbet][Tf$_2$N]，固相为稀土氧化物和铀氧化物的混合物，稀土氧化物占总含量0.61%～4.97%(质量分数)，稀土氧化物∶离子液体=1∶0.01～0.04mg/mL，浸出温度30～50℃。

由表 6.14 和表 6.15 可知，水饱和的[Hbet][Tf$_2$N]可有效浸出 La$_2$O$_3$、Pr$_2$O$_3$、Sm$_2$O$_3$、Gd$_2$O$_3$、Eu$_2$O$_3$、Nd$_2$O$_3$ 等 M$_2$O$_3$ 型稀土氧化物，而对于 UO$_2$、ThO$_2$、ZrO$_2$ 等 MO$_2$ 型氧化物浸出效率很低，水饱和的[Hbet][Tf$_2$N]可选择性浸出众多 M$_2$O$_3$ 型稀土氧化物(乏燃料中又称中子毒物)。然而，[Hbet][Tf$_2$N]离子液体水中溶解度较高导致其在浸出过程中流失率较高，且其耐辐照性能较差。因此，开发可用于离子液体选择性浸出乏燃料技术的高耐辐照酸性离子液体体系是离子液体选择性浸出乏燃料技术的关键，也是重要的研究方向。

加热搅拌浸出工艺的固液比、浸出温度和时间、添加剂种类及用量等均会影响选择性浸出效果。通常提高离子液体用量、提高浸出温度和延长浸出时间、添加硝酸等添加剂可以提高金属氧化物的浸出率，但是这种浸出率提高的同时往往会降低选择性。因此，在实际浸出过程中通常需要寻找浸出率与选择性的最佳平衡点条件。

物理过滤可采用离心过滤，也可采用介质过滤法进行过滤。应用离子液体对乏燃料进行加热搅拌浸出后，通过简单的物理过滤，即可将料液分为含有稀土等中子毒物的离子液体相和氧化铀等固相。氧化铀等固相因去除了中子截面大的稀土等元素，后续通过简单再加工工艺即可作为核燃料使用。

为了选择性回收稀土等中子毒物元素以及实现离子液体的回用，可选择采用电化学富集法或氟化沉淀富集法，将溶解于离子液体相中的稀土等元素以沉淀形式释放出来。氟化富集沉淀法为向离子液体相中添加适当氟离子，使其中稀土等金属离子形成氟化物沉淀析出。氟化富集沉淀法具有沉淀反应快、多余的氟可以通过加热蒸馏的方式去除、对体系循环利用影响较低等优点，但很多金属离子(如 Sr 等)会随稀土离子一同沉淀，选择性较低。电化学富集法的选择性较高，但是其间对电位等参数控制要求严格，且设备和流程较为复杂，成本较高。

离子液体酸洗再生一般包含酸洗和水洗两个步骤，离子液体在充分洗去离子液体中残留的杂质后，可回用于加热搅拌浸出工艺，继而提高离子液体利用率，降低浸出成本。

综上，离子液体选择性浸出乏燃料技术提供了一种短流程的高效乏燃料处理再生技术。相比于传统无机酸全溶后溶剂萃取的后处理工艺，离子液体选择性浸出乏燃料技术通过单级浸出处理，镧系等中子毒物元素氧化物的去除率即可达到 80% 以上；而作为核燃料的铀始终保持固态，铀损失率极小，且酸耗低、环境污染友好。针对离子液体选择性浸出乏燃料技术，中国科学院近代物理研究所秦芝课题组和中国科学院福建物质结构研究所杨帆课题组已获得"一种直接分离二氧化铀或者乏燃料中稀土元素的办法：CN201810285597.7"专利授权，然而离子液体选择性浸出乏燃料技术仍需不断革新，进一步研发离子液体选择性浸出乏燃料技术等高效乏燃料后处理技术仍是实现碳中和的重要研究方向。

6.3　燃 料 制 备

再生燃料的制备包括分离后的乏燃料的转化与再生燃料元件的制备相关技术。将分离后的乏燃料转化为再生燃料，然后制备成再生燃料元件才能实现核燃料的闭式循环，从而实现乏燃料再生系统的最终目标。分离后乏燃料的转化是去除 ^{3}H、Kr、I、Xe、Cs 裂变产物以及稀土元素(Gd、Nd、Sm)等部分裂变产物后的乏燃料重新转化为再生燃料。分离后的乏燃料的转化对实现乏燃料再生循环系统的最终目标有重要的决定性意义。

6.3.1　引言

核燃料按照组分特征，主要分为三类[60,61]：

(1)金属/合金燃料。金属/合金燃料包含钍、铀、钚金属及其合金。它具有可裂变原子密度高、导热性良好、易加工和便于后处理等优点，但存在辐照肿胀严重、熔点低(1132℃)、易相变、化学性质活泼，易于水或包壳反应等缺点，主要应用于低功率、低燃耗的反应堆，如 EBR-I。为了提高其抗辐照性、耐腐蚀性和高温强度，添加 Be、Al、Zr 等制成合金燃料[62]，如 U-Zr、U-Pu-Zr 合金[63]。

(2)弥散型燃料。弥散型燃料由燃料相和基体相两部分组成，含有易裂变核素的燃料颗粒为燃料相(如 UO_2、UC 等)，非裂变材料为基体相(如 Be、Zr、石墨等)[64-66]。其主要优点有燃耗深、辐照性能良好、导热性好、机械强度高、抗腐蚀能力强等。但由于受基体相耐热性的限制，一般用于低温运行的实验堆。

(3) 陶瓷燃料。陶瓷燃料是指 Th、U、Pu 可裂变核素与 C、N、O、Si 等非金属形成的化合物及其互熔物，包括氧化物、碳化物、氮化物及硅化物。

目前应用最广泛的是 UO_2 陶瓷燃料。与金属燃料相比，它具有高熔点(2850℃)，膨胀各向同性，服役温度高；辐照稳定性良好；化学惰性强，与水不反应；与包壳兼容性良好等优点。其导热性较差(表 6.16)。此外，乏燃料后处理中提取的 U、Pu 可以制成 MOX 燃料。

表 6.16　几种常见核燃料的物理参数

核燃料	熔点/℃	密度/(g/cm³)	U 质量分数/%	热导率/[W/(m·K)]
U	1132	19.8	100	≈70(1000K)
UO_2	2850	10.96	88.0	≈4.5(1000K)
UC	2525	13.63	95.1	≈21.7(1273K)
UN	2650	14.32	94.4	≈18(1273K)

碳化物燃料中广受关注的是一碳化物，如 UC、(U-Pu)C。如表 6.16 所示，与 UO_2 燃料相比，UC 的热导率更高，能够有效减弱堆芯的温度梯度；密度更大，U 浓度更高，可以有效增加可裂变核素的装载量和提升堆功率；还可与 Pu 以及部分次锕系核素(MAs)形成二元混合共熔体系，被认为是第四代反应堆的理想候选核燃料。

氮化物燃料也是一种先进的新型核燃料。制约其发展的最大因素是高中子吸收截面的 ^{14}N [丰度 99.6%，$^{14}N(n, p)^{14}C$]。制备 UN 时，必须采用浓缩的 ^{15}N，将增加其燃料成本。

硅化物燃料中最具代表性的是 U_3Si_2。$11.3g\ U/cm^3$ 的铀密度明显高于 UO_2($9.7g\ U/cm^3$)，其导热性、抗氧化性和耐水性也均优于 UO_2，目前尚处于研发阶段。

为了实现高燃耗和发展可行的闭式核燃料循环，嬗变 MAs 与 Pu 势在必行。但 UO_2 燃料在高温下的机械性能与热性能限制了其在嬗变堆中的应用，同时嬗变燃料应具备良好的 MAs 共熔性。因此，应该选择新的核燃料形式——碳化物。

制备 UC 的方法有多种，主要包含以下五类：

1. 金属铀或铀的氢化物与碳反应

金属铀与碳的直接化合法[式(6.39)]是实验室制备纯 UC 的最常用方法，其基本流程[67-69]为：铀经硝酸处理去除表面氧化层、石墨在真空高温(2000℃)下脱气处理后，以 1:1 的摩尔比添加到电弧炉(钨电极)的铜坩埚中熔融(Ar 氛围)制备高纯度的 UC。该方法的缺点是金属铀昂贵且亲氧性极强，组分偏析，含有 Cu、W 污染物。除了电弧熔融法外，还可以通过冶金法制备 UC。将 U 与 C 均匀混合后压块，真空或 Ar 气氛中于 900~1125℃温度下处理，随后在 1600℃高温下处理制得 UC 芯块。

$$U + C \longrightarrow UC \tag{6.39}$$

铀的氢化物与碳反应制备 UC，其流程如下：100~300℃，金属铀与氢气生成 UH_3

精细粉末[式(6.40)]；再与定量的碳粉混合、压块，真空条件下，缓慢升温至 1400℃ 制备 UC[式(6.41)]。此过程中，产生的 H_2 需要不断移出。

$$U + 1.5H_2 \longrightarrow UH_3 \tag{6.40}$$

$$UH_3 + C \longrightarrow UC + 1.5H_2 \tag{6.41}$$

2. 金属铀或铀的氢化物与烃类化合物反应

如式(6.42)所示，金属铀或铀汞齐和 CH_4 反应合成 UC（<650℃）

$$U + CH_4 \longrightarrow UC + 2H_2 \tag{6.42}$$

C_3H_8 和 C_4H_{10} 也可代替 CH_4，反应速率更快。其最大的缺点之一是碳的添加量不易控制。Brown 等[69]通过控制反应的增重量来控制 C 添加量。首先，金属铀与 H_2 反应获得 UH_3 粉末（200℃），然后在 UH_3 热分解时（600～800℃）经过 C_3H_8 渗碳作用直到获得相应的增重量，最终得到 UC 精细粉末。该法的合成温度低且制得的 UC 反应活性高、易烧结，但易生成 UC_2[70]。如式(6.43)所示，UC_2 经 H_2 还原处理即可得到 UC，但此过程又极易生成金属 U[式(6.44)]。

$$UC_2 + 2H_2 \longrightarrow UC + CH_4 \tag{6.43}$$

$$UC_2 + 4H_2 \longrightarrow U + 2CH_4 \tag{6.44}$$

3. 金属熔融法

Mg-Zn 熔融物中的金属铀与脱气的碳粉于 800℃ 反应 2～5h 生成 UC 并沉于底部，分离后即可获得 UC[71]。该法的缺点是 UC 中含有少量的 Mg-Zn 杂质（质量分数为 0.2%～0.4%），不易去除。

4. 铀卤化物的还原法

在 Si、Mg、Al 存在条件下，铀的卤化物与碳在真空下（700℃）反应生成 UC[式(6.45)～式(6.47)]。其中 SiF_4、$MgCl_2$、AlF_3 可以通过高温挥发去除，该法的缺点是 UC 中含有诸多杂质。

$$UF_4 + Si + C \longrightarrow UC + SiF_4 \tag{6.45}$$

$$2UCl_3 + 3Mg + 2C \longrightarrow 2UC + 3MgCl_2 \tag{6.46}$$

$$3UF_4 + 4Al + 3C \longrightarrow 3UC + 4AlF_3 \tag{6.47}$$

5. 碳热还原法

碳热还原法是 UC 制备工艺中最常用、最经济的方法之一，起始原料为氧化铀(如 U_3O_8 和 UO_2)与炭黑。其基本操作是将粉末原料均匀混合后，在真空或 Ar 中高温($>1600℃$)碳热还原制备 UC。

以上五种 UC 的制备方法中，相比而言，碳热还原法工艺流程简单，原料廉价，更适合于大规模的工业生产。

1) 碳热还原机理

目前研究结果认为，碳热还原过程的反应机理根据铀碳比例、反应温度等条件的不同稍有差异。一般而言，二氧化铀碳热还原跟碳化反应根据碳添加量不同主要发生以下两个反应[72]：

$$UO_2 + 4C \longrightarrow UC_2 + 2CO \tag{6.48}$$

$$UO_2 + 3UC_2 \longrightarrow 4UC + 2CO \tag{6.49}$$

温度低于 $1800℃$ 时，二氧化铀碳热还原根据上面的方程，每一个都对应于一个单变量的温度-压力平衡：低于 $1300℃$ 不会生成 UC，高于 $1300℃$ 只有 UC_2 物相，并且 UC_2 在 $1260\sim1450℃$ 不会分解。碳过量时发生以下反应：

$$2UC + C \longrightarrow U_2C_3 \tag{6.50}$$

碳热还原过程也有不同认识。例如对 UO_2 和碳的混合物进行压制、真空($<10^{-5}bar$)烧结($1700\sim2000℃$之间)可生成 UC。真空条件下的碳热还原反应方程式为

$$UO_2 + 3C \longrightarrow UC + 2CO \tag{6.51}$$

根据式(6.48)~式(6.51)反应方程和勒夏特列原理(Le Chatelier principle，又称平衡移动原理)，较低的 CO 分压将使平衡向 UC/UC_2 产物偏移。因此碳热还原过程采用真空碳热还原有利于减少 CO 的分压，提高碳热还原制备碳化铀的产率。

铀与碳充分混合的颗粒采用真空碳热还原法制备碳化铀时，将 UO_2 转化为 UC/UC_2 的反应在表面开始，反应开始瞬间生成 UC 的物理层覆盖在反应粒子 UO_2 上，反应的进一步进展是通过以下步骤进行：

步骤 1：$C \longrightarrow [C]_{UC}$ 在反应粒子表面生成。

步骤 2：$[C]_{UC}$ 从表面扩散到反应粒子的 UO_2-UC 界面。

步骤 3：反应粒子界面处的反应 $[C]_{UC} + UO_2 \longrightarrow UC + 2[O]_{UC}$。

步骤 4：$[O]_{UC}$ 扩散到反应粒子的表面。

步骤 5：反应粒子表面的反应 $[O]_{UC} + C \longrightarrow CO(g)$。

步骤 6：$CO(g)$ 通过 UC 层扩散到微球表面。

真空碳热还原模型如图 6.37 所示。

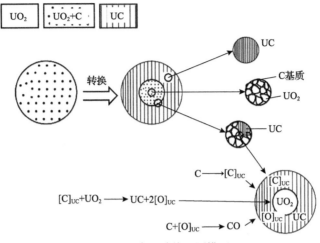

图 6.37　真空碳热还原模型

真空条件下 UO_2+C 微球碳热转化成 UC 符合界面控制机理的速率表达式,分散在碳基体中的 UO_2 微球的还原是由扩散机制控制的。在 UO_2+C 转化为 UC 的中间阶段没有较高的碳化物,这表明碳的固态扩散(步骤 2)是真空下可能的速率控制步骤。

氩气气氛碳热还原制备碳化铀,当 C∶UO_2=3∶1 时反应开始先生成外层的 UC_2,反应中间阶段(过渡阶段)结构是一个外层 UC+C,一个中间层 UC_2 和一个核心 UO_2+C。随着反应的进行,UC 层厚度不断增加,UO_2+C 核的直径逐渐减小,最终微球的完全转化为 UC。C∶UO_2=3∶1 碳热还原时两个界面(UO_2+C)发生反应 $3UC_2(s)+UO_2(s) \rightleftharpoons 4UC(s)+2CO(g)$,在 UC_2 和反应物 UO_2 之间形成一层薄薄的 UC 层。更进一步地,UC_2 转化为 UC 经历如下步骤:

步骤 7:在粒子内 UC_2-UC 界面,碳从 UC_2 到 UC 的溶解:$[C]_{UC_2} \rightleftharpoons [C]_{UC}$。

步骤 8:溶解的$[C]_{UC}$ 从 UC_2-UC 内界面扩散到 UC-UO_2 界面。

步骤 9:在 UC-UO_2 界面$[C]_{UC}$ 与 UO_2 反应:$[C]_{UC}+UO_2 \rightleftharpoons UC+2[O]_{UC}$。

步骤 10:形成$[O]_{UC}$ 的扩散,从 UC-UO_2 界面扩散到 UC_2-UC 界面。

步骤 11:$[O]_{UC}$ 与 UC_2 在 UC_2-UC 界面反应得到 UC 和 CO(g):$[O]_{UC}+UC_2 \rightleftharpoons UC+CO(g)$,最后是 CO 从微粒脱落。

随着反应步骤 7~步骤 11 的继续进行,UC_2 层和 UO_2 核心继续收缩,UC 层继续生长,直到 UC_2 和 UO_2 最终消失,完全转化为 UC。

在氩气流动条件下,碳热还原制备碳化铀的反应,一氧化碳气体通过碳化物层的扩散机制是速率控制步骤。在氩气流动条件下,碳热还原反应制备碳化铀,致密压紧块的碳热还原反应中 CO 扩散机制是速率控制步骤,松散样品的碳热还原反应是界面控制机制的速率控制步骤。

对比氩气气氛和真空条件下碳热还原制备 UC 反应机理可知,在氩气气氛下碳热还原时会先生成外层 UC 和中间层 UC_2 包围核心 UO_2+C 的结构，比真空碳热还原制备碳化铀的反应路径更长。氩气流动条件下反应受 CO 扩散机制控制，真空条件下碳的固态扩散是可能的速率控制步骤。另外，真空条件下反应生成的 CO 能快速排出反应器，有利于反应化学平衡向产物 UC 移动。综上所述，真空条件下碳热还原有利于 UC 的制备。

目前的研究结果分离后乏燃料含有 UO_2、Pu、次锕系元素 AnO_2(Np, Am) 和极微量的稀土元素(乏燃料中稀土中子毒物的去除率大于 95%)。这些锕系元素 AnO_2(Np, Am) 掺杂条件下可能对碳化铀制备过程以及制备的再生燃料性能造成影响。例如，多元掺杂的碳化铀也许能改善核燃料的一些性能。碳化铀燃料的提出是为了提高燃料的导热系数和铀装载量、降低蒸发速率，但由于在运行温度反应内 UC 和氮化铀均存在与包壳发生反应的问题。以 UC 为基，加入难熔金属 Zr、Nb、Ta 等，高温下这些金属碳化物形成一组连续固溶体，或将 UC 和 UN 混合，形成连续固溶体，可以改善碳化铀的性能。再生乏燃料中的次锕系元素或许有助于形成金属碳化物连续固溶体，用来改善燃料性能。此外，多种元素在碳化还原过程和碳反应生成多种碳化物，造成添加比例不易控制化学计量比，为碳化铀的物相调控增加难度。因此，在制备碳化铀过程中需要分析各元素的含量及碳化还原反应的情况，以便较为准确地确定碳的添加比例、碳热还原的工艺条件和调控性能。

UC 材料容易与氧气和水发生反应，刚切开的 UC 内部呈现带金属光泽的亮灰色，由于氧化作用将很快变暗。这是由于氧原子以稀释原子的形式存在于 UC 晶格中，在 UC 基体中氧原子优选地占据 U—C 双控位的碳取代位或碳位，从而形成固溶体，使得 UC 易氧化，碳化铀在空气中达 200℃ 或当氧的分压力超过 20kPa 时，碳化铀块会被氧化而碎裂。因此，制备的每一步都必须小心控制氧和水的含量。如碳化铀的破碎、制粉均需在充氩的手套箱中进行，有时对氩气的纯度也需要控制，并且制备得到的碳化铀氧含量对燃料的致密化也有一定的影响。含氧量较高时，碳化铀粉末(平均粒径为 5.4μm)即使在 2100℃ 的烧结温度下，密度也无法达到理论值的 94%。

近年来，许多有关碳热还原法制备碳化物的研究采用有机物(如柠檬酸、抗坏血酸、蔗糖等)代替固体碳作为碳源，合成条件更加温和。而 UC 粉末也可以使用有机碳源来制备。Brykala 等[73]选用抗坏血酸作为螯合剂和有机碳源开展了 UC 制备的初步研究。Salvato 等[74]利用柠檬酸作为螯合剂和有机碳源制备了高反应活性的 UC 精细粉末。清华大学邓长生研究团队采用果糖作为有机碳源，开展了内凝胶结合碳热还原法制备 UCO 微球的工艺研究[75]。采用有机物作为碳源，提高了 U 源及 C 源混合的均一度，增大了接触面积，缩短了原料颗粒之间的迁移距离，有利于 UO_2 颗粒中 O 的迁移及 CO 气体的释放，有助于加快反应速率。

相比于以上方法中的螯合作用，Pechini 法的三维网络结构更加稳定，组分更加均一。若改变热处理气氛，将有机物碳化后保留下来，则可以制备多元组分的碳化物纳米粉末。Pechini 型原位聚合螯合法是一种低温合成多组分复合材料的有效方法。一般分为三步：①金属离子与 α-羟基羧酸(如 CA、EDTA)螯合；②稳定的金属螯合物和多羟基醇(如乙二醇、甘露醇)聚合；③特定气氛条件下热处理。采用有机物代替固体碳作为碳源，U 源与 C 源的分布更加均一，接触更紧密，合成条件温和。有机物的裂解导致了高的界面面积和内连多孔，有助于碳热还原过程中 CO 气体的释放。该法可以制得精细的 UC 粉末，改善其烧结活性。

总体来说，碳热还原制备碳化铀的方法分干法或湿法。干法即粉末造粒法，这种方法是粉末冶金法和粉末成型技术结合的产物。湿法主要指的是溶胶凝胶法，通过溶胶凝胶法制备碳化铀微粒。两种方法制备得到的碳化物微粒既可以直接压制并烧结制成陶瓷型核燃料，又可以与惰性基质混合压制烧结成碳化物弥散型核燃料。

2) 干法制备碳化铀

干法制备碳化铀通常是将铀氧化物与碳一起进行碳热还原，然后经破碎、球磨、制粒、压制、烧结等过程制备出碳化铀。干法碳热还原制备碳化铀方法不仅在实验室简便可行，并且比较简便经济，而且原材料容易获取，所以比较适用于大规模工业生产。

制备碳化铀流程大致可以总结为以下几个步骤：①将氧化物粉末与炭黑进行充分混合并压制成块；②将压制好的氧化物-炭黑块状物进行高温烧结，发生碳热还原反应；③将烧结好的碳化物块状物进行压碎、研磨，得到碳化物粉末。该方法制备得到的碳化物粉末和一些添加剂混合后压制成所需形状，高温高压下再一次烧结后即可得到符合要求的碳化物陶瓷型核燃料。

目前，干法碳热还原制备碳化铀主要有真空条件碳热还原制备碳化铀、惰性气氛碳热还原制备碳化铀以及还原气氛制备碳化铀。真空碳热还原时一般压力均小于 10kPa，温度在 1100～2000℃，U∶C 比值为 3～5，采用 U_3O_8 或 UO_2 与石墨或炭黑进行碳热还原制备碳化铀。如孙吉昌等[76]采用二氧化铀在真空中碳热还原法制备碳化铀时，将按 UO_2 和石墨比例为 1∶3 和 1∶4 配制的二氧化铀[干氢还原 ADU（重铀酸铵）制得 UO_2 和石墨（核纯，粒径<1.5μm，92%）]的混合物压块，真空（0.0053～0.122Pa）中加热到 1500℃以上反应 1h，则可制得含 U 或 UC_2 的碳化物烧结块。Reiche 和 Vogel[77]在 1400℃通过中子衍射的方法，用 UO_2 和石墨粉末通过反应 $UO_2+2C \longrightarrow UC+CO_2$ 制备出了碳化铀。他们发现，当温度超过 1500℃时，C 原子会通过扩散进入 UC 的八面体间隙位而形成 C_2 团簇，从而局部形成立方结构的 β-UC_2 相。Raveu[78]指出，要制备纯度较高的 UC 需尽量保持在低氧低湿度的条件下，避免 UC 被氧化，在 UC 的烧结过程中纯氩气保护能进一步降低样品表面的含氧量，但 UC 样品经常会含有少量的 UC_2，而这些 UC_2 在有氧条件下会被首先氧化。Tagawa 和 Fujii[79]在 1400℃左右通过反应 $7UC_2+UO_2 \longrightarrow 4U_2C_3+2CO$ 制备出了 U_2C_3，同时 UC 会作为中间产物产生。Hansen 等[80]发现，U_2C_3 在 1780℃会发生如下分解反应：$U_2C_3 \longrightarrow UC+UC_2$，同时伴随着较大的体积变化。Inoue 等[81]发现，U_2C_3 受到高剂量的中子辐照后会转变为 $UC_{1.5}$（$UC+UC_2$），并认为可能的原因是辐照急剧加强了 C 在 U_2C_3 中的扩散。Elliott[82]发现在 1800℃时会发生共析反应：β-$UC_2 \longleftrightarrow UC+\alpha-UC_2$。

粉末冶金法制备得到的碳化铀粉末通过模压成形或者冷等静压成形后，即可制备成碳化铀微粒。

3) 湿法制备碳化铀

湿法主要是指溶胶凝胶法（sol-gel）。溶胶凝胶法是用金属有机物或无机化合物作液相前驱体经水解、缩合反应在溶液中形成溶胶，溶胶在陈化过程中胶粒缓慢聚合，从而形成三维网状结构的凝胶。凝胶再经过后续处理以及煅烧即可得到致密的陶瓷材料。由于溶胶凝胶流程的稳定性，操作简单，便于自动化控制等优点，该方法已经广泛应用于陶瓷核燃料小球的制备。制备凝胶微粒的基本路线是首先通过水解、缩聚等过程获得均质溶胶，凝胶化后得到湿凝胶，再经干燥处理获得多孔结构的干凝胶，最后热处理即可得到铀源和碳源均匀混合的前驱体，再经碳热还原得到碳化铀。

根据溶胶凝胶过程凝胶剂的诱发来源，可以将溶胶凝胶过程分为从溶胶外部提供凝胶剂的外凝胶工艺(EGU)，从溶胶内部提供凝胶剂的内凝胶工艺(IGU)，以及同时从溶胶内部和外部提供凝胶剂的全凝胶工艺(TGU)。它们的凝胶原理各有不同，但是均基于胶体的稳定理论(DLVO 理论)。通过使胶粒表面带电荷，利用空间位阻效应、溶剂化效应等增加体系中粒子间能垒并使其在动力学上稳定。

(1) 外凝胶工艺。

外凝胶工艺(EGU)是最早由意大利发展起来的一种陶瓷微球成型工艺(SNAM 流程)[83]。外凝胶工艺包括 U_3O_8 粉的溶解，即欠酸硝酸铀酰(ADUN)溶液的制备、胶液的制备和凝胶，以及凝胶球的陈化、洗涤、干燥、煅烧、还原、筛选等。首先是将羟丙基甲基纤维素和四氢糠醇加入到初始的硝酸铀酰溶液中制备成一定黏度的胶液，然后将胶液分散为液滴，液滴在下降过程中先穿过一段氨气的气氛促使溶胶液滴表面发生凝胶，然后溶胶微球落入盛有氨水溶液的容器中完成胶凝过程。该过程所获得的凝胶球通过一段时间陈化后，再通过洗涤工艺去除凝胶球有机添加剂以及硝酸铵等杂质，最后经过热处理获得高密度陶瓷微球。通过该方法将硝酸钍和硝酸钚加入初始的胶液中，还可以制备出混合氧化物 $(U, Th)O_2$ 和 $(U, Pu)O_2$ 陶瓷微球[84]。外凝胶工艺最大的缺点是溶胶的制备过程比较复杂，所制备的溶胶的黏度等相关参数对溶胶的分散性有很大影响，另外不同核素加入以后会改变初始溶胶的物理特性，进而又改变其最终产品的均匀性以及球形度。

陈铭[85]采用外凝胶方法，使用内径 $250\mu m$ 的毛细管基微流体装置和硼酸-聚乙烯醇的凝胶体系，成功制备了大小均匀、球形度良好的 U_3O_8/C 凝胶微球($267\sim303\mu m$)。采用真空分段式的升温方式对凝胶微球进行高温煅烧。为了有效地阻止微球在煅烧过程中发生破裂，这种分段升温过程是 5℃/min 升到 500℃保持 3h，然后 5℃/min 升到 750℃保持 3h，最后升到 1500℃保持 3h。全程耗时 9h 以上。Ganguly 和 Hegde[86]采用外凝胶化法[新型溶胶-凝胶微球造粒(sol-gel microsphere pelletisation, SGMP)工艺]制备了 UO_3-C 凝胶微球，再进行真空碳热还原(1200℃, 1h)制备微球以及烧结球团。

(2) 内凝胶工艺。

内凝胶工艺(IGU)在制造二氧化铀核芯过程中被提出之后，又被美国橡树岭国家实验室(ORNL)、德国于利希核研究中心(KZJ)以及印度巴巴原子研究中心(BARC)所采用并改进。内凝胶工艺过程主要步骤是配制溶液和溶胶液、分散凝胶制备、洗涤、干燥、煅烧、还原烧结等。其中采用有机物(如柠檬酸、抗坏血酸、蔗糖等)代替碳作为碳源，合成条件更加温和；提高了 U 源及 C 源混合的均一度，增大了接触面积，缩短了原料颗粒间的迁移距离，有利于 UO_2 颗粒中 O 的迁移及 CO 气体的释放，有助于加快反应速率。因此该方法得到广泛的应用。不同于外凝胶工艺中通过氨水进行凝胶，该流程是在配制胶液时加入六亚甲基四铵(HMTA)作为内凝胶剂。由于凝胶剂 HMTA 在受热时会分解产生氨气，导致溶胶的 pH 迅速上升，从而诱发金属离子发生水解而固化。在该过程中由于胶液的不稳定性，在发生凝胶反应之前需要将胶液保持在 0～5℃ 的低温环境中以防止胶液提前发生凝胶。另外，为了增加凝溶胶的稳定性以及提高凝胶球的机械性能，在配制胶液时还向其中加入尿素。

内溶胶凝胶过程主要包括四个化学反应。以 UO_2^{2+} 为例，低温时尿素与 UO_2^{2+} 络合[反应式(6.52)]，阻止了金属离子的水解，从而增加初始溶液的稳定性。当溶胶滴入硅油以后溶胶被加热，导致尿素与金属离子形成的络合物解离为金属离子，从而加速金属离子水解[反应式(6.53)]，另外受热条件下加速了凝胶剂 HMTA 的质子化[反应式(6.54)]以及质子化的 HMTA 的分解[反应式(6.55)]；HMTA 质子化以及质子化的 HMTA 的分解都会消耗溶胶中质子，从而导致溶胶的 pH 迅速上升，pH 的增加又进一步加速了金属离子的水解，从而导致溶胶瞬间固化为凝胶。

金属离子与尿素络合：

$$UO_2^{2+} + CO(NH_2)_2 \longrightarrow \left[UO_2 \cdot \left(CO(NH_2)_2 \right) \right]^{2+} \tag{6.52}$$

金属离子水解：

$$UO_2^{2+} + 2H_2O \longrightarrow UO_2(OH_2) + 2H^+ \tag{6.53}$$

HMTA 质子化：

$$(CH_2)_6 N_4 + H^+ \longrightarrow (CH_2)_6 N_4 \cdot H^+ \tag{6.54}$$

质子化的 HMTA 的分解：

$$(CH_2)_6 N_4 \cdot H^+ + 3H^+ + 6H_2O \longrightarrow 4NH_4^+ + 6CH_2O \tag{6.55}$$

内凝胶工艺在发展至今的几十年内被研究者进行了许多优化，作为反应堆燃料核芯的主要制备工艺，在氧化物、非氧化物陶瓷微球的制备方面取得了大量成果。目前有报道的采用内凝胶工艺制备反应堆燃料核芯的单位主要有美国橡树岭国家实验室(ORNL)和美国爱达荷国家实验室(INL)、印度巴巴原子研究中心(BARC)、瑞士保罗谢勒研究所(PSI)、欧洲超铀元素研究所(ITU)、日本原子力研究所。

中国科学院以有机物代替固体碳作为碳源，采用 Pechini 型原位聚合螯合法，分别以柠檬酸、甘露醇为螯合剂和交联剂，成功制备了较高纯度的 UC 精细粉末[87]。该方法通过 U 和 C 在原子水平的均匀混合，缩短了反应物之间的迁移距离，实现了在相对较低温度(1400℃)下制备 UC 粉末。Pechini 型原位聚合螯合法制备 UC 精细粉末的示意图和流程图分别见图 6.38 和图 6.39。首先，称取 $UO_2(NO_3)_2 \cdot 6H_2O$ 溶解于去离子水中，再向其中添加一水合柠檬酸(摩尔比 1:1)，于 80℃ 磁力搅拌冷凝回流 30min，获得稳定的 UO_2^{2+}-CA 螯合物。由于交联剂的用量直接影响着聚酯交联的程度和反应产物的相组分，

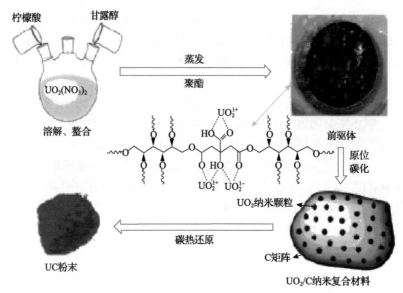

图 6.38　Pechini 型原位聚合螯合法制备 UC 精细粉末的示意图[88]

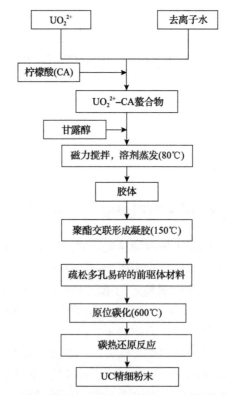

图 6.39　Pechini 型原位聚合螯合法制备 UC 精细粉末的流程图

将与 UO_2^{2+} 不同摩尔比的甘露醇在磁力搅拌时缓慢添加到上述溶液中。于 80℃搅拌 1h 蒸发去除水溶剂，随着溶剂的蒸发，可以观察到溶液黏度增大，逐渐转化为橘黄色的胶体。随后将其放入干燥箱中于 150℃干燥 4h。由于溶剂的蒸发和少量有机物的分解，胶体产生大量泡沫，体积膨胀，最终转化为棕褐色海绵状易碎的前驱体材料。利用传统管式炉将上述前驱体材料在流动 Ar(0.5L/min) 中于 600℃ 热处理 1h 实现有机物的原位碳化，并在手套箱（高纯 Ar；氧、水含量均低于 5ppm）中研磨成黑色粉末。随后，将样品置于高温管式炉的钽舟中，于不同目标温度碳热还原处理 2h。其中，1000℃ 以下的升温速率为 10℃/min，1000℃ 以上的升温速率为 5℃/min。为了获得较高纯度的 UC，初始原料最优化的 UO_2^{2+}：甘露醇：柠檬酸摩尔比为 1:0.3:1[88]。

Tian 等[89]采用改进的微波辅助快速内凝胶法结合碳热还原法成功制备了粒径为 675μm±10μm 的陶瓷 UC 微球。该方法将纳米级碳分散在六亚甲基四铵尿素混合溶液（HMUR）储备液中，采用改进的微波辅助内凝胶工艺制备了 C-UO_3·2H_2O 凝胶微球。其制备流程如图 6.40 所示。

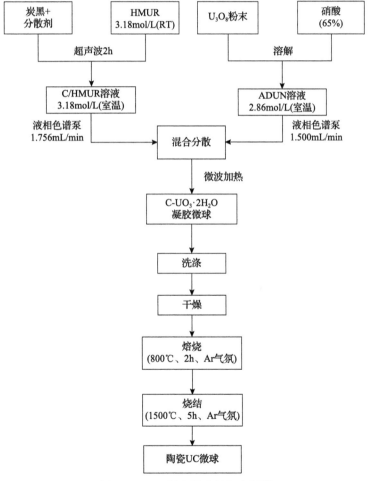

图 6.40 UC 凝胶微球制备流程[89]

具体步骤如下：

第一步，配制欠酸硝酸铀酰（ADUN）溶液。要制备无破损高密度的陶瓷 UO_2 核燃料小球，就应该尽可能提高硝酸铀酰溶液中 U 的浓度，降低其酸度，并且减小料液混合时

[HMTA]/[UO_2^{2+}]的摩尔比。用 $UO_2(NO_3)_2$ 直接溶解配制溶液，溶液中[NO^{3-}]/[U]摩尔比只能等于 2，并且配制的溶液 pH 较低，酸度很大。另外，由于 $UO_2(NO_3)_2$ 溶解度的限制，配制的溶液中 U 的浓度较低(最大只能达到 2.4mol/L)。有研究发现，硝酸铀酰溶液中 U 的最大浓度随着[NO^{3-}]/[U]摩尔比的减小显著增加。如果把硝酸铀酰溶液中[NO^{3-}]/[U]摩尔比从 2.0 降低到 1.5，溶液中铀的最大浓度可以从 2.4mol/L 提高到 3.6mol/L，同时溶液的酸度明显降低，pH 增大。我们把[NO^{3-}]/[U]摩尔比小于 2 的硝酸铀酰溶液称为欠酸硝酸铀酰溶液，简称 ADUN 溶液。

第二步，配制 C-HMUR 溶液。取 HMUR 溶液于离心管中，向其中加入一定质量的分散剂 Tamol-SN，待其全部溶解后，向其中加入一定质量的炭黑，然后将含有炭黑的 HMUR 溶液用超声分散仪分散 2h，分散好的含炭黑的 HMUR 溶液简称 C-HMUR 溶液。

第三步，制备 $C\text{-}UO_3\cdot 2H_2O$ 凝胶微球。采用室温的 ADUN 溶液和 C-HMUR 溶液为初始料液，即时混合后混合溶液通过微波加热腔。所用的微波加热频率为 12.433GHz，功率为 130W。凝胶球收集在 0.5mol/L 的氨水中并陈化过夜，然后用 0.5mol/L 的氨水清洗 6 次，每次至少 30min，清洗过程中用电导率仪监测清洗液的电导率，直至清洗液的电导率小于 800μS/cm；然后用去离子水清洗至清洗液电导率小于 10μS/cm。清洗过程中用 ICP-AES 方法测量清洗液中 U、Ce、Nd 的浓度，以监测凝胶球是否凝胶完全。清洗后的凝胶球在 65℃下干燥 24h 得到 $C\text{-}UO_3\cdot 2H_2O$ 干燥凝胶球。

第四步，将凝胶化微球 $C\text{-}UO_2\cdot 2H_2O$ 在 700℃下首先还原为 UO_2，继续在 1500℃氩气气氛下烧结 5h 制备 UC。当初始 C/U 摩尔比为 3.5 时，制备了表面光滑、金属光泽的无裂纹陶瓷 UC 微球。

(3) 全凝胶工艺

全凝胶工艺是清华大学核能与新能源技术研究院在外凝胶工艺和内凝胶工艺结合的基础上提出来的一种凝胶工艺。该工艺过程分为三步：首先将尿素加入配备好的硝酸铀酰溶液，混合溶液经过加热后进行水解缩聚得到稳定的溶胶；其次将亲液性改性剂(PVA+4-HF)加入溶胶，目的是获得更加稳定的溶胶；最后将六次甲基四胺加入溶胶中获得具有胶凝物性的溶胶。该工艺不但克服了外凝胶工艺存在的诸如操作和产品质量稳定性差的缺点，而且克服了内凝胶工艺存在诸如分散操作困难和凝胶球热处理性能不佳等缺点。

4) 湿法和干法制备碳化铀的优点与不足

干法碳热还原制备碳化铀流程短，方法比较简便经济而且原材料容易获得，所以比较适合于大规模的工业生产。该法虽流程简单，但存在以下缺点：其一，固体原料的均匀混合比较困难。固相反应一般在邻近反应物之间进行，物质迁移是反应完全发生的限制因素。若物质迁移受阻，产物组分不均一。尤其是在制备包含 Pu 与 MAs 的多元组分嬗变燃料时，不均质现象可能更为严重。其二，长时间的高温热处理对生产设备的损耗较大。其三，高蒸气压的 Pu 和 Am 在高温下极易挥发，高温不利于嬗变燃料的制备。

相比于干法制备碳化铀，溶胶凝胶法具有以下优点：溶胶凝胶法制备的颗粒球形度较好，碳和铀充分混合均匀，增大了接触面积，缩短了原料颗粒之间的迁移距离。制备微粒时不用对放射性粉尘进行混合、研磨、压制等步骤，这样有效避免了放射性粉尘污染和碳化物粉末自燃的风险。其次，可以粉末状直接碳热还原制备碳化铀，不需要压制成型。

溶胶凝胶法也有一些不足之处，凝胶颗粒含有较多的溶剂和水，干燥过程中伴随体积收缩容易引起开裂。干燥过程需要缓慢进行消耗的时间较长。凝胶制备过程控制不当容易造成胶液沉淀，分散控制不当容易产生新型球或次级球。

干法和湿法制备的对比可见表 6.17。共同点是均需要经过碳热还原过程，并且均需要控制碳铀比例和碳热还原的条件以降低碳化铀中的含氧量。如果干法制备碳化铀过程中能克服破碎、混合及压制成型过程中的放射性粉尘污染，有望成为工业化制备碳化铀的优选路线。

表 6.17　干法和湿法制备碳化铀的对比

方法	前处理	碳化铀制备条件	优点	不足
干法	破碎、混合、压制成形	真空（<1Pa）或 Ar 气氛，1500℃保温 1~12h 以上	流程短，容易工业化；不产生放射性废液	混合、研磨、压制过程有放射性粉尘的污染
湿法	胶液制备、制球、洗涤、干燥	真空或 Ar 气氛，1200~1600℃保温 1~6h 以上	碳和铀充分混合；放射性粉尘的污染小；还原温度较低	流程长，调控干燥和成球过程操作难度较大；有放射性废液和气体；干燥耗时长

6.3.2　燃料芯块制备

核燃料芯块是核反应堆的最基本单元，芯块外面包覆锆合金包壳构成燃料棒，也被称为核燃料元件，核燃料棒采用定位格架进行定位，组成核燃料组件。反应堆工作时，核燃料芯块中的 ^{235}U 发生原子核裂变反应，释放出大量的热，热量通过气隙和包壳传热、冷却剂流动导出，进而转换为电能。

1. UO_2 燃料芯块制备

UO_2 作为当前商业堆主要的燃料材料已经得到广泛应用，二氧化铀芯块的制备工艺技术已相当成熟，堆外、堆内性能数据（包括在反应堆内的辐照）都比较齐全，国内外相关资料也比较多。

UO_2 燃料芯块制造的主要步骤如下：首先用化工方法把原料铀化合物制成陶瓷级 UO_2 粉末，然后用粉末冶金法先压成坯块，压制压力为 298~397MPa（3~4t/cm³），再在高温 1973~2023K 的 H2 中烧结成具有一定尺寸、形状和密度的芯块。合格的陶瓷级 UO_2 粉末是制取高性能燃料芯块的关键。世界上成熟的工业规模制造 UO_2 芯块的工艺有三种，即重铀酸铵 $[(NH_4)_2U_2O_7$，简称 ADU]、三碳酸铀酰铵 $[(NH_4)_4UO_2(CO_3)_3$，简称 AUC] 和一步干法（简称 IDR）流程。它们的主要差别在于如何把 UF$_6$ 或硝酸铀酰 $[UO_2(NO_3)_2]$ 转化为可烧结的 UO_2 粉末。随后的冷压和烧结工艺三者基本相同。中国、美国和日本主要用 ADU 流程。该流程开发较早，它同时能适应 UF$_6$ 和 $UO_2(NO_3)_2$ 两种原料，加工过程中的废品和废料无须设置另外的回收工艺是该流程的一大优点。经多年实践证明，它是一条适于芯块制备的 UO_2 粉末制备流程，至今还用于工业生产中。

UO_2 是现阶段商业核电站中广泛应用的核燃料芯块材料。UO_2 具有熔点高、各向同性、辐照稳定性好、对水的抗腐蚀性好以及与包壳材料相容性好等优点。其不足之处在于热导率低，工作时燃料芯块内部温度梯度陡峭，易导致芯块内部热应力增大以及裂变气体释放等问题，对核电站的安全造成隐患，这也是导致福岛核事故的原因之一。为了提升核反应堆的安全性、改进核燃料的燃耗、降低核电成本，在不影响 UO_2 中子特性的前提下提高其热导率成为近期最有可能得到应用的技术，提高其安全性能，得到了全世界核能领域科研工作者的广泛关注。

1）二氧化铀芯块低温烧结

（1）二氧化铀芯块的传统烧结工艺。

二氧化铀生坯在还原性气氛中（一般为 H_2 气氛），于 1700℃，甚至更高温度下在高温卧式推舟烧结炉中烧结 7h 以上，成为 95%TD（理论密度）的燃料块，晶粒尺寸主要分布在 16～22μm。在加热过程中，升温速率控制在 10℃/min 以内，于 600℃保温 0.5h 后继续升温至 1700℃，并保温 6h 以上，烧结完成后在 H_2 保护气氛中随炉冷却。这种方法耗能耗时，且必须有高温烧结炉和高温烧结用舟皿等，成本高昂，但是工艺成熟。我国采用这种工艺生产了几亿块二氧化铀芯块，有 20 多年的制造历史，经历了几十年核反应堆运行的考验。

（2）二氧化铀芯块的低温烧结工艺。

低温烧结工艺方法主要分为两阶段烧结与三阶段烧结。低温烧结使用的材料一般是氧铀比为 2.25 的 ADU 粉末，氧铀比的调节一般靠掺入 U_3O_8 来实现。低温烧结本质上是活化烧结，二氧化铀烧结是扩散控制过程，由于氧的扩散系数比铀高出几个数量级，故铀原子扩散速率是烧结的控制因素。在超化学剂量的二氧化铀中，铀原子的扩散激活能随过剩氧量的增加呈指数下降。只有保证超化学剂量氧在二氧化铀粉末中的存在，才能实现低温烧结。所以，低温烧结的特点便是在微氧化气氛中烧制含有超化学剂量氧的二氧化铀芯块。

两阶段烧结是在烧结过程中将气氛分为微氧化阶段和还原（H_2）阶段；三阶段烧结是还原（H_2）—微氧化—还原（H_2）三个气氛阶段。微氧化气氛有多种选择，常见的如 N_2、CO_2/CO、CO_2、H_2O 等，气氛中的氧分压应当与坯块中的氧铀比相对应。在各种气氛下，普遍取得了烧结密度 93%TD 以上的结果，甚至达到了 98%TD，但晶粒尺寸较小，为 4～10μm。在 N_2/CO_2 气氛下，以两步烧结为例介绍其工艺过程。烧结开始时，先通入 N_2 作为保护性气氛，并控制升温速率在 10℃/min 以内，300℃时开始通入 CO_2，600℃时保温 0.5h，以使生坯内气体充分挥发。继续升温到 1100～1200℃保温 3～4h，切断 CO_2；保温 0.5h 后通入 H_2 进行还原，1h 后切断热源开始随炉冷却，并继续通入 H_2 或 N_2 直到室温。

低温烧结本质上是活化烧结。活化烧结是指将微量的第二相粉末加入到主相粉末之中，以达到降低主相粉末烧结温度，增加烧结速率和提高烧结体的密度、强度等性能。二氧化铀坯块在烧结时烧结变化的强化作用和过程理解为活化烧结，这种强化作用是由于附加因素作用的结果，它在客观上可以大大降低烧结温度而得到较高的烧结密度：二氧化铀烧结是扩散控制过程，由于氧的扩散系数比铀的扩散系数高出几个数量级，因此控制二氧化铀烧结的是铀原子。在超化学计量的二氧化铀中，铀原子的扩散激活能随过剩氧量的增加呈指数关系下降。在 1100℃时，对于 UO_{2+x}，当 $x=0.00001$ 时，扩散速率 $D=3.9 \times 10^{-25}$ cm/s；当 $x=0.03$ 时，$D=3.3 \times 10^{-18}$ cm/s。二氧化铀烧结后期是铀原子在晶界的扩散。如上所述，在超化学计量的二氧化铀中，铀原子的扩散激活能随过剩氧量的增加呈指数关系下降。因此，在二氧化铀中保持一定量的过剩氧才能使铀的扩散激活能较低，扩散系数较高，才能进行低温烧结。在还原性气氛中烧结，UO_{2+x} 中的超化学计量的氧在低温下很快被还原而消除，若在微氧化气氛中烧结，UO_{2+x} 中的超化学计量的氧与氧化性气氛中的氧保持平衡，在整个烧结过程中，基本保持 O/U 比不变，所以氧化性气氛是低温烧结的必要条件之一。另外，二氧化铀的烧结速度及烧结密度还取决于烧结期间表面能及晶界能的变化。粉末的表面积越大，表面能越大，晶界能越高则烧结速度和烧结密度越高，在较高活性的粉末才能进行低温烧结。

相对于高温烧结工艺，低温烧结具有以下独特的优点：

①能耗小，生产成本较低。

②烧结温度低，烧结时间短。

③烧结块的晶粒尺寸分散度小，孔隙分散均匀。

④设备结构简单，易于制造，容易操作和控制。

2) 二氧化铀基事故容错燃料芯块

针对 UO_2 热导率低的结构因素，科技工作者对其进行了深入的研究。通过分子动力学计算发现，UO_2 晶格中声子传播的高度非谐性使其不能有效参加热传导，从而导致本征热导率处于很低的水平。目前，提高 UO_2 核燃料热导率主要有以下两种技术路线：添加高热导率第二相，制备热导率增强型 UO_2 芯块；制备大晶粒的 UO_2 燃料芯块，减少晶界处热传导损耗。

(1) 热导率增强型 UO_2 芯块。

使用高热导率材料对 UO_2 进行掺杂改性从而提高其热导率成为近年来的研究热点，多种材料曾被用作掺杂改性材料。综合考虑掺杂改性材料与 UO_2 的化学相容性、稳定性、与锆合金包壳层的化学相容性、抗辐照性能、中子散射截面等性能，目前适合对 UO_2 核燃料进行掺杂改性的材料主要有氧化铍(BeO)、碳化硅(SiC)、金属材料、碳纳米材料等。

①BeO 增强 UO_2 芯块。

氧化铍 BeO 的中子吸收截面低，热导率高、化学稳定性好、耐水蒸气腐蚀，且与 UO_2 在 2160℃以下相容性好等特性，很早就用于改善 UO_2 芯块使用。BeO 掺杂能够有效提高 UO_2 芯块的热导率，并且使用时间更长，燃烧效率更高，由此热能浪费减少。各部位燃料球的温度差异显著降低，低温下也很安全，而且反应堆运行更灵活。使用这种新型燃料不仅可以提高核燃料的利用效率，还可以有效降低反应堆被熔化的风险。目前 BeO 增强 UO_2 芯块的结构和制备方式可以分为两类：一种是 BeO 形成一种连续相分布在 UO_2 晶界周围，另一种是 BeO 微球弥散分布在 UO_2 芯块中。BeO 连续相分布的这种结构可以通过液相烧结（UO_2-BeO 共晶点 2150℃）获得，BeO 弥散分布的结构可通过共晶点温度以下烧结获得。BeO 连续相分布的这种结构的热导率要明显高于弥散相分布，这种优势在温度越低时表现越明显。掺杂 1.2% 的 BeO 的 UO_2 芯块在 1100K 时的热导率要比 UO_2 芯块高 25%，也比 BeO 弥散分布的 UO_2 芯块高 10%。

在制备 BeO 连续相分布的 UO_2 芯块的研究中，也有不同的方式，Solomon 等[90]提出两种制备工艺：一种是在混合前对 UO_2 颗粒进行预烧结处理，再与 BeO 粉末进行混合，使得 BeO 黏附在预烧结后的 UO_2 粉末上，经过压制烧结后形成芯块，其形成的结构中 BeO 基本连续分布在 UO_2 晶界附近，且由于 UO_2 已经经过预烧结，使得在 BeO 连续相中的 UO_2 含量较少，称为 SB-UO_2-BeO；另一种是利用 UO_2 未预烧的粉末经过造粒后再与 BeO 混合，经过压制烧结后的芯块，其形成的 BeO 连续相中含有较多的 UO_2，称为 GG-UO_2-BeO。

中核北方核燃料元件有限公司在国内首次成功研制出 UO_2-BeO 高热导芯块，解决了密度差异粉末混合、铍安全防护等技术难题，试制出了多种不同氧化铍含量的高热导芯块，完成了不同氧化铍含量高热导芯块的测试，其中，试制芯块的热导率相比于 UO_2 芯块平均增幅近 50%，最高增幅达 120%。Li 等[91]在 UO_2 中添加 10% 体积含量的 BeO，通过放电等离子体烧结（spark plasma sintering，SPS）获得理论密度在 95% 以上的掺杂芯块，其热导率相比纯 UO_2 芯块，在不同温度下热导率增加范围为 10%～60%。BeO 在辐照条件下的热导率及其他性能的变化情况仍然需要进一步研究和评估。

②SiC 增强 UO_2 芯块。

SiC 具有物理化学特性优良及抗辐照性能好的优点，在核工业中具有广泛的应用前景。在 527℃ 条件下单晶 SiC 和多晶 SiC 的热导率分别是 UO_2 的 30 倍和 10 倍，掺杂 SiC 之后预期能够有效改善 UO_2 的热导率。另外，SiC 还具有高熔点、高化学稳定性、低中子俘获截面等一系列优良的物理化学特性；相对于 BeO，其具有无毒、各向同性且在辐照条件下不易导致燃料芯块开裂等优势。因此 SiC 也成为掺杂改性 UO_2 热导率的重点研究对象。

通常情况下，UO_2 燃料芯块是通过将 UO_2 粉末研磨造粒成型，然后在 1700℃ 左右的氢气还原性气氛中进行烧结得到的。这样的高温条件是为了保证产物的密度能够达到理论密度的 95% 左右，以适合在反应堆中使用，但是温度过高时 SiC 会与 UO_2 发生化学反应并产生气体。

2013 年，Yeo 等[92]采用 SPS 法制备了 UO_2/SiC 复合材料。与传统烧结方法相比，该方法具有一系列显著的优势：首先，其在较低温度下烧结很短时间就能够得到普通烧结方法在高温下烧结得到的密度；其次，在较低的烧结温度和短暂的烧结时间下，可以有效避免 SiC 与 UO_2 之间的化学反应。目前，SPS 法被认为是 UO_2/SiC 复合材料燃料芯块最有前景的制备方法。但该方法目前仅在实验室取得了成功，较难用于大规模工业制造，且该方法制备的 UO_2/SiC 复合材料在辐照条件下性能的变化还缺乏系统的研究。

③其他材料增强 UO_2 芯块。

除 BeO 和 SiC 之外，近年来一些新材料体系也被引入制备热导率增强型 UO_2 芯块，如金属 Mo、碳纳米管、纳米金刚石等。韩国原子能研究所向 UO_2 芯块添加 10% 的 Mo，得到了连续分布 Mo 包覆 UO_2 颗粒的结构，在 1000℃ 条件下热导率相对标准芯块提高了 96%，并进一步采用微胞模型描述了 Mo/UO_2 的导热特性。

2016 年，佛罗里达大学系统开展了向 UO_2 中添加碳纳米材料等第二相的工作。添加的第二相种类包括碳纳米管和金刚石等，其热导率相对于 UO_2 芯块均有较为明显的提升。

上述将新材料体系引入 UO_2 芯块中作热导率增强相方面均取得了较为明显的效果，但目前均处于起步阶段，还需要进一步深入系统地研究。

（2）制备简介。

① 大晶粒 UO_2 芯块制备。

大晶粒 UO_2 芯块是在不改变现有 UO_2 芯块制备工艺参数的基础上，通过掺杂优选元素获得的一种综合性能优良的陶瓷燃料。大晶粒 UO_2 芯块的晶粒尺寸要求大于 30μm，而芯块的热学性能、力学性能和中子学性能基本与传统 UO_2 芯块相当。大晶粒 UO_2 芯块在压水堆、沸水堆以及高温堆中具有优良的堆内性能，尤其在高燃耗长换料周期条件下，表现出非常好的应用潜力。大晶粒 UO_2 芯块相比于传统 UO_2 芯块而言，具有更低的辐照肿胀、更低的裂变气体释放量以及优异的抗芯块-包壳相互作用的能力。大晶粒 UO_2 芯块作为高燃耗、长换料周期新型燃料具有很好的应用潜力，近年来受到越来越多的关注。

晶界的阻挡是限制 UO_2 热导率的一个关键因素。在不同温度下，UO_2 热导率均呈随着晶粒尺寸的增加而上升的趋势。美国洛斯阿拉莫斯国家实验室（LANL）的研究结果表明，UO_2 晶体中在不同取向的热导率不同，而晶界的存在则会极大程度地导致热导率的降低。因此，制备大晶粒尺寸的 UO_2 成为除添加热导率增强相之外提高 UO_2 核燃料热导率的另一重要手段。同时，晶粒尺寸的增大还能够极大地改善燃料的裂变气体包容性，对改进燃料安全性能有着重要的作用。

大晶粒 UO_2 芯块的制备有三种途径：第一，提高烧结温度延长烧结时间，这样可获得晶粒尺寸为 30μm 左右的大晶粒 UO_2 芯块；第二，晶界处的液相烧结，例如，添加 Al-Si-O 等烧结助剂，晶粒尺寸可达 30～65μm；第三，采用三价氧化物提高晶界的自扩散系数，烧结的晶粒尺寸可达 30～100μm。传统 UO_2 芯块的晶粒尺寸在 10μm 左右，而大晶粒 UO_2 芯块的晶粒尺寸可达 50μm 左右，如图 6.41 所示。当采用提高烧结温度和延长烧结时间

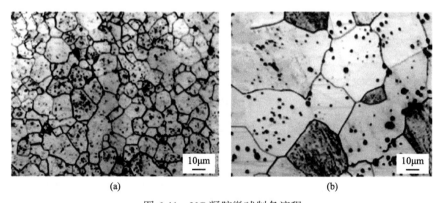

图 6.41　UC 凝胶微球制备流程

(a)传统 UO_2 芯块；(b)大晶粒 UO_2 芯块的金相图片

的方式生产大晶粒 UO_2 时(非掺杂工艺),与传统 UO_2 芯块相比,大晶粒 UO_2 在相同温度下的裂变气体释放和辐照肿胀减少,在反应堆功率瞬态引起的升温条件下芯块的塑性变形率变大、耐腐蚀性能增强,综合效果体现为燃料棒的可靠性提高。但是在不掺杂的前提下,仅靠提高烧结温度、延长烧结时间难以获得晶粒尺寸较大的 UO_2 芯块,并且难以保证所制备产品的稳定性。掺杂制得的大晶粒 UO_2 芯块的晶粒尺寸可控,堆内辐照性能经过验证,可部分实现工程化应用,因此实际大晶粒 UO_2 芯块制备和研究基本集中在掺杂大晶粒 UO_2 芯块上。

材料的微观结构对其性能会有显著影响。大晶粒 UO_2 芯块往往通过掺杂少量金属氧化物的方式获得,而掺杂的金属氧化物对原 UO_2 芯块微观结构会产生明显影响。明确掺杂后 UO_2 芯块的微观结构变化,有助于对大晶粒 UO_2 芯块性能变化机理的认知。研究发现,掺杂 Cr_2O_3 后,UO_2 芯块 (311) 晶面的晶格常数由 $0.5472nm \pm 0.0002nm$ 减小到 $0.5469nm \pm 0.0002nm$。辐照后的结果显示,掺杂对 UO_2 晶格常数增加的影响较小,也就是说掺杂 Cr 造成的晶格缺陷远小于辐照引起的晶格缺陷。辐照后 UO_2 中心区域的微区 X 射线衍射(μ-XRD)结果显示,掺杂 Cr 引起的晶格变形大约为 0.4%,这与不掺杂的 UO_2 芯块基本一致。而辐照引起的亚晶数量与局部燃耗有关,中心区域亚晶粒数量比边缘区域少。

添加 TiO_2 也可以有效提高 UO_2 芯块的晶粒尺寸。TiO_2 的加入会导致 UO_2 晶格常数的增大,具体反映为掺杂 TiO_2 的 UO_2 芯块的 XRD 衍射峰向低角度偏移,导致这一现象的原因是 UO_2 的化学计量比发生了变化,部分间隙原子导致其晶格畸变。掺杂 TiO_2 的 UO_2 芯块随温度升高,其晶粒尺寸急剧增大。在超过 1450℃烧结时,其平均晶粒尺寸已经大于 25μm。掺杂的 TiO_2 在芯块中的分布形态与烧结温度有关,在烧结温度低于 1600℃时,TiO_2 呈单质分布;而烧结温度为 1700℃时,TiO_2 与 UO_2 形成 $(Ti, U)O_2$,且分布在 UO_2 的晶界处。TiO_2 的分布形态不同会导致掺杂后芯块的硬度、强度等力学性能发生变化。因此,在 UO_2-TiO_2 体系中,烧结温度影响 UO_2 的晶粒大小和 TiO_2 的分布形态,进而影响了其力学性能。

不同氧化物的添加会影响 UO_2 芯块的晶粒长大速率,即使添加相同含量的氧化物,由于其对晶界自扩散系数和晶界液相含量的影响不同,也会使芯块的晶粒尺寸不同。例如,氧化物的添加量为 0.2%(摩尔分数)时,添加 $CaO+TiO_2$,芯块的晶粒尺寸约为 15μm;而添加 Nb_2O_5,晶粒尺寸大于 20μm。添加同种氧化物,一般晶粒尺寸随着添加量的增加而增大。例如,当 V_2O_5 添加量由 0.1%(摩尔分数)增加到 1%(摩尔分数)时,UO_2 芯块晶粒尺寸由 15μm 增加至约 60μm。研究者在实验室规模开展了不同类型氧化物掺杂的烧结及辐照考验,包括 TiO_2、Nb_2O_5、Cr_2O_3、V_2O_5、MgO、Al-Si-O 等。不同氧化物掺杂的大晶粒 UO_2 芯块的晶粒尺寸如表 6.18 所示。

通过掺杂的方式,可以获得晶粒尺寸较大的 UO_2 芯块;同时,掺杂后,由于第二相掺杂量不同,其分布状态存在差异。掺杂不同元素所获得晶粒的尺寸不同,UO_2 晶格常数均会发生改变。第二相存在状态不仅会影响芯块的力学性能,还会对裂变气体原子的扩散行为产生影响。

表 6.18 不同掺杂类型大晶粒 UO$_2$ 芯块主要参数

掺杂类型	掺杂量(质量分数)/%	UO$_2$ 平均晶粒尺寸/μm	密度/(g/cm^3)
TiO$_2$	0.2	85	10.81
Nb$_2$O$_5$	0.7	110	10.80
Cr$_2$O$_3$	0.1	44	10.66
V$_2$O$_5$	0.15	60	10.52
MgO	0.5	26	10.46
Cr$_2$O$_3$+MgO	0.1+0.01	42	10.68
Cr$_2$O$_3$+Al$_2$O$_3$	0.05+0.02	52	10.68
Al-Si-O	0.06	25	10.52
Al$_2$O$_3$	0.076	30	10.75

在反应堆瞬态引起的高温条件下，大晶粒 UO$_2$ 芯块的塑性应变率远远高于传统的 UO$_2$ 芯块，这使得芯块-包壳间的机械相互作用(PCMI)大大减弱，燃料棒因 PCMI 作用而破损的概率大大降低。UO$_2$ 芯块蠕变率与晶粒尺寸大致呈正相关关系，大晶粒 UO$_2$ 的蠕变速率远大于传统 UO$_2$ 芯块。在不同的 Nb$_2$O$_5$ 含量下，随着温度升高，UO$_2$ 芯块蠕变速率逐渐增大，蠕变主要由扩散引起；随着晶粒尺寸增大，芯块蠕变速率也会连续增大，主要是由于 U^{5+} 浓度被抑制，晶格缺陷被掺杂的 Nb 修正。UO$_2$ 芯块蠕变速率随着 Nb$_2$O$_5$ 含量增加而增大，在 Nb$_2$O$_5$ 含量超过 20%(质量分数，下同)后就呈波动变化，主要原因是不同 Nb$_2$O$_5$ 含量下 UO$_2$ 芯块内晶粒尺寸不同。在 UO$_2$ 中掺杂 600～3000ppm Ti$_2$O$_3$，随着 Ti$_2$O$_3$ 含量增加，芯块的维氏硬度逐渐增大，断裂韧性逐渐降低。掺杂 0.5% TiO$_2$ 后，随着烧结温度升高，芯块的维氏硬度增大；当烧结温度超过 1700℃之后，芯块的硬度随着温度升高而逐渐下降，原因可能是该温度下晶界处形成了多孔的第二相。芯块硬度随着 Ti 含量的增加而增大，塑性相应降低。在较低温度下，硬度随着晶粒尺寸增加先减小后增大，在高温时则未呈现出这样的趋势。

如前所述，UO$_2$ 掺杂 Cr$_2$O$_3$ 能显著增大芯块晶粒尺寸。阿海珐集团(AREVA)制造的掺杂芯块含有 0.16%的 Cr$_2$O$_3$，该芯块的致密度可达 96%以上，晶粒尺寸达到 50～70μm。由于 Cr 相比于 U 更易被氧化，掺杂 Cr$_2$O$_3$ 可延迟甚至停止 UO$_2$ 的氧化，从而提高芯块耐腐蚀和抗氧化能力。在 400℃氧化气氛中，未掺杂芯块表面有大量 U$_3$O$_8$ 粉末，Cr$_2$O$_3$ 掺杂芯块表面完好，其腐蚀增重较前者降低了 30%～50%。在 350℃、6MPa 的蒸气环境中，未掺杂芯块的表面出现掉渣现象，而 Cr$_2$O$_3$ 掺杂芯块表面没有变化。与传统芯块相比，掺杂大晶粒 UO$_2$ 燃料芯块的热物理性能没有发生明显变化，这使得芯块在燃料棒中稳态条件下不会发生芯块中心温度升高的情况，或者芯块-包壳间隙不会因为热膨胀系数变化而提前闭合；此外，大晶粒 UO$_2$ 燃料芯块的抗水腐蚀性能提升，可使其具有更优良的抗事故能力。

各种烧结助剂的添加对提高 UO$_2$ 晶粒尺寸作用明显，但烧结助剂的添加在增加 UO$_2$ 晶粒尺寸的同时作为杂质也会影响核燃料的热导率提升。2014 年，美国阿贡国家实验室针对 UO$_2$ 晶体结构的第一性原理计算结果表明，在 UO$_2$ 中引入杂质将降低其热导率。因此，如何尽量减少或避免这种不利的影响也需要进一步研究。

②大晶粒 UO_2 芯块裂变气体释放。

芯块的裂变气体约占裂变产物总量的 13%，在反应堆运行过程中，裂变气体原子可扩散至晶界并形成晶界气泡，一部分裂变气体可通过晶界气泡连通的方式逃逸到燃料棒的自由空间，这是裂变气体释放的主要机理。裂变气体释放会降低燃料棒的气隙热导率，使燃料棒内压增加，导致燃料棒内压过早地超过设计压力，最终使得燃料棒服役寿命缩短。当采用较大晶粒尺寸的 UO_2 时，堆内辐照在晶粒中产生的裂变气体原子扩散到晶界的距离将增加，而晶界气泡连通引起的裂变气体释放将减少，有利于提高燃料棒的可靠性。但需要注意的是，对于大晶粒 UO_2，虽然裂变气体原子到晶界的扩散距离增加，但掺杂可能增大裂变气体原子在晶粒中的有效扩散系数。因此，对于通过掺杂工艺生产的大晶粒 UO_2 芯块，裂变气体通过晶界气泡连通而释放的总量不一定小于传统 UO_2 晶粒。如图 6.42 所示，使用掺 TiO_2 或 Nb_2O_5 的方法生产了大晶粒 UO_2 芯块，但其裂变气体释放量要多于传统 UO_2 芯块。

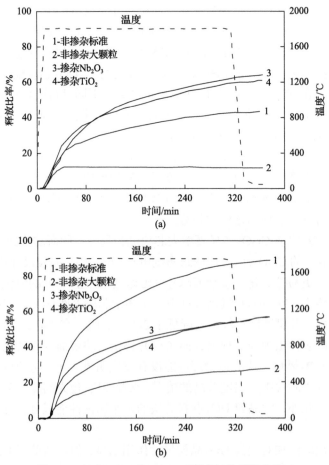

图 6.42　掺杂 TiO_2 或 Nb_2O_5 对裂变气体释放的影响

不同掺杂成分对裂变气体扩散系数的影响不同。Cr_2O_3 掺杂芯块在商用压水堆和沸水堆中均已辐照过，因为掺杂后晶粒长大有利于将裂变气体保存在芯块内，所以辐照试验结果证明掺杂 Cr_2O_3 可改善裂变气体释放和燃料肿胀。图 6.43 对比了掺杂 Cr_2O_3 芯块和未掺杂 Cr_2O_3 芯块的裂变气体释放份额，可以看出掺杂 Cr_2O_3 芯块的裂变气体释放份额低于未掺杂 Cr_2O_3 的芯块，在高燃耗下的优势更为显著。随着晶粒尺寸的增加，1800K 温度下从掺杂芯块内释放的裂变气体份额逐渐减少。辐照开始时裂变气体释放份额快速增加，一段时间后基本保持不变。Arborelius 等[93]在沸水堆中对掺杂 Cr_2O_3 和 Al_2O_3 的 UO_2芯块开展辐照试验，燃耗达到 30GW·d/t U。辐照后检查发现，未掺杂芯块体积缩小了0.2%，掺杂芯块出现了 0.8%～1.4%的体积肿胀。在经过功率瞬态试验后，掺杂 Cr_2O_3 芯块的裂变气体释放率是 17.2%，掺杂 Cr_2O_3 和 Al_2O_3 的复合芯块的裂变气体释放率是 20.5%，明显小于未掺杂芯块（30.2%）。因此掺杂大晶粒的 UO_2 芯块，其裂变气体释放量比普通UO_2 芯块约低 30%。

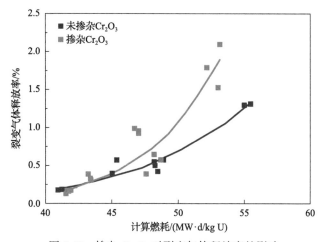

图 6.43　掺杂 Cr_2O_3 对裂变气体释放率的影响

　　裂变气体的释放与晶粒大小有关，同时也与裂变气体原子扩散系数有关。不同掺杂氧化物的 UO_2 芯块裂变气体扩散系数不同。Kashibe 和 Une[94]总结了分别掺杂 Cr_2O_3、SiO_2、Nb_2O_5 和 TiO_2 的 UO_2 芯块中 ^{133}Xe 扩散系数在 1000～2000K 之间的变化。如图 6.44 所示，在温度低于 1500K 时，未掺杂芯块的 ^{133}Xe 扩散系数比掺杂 Cr_2O_3 芯块高，但当温度高于 1600K 时规律则与之相反。对掺杂芯块和未掺杂芯块裂变气体释放份额进行计算，假设芯块的晶粒尺寸相同（图 6.45），1600K 下掺杂 Cr_2O_3 芯块的裂变气体释放率稍高于未掺杂芯块的，当温度达到 2000K 时前者裂变气体释放率已明显高于后者，这一计算结果与上述扩散系数实测结果相符。

　　综上所述，掺杂氧化物的大晶粒 UO_2 芯块的裂变气体释放与掺杂氧化物的种类有关，这主要是因为掺杂氧化物会提高裂变气体原子的扩散系数，从而改变裂变气体的释放量。但是大晶粒对裂变气体包容性能比小晶粒 UO_2 好，综合考虑，适当选取掺杂氧化物，增大 UO_2 晶粒大小可以减少裂变气体释放量。

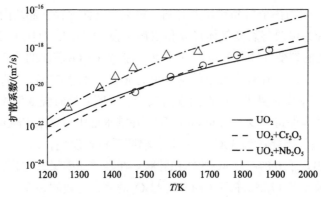

图 6.44 不同掺杂 UO_2 芯块的 ^{133}Xe 有效扩散系数

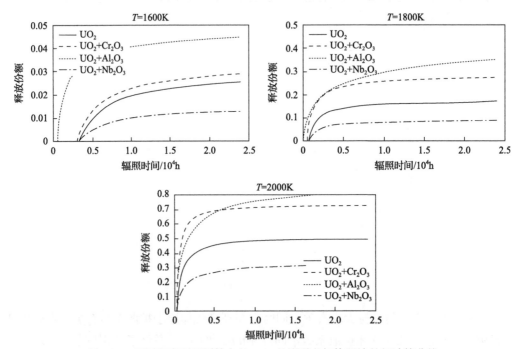

图 6.45 不同温度下不同掺杂的 UO_2 芯块裂变气体释放份额计算曲线

③大晶粒 UO_2 芯块辐照膨胀。

燃料肿胀是由于裂变产物在燃料内堆积导致的体积增大,固体裂变产物造成的肿胀理论上为 0.032%/(MW·d/kg U)。气体裂变产物造成的肿胀包括稀有气体,如 Kr、Xe 等。在普通 UO_2 芯块中,气体裂变产物造成的体积肿胀大约为 0.056%/(MW·d/kg U)。在特定温度及燃耗下,晶界处气体裂变产物对肿胀的影响最大。晶界处气泡在一定情况下会相互连通形成裂纹通道,导致裂变气体释放以及芯块肿胀。对于大晶粒 UO_2 芯块,由于其掺杂氧化物量少,固体裂变产物造成的肿胀与普通 UO_2 芯块基本一致。因此讨论大晶粒芯块肿胀,主要关注裂变气体造成的肿胀。图 6.46 为不同掺杂氧化物(Cr_2O_3、Al_2O_3、Nb_2O_5)UO_2 芯块与普通 UO_2 芯块,在不同温度下的肿胀率($\Delta V/V$)随时间变化曲线。由图 6.46 可知,掺杂 Cr_2O_3 的芯块,其肿胀率最大,而掺杂 Nb_2O_3 芯块的肿胀率最小。这主要是与裂变气体包容能力有关。UO_2 芯块的肿胀主要是气体肿胀,其肿胀率和饱和时间与晶粒尺寸相关。掺杂大晶粒裂变气体肿胀率和肿胀饱和时间是影响晶粒尺寸的变量,而晶粒尺寸会影响芯块的肿胀。图 6.47 为不同晶粒尺寸 Cr_2O_3 掺杂 UO_2 芯块的肿胀率曲线。Cr_2O_3 晶粒尺寸越大,芯块的肿胀率越小。

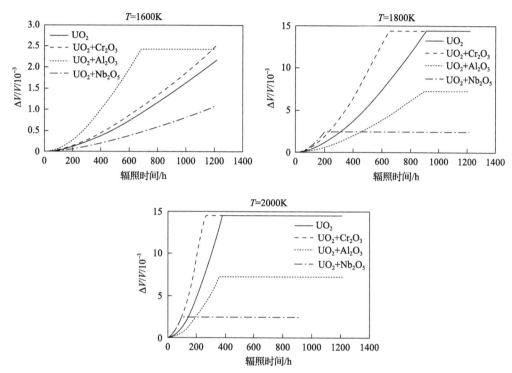

图 6.46　不同温度下不同掺杂的 UO_2 芯块肿胀率随时间变化曲线

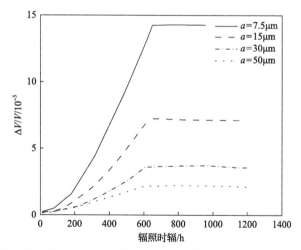

图 6.47　1800K 下不同晶粒尺寸 Cr_2O_3 掺杂 UO_2 芯块的肿胀率

晶界气泡是 UO_2 辐照肿胀的重要来源,采用大晶粒可使晶界气泡数量减少、UO_2 的辐照肿胀率减小、事故工况下的包壳-芯块相互作用减弱,还有利于提高燃料棒的可靠性。

如图 6.48 所示，掺杂 TiO_2 或 Nb_2O_5 的大晶粒 UO_2 的辐照肿胀率高于传统的 UO_2 芯块。因此，掺杂的效果与掺杂种类是密切相关的。同时从图 6.48 中可知，芯块的肿胀随着晶粒尺寸增大而减小，这与图 6.47 的结果一致。但是值得注意的是，在相同尺寸下，掺杂 TiO_2 或 Nb_2O_5 的 UO_2 芯块相比于不掺杂的 UO_2 芯块具有更大的肿胀率。因此，燃料的肿胀不仅与晶粒尺寸相关，还与掺杂氧化物类型相关，当选择降低扩散系数的氧化物作为掺杂相时，燃料的肿胀率随晶粒尺寸增大而减小，否则肿胀率增大。

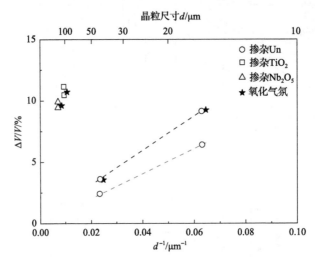

图 6.48　掺杂 TiO_2 或 Nb_2O_5 及晶粒尺寸对 UO_2 辐照肿胀率的影响

目前，全世界在开展针对掺杂获得大晶粒 UO_2 芯块研究的国家有美国、俄罗斯、日本等，使用的掺杂剂以 Cr_2O_3 和 Al_2O_3 为主，例如，美国西屋公司联合使用以上两种掺杂剂生产了先进掺杂颗粒技术(advanced doped pellet technology，ADOPT)燃料，采用该技术生产的燃料的辐照结果初步表明，其在减少裂变气体释放和缓解芯块-包壳相互作用(pellet cladding interaction，PCI)方面优于传统 UO_2 芯块。部分使用大晶粒 UO_2 芯块的燃料棒已处在堆内辐照中，辐照后检查表明，大晶粒 UO_2 芯块的燃料棒具有更高的可靠性。

④大晶粒 UO_2 芯块与包壳相互作用。

高功率阶段，大晶粒芯块的解剖试验表明，大晶粒碟形区域内被迁移材料填满。大晶粒中心线孔以及大晶粒碟形区的填充物表明，掺杂大晶粒芯块的扩散率大于普通芯块。实际功率瞬态的功率升高幅度低、持续时间短，因此实际过程中可能不存在中心线孔这一现象。由大晶粒芯块的初期裂纹数量远少于普通芯块的结果可知，掺杂大晶粒芯块相比于普通芯块有更高的 PCI 余量。差热分析结果表明，掺杂大晶粒 UO_2 芯块的耐腐蚀性能有明显提高。

由于大晶粒 UO_2 芯块具有优良的蠕变性能，相比于传统 UO_2 芯块，大晶粒芯块硬度更低。在反应堆第一循环结束后，Zr 合金包壳与 UO_2 芯块的间隙闭合，芯块与包壳发生相互作用。而实际反应堆在运行过程中经常出现功率瞬态，即反应堆燃料元件功率瞬间增大的现象。瞬态下，燃料芯块由于功率增大，其肿胀量迅速增大，与包壳的作用力也增大。大晶粒 UO_2 燃料芯块在相同燃耗下，其瞬态功率增大破损阈值比传统 UO_2 芯块更高，因此可认为大晶粒 UO₂ 燃料元件具有更优良的抗 PCI 性能，该性能也保障了燃料元件的安全特性。

⑤大晶粒二氧化铀燃料元件经济性及辐照生长。

为获得大晶粒 UO₂ 芯块，往往需要在芯块中掺杂金属氧化物，不同种类金属氧化物对 UO₂ 裂变气体原子扩散速率有明显影响。掺杂金属氧化物会提高芯块吸收截面，牺牲部分中子经济性，不同掺杂元素的中子吸收截面如表 6.19 所示。通常情况下，掺杂元素的掺杂量较小，基本不会影响燃料元件整体的中子学行为。例如，通过评价掺杂 Cr₂O₃ 对燃料元件寿期和中子吸收截面的影响发现，掺杂 Cr₂O₃ 可能会造成寿期减少 2～3 天。但是这一寿期减少的改变建立在燃料全部燃耗完毕的基础上，现有的燃耗和换料周期不会受掺杂影响，不需要提高燃料的富集度；而掺杂 Cr₂O₃ 获得大晶粒 UO₂ 芯块，提高了燃料棒的燃耗和换料周期，继而提高反应堆的经济性。

表 6.19　用于掺杂 UO₂ 芯块的氧化物及其基本中子学参数

参数	基础元素								
	Al	Ca	Cr	La	Mg	Nb	Si	Ti	V
相对原子质量	26.98	40.08	51.99	138.91	24.31	92.91	28.09	47.88	50.94
热中子吸收截面/b	0.23	0.43	3.1	8.9	0.064	1.15	0.16	6.1	5.06
主要氧化物类型	Al_2O_3	CaO	Cr_2O_3	La_2O_3	MgO	Nb_2O_5	SiO_2	TiO_2	V_2O_5

燃料元件辐照生长对燃料组件乃至堆芯整体设计有重要影响。假如燃料元件沿着径向辐照生长过大，上下管座可能会与燃料棒接触，造成燃料棒端塞破损、燃料棒失效。因此，有必要研究燃料棒辐照生长。阿海珐集团对大晶粒 UO₂ 燃料棒进行了大量的辐照后检查，检查结果表明，相比于传统 ZY4-UO₂ 燃料棒，掺杂 Cr₂O₃ 的大晶粒 UO₂ 棒的轴向生长略大，如图 6.49 所示，图 6.49 中 ZY4/UO₂ 为传统燃料棒（ZY4-UO₂ 燃料棒），也就是以普通晶粒尺寸 UO₂ 为燃料、ZY4（Zr-4）合金为包壳的燃料棒。类似的现象也出现在掺杂 Cr₂O₃ 的大晶粒 UO₂/M₅ 燃料棒中。添加氧化物的大晶粒 UO₂ 燃料芯块因肿胀率较低、径向变形较小，而相应的轴向变形增大，燃料棒的轴向生长量增加。

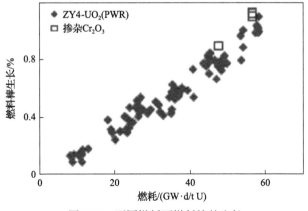

图 6.49　不同燃耗下燃料棒的生长

2. UO$_2$ 芯块中的气体

核反应堆中用的 UO$_2$ 芯块，采用粉末冶金工艺制备，芯块密度一般为理论密度的 94%～96%（即 94%～96%TD），还有约 4%体积的孔隙率，这些孔隙率中，至少有少部分（15%以下）为开口孔。在空气中，开口孔要吸收空气中的 H$_2$O、CO$_2$、N$_2$ 等气体，即使闭口孔，也会由于 UO$_2$ 芯块制备过程在氢气中高温烧结而有残余氢气。反应堆在运行过程中，由于高温和辐照引燃料重结构，这些气体将释放出来，造成包壳内压增加，这是热离子燃料元件不允许的。所以，用于热离子燃料元件的 UO$_2$ 芯块必须在高温真空中除气，以降低 UO$_2$ 芯块中的残余气体。下面介绍真空除气时 UO$_2$ 芯块中残余气体的组成、释放温度与时间之间的关系。

1）UO$_2$ 芯块中气体成分

用常规粉末冶金工艺制造的密度为 97%～98%TD 圆柱状芯块，在 4～10Pa 真空装置中加热，用气体质谱仪测出 UO$_2$ 芯块释放气体的成分。样品氧/铀的比为 UO$_{2.005}$，样品均匀加热到 2200K，气体释放率与温度的关系如图 6.50 所示[95]。纵坐标表示每克 UO$_2$ 芯块每分钟释放的气体在标准状态下所占体积[cm^3/(g·min)]，横坐标为时间，单位为 min。

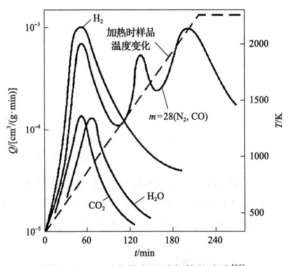

图 6.50 UO$_2$ 芯块中释放气体的成分[95]

从图 6.50 中曲线看出，温度较低时氢气就开始释放，大约加热 60min，温度达到 750K 时释放速率达到最大值，当温度进一步升高时氢释放急剧减少。因此，在 1250K 以下，UO$_{2.005}$ 芯块放出的气体主要是氢。在 1200K 时，CO$_2$、H$_2$O 释放全部结束，在更高温度下放出的主要是相对分子质量为 28 的包括 CO 和 N$_2$ 的混合气体。

气体释放随温度非单调的特性可以用燃料中气体生成的杂质在芯块中不同位置来解释。在 670K 有第一个最大值与芯块表面气体解吸有关；在 1550K 处的最大值可以用溶解在芯块中的气体释放来解释；在高温（1700～2300K）下，气体释放速率增加是由于铀的氧碳氮化合物分解产生的气体释放引起。在高温（2300K，保持 3～5h）退火后，氮和碳

总量将减少到 $10^{-4}\%\sim10^{-3}\%$（质量分数）。

UO_2 芯块中氮、碳释放与温度的关系，如图 6.51 所示[95]。图中纵坐标表示每克 UO_2 芯块释放出的气体在标准状况下所占体积（单位为 cm^3/g）；横坐标为加热绝对温度的倒数。每克 UO_2 芯块氢释放的总量不超过 $1\times10^{-3}\sim2\times10^{-3}cm^3/g$（标准），加热到 750K 时主要部分就释放出来。$CO+N_2$ 的释放受温度及 UO_2 中 C 和 N 含量的强烈影响，当这些杂质总量从 $2\times10^{-2}\%$ 变化为 $1.7\times10^{-1}\%$ 时，从燃料中释放的气体量大约增加 20 倍。因此，要排除燃料芯块中的氮和碳需要除气温度高达 $2200\sim2300K$。在这样高温下除气不可避免地会由于蒸发引起 UO_2 损失。

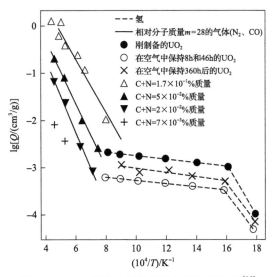

图 6.51 UO_2 芯块中气体释放与温度的关系[95]

2)UO_2 芯块上各种气体分压

Rakitskaya 等[96]报告中有大量不同批次 UO_2 芯块的除气数据，测试的芯块密度为 $81\%\sim96\%TD$，但每批杂质的含量几乎相同，含有约 2.0×10^{-5} 的碳和不超过 5.0×10^{-5} 的氮。他们还分别对超化学计量的 $UO_{2.004}$ 和亚化学计量的 $UO_{1.995}$ 气体释放进行了研究，试验时无燃料的装置中残余气体压力为 $10^{-5}\sim10^{-4}Pa$。

图 6.52 为 $UO_{1.995}$ 芯块加热到 1800℃后保温 10h 装置内气体分压的变化[96]。这里将 CO 和 N_2 组分分开，结果表明残余气体中包含有大量的 CO，由此可以得出结论，关键是从氧化铀燃料中除去碳杂质，因为对于二氧化铀燃料而言，高温下对热离子转换器性能产生不利影响的重要气体是一氧化碳。

3)除气后 UO_2 芯块的吸气

研究不同氮、碳含量的 $UO_{2.005}$ 芯块的放气情况和在 2300K 下除气后在空气中停留时间对放气的影响，在 $500\sim2300K$ 温度范围内放出的气体是 H_2 和 N_2+CO，H_2 释放量取决于已除气的 $U_{2.005}$ 芯块在空气中停留的时间、大气湿度和芯块的开口孔率等。

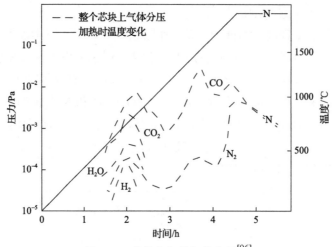

图 6.52　芯块上各种气体分压[96]

在比较干燥的大气中，芯块能吸附几个单分子层的水，而在高湿度气氛中则可吸附六个单分子层的水。芯块吸水速度很快，几秒钟内的吸水量就能测出，几分钟到几小时达到饱和，这与开口孔率有关。开口孔率决定 UO_2 芯块内表面吸附面积大小，当开口孔率大于 5% 时，吸附面积急剧增加，如烧结密度为 92%TD 的芯块，吸附面积可达 $100cm^2/g\ U$，吸水可达 1.0×10^{-4}；当芯块密度不小于 93.5%TD（$10.25g/cm^3$）时，在正常空气中储存时芯块吸水量为 $3\times10^{-6}\sim10\times10^{-6}$（$0.3\times10^{-6}\sim1.1\times10^{-6}$ 当量氢）。当芯块进行湿磨时大量吸水，此时水渗入到开口孔内，尤其对低密度或制造不良的芯块，水分可达到 1.0×10^{-4}，这些芯块很难干燥。

从芯块水分释放率随温度的变化可以看出，芯块经 150℃干燥后水分释放率显著降低，在 400℃以前水分释放量约为 50%，在 1000℃时水分释放量接近 100%。

3. UC 燃料芯块制备

核燃料的中子辐照肿胀施加给包壳（发射极）上的应力是造成发射极变形的主要原因，而发射极的变形影响燃料元件的寿命和效率。减少发射极变形可以从两方面入手：一是强化包壳材料，即选择高温强度高的包壳材料；二是选择导热系数高、蠕变强度低的燃料芯块，即所谓软芯块。研究表明，除改进 UO_2 制备工艺（如制备有稳定开口孔率的 UO_2 芯块）外，就是寻求新的燃料组分，如碳化铀。与 UO_2 相比，碳化铀虽然有高热导率、高铀密度和低蒸发速率，但它们用于热离子燃料元件时与包壳材料的相容性还存在问题。如在发射极温度范围内，碳化铀容易与钨、钼发生反应，在 1000℃时，UC 开始使钨渗碳，保持 1300h 后，生成的 W_2C 层厚度可达 $0.5\mu m$，随温度升高渗透强度急剧增加。在 2000℃保持 30h，W_2C 层厚度可增到 $383\mu m$。钼渗透碳比钨还高，在 1200℃保持 3600h 后，MoC 层厚度达到 $150\mu m$。在 UC-Mo 和 UC-W 系统中可形成包晶，熔点分别是 1850℃和 2150℃。这说明用钨、钼作包壳的高温燃料元件不适于选用 UC 的二组元燃料。

现有碳化铀芯块的制备主要分为两个步骤：一是碳化铀粉体合成，通常采用二氧化铀在高温下碳热还原的方法合成碳化铀粉体；二是芯块致密化烧结，通常采用添加烧结助剂的无压烧结或采用外场辅助的热压烧结。

中广核研究院有限公司以氮化铀和碳源作为原料，在高温无压烧结下实现碳热还原反应和致密化烧结两个过程，不需要采用生产效率低下的热压烧结工艺，不需要引入烧结助剂，避免降低芯块熔点的问题，可以实现批量烧结，耗能低，适用于燃料芯块的工业化生产[97]。

核燃料的蠕变性能是高温燃料的基本性能。蠕变速率高，表示燃料蠕变极限低，也就是所谓软芯块、燃料芯块施加给包壳上的压力小，包壳不容易变形。几种陶瓷燃料的蠕变速率（相对值）如图 6.53 所示。数据表明（表 6.20），碳化铀硫熔体具有最高的蠕变速率，在 1970K、40MPa 应力下，稳态蠕变速率 ε 为 20%/h。具有稳定开口孔隙度的 UO_2 次之，碳化物固溶体的蠕变速率最低[98]，在相同温度和相同应力下，ε 为 $5\times10^{-2}\sim8\times10^{-2}$%/h。

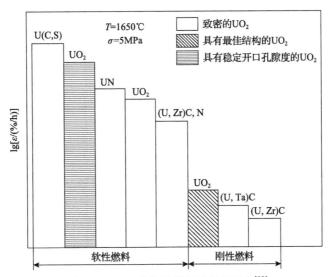

图 6.53　UO_2 和备选燃料的蠕变速率[98]

表 6.20　主要燃料材料的性能

燃料	铀含量 /(g/cm³)	熔点 /K	2270K 时的热导率 /[W/(m·K)]	300~1500K 时的热膨胀系数/(10⁻⁶/K)	40MPa 和 2300K 时的蠕变速率/(%/h)
UC_2	9.67	2770	21.6	13.0	2.5
$U_xZr_{1-x}C$	9.5~11.7	3170~3370	17~18	11.8~13	$5\times10^{-2}\sim8\times10^{-2}$
$U_xTa_{1-x}C$	10~11	3170~3270	25~27	9.8~10	$3.6\times10^{-1}\sim7.7\times10^{-1}$
$U_xZr_{1-x}CN$	9.7~12.2	3070~3170	30~37	10.8~11.2	0.7~1.0
UC_xS_{1-x}	10.3~10.5	2810	16*		20**
UN	13.63	3120	20*		2.5**

*表示 2170K 条件下。

**表示 1970K 条件下。

燃料蒸发速率越高，燃料质量迁移越快，燃料芯块柱的形状和组分可能发生变化，引起燃料元件的工作状态改变。图 6.54 的 6 种燃料中[98]，(U, Ta)C 碳化物燃料(图中曲线 6)的蒸发速率最低，同时它的热导率也高，燃料芯块柱中心温度将降低，燃料芯块柱在整个寿期中可以保持本身的结构形状，这样燃料元件就可以利用燃料芯块的自由中心孔道排出裂变气体。另外，碳化物燃料蒸发时铀先蒸发，结果燃料表面的金属富集，而蒸气冷凝物中铀含量增加，U/Me 的比值将比初始值高，导致性能可能发生变化。

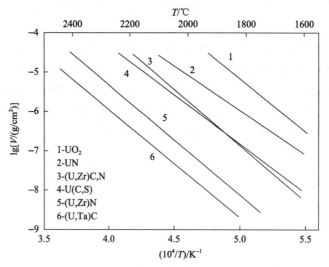

图 6.54　表面无覆盖的几种燃料的总蒸发速率[98]

　　传统的核燃料元件是通过干法技术将二氧化铀粉末制备成圆柱状陶瓷核燃料芯块，然后直接装入包壳管中组装成核燃料组件。但是，圆柱状的陶瓷核燃料芯块存在严重的辐照肿胀以及较差的热传导等缺陷；另外圆柱状核燃料芯块制备过程中会产生大量粉尘以及需要庞大的机械设备。由于乏燃料具有很强的放射性以及生物毒性，将乏燃料转化为再生核燃料元件需要通过远程控制在密闭的手套箱内完成，这导致先进闭式核燃料循环中再生核燃料不易制备成传统的芯块形式。近年来，国际上针对传统芯块核燃料的缺陷，提出了一种全新的核燃料元件"sphere-pac"概念，该方法首先是将目标核素制备成不同粒径的陶瓷核燃料小球，然后用一定方法将不同粒径的陶瓷核燃料小球一起装入包壳管中，形成核燃料元件(图 6.55)。相比传统的芯块型核燃料元件，sphere-pac 型核燃料

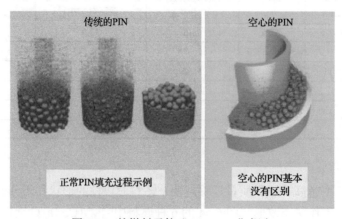

图 6.55　核燃料元件"sphere-pac"概念

不但具有良好的辐照肿胀行为，而且制备方法具备以下优点：易于通过湿法流程制备不同粒径的陶瓷核燃料小球、制备流程更简单、避免粉尘产生、容易将不同元素均匀地掺杂在一起、更容易实现远程控制、便于在手套箱内操作。根据反应堆的要求，可以制备成氧化物型、碳化物型和氮化物型核燃料元件。

6.4　乏燃料处理前端与后端

6.4.1　乏燃料预处理

核燃料"燃烧"时会产生大量的放射性物质，因此核燃料在使用时必须可靠封装起来。目前大多数反应堆采用的都是燃料元件的结构形式，首先将燃料制成具有一定强度的燃料芯块；然后将这些芯块再密封到包壳（如压水段燃料元件的 Zr 包壳管）中做成燃料棒，即通常所说的核燃料元件；最后将燃料棒组装成便于运输、装卸以及更换的棒束组合体-燃料组件（图 6.56）。

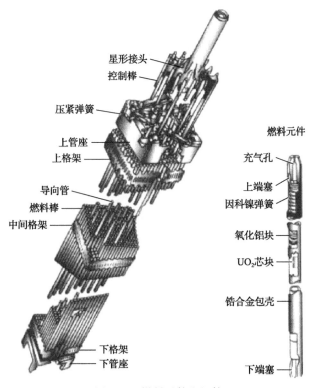

图 6.56　燃料元件和组件

燃料组件在堆内装载和卸载的过程是个不可拆开的整体，仅在特殊情况下允许拆开和抽换其中若干燃料棒重新组装。

在进行乏燃料后处理时，首先面对的是上述结构的燃料组件。而后处理真正要操作的是燃料棒中的芯块，那么必须进行组件、元件的拆解才能进入后处理工艺。所谓乏燃料的预处理也正是从乏燃料组件、元件中取出适合后处理工艺操作的物料。

总结起来，针对常见的压水堆乏燃料的预处理流程如图 6.57 所示。

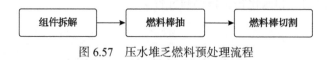

图 6.57　压水堆乏燃料预处理流程

对于切割方式而言，存在多种方式，如机械到头剪切、砂轮切割、水力切割以及激光切割等，其切割效果、粉尘量、能耗、切割效率以及可维护性都各有异同，应该依据不同的应用场景，选择合适的切割技术和方式。

6.4.2　元件组装

正如前面所述，核燃料在反应堆中使用时，一般情况下都要进行多重密闭包容以防运行时放射性物质的外泄。将压实的燃料芯块密闭到包壳中制成燃料棒单元——元件，最后将多根燃料元件组装成组件。所以，燃料元件的组装包括燃料棒的组装和燃料组件的组装。

商业压水堆燃料核燃料元件采用金属锆材料将核燃料铀芯块包装而成，由上下端塞、包壳管、弹簧和燃料芯块、导向管部件、格架骨架、上下管座等组成。组装时，首先焊接下端塞，然后装入上端塞，最后焊接上端塞。而加速器驱动的先进核能系统拟采用碳化硅包壳，虽然其包壳材料不同，但其组装流程基本相似。最大的区别在端塞焊接，因为锆合金材料具有优秀的焊接性能，可以采用电子束焊、氩弧焊等等技术，而碳化硅材料无法直接采用该类焊接技术，所以采用碳化硅材料作为包壳材料时，焊接技术也是需要着重研究的方向。

6.4.3　整体测试

通常，核燃料元件制造厂需要向核电厂运营单位承诺：在制造过程中必须采取质量验证手段，来揭示过程中的不符合性，以便及时采取纠正行动，防止将制造偏差或缺陷带到核设施运行中，进而造成设备故障、停机，甚至危及核电厂工作人员和公众安全。

核燃料元件的检查测试包括上下端头的环缝的测试，对焊缝进行无损检测，测试其密封性、焊接缺陷。可以采用 X 射线投射来评判环封焊接缺陷，通过检漏技术(如氦气检漏)进行元件密封性检测。富集度检测，同一反应堆的堆芯燃料元件的铀富集度必须一致，否则会引起爆炸，发生核安全事故，检查时记录每支棒的棒号和铀富集度代码；用 γ 射线扫描来进行棒内芯块富集度是否一致检查；用 γ 射线扫描进行棒内芯块间隙累计值、计数率平均值、空腔长度值及结论。然后进行氦检漏检查、棒表面缺陷检查、焊缝直径检测、长度直线度检测、表面污染检查等。

组件检测包括外观检测、表面检测、尺寸检测、运动部件运动情况检测等，所有的检测目的是在燃料入堆前发现问题，防止入堆后的危险。

6.5　本 章 小 结

本章主要介绍了加速器驱动的乏燃料再生系统整体工艺以及相关后处理关键工艺技术。首先对整体流程进行了系统描述。随后对乏燃料后处理技术包括高温氧化粉化、高温氧化挥发技术进行了介绍，另外还阐述了氧化铀的氧化过程机理以及工艺参数的影响，讨论了裂变产物在乏燃料芯块中的释放过程以及机理。其次，针对乏燃料中稀土中子毒物去除，提出了一种新型无水物理去除技术，并对该方法的提出以及后续研究发展进行了综述，之后描述了精细化学分离的意义和主要方法，着重讨论了高效制备色谱技术和离子液体技术。接着对新燃料的制备技术进行了讨论和描述，着重描述了碳化铀燃料颗粒的制备以及碳化铀燃料芯块的制备方法。最后简述了乏燃料处理前端和后端，包括乏燃料后处理前组件、元件拆解，简述了燃料元件的组装和测试。

参 考 文 献

[1] 谈存敏, 陈德胜, 王洁茹, 等. 模拟乏燃料的氧化挥发首端工艺研究. 核化学与放射化学, 2021, 43(5): 387-396.

[2] Blackburn P E, Weissbart J, Gulbransen E A. Oxidation of uranium dioxide. The Journal of Physical Chemistry B, 1958, 62(8): 902-908.

[3] Kosaka Y, Itoh K, Kitao H, et al. A study on the dry pyrochemical technique for the oxide fuel decladding. Journal of Nuclear Science & Technology, 2002, 39(S3): 902-905.

[4] Beznosyuk V I, Galkin B Y, Kolyadin A B, et al. Combined processing scheme of WWER-1000 spent nuclear fuel: 1. Thermochemical breaking-up of fuel claddings and voloxidation of fuel. Radiochemistry, 2007, 49(4): 380-385.

[5] Hiroshi O, Etsuzo N, Takashi M. Oxidation of uranium dioxide. Journal of Nuclear Materials, 1974, 11(10): 445-451.

[6] McEachern R J, Sunder S, Taylor P, et al. The influence of nitrogen dioxide on the oxidation of UO_2 in air at temperatures below 275℃. Journal of Nuclear Materials, 1998, 255(2-3): 234-242.

[7] Jeong S M, Hur J M, Hong S S, et al. An electrochemical reduction of uranium oxide in the advanced spent-fuel conditioning process. Nuclear Technology, 2008, 162(2): 184-191.

[8] Uchiyama G, Sugikawa S, Maeda M, et al. Outline of an experimental apparatus for the study on the advanced voloxidation process. Japan Atomic Energy Research Institute, 1990, 11: 90-106.

[9] Booth A H. A suggested method for calculating the diffusion of radioactive rare gas fission products from UO_2 fuel elements and a discussion of proposed in-reactor experiments that may be used to test its validity. Chalk River: Atomic Energy of Canada Ltd, 1957.

[10] Kim Y S. Fission gas release from UO_{2+X} in defective light water reactor fuel rods. Argonne: Argonne National Laboratory, 1999.

[11] Turnbull J A, Friskney C A, Findlay J R, et al. The diffusion coefficients of gaseous and volatile species during the irradiation of uranium dioxide. Journal of Nuclear Materials, 1982, 107(2-3): 168-184.

[12] 景福庭, 杨洪润, 吕焕文, 等. 燃料氧化对裂变产物扩散释放的影响研究. 核动力工程, 2015, 36(1): 38-40.

[13] Fukasawa T, Funabashi K, Kondo Y, et al. Influences of impurities on iodine removal efficiency of silver alumina adsorbent. Journal of Neurosurgery, 1997, 96: 788-791.

[14] Jameson C J, Jameson A K, Lim H M. Competitive adsorption of xenon and krypton in zeolite NaA: ^{129}Xe nuclear magnetic resonance studies and grand canonical Monte Carlo simulations. The Journal of Chemical Physics, 1997, 107(11): 4364-4372.

[15] Munakata K, Kanjo S, Yamatsuki S, et al. Adsorption of noble gases on silver-mordenite. Journal of Nuclear Science and Technology, 2003, 40(9): 695-697.

[16] Garn T G, Greenhalgh M R, Law J D. FY-12 INL Krypton capture activities supporting the off-gas sigma team. Idaho Falls: Idaho National Laboratory, 2012.

[17] Daniel C, Elbaraoui A, Aguado S, et al. Xenon capture on silver-loaded zeolites: Characterization of very strong adsorption sites. The Journal of Physical Chemistry C, 2013, 117(29): 15122-15129.

[18] Bazan R E, Bastos-Neto M, Moeller A, et al. Adsorption equilibria of O_2, Ar, Kr and Xe on activated carbon and zeolites: Single component and mixture data. Adsorption, 2011, 17(2): 371-383.

[19] Gong Y, Tang Y, Mao Z, et al. Metal-organic framework derived nanoporous carbons with highly selective adsorption and separation of xenon. Journal of Materials Chemistry A, 2018, 6(28): 13696-13704.

[20] 冯淑娟, 周崇阳. 氙在活性炭和碳分子筛上的动态吸附性能. 核化学与放射化学, 2010, 32(5): 274-279.

[21] 刘孟, 张莉, 王茜. 碳分子筛和活性炭吸附氙气性能的研究. 湘潭大学自然科学学报, 2015, 37(2): 27-32.

[22] Mueller U, Schubert M, Teich F, et al. Metal-organic frameworks-prospective industrial applications. Journal of Materials Chemistry, 2006, 16(7): 626-636.

[23] 杨勇, 王和义, 杜阳, 等. 用于含氚废气的无机载体疏水催化剂研制. 核技术, 2010, 33(3): 228-232.

[24] Taylor P, McEachern R J. Process to remove rare earths from spent nuclear fuel=WO 96/36971. 1996.

[25] Lee J W, Yun Y W, Kim C H, et al. Phase separation characteristics of (U,Nd)O_2 solid solutions by high temperature oxidation. Journal of Radioanalytical & Nuclear Chemistry, 2014, 299(1): 399-405.

[26] Fan F L, Tan C M, Wang J R, et al. Study on the phase separation behavior of (U, Nd)$_3O_8$ powder by high temperature oxidation. Journal of Radioanalytical & Nuclear Chemistry, 2019, 320(1): 235-243.

[27] Lee J W, Jeon S C, Lee J H, et al. Thermal treatment for the detachment of RE-rich particles precipitated by the high-temperature oxidation of (U, RE)$_3O_8$ powder. Ceramics International, 2016, 42(14): 16120-16126.

[28] 林灿生. 裂变产物元素过程化学. 北京: 中国原子能出版社, 2012.

[29] 吴华武. 核燃料化学工艺学. 北京: 原子能出版社, 1989.

[30] 周贤玉. 核燃料后处理工程. 哈尔滨: 哈尔滨工程大学出版社, 2009.

[31] Chiarizia R, Horwitz E P. Radiolytic stability of some recently developed ion exchange and extraction chromatographic resins containing diphosphonic acid groups. Solvent Extraction and Ion Exchange, 2000, 18(1): 109-132.

[32] Wei Y, Wang X, Liu R, et al. An advanced partitioning process for key elements separation from high level liquid waste. Science China Chemistry, 2012, 55(9): 1726-1731.

[33] Bradshaw J S, Izatt R M. Crown ethers: The search for selective ion ligating agents. Accounts of chemical research, 1997, 30(8): 338-345.

[34] Sarzanini C. Recent developments in ion chromatography. Journal of Chromatography A, 2002, 956(1-2): 3-13.

[35] Jones P, Nesterenko P N. High-performance chelation ion chromatography: A new dimension in the separation and determination of trace metals. Journal of Chromatography A, 1997, 789(1-2): 413-435.

[36] Bernardis F L, Grant R A, Sherrington D C. A review of methods of separation of the platinum-group metals through their chloro-complexes. Reactive and Functional Polymers, 2005, 65(3): 205-217.

[37] Betti M. Use of ion chromatography for the determination of fission products and actinides in nuclear applications. Journal of Chromatography A, 1997, 789(1-2): 369-379.

[38] Kodama D, Kanakubo M, Kokubo M, et al. CO_2 absorption properties of Brønsted acid-base ionic liquid composed of N, N-dimethylformamide and bis (trifluoromethanesulfonyl) amide. The Journal of Supercritical Fluids, 2010, 52(2): 189-192.

[39] Walden P. Molecular weights and electrical conductivity of several fused salts. Bulletin de l'Académie Impériale des Sciences, 1914, 8: 405-422.

[40] Hurley F H, Wier T P. Electrodeposition of metal from fuse quaternary ammonium salts. Journal of the Electrochemical Society, 1951, 98: 203-206.

[41] Wilkes J S, Zaworotko M J. Air and water stable1-ethyl-3-methylimidazolium based ionic liquids. Journal of the Chemical Society, Chemical Communications, 1992, 13: 965-967.

[42] Bonhôte P, Dias A P, Papageorgiou N, et al. Hydrophobic, highly conductive ambient-temperature molten salts. Inorganic Chemistry, 1996, 31(1): 1168-1178.

[43] El Abedin S Z, Endres F. Challenges in the electrochemical coating of high-strength steel screws by aluminum in an acidic ionic liquid composed of 1-Ethyl-3-methylimidazolium chloride and AlCl₃. Journal of Solid State Electrochemistry, 2013, 17(4): 1127-1132.

[44] 孙珊珊. 适用于锂离子电池的新型离子液体电解液的研究. 哈尔滨: 哈尔滨工业大学, 2009.

[45] Trohalaki S, Pachter R, Drake G W, et al. Quantitative structure-property relationships for melting points and densities of ionic liquids. Energy & Fuels, 2005, 19(1): 279-284.

[46] Rebelo L P N, Canongia L J N, Esperança J M S S, et al. On the critical temperature, normal boiling point, and vapor pressure of ionic liquids. The Journal of Physical Chemistry B, 2005, 109(13): 6040-6043.

[47] Huddleston J G, Visser A E, Reichert W M, et al. Characterization and comparison of hydrophilic and hydrophobic room temperature ionic liquids incorporating the imidazolium cation. Green Chemistry, 2001, 3(4): 156-164.

[48] Dupont J, de Souza R F, Suarez P A Z. Ionic liquid (molten salt) phase organometallic catalysis. Chemical Reviews, 2002, 102(10): 3667-3692.

[49] 邓友全. 离子液体——性质、制备与应用. 北京: 中国石化出版社, 2006.

[50] 解美莹. 铁基离子液体—醇—水三元体系相图构建及分离性能研究. 北京: 北京化工大学, 2013.

[51] Brennecke J F, Maginn E J. Ionic liquids: Innovative fluids for chemical processing. AIChE Journal, 2001, 47(11): 2384.

[52] Baudequin C, Baudoux J, Levillain J, et al. Ionic liquids and chirality: Opportunities and challenges. Tetrahedron: Asymmetry, 2003, 14(20): 3081-3093.

[53] Lee S. Functionalized imidazolium salts for task-specific ionic liquids and their applications. Chemical Communications, 2006, (10): 1049-1063.

[54] Finotello A, Bara J E, Narayan S, et al. Ideal gas solubilities and solubility selectivities in a binary mixture of room-temperature ionic liquids. The Journal of Physical Chemistry B, 2008, 112(8): 2335-2339.

[55] Sheldon R. Catalytic reactions in ionic liquids. Chemical Communications, 2001, (23): 2399-2407.

[56] Fan F L, Chen D S, Huang Q G, et al. Radiation effect on ionic liquid [Hbet][Tf₂N] for Nd₂O₃ separation from simulated spent nuclear fuels. Journal of Radioanalytical and Nuclear Chemistry, 2020, 326: 497-502.

[57] Fan F L, Qin Z, Cao S W, et al. Highly efficient and selective dissolution separation of fission products by an ionic liquid [Hbet][Tf2N]: A new approach to spent nuclear fuel recycling. Inorganic Chemistry, 2018, 58(1): 603-609.

[58] 崔振鹏, 王硕珏, 敖银勇, 等. γ 辐照引发[Cₙmim][NTf₂]离子液体变色研究. 物理化学学报, 2013, 29(3): 619-624.

[59] 王洁茹, 范芳丽, 秦芝, 等. 离子液体浮选分离模拟乏燃料中的稀土元素. 核化学与放射化学, 2019, 41(4): 378-385.

[60] 周明胜, 姜东君. 核燃料循环导论. 北京: 清华大学出版社, 2016.

[61] 王德君, 何淼, 秦芝, 等. 碳化铀核燃料缺陷结构的研究现状. 核技术, 2017, 40(7): 87-98.

[62] Kim Y S. Uranium intermetallic fuels (U-Al, U-Si, U-Mo)//Konings R J M. Comprehensive Nuclear Materials, Amsterdam: Elsevier, 2012, 3: 391-422.

[63] Keiser Jr D D, Mariani R D. Zr-rich layers electrodeposited onto stainless steel cladding during the electrorefining of EBR-II fuel. Journal of Nuclear Materials,1999, 270(3): 279-289.

[64] Sinha V, Prasad G, Hegde P, et al. Development, preparation and characterization of uranium molybdenum alloys for dispersion fuel application. Journal of Alloys and Compounds, 2009, 473(1-2): 238-244.

[65] Domagala R, Wiencek T, Thresh H. U-Si and U-Si-Al dispersion fuel alloy development for research and test reactors. Nuclear Technology, 1983, 62(3): 353-360.

[66] 孙荣先. U₃Si₂-Al 弥散型燃料元件. 核动力工程, 1990, 11(2): 69-74.

[67] Farr J D, Huber Jr E J, Head E L, et al. The preparation of uranium monocarbide and its heat of formation. The Journal of Physical Chemistry, 1959, 63(9): 1455-1456.

[68] Rosen S, Nevitt M, Mitchell A. The uranium monocarbide-plutonium monocarbide system. Journal of Nuclear Materials, 1963,

9 (2): 137-142.

[69] Brown F, Good P, Lapage R. The preparation of mixed Pu-U carbides by the metal hydrocarbon gas reaction. Met. Soc., Am. Inst. Mining, Met. Petrol. Engrs., Inst. Metals Div., Spec. Rept. 1964. https://www.osti.gov/biblio/4673322.

[70] Schneider A, Burris L J, Naperville S L. Process for preparing uranium monocarbide: US3154378. 1964.

[71] Holleck H, Kleykamp H. U-Uranium, supplement volume C$_{12}$: Uranium carbides//Fluck E. Gmelin Handbook of Inorganic Chemistry. 8th ed. Berlin: Verlag Berlin Heidelberg, 1987.

[72] Mukerjee S, Dehadraya J, Vaidya V, et al. Kinetic study of the carbothermic synthesis of uranium monocarbide microspheres. Journal of Nuclear Materials, 1990, 172 (1): 37-46.

[73] Brykala M, Rogowski M, Olczak T. Carbonization of solid uranyl-ascorbate gel as an indirect step of uranium carbide synthesis. Nukleonika, 2015, 60 (4): 921-925.

[74] Salvato D, Vigier J F, Blanco O D, et al. Innovative preparation route for uranium carbide using citric acid as a carbon source. Ceramics International, 2016, 42 (15): 16710-16717.

[75] 孙玺. 内凝胶结合碳热还原工艺及铀碳氧微球制备研究. 北京: 清华大学, 2018.

[76] 孙吉昌, 宋殿武, 杨有清, 等. 碳化铀的制备和分析. 中国核科技报告, 1987, 2: 646-655.

[77] Reiche M H, Vogel S C. In situ synthesis and characterization of uranium carbide using high. Journal of Nuclear Materials, 2016, 471 (1): 308-316.

[78] Raveu G. Experimental study of UC polycrystals in the prospect of improving the as-fabricated sample purity. Nuclear Instruments and Methods in Physics Research B, 2014, 314 (1): 72-76.

[79] Tagawa H, Fujii K. Formation of U$_2$C$_3$ in the reaction of UC$_2$ with UO$_2$. Journal of Nuclear Materials, 1971, 39 (1): 109-114.

[80] Hansen M, Anderko K, Salzberg H W. Constitution of binary alloys. Journal of the Electrochemical Society, 1958, 105 (12): 260C-261C.

[81] Inoue T, Horiki M, Matsui H, et al. Deposition of U$_2$C$_3$ in neutron irradiated UC+UC$_2$. Journal of Nuclear Materials, 1978, 71 (2): 372-374.

[82] Elliott R P. McGraw-hill Series in Materials Science and Engineering. New York: McGraw Hill, 1965.

[83] Papajová E, Bujdoš M, Chorvát D, et al. Method for preparation of planar alginate hydrogels by external gelling using an aerosol of gelling solution. Carbohydrate Polymers, 2012, 90 (1): 472-482.

[84] Tel H, Eral M, Altaş Y. Investigation of production conditions of ThO$_2$-UO$_3$ microspheres via the sol-gel process for pellet type fuels. Journal of Nuclear Materials, 1998, 256 (1): 18-24.

[85] 陈铭. 以氧化铀粉末为原料的碳化铀核燃料微球的制备. 合肥: 中国科学技术大学, 2018.

[86] Ganguly C. Sol-gel microsphere pelletization: A powder-free advanced process for fabrication of ceramic nuclear fuel pellets. Bulletin of Materials Science, 1993, 16 (6): 509-522.

[87] Guo H, Wang J, Bai J, et al. Low-temperature synthesis of uranium monocarbide by a pechini-type in situ polymerizable complex method. Journal of the American Ceramic Society, 2018, 101 (7): 2786-2795.

[88] 郭航旭. 碳化铀和硼化铀陶瓷粉末的制备及性质研究. 北京: 中国科学院大学 (中国科学院近代物理研究所), 2019.

[89] Tian W, Guo H, Chen D, et al. Preparation of UC ceramic nuclear fuel microspheres by combination of an improved microwave-assisted rapid internal gelation with carbothermic reduction process. Ceramics International, 2018, 44 (15): 17945-17952.

[90] Solomon A, Revankar S, McCoy J K. Enhanced thermal conductivity oxide fuels. Purdue University School of Nuclear Engineering, City of West Lafayette, 2006.

[91] Li B, Yang Z, Jia J, et al. High temperature thermal physical performance of BeO/UO$_2$ composites prepared by spark plasma sintering (SPS). Scripta Materialia, 2018, 142: 70-73.

[92] Yeo S, Mckenna E, Baney R, et al. Enhanced thermal conductivity of uranium dioxide-silicon carbide composite fuel pellets prepared by Spark Plasma Sintering (SPS). Journal of Nuclear Materials, 2013, 433 (1-3): 66-73.

[93] Arborelius J, Backman K, Hallstadius L, et al. Advanced Doped UO$_2$ Pellets in LWR Applications. Journal of Nuclear Science

and Technology, 2006, 43(9): 967-976.

[94] Kashibe S, Une K. Effect of additives (Cr$_2$O$_3$, Al$_2$O$_3$, SiO$_2$, MgO) on diffusional release of ^{133}Xe from UO$_2$ fuels. Journal of Nuclear Materials, 1998, 254(2-3): 234-242.

[95] Galkin E M, Gagarin A S, Mokeev A V. Outgasing of uranium dioxide under vacuum heating. Podolsk: Report at the 4th Branch Conference, Nuclear power in the Space, Materials, Fuel, 1993.

[96] Rakitskaya E M, Galkin E A, Gontar A S. Advanced uranium dioxide thermionic fuel. Report No RDD: 93; 62411001: 01, 1993.

[97] 薛佳祥, 张显生, 刘彤, 等. 碳化铀芯块及其制备方法、燃料棒: CN107500767B. (2019-09-10).

[98] Hunter R L, Gontar A S, Nelidov M V, et al. Fuel elements of thermionic converters. Albuquerque, 1997. https://digital.library. unt.edu/ark:/67531/metadc675399/.

第7章

ADANES 新概念、新方法、新技术

本章对 ADANES 提出的新概念、新方法、新技术的发展进行介绍，主要包括中子源材料、中子屏蔽材料、燃料包壳材料、堆芯构件、新型冷却材料、超算与人工智能、乏燃料处理趋势。其中，中子源材料方面主要对铍及其化合物进行介绍；中子屏蔽材料方面主要是对不同中子屏蔽材料的介绍；燃料包壳材料方面是对碳化硅纤维、复合材料制备工艺、表面涂层、核用连接技术等进行介绍；堆芯构件方面简要介绍了碳化硅陶瓷堆芯构件的成型与烧结技术；新型冷却材料方面主要对陶瓷颗粒冷却剂材料进行介绍；超算与人工智能方面主要简要介绍了超算硬件、软件算法以及人工智能在科学中的应用；乏燃料处理趋势方面介绍了未来乏燃料处理发展趋势为基于闭式循环的策略。

7.1　中子源材料

7.1.1　金属铍的性质及其应用

1. 金属铍的性质

稀有轻金属铍(Be)是元素周期表第二周期第二主族(碱土金属族)元素，在地壳中的含量约为铝的 1/8200，原子序数为 4，原子量为 9.01。室温至 1250℃为密排六方(hcp)晶体结构，晶格常数为 a=2.286Å，c=3.583Å，c/a=1.567；1250℃以上时转变为立方晶体结构，a=2.550Å[1, 2]，其结构图如图 7.1 所示。

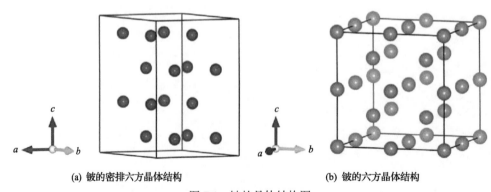

(a) 铍的密排六方晶体结构　　　　　　(b) 铍的六方晶体结构

图 7.1　铍的晶体结构图

铍在室温下的主要物理和力学性质见表 7.1。对比其他金属材料，铍表现出许多独特优异的物理和力学性能[3, 4]。

表 7.1　铍在室温下的主要物理和力学性质[3, 4-11]

参数	数值	参数	数值
密度/(g/cm³)	1.842	弹性模量/GPa	303
熔点/℃	1289	泊松比	0.01～0.08
沸点/℃	2970	莫氏硬度	5.5
比热容/[kJ/(kg·K)]	2.17	拉伸强度/MPa	380～565
导热系数/[W/(m·K)]	216	屈服强度/MPa	270～538
热膨胀系数/$10^{-6}K^{-1}$	11.6	延伸率/%	2～5
导电率/10^6cm^{-1}	0.313	断裂韧性/(MPa·m$^{1/2}$)	8～24
弹性系数/Pa	2.746×10^{11}	热中子吸收截面/b	0.008
剪切模量/GPa	135	热中子散射截面/b	6.1

1）优异的力学性能

铍具有所有金属中最大的比刚度（弹性模量与密度的比值），铍的弹性模量高达 303GPa，密度仅次于镁（1.738g/cm³），为 1.842g/cm³，比刚度达到常用金属铝、钛和钢的 6～7 倍；具有高的比强度，是铝合金的 1.7 倍、镁合金的 2.1 倍、钢的 1.5 倍；具有良好的高温力学性能，815℃高温下，相同质量下铍具有所有金属中最高的拉伸强度；具有良好的机械减震性、高的尺寸稳定性；具有较大的比热容和良好的热导率，因此单位质量内产生的热应力最小。

2）良好的热学性能

铍具有所有轻金属中最高的熔点（1289℃），是常用金属铝（660.3℃）、镁（651℃）的近 2 倍；具有所有金属中最大的比热容，即 1.926kJ/(kg·K)，吸热能力是铝的 2.5 倍、钛的 4 倍；单位质量的热导率最大，导热性能最好，导热系数是钢的 3 倍；热膨胀系数很低，与不锈钢和镍钴合金相当，不足镁的一半。这些性能使铍表现出良好的抗热震性和热扩散性，受热后能使温度迅速均衡，一方面可在很大的温差条件下保持尺寸稳定性；另一方面可在温度高达 816℃时，仍能保持很高的强度。

3）优异的光学性能

铍具有极高的 X 射线穿透率（是相同厚度铝的 17 倍），使用铍加工的镜体材料，抛光后表面紫外反射率达到 55%，红外线反射率高达 99%。

4）优异的核学性能

铍的核性能十分优异，具有所有金属中最小的热中子吸收截面（0.008b）和最大的热中子散射截面(6.1b)，且铍中子在核中的结合能较小(1.666MeV)[12-14]。

2. 金属铍的应用

鉴于以上诸多独特的力学与物理性能，金属铍被当作一种关键战略材料，在航空航天、武器系统以及核工业等领域有着重要的应用[16-19]。

1) 航空航天中的应用

相比常用金属铝、镁等，铍的比刚度和比强度高，在空间结构中使用可使部件质量减轻20%～50%，从而大量节省发射和使用投资。美国自1960年以来在多种飞行器中使用了铍制部件以达到减重的目的。此外，铍的比热容大、吸热能力强、导热性能好、稳定性强、红外线反射率高，因此铍在航空航天、空间系统中被用作飞机的方向舵、机翼箱和喷气发动机金属构件、超音速飞机的制动装置、宇宙飞船的吸热外盖板、轨道地球物理观察所用太阳能电池板的基座与基板、卫星红外遥感系统光学摆镜等。

2) 武器系统中的应用

铍的弹性模量高、微屈服强度非常高，该特性满足惯性导航仪表的高尺寸稳定性需求，因而被用于中远程洲际导弹和核动力潜艇等惯性导航器件。另外，铍密度低、刚度高，非常适合于惯性导航仪表向小型化和高稳定性发展的要求，解决了常用硬铝制作惯性器件时存在转子卡死、运行稳定性差、寿命短等问题。具体应用如美国大力神号运载火箭、土星5号运载火箭、民兵洲际导弹、"北极星"导弹及F-15战斗机的惯性平台和陀螺组件等。除了导航系统，铍在核导弹的结构部件、电器以及发射装置中有多种应用。在美国导弹防御系统中，陆基拦截导弹中可能使用铍或铝制结构部件，导弹中的电器接插件使用铍铜制作，电子装置则可能采用氧化铍陶瓷用以吸热保护。此外，铍优异的光学性能使铍镜体应用在美国F-15战斗机瞄准舱中的光学部件中。

3) 核工业中的应用

金属铍所具有的金属中最大的热中子散射截面(6.1b)，且原子核质量小，能降低中子速度而不损失中子能量，是很好的中子反射材料和减速剂。国外有82座研究性反应堆中使用铍作为反射体构件。我国则开发了用于中子照射分析检测用微型反应堆，所用的反射体包括一个内径220mm、外径420mm、高240mm的短圆筒和上下端盖等，共60个铍部件。我国首座大功率高通量试验反应堆，用铍作反射层，共使用230套精密铍组件。国际热核聚变实验堆(ITER)选用铍作为等离子束室的内部材料，因为铍对等离子体的污染小，具有吸氧能力且没有化学溅射作用。虽然铍可作为中子屏蔽层和减速剂，但其自身中子在核中的结合能很低，在能量粒子(中子、质子、伽马射线)轰击下，很容易释放出中子，因此铍可被加工成中子源或作为中子倍增材料。下面将重点介绍铍在核反应堆中的应用[20, 21]。

在聚变反应堆中，1个氘和1个氚聚变产生1个氦和1个中子(^{2}H+^{3}H$\longrightarrow$^{4}He+n)。

为解决氚的生产与补充，实现氚自持，通常需要设计一个氚增殖包层。氚的生产与增殖是通过中子与锂原子发生以下核反应来实现的[22]：$^6Li+n \longrightarrow {}^4He+{}^3H$，主要在低能区；$^7Li+n \longrightarrow {}^4He+{}^3H+n$，主要在高能区。

然而 D-T 反应产生的 14MeV 的中子无法直接用于造氚，不能实现核燃料的自持。因此，需要在造氚过程之前使用中子倍增材料实现中子增殖。

从纯中子学的角度分析，良好的中子倍增材料需要具有大的(n, 2n)反应截面，寄生吸收低，主要是(n, γ)。Pereslavtsev 等[23]绘制了(n, 2n)和(n, γ)的相对反应速率(RRR)，假设 Bi(n, 2n)为最大反应速率(n, 2n)(RR_{max})，Eu(n, γ)为最大(n, γ)RR_{max}，如图 7.2 所示。图中的反应速率是使用 HCLL 型 EU DEMO 的增殖区中的典型中子谱计算得到的。红色竖条纹表明元素未能满足最低活化要求。带有感叹号的元素则表明该材料的可用性风险和/或成本增加。绿色竖条纹表示具有比 RRR(n, 2n)至少低两个数量级的高 RRR(n, 2n)和 RRR(n, γ)元素。绿色标记的元素指的是 RRR(n, γ)至少比 RRR(n, 2n)低一个数量级，并且 RRR(n, 2n)仅比其可达到的最大值低一个数量级的元素。考虑诸多因素，可以发现，Bi 可能是比 Pb 略优的倍增剂，但是 Bi 的活化导致形成 α 发射体 ^{210}Po，因此不予考虑。只有 Be 和 Pb 才能表现出足够大的中子倍增且吸收非常低，因而是中子倍增材料的最佳选择。其中 Be 常用于固态中子倍增材料。Be 的中子增殖反应可表示为：$^9Be+n \longrightarrow 2^4He+2n$。

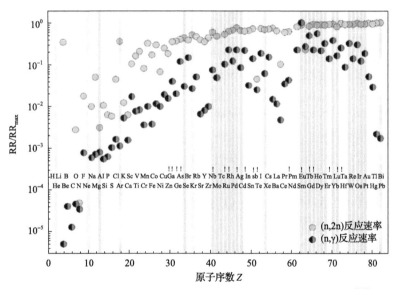

图 7.2　元素 H($Z=1$)至 Bi($Z=83$)的(n, 2n)和(n, γ)相对反应速率[23]

ITER 首次实验的氦冷球床(HCPB)氚增殖模块以及下一代聚变示范反应堆(DEMO)均考虑采用铍和锂陶瓷小球的交换层组成球床的概念。富含 ^6Li 同位素的锂旨在用于氚增殖，而铍则用于中子倍增。这种结合可以实现聚变反应堆燃料循环所需的足够高的氚增殖率，如图 7.3 所示[24]。

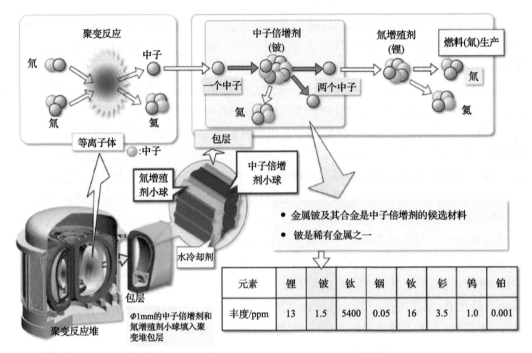

图 7.3　Be 在聚变堆包层中的作用示意图[24]

元素	锂	铍	钛	铟	钕	钐	钨	铂
丰度/ppm	13	1.5	5400	0.05	16	3.5	1.0	0.001

7.1.2　新型铍化物的研究

　　Be 是一种有希望在固体增殖包层中用作中子倍增剂的材料。但是，纯铍小球的熔点较低（1280℃），高温稳定性较差且易于氧化，抗腐蚀能力较弱。此外，在聚变堆服役期间，易产生氚的滞留，由于其本征脆性易脆化甚至破碎，导致氚和冷却剂的扩散通道堵塞，降低包层中球床传热性能，同时破碎过程中产生的粉尘带有较强的放射性，给聚变堆的运行带来了安全隐患。

　　由于铍小球存在诸多问题，铍的化合物成为新型中子倍增材料的主要研究对象。符合条件的 Be 化合物是那些使 Be 内部原子密度最大化的化合物。它们应具有较高的熔点（最好高于 1000℃）以适合在固体增殖包层中使用，并且它们的熔化应一致，即在整个温度范围内固相和液相的组成相同。

　　在对不同的二元 Be 合金相图数据库进行研究之后，发现 Be 可以与 Ti、Cr、W、Zr、Y、V、Mg、Ba、Mn 和 C 形成稳定的化合物，具有高且一致的熔点。这些化合物的相图可以从美国材料信息学会数据库（ASM International）检索。对于这些二元系统，以下是具有最高 Be 含量和熔化一致的化合物：$Be_{12}Ti$、$Be_{12}Cr$、$Be_{22}W$、$Be_{13}Zr$、$Be_{13}Y$、$Be_{12}V$、$Be_{13}Mg$、$Be_{13}Ba$、Be_2C、$Be_{12}Mn$。这些化合物的原子密度、质量和熔点汇总于表 7.2 中[25-29]。

　　$Be_{12}Ti$ 和 $Be_{12}V$ 是众所周知的中子倍增剂[30-32]。它们在很大程度上缓解了与纯 Be 使用有关的一些关键问题，即熔点略低，辐照引起的溶胀，氚滞留和在水存在下的氧化。

表 7.2　作为中子倍增剂的铍化合物的性质（室温）

化合物或单质	化合物原子密度 /(atom/Å³)	Be 原子密度 /(atom/Å³)	Be 原子密度百分比 /%	化合物室温密度 /(kg/cm³)	熔点 /℃
$Be_{12}Ti$	0.1144	0.1056	92.3	2.28	1520
$Be_{12}Cr$	0.1188	0.1096	92.3	2.43	1338
$Be_{22}W$	0.1170	0.1119	95.6	3.23	1520
$Be_{13}Zr$	0.1104	0.1025	92.8	2.73	1800
$Be_{13}Y$	0.1043	0.0968	92.8	2.55	1920
$Be_{12}V$	0.1176	0.1085	92.3	2.39	1700
$Be_{13}Mg$	0.1066	0.0990	92.9	1.79	960
$Be_{13}Ba$	0.1186	0.1102	92.9	3.59	1807
Be_2C	0.1142	0.0762	66.7	1.90	2100
$Be_{12}Mn$	0.1152	0.1063	92.3	2.40	—
Be	0.1234	0.1234	100	1.85	1285

$Be_{22}W$ 的氚增殖性能明显低于 $Be_{12}Ti$[32]。$Be_{12}Mo$ 作为一种可能的选择，但是由于 Mo 不满足低活化标准，因此已考虑放弃。

在所有化合物中，$Be_{22}W$ 显示出最大的 Be 原子密度。同时与 $Be_{12}Ti$ 相比，这种材料包层的氚增殖性能由于 W 大量的中子吸收而明显降低（降低 30%～40%）[32]。这表明氚增殖性能似乎与原子密度不直接相关，合金元素的核性质在增殖剂性能中起着至关重要的作用。

除了 $Be_{13}Mg$ 以外，合金的熔点超过了纯 Be 的熔点。而 $Be_{13}Mg$ 的熔点由于太低，无法实际用于包层中。相比之下，$Be_{13}Y$、$Be_{13}Ba$ 和 $Be_{13}Zr$ 的熔化温度在 Be 金属间化合物中较高。

表 7.3 的第一部分显示了使用选定的铍化合物作为中子倍增剂的 HCPB 型 DEMO 的 TBR（氚增殖比）性能，以及与 Be 的比较情况。性能较好的四个铍化物是 $Be_{12}Cr$、$Be_{12}V$、$Be_{12}Ti$ 和 $Be_{13}Zr$，其部分相图如图 7.4 所示。在这些化合物中，$Be_{12}Ti$ 成为一种众所周知的化合物。

由于与纯 Be 相比，铍化物在增加氚释放、减少氚滞留、肿胀和与水的反应性等方面具有不同的优势，已经有学者提出了一些增殖包层的概念。国外研究学者开始对 $Be_{12}V$ 进行深入研究，最近的表征研究表明，在减少湿气氛下的 H_2 产生，氚滞留和放氢温度方面，$Be_{12}V$ 甚至具有比 $Be_{12}Ti$ 具有更好的行为[33]。$Be_{13}Zr$ 的氚增殖性能与 $Be_{12}Ti$ 相当，尽管如此，Zr 的长期活化可能会引起对其在包层中使用的质疑，特别是由于包层中需要大量的倍增材料（HCPB 需要约 $200m^3$ 的体积倍增剂）。同样，$Be_{12}Cr$ 和 $Be_{12}V$ 具有同等的氚增殖比（TBR），但由于 $Be_{12}V$ 的熔点更高，及其最近有前途的氚行为特性和增强的安全性，使其成为最具吸引力的铍化物。

表 7.3　所选固体中子倍增化合物的氚增殖性能

化合物或单质	NMM 原子密度 /(atom/Å³)	Be 原子密度百分比 /%	化合物室温密度 /(kg/cm³)	熔点 /℃	⁶Li 富集度 /%	球床 TBR
$Be_{12}Cr$	0.1096	92.3	2.43	1338	60	1.09
$Be_{12}V$	0.1085	92.3	2.39	1700	60	1.09
$Be_{12}Ti$	0.1056	92.3	2.28	1520	60	1.08
$Be_{13}Zr$	0.1025	92.8	2.73	1800	60	1.08
$Be_{13}Y$	0.0968	92.8	2.55	1920	60	1.07
$Be_{13}Mg$	0.0990	92.9	1.79	960	60	1.07
$Be_{13}Ba$	0.1102	92.9	3.59	1807	60	1.06
$Be_{12}Mn$	0.1063	92.3	2.40	n/a	60	1.02
Be_2C	0.0762	66.7	1.90	2100	60	1.00
$Be_{22}W$	0.1119	95.6	3.23	1520	60	0.94
Be	0.1234	100	1.85	1285	60	1.15

注：NMM 为中子倍增材料。

与 Be 相比，即使考虑最佳候选 $Be_{12}V$，TBR 仍显著降低(约 5%)。但是考虑到 HCPB 的冷却板构造，已经进行了 TBR 评估。该构造适用于 Be，但不一定适用于铍化物。实际上最大的 Be 层厚度是由这种材料在中子辐射下能够承受的最高温度(约 65℃[34])决定的。$Be_{12}Ti$ 和 $Be_{12}V$ 的使用似乎会改变该限制至少至 900℃[33](图 7.4)，因此可以使用更大的床层厚度。另外，由于铍化物的氚滞留率低得多，因此也可以使用平板。铍化物的所有这些特征可能有助于降低相对于 Be 的氚增殖比 TBR 性能的差异。

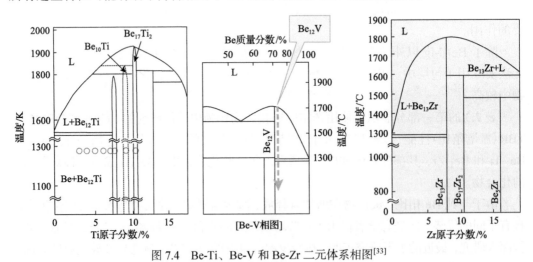

图 7.4　Be-Ti、Be-V 和 Be-Zr 二元体系相图[33]

L 表示液相

7.1.3　铍颗粒制备工艺

在未来聚变堆固态包层设计中，需要大量的铍小球，如在中国聚变工程实验堆(CFETR)中，按氦冷包层全覆盖计算，铍小球的需求量高达上百吨；在聚变示范堆(DEMO)中铍小球的需求量则约为 490t，并且根据包层设计方案，每两年到三年需更换一次增殖剂[35, 36]。在未来先进核能系统中，也需要大量的铍作为中子源材料。而铍及其铍合金由于晶体结构特点，加工性能较差，铍小球的制备工艺研究以及批量化生产成为其实现在核工业中应用的首要任务。

目前，国内外针对铍颗粒小球研发出一些制备工艺，包括镁热还原法、熔融气体雾化法、等离子旋转电极法等[37]。

1. 镁热还原法

镁热还原法是将氢氧化铍转化为氟化铍，再与镁进行还原反应生成金属铍，并直接实现铍的球形化。具体过程为：首先将氢氧化铍溶于氟化氢铵，然后加入固态碳酸钙，并将溶液加热至 80℃使其转化为碱性溶液，进而使溶液中的铝沉淀析出。净化过滤后，溶液中的氟铍酸铵在真空中进行顺流蒸发形成晶体，随后经过热分解得到氟化铍。将氟化铍与金属镁装入石墨坩埚中进行还原反应，在温度为 900～1000℃时反应结束，不再产生挥发。随后升温至 1300℃，铍发生熔化并分离，将熔融的铍装入石墨收料缸中进行收取，然后装入球磨罐中进行破碎和水浸，使凝固形成的铍珠和氟化镁分离，多余的氟化铍则溶于水。

图 7.5 是采用镁热还原工艺制备的铍小球。该方法制备的铍小球的粒径分布宽，粒径集中分布在 2mm，铍小球的球形度差，并且由于氟化镁的流动性差，使得铍珠与渣难以分离，导致所制得的铍小球杂质含量较高。

图 7.5　采用镁热还原工艺制备的铍小球

2. 熔融气体雾化法

熔融气体雾化法是将金属铍置于真空容器中熔化，将熔融的液态铍通过小孔引流到喷嘴处，利用气流将液态铍喷出，喷出的液滴在容器的惰性气氛中快速冷却，形成铍小球，掉落至容器底部进行收集，其原理如图 7.6 所示[38]。采用该工艺制备的铍小球的球形度较差，畸形球占比较大，小球的粒径分布范围较宽，不易控制。该方法要由美国 Brush Wellman 公司开发，是早期制备金属铍小球的主要工艺方法。后续该方法被乌克兰哈尔科夫物理技术研究所用于制备球形铍和铍合金(Be-Al、Be-Al-Mg)粉，并使用半连续生产设备，使球形铍粉的制备步入工业化水平[39]。

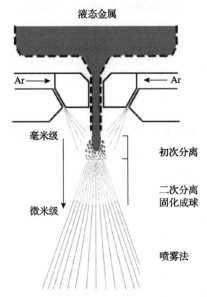

图 7.6　气体雾化法制备小球原理示意图[38]

3. 等离子旋转电极法

等离子旋转电极法是将等离子火炬作用于金属电极棒的端部使其熔化成液膜，同时电极棒沿其纵轴旋转，液膜在高速旋转离心力的作用下被甩出形成液滴，随后固化成球形颗粒。图 7.7 是其技术原理图[39]。该方法具体做法是将铍电极棒作为自耗旋转电极，装载于等离子旋转电极设备中造粒室的旋转轴上，造粒室被抽至真空状态后充入惰性保护气体；将旋转电极与钨电极近距离放电产生等离子电弧，铍电极端面受等离子弧加热熔化为液膜，同时铍电极棒高速旋转，液膜在离心力作用下被甩出，在充满高纯惰性气体的造粒室内冷却凝固，形成铍小球。

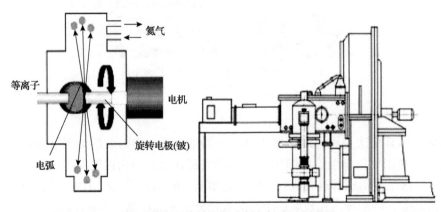

图 7.7　等离子旋转电极法制备铍小球原理图

采用等离子旋转电极制备的铍小球球形度高、缺陷少、氧增量低、杂质含量少。制备过程中工艺参数均可调控，不易产生空心球和卫星球，制备的小球粒径范围窄。通过调整旋转电极的转速、电弧电流和电极直径可控制铍小球的粒径范围，可以生产粒径 0.2～2.5mm 的铍小球，并且该方法生产效率高，可实现连续生产，尤其适用于作为聚变反应堆实验包层中的中子倍增材料。美国布鲁斯·威尔曼公司于 20 世纪 90 年代采用等离子旋转电极法生产了高质量的球形金属铍小球。我国核工业西南物理研究院联合宝鸡市海宝特种金属材料有限责任公司采用该方法制备出铍小球，根据铍的金属特性以及针对铍小球粒径范围 0.6～1.2mm 的需求，确定等离子旋转电极工艺中电极棒转速、等离子弧的电流强度等参数，主要的参数见表 7.4。图 7.8 是等离子旋转电极工艺制备的铍小球[40]。

表 7.4　等离子旋转电极工艺制备铍小球的主要工艺参数

铍小球粒径/mm	电压/V	电流/A	电极棒进给速度/(mm/min)	电极棒转速/(r/min)
0.6～1.2	35～40	400～500	50	8000

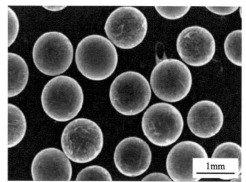

图 7.8　等离子旋转电极工艺制备的铍小球[40]

为制备铍合金小球，国内外研究者将粉末冶金与等离子旋转电极方法结合在一起进行研究。其中合成铍合金的粉末烧结方法目前主要有热等静压烧结方法和放电等离子烧结方法。

热等静压烧结方法的具体步骤是将铍粉和其他金属粉末混合作为原材料，按照标准成分配比混料，混合的粉末经冷等静压预压制成棒状坯料，随后装入包套中进行热等静压烧结，制得相对密度较高的棒料，经机械加工后获得一定直径和长度电极棒，用于后续等离子旋转造粒工艺。在热等静压烧结前须对坯料进行脱气，以去除坯料粉末颗粒表面的吸附和高温下产生的气体。在对冷等静压预压制坯料进行热等静压烧结固化的过程中，可实现同比均匀收缩，制得的铍材各向同性好、密度和强度各向差异小。此外，热等静压烧结制得的铍材的晶粒尺寸与原始粉末相比无明显长大，强度较高。

放电等离子烧结方法则是一种非常规的固结过程，包括等离子体产生、电阻加热和压力施加[41, 42]。图 7.9 为该过程的示意图[43]。等离子体放电导致颗粒表面活化，从而增强了烧结性并减少了高温暴露。施加压力通过增强烧结并因此减少固结粉末的高温暴露而有助于致密化过程。该方法是将原始粉末装入模具和冲压单元，施加单轴压力以进行冷压，施加电流以创建等离子体环境并激活粒子表面。在单轴压力仍施加到烧结模具中的材料时，粉末压块被电阻加热。

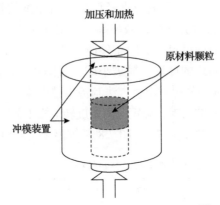

图 7.9 放电等离子烧结过程示意图[43]

在铍合金电极棒烧结过程中，烧结温度是最重要的因素，因为它与目标成分(此处为 $Be_{12}Ti$ 相)的固结密切相关。通常，与界面扩散相比，较高的温度会加速体积扩散。因此，致密化机制可能主要随温度变化。该温度应确定在一定范围内，因为目标组合物的固结不足和由于意外反应而导致的断裂可能会发生。

其次，烧结时间被认为是改善 $Be_{12}Ti$ 单相固结的重要影响因素。为了控制每种相的质量分数，有必要研究烧结时间对可烧结性和机械性能的依赖性。由于存在关于晶粒尺寸随时间增加的争论，因此报道了晶粒尺寸对烧结时间的依赖性。烧结时间太短，无法固结化学计量中的目标成分 $Be_{12}Ti$。随着烧结时间的增加，可导致等离子体烧结的铍化物中 $Be_{12}Ti$ 相的均匀性。烧结时间对晶粒尺寸的依赖性表明，随着烧结时间的增加，铍化物的晶粒尺寸只要不超过 45μm，就会增加。

再者，烧结压力也影响铍合金电极棒的烧结过程，因为它与可烧结性密切相关，即烧结过程中的密度和孔隙率。在加工陶瓷材料时，烧结密度随烧结压力的增加而增加。然而，就冲模单元的成本和机器的能力而言，有必要确定最佳的压力条件。

最后，在烧结过程中，加热和冷却速率也具有一定的影响。加热速率的影响比较明显，不但可以缩短工艺时间，而且高活化率的粉末活化作用可能会导致在晶界扩散的增加，然后提高烧结性。晶粒尺寸的变化与加热速率成正比，快速加热会抑制晶粒的生长，从而提高致密性[44,45]。另外，需要考虑微观结构的演变过程，如界面析出相影响力学性能。

7.1.4 小结

绿色低碳的新能源是当今世界经济社会和未来能源经济发展的方向。核能作为新能源的代表，被认为是能够有效解决人类社会未来能源需求和环境问题的主要途径。纯铍小球具有较大的中子反应截面、较小的热中子捕获截面以及较高的中子倍增因子等中子学方面的出色性能，是反应堆中子倍增/中子源的候选材料之一，受到国内外研究工作者的广泛关注。然而，由于全球铍矿产资源分布极不均衡，便于开发和利用的优势资源集中在少数国家和地区，使得稀有金属铍的战略地位更加突出，成为国际资源竞争的重要领域。

纯铍小球具有较低的熔点(1280℃)、较低的高温稳定性且易于氧化、较低的抗腐蚀能力以及固有的脆性等问题，尤其在反应堆服役期间，易产生氚的滞留，加速脆化，甚至破碎；同时破碎过程中产生的粉尘带有较强的放射性，给反应堆的运行带来了安全隐患，且在使用寿命到期后严重影响中子倍增/中子源材料的循环回收和再利用。

鉴于纯铍小球存在诸多问题，加速新型中子倍增/中子源材料的研发迫在眉睫。近年来，国内外科研工作者发现，铍合金是富铍的金属间化合物，具有与纯铍相当的中子倍增能力、较高的熔点、良好的抗氧化和腐蚀能力、较高的氚释放性能和抗辐照性以及良好的结构材料兼容性，是未来核能系统中重要的中子倍增/中子源候选材料。然而由于铍合金的固有脆性，在制备过程中因等离子弧加热产生的热冲击具有破坏作用，导致铍合金小球制备难度较大，成球率低，难以大规模生产，从而限制了其广泛应用。目前，我国铍合金及其小球的研发尚处于初期阶段，制备技术领域还需不断深耕，开展新型铍合金的研发工作迫在眉睫，这将对我国能够合理有效地利用战略性铍资源，实现铍材料在核能中的循环利用和降低反应堆运行成本具有十分重要的经济和社会价值。

7.2 中子屏蔽材料

随着我国经济的飞速发展，煤、石油等传统化石能源的过度消耗带来的环境污染问题越来越严重。2022 年国务院《政府工作报告》中明确指出："有序推进碳达峰碳中和工作。落实碳达峰行动方案。推动能源革命……推进能源低碳转型"①。据中国核能行业协会统计，2021 年我国核电累计发电量达到 4071.41 亿 kW·h，占全国总发电量的 5.02%，但仍低于世界平均水平，预计到 2030 年我国核电在运装机容量将达到 1.2 亿 kW 左右②。据统计，每百万千瓦级别的核反应堆每年产生的乏燃料约为 25t，预计到 2030 年，我国核电站将累计产生约 24000t 乏燃[46]。

目前，国际上对乏燃料主要有开式循环和闭式循环两种处理方式。由于闭式循环处理需要极高的技术和成本，因此，目前世界上大多数国家采用中间贮存的方法，即暂时将乏燃料贮存起来，待以后相关技术和设施发展成熟之后再处理。干法贮存不使用冷却水，无二次污染，抵御人为和自然灾害能力远高于湿法贮存，因此，发达核电工业国家已经广泛使用干法贮存乏燃料[47]。此外，我国新规划的乏燃料后处理厂位于甘肃，而核电厂大多沿海建造，为确保远距离运输过程的安全，迫切需要发展安全可靠的乏燃料干式贮存用高性能中子屏蔽材料[48]。

高性能乏燃料贮存结构材料设计与制备是乏燃料高密集贮存的关键，该类材料需要

① 资料来源：新华社. 李克强总理作政府工作报告(文字摘要). (2022-03-05)[2024-02-20]. http://www.gov.cn/premier/2022-03-05/content_5677248.htm。

② 资料来源：中国核能行业协会. 全国核电运行情况(2021 年 1 月至 12 月). https://www.china-nea.cn/site/content/39991.html。

满足两个基本条件：第一，高中子屏蔽性能，材料的中子屏蔽性能主要由材料中子吸收核素（如 B、Gd 等）的中子吸收截面及其含量决定，其中子吸收截面越大，含量越高，材料的中子屏蔽性能也越好；第二，高强度和高韧性，作为结构材料，高强度是必然需求，良好的韧性则有利于加工成型[49]。因此，开发兼具高强度、高韧性和高中子屏蔽性能的材料，是我国乏燃料后处理必须解决的关键材料问题之一。

7.2.1 中子屏蔽原理

乏燃料主要放射出 α 射线、β 射线、γ 射线、质子以及次生 γ 射线，并伴随着大量的热量及高能中子的溢出，对人身安全及周围环境造成严重危害[50-52]。α 粒子和 β 粒子会与其他物质发生电磁相互作用从而损失能量，故而穿透力低下，相较而言，不带电的中子和 γ 射线的穿透力则尤其强[53,54]，所以在屏蔽材料的选择上应当优先考虑对这类射线的防护，各粒子穿透能力如图 7.10 所示。

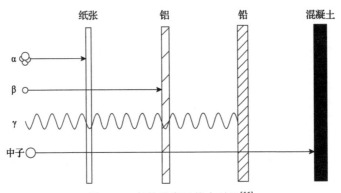

图 7.10　各粒子穿透能力对比[55]

中子是一种电中性的微观粒子，质量为 1.675×10^{-27} kg，自旋量子数为 1/2，在核内稳定存在，在核外会随时间进行衰变，平均寿命约为 887s，在 1930 年，这种亚原子粒子被 Bothe 和 Becker 发现，后被 Chadwick 证实并命名为中子[56-58]，按照能量的大小，中子可以分为快中子、中能中子、慢中子和热中子，所含能量依次递减[59,60]；中子与物质相互作用时，会与核外电子、原子核相互作用，中子对电子的作用是一种自旋的相互作用（spin-spin interaction），发生在电子与中子的磁矩之间，这种作用方式被称为磁散射。然而，在中子实际与物质接触时，绝大部分都会与原子核发生接触，依靠短程核力主要有几种作用方式，即核裂变、中子俘获、非弹性中子散射和弹性中子散射[61]。

对于核裂变和中子俘获，这两种作用方式共同点是中子被原子核吸收再进行反应。核裂变即中子在与原子核作用后，原子核被激发而分裂并释放出部分核内中子，这些中子又会与其他原子核进行同样的反应，如图 7.11(a)所示，铀和钍等这类重核元素的同位素就是典型的例子；相比之下，中子俘获可以发生在几乎任意的靶核中[62,63]，在原子核吸收中子后发射质子、α 射线和 γ 射线，这被称为发射带电粒子的核反应，如图 7.11(b)所示，如果单纯只发出 γ 射线，则被称为辐射俘获，如图 7.11(c)所示。

在中子吸收屏蔽的过程中，主要还是依托非弹性中子散射和弹性中子散射这两种相互作用来消耗中子能量，使其由快中子逐步慢化为中能中子、慢中子和热中子，这类碰撞是原子核对自由中子的不规则散射，不会破坏原子核的稳定性。中子易与原子序数高的原子核发生非弹性碰撞，这类碰撞需要达到阈值（最低激发能级）才能实现，重核的第一激发能级仅在0.1～1MeV，故相较于轻核（10MeV）更容易发生非弹性中子散射，发生后会使原子核则会受到激发而产生γ射线，从而使中子损失部分能量，具体如图7.11(d)所示；另一类则是弹性中子散射，这类碰撞更容易与低原子序数元素的原子核发生，即中子与原子核仅仅发生能量上的交换，不产生其他辐射，如图7.11(e)所示。

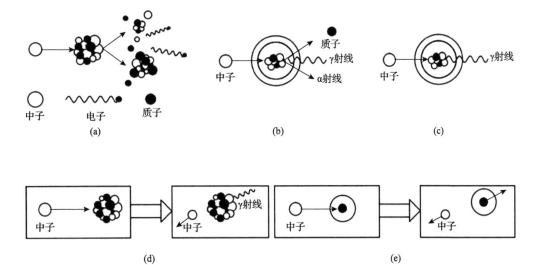

图7.11　核裂变(a)、发射带电粒子的核反应(b)、辐射俘获(c)、非弹性中子散射(d)和弹性中子散射(e)

7.2.2　稀土中子屏蔽材料

关于中子屏蔽材料的研究，国内外学者已经开展了大量的工作[64]。比较常见的是将含有较大热中子吸收截面核素的材料作为中子屏蔽材料，如钐（Sm）、镉（Cd）、钆（Gd）、硼（B）等（表7.5）。

表 7.5　常用中子吸收核素及其同位素的热中子吸收截面

核素及其同位素	热中子吸收截面/b	丰度/%
^{10}B	3840	19.9
^{11}B	0.005	80.1
^{144}Sm	1.6	3.1
^{147}Sm	57	15.0
^{148}Sm	3.2	11.3
^{149}Sm	40000	13.8
^{150}Sm	103	7.4
^{152}Sm	210	26.7

核素及其同位素	热中子吸收截面/b	丰度/%
^{154}Sm	7	22.7
^{106}Cd	1	1.25
^{108}Cd	700.77	0.89
^{110}Cd	11.14	12.49
^{111}Cd	24	12.80
^{112}Cd	2.2	24.13
^{113}Cd	20600	12.2
^{114}Cd	0.336	28.73
^{152}Gd	1400	0.20
^{154}Gd	290	2.18
^{155}Gd	62540	14.80
^{156}Gd	12	20.47
^{157}Gd	255000	15.65
^{158}Gd	7	24.84
^{160}Gd	1.8	21.86

1. 钐(Sm)

钐作为稀土元素的一员，主要表现为+3 价和+2 价，电负性为 1.17。钐单质为中等硬度的银白色金属，密度为 7.54g/cm³，它拥有 7 种同位素，其中 ^{149}Sm 丰度为 13.8%，中子吸收截面达到了 40000b，包含其他同位素的天然钐中子吸收截面为 5500b。钐及其氧化物被用于制造核反应堆的反应性控制棒和屏蔽结构材料，由钐制成的屏蔽结构材料具有中子吸收能力强、强度高、耐腐蚀性和耐热性好等优点，但由于其燃耗快，起不到热中子吸收的效果，且本身具有放射性，所以限制了它在屏蔽材料中的进一步应用。

2. 镉(Cd)

镉是一种有光泽的银白色金属，于 1817 年被发现，其同位素中 ^{113}Cd 的中子吸收截面可达 20600b，天然镉的中子吸收截面为 2450b，约为天然硼的 3 倍。镉容易加工，且可包覆不锈钢而被用于乏燃料储存材料，但毒性较大，20 世纪日本就曾因这种金属而导致大量居民慢性镉中毒，所以近代以来，在中子屏蔽领域就开始逐渐淘汰包含镉的材料，转而使用其他热中子吸收材料来替代[62]。

3. 钆(Gd)

与钐类似，钆也具有 7 种同位素，其作为稀土元素同样具有很高的中子吸收截面，同位素中 ^{155}Gd 中子吸收截面为 62540b，^{157}Gd 中子吸收截面高达 255000b，天然钆的等效热中子吸收截面为 49163b，是天然硼的 65 倍，所以在中子屏蔽材料中使用钆来替代

硼会大大提升材料的中子吸收性能[63]，钆优异的中子屏蔽性能与其反应原理息息相关，它与中子反应的方程式为[65-67]

$$^{155}\text{Gd} + \text{n} \longrightarrow {}^{156}\text{Gd}^* \longrightarrow {}^{156}\text{Gd} + Q + \text{RP} \tag{7.1}$$

$$^{157}\text{Gd} + \text{n} \longrightarrow {}^{158}\text{Gd}^* \longrightarrow {}^{158}\text{Gd} + Q + \text{RP} \tag{7.2}$$

式中，n 为中子；Q 为反应放出的热值；RP 为原子重排的反应产物。

由反应式(7.1)和反应式(7.2)可以看出，相比于硼，钆在吸收中子后不会产生 He 而使材料发生辐照肿胀，且同等中子吸收效益下添加的比例更低，抗腐蚀性更好，但其成本更高，且相关研究较少。目前应用最多的是将钆添入合金中，如 Wang 等[65]利用 SPS 制备了 Gd/316L 合金，数据显示，当 Gd 面密度大于 0.01g/cm^2 时，中子吸收效率达到 99%。

7.2.3　含硼中子屏蔽材料

硼是最常用的中子吸收核素，^{10}B 的热中子吸收截面为 3840b，^{11}B 热中子吸收截面仅为 0.005b，几乎无热中子吸收能力。天然 B 中 ^{10}B 的丰度约为 19.9%，天然 B 等效热中子吸收截面约为 764b。因 B 中子屏蔽性能较好，二次 γ 射线污染小，且密度低，易于生产和施工，所以常常会作为中子屏蔽材料的候选。^{10}B 与中子接触时发生的反应如下[68]：

$$^{10}\text{B} + \text{n} \longrightarrow [{}^{11}\text{B}] + {}^4\text{He}(1.47\text{MeV}) + {}^7\text{Li}(0.84\text{MeV}) + \gamma(0.48\text{MeV}) \tag{7.3}$$

$$^{10}\text{B} + \text{n} \longrightarrow {}^4\text{He}(1.79\text{MeV}) + {}^7\text{Li}(1.01\text{MeV}) \tag{7.4}$$

由反应式(7.3)和反应式(7.4)可知，硼单质具有较好的中子吸收性能。由于 ^{10}B 的浓缩工艺复杂，成本较高，因此，含 B 的中子屏蔽材料以添加天然 B 为主。含 B 中子屏蔽材料也是目前研究最多、应用最广的材料，主要有含硼聚乙烯、硼铝合金、硼钢、Al-B_4C 陶瓷、铝基碳化硼复合材料等[69]。

1. 含硼聚合物

聚合物往往含有大量的氢元素，由中子吸收机理可知，氢元素可以起到慢化中子的作用，Nagaraja 等[70]测试了 $\text{B}_3\text{N}_3\text{H}_4$、$\text{C}_{14}\text{H}_{19}\text{BO}_2$、$\text{C}_9\text{H}_9\text{BO}_4$、$\text{C}_6\text{H}_8\text{BNO}_2$ 等含硼聚合物，结果表明苯乙烯基硼酸($\text{C}_9\text{H}_9\text{BO}_4$)的中子衰减系数最大，这种聚合物 B 和 H 元素含量较高，所以具有更高的中子吸收截面，在实际应用中，一种常见的材料是含硼聚乙烯，它主要以聚乙烯为基体，再添加硼粉或 B_4C 进行充分搅拌制成，通过 Nagaraja 等[70]的测试可知含 H 高的聚合物基体具有更良好的中子慢化性能，聚乙烯中本身 H 元素占比高，再复合硼元素后则会同时具有优良的快中子慢化能力和热中子吸收能力[71,72]，一类应用较广的是铅硼聚乙烯，加入铅后复合材料还能有效地屏蔽 γ 射线，只是铅毒性较大，近年来许多研究开始寻求替代物。Chagas 等[73]在聚乙烯中添加了硼和钨，结果表明包含 16%(质量分数)的硼、16%的钨的组别混合辐射衰减效果最好；Huo 等[74]在高密度聚乙烯

(HDPE)中添加改性的 B_4C 和纳米级氧化钆,发现改性后的填料具有更好的分散性和界面兼容性,这增加了材料的拉伸强度和热稳定性,质量分数的最佳配比为 10% 纳米 Gd_2O_3、20% B_4C、70% HDPE,该配比样品在厚度为 9.1cm 时中子屏蔽率达到 90%,厚度为 13.7cm 时 γ 射线屏蔽率达到 70%。

除此之外,还有一系列其他含硼聚合物材料,例如以 B_4C 为填料,酚醛树脂为基料,再结合使用玻璃纤维强化酚醛树脂工艺就可以制出厚度合适的屏蔽材料;郑州大学尚颖等通过堆叠热压制备了高密度聚乙烯/六方氮化硼层和低密度聚乙烯层的多层复合膜[75],这种材料可以通过大量的层间反射来起到吸收中子的效果,并且还具有优异的导热性,在填料含量为 30%(质量分数)时中子吸收率达到了 96%;且不局限于辐射屏蔽,0.05% 的纳米 B_4C 与超高分子量聚乙烯复合还能被用作防弹材料。含硼聚乙烯是聚合物基中子屏蔽材料,由于含有大量氢元素,对快中子具有优异的慢化效果,该类复合材料可实现中子慢化与吸收的双重功能;然而聚合物基体力学性能较低,耐高温性能差,限制了其使用[76]。

2. 硼钢

含硼钢具有慢化快中子、吸收热中子,并能屏蔽 γ 射线等优点。然而,B 元素在 Fe 基体中的溶解度极低(900℃时,B 在 γ-Fe 中的固溶度仅为 0.008%),当钢中 B 含量超过 2%(质量分数)时,即会析出 Fe_2B 低熔点脆性相,使材料热塑性降低[77,78]。含硼钢根据各项元素含量及性能不同可分为普通含硼不锈钢和含高硼合金钢(高硼钢)。

高硼钢,即硼含量在 0.1% 以上的钢材,相比于传统钢材,这类钢有着更强的耐磨性和中子屏蔽效应,但其抗腐蚀性较差,且力学性能会随着硼含量的提升而下降。日本与德国已经能够工业化生产含硼 0.6%(质量分数)和 1.0% 的高硼钢并应用在了中子屏蔽领域[79]。我国在 20 世纪 60 年代开始了这方面的研究,主要针对其耐磨性和塑韧性,90 年代开始对其进行改进:加入 Ni 和 Mo 以提升其冲击韧性,或是以浓缩硼来替代天然硼来改进其中子吸收性能[80,81]。除此之外,还可以通过添加 Ti、Zr、V 等元素,与 B 形成相应的高熔点化合物来达到改性的效果。有研究表明[82],在加入 Ca 和 Ti 改性后,它们分别通过表面活性和非均相形核细化和球化硼碳化物,使高硼钢得到了更好的高温耐磨性。

除了添加改性物质外,还能通过使用不同的合成方法来改进高硼钢的各项性能。Stoulil 等[83]利用粉末冶金工艺制备了含硼钢,这种方法是利用奥氏体基体和硼化物粉末进行直接制备,制备出的材料有常规的奥氏体结构和硼化大颗粒(5μm 左右),相较于常规方法制备出的高硼钢,它具有更强的力学综合性能和耐腐蚀性,Franco 等[84]还在粉末冶金的基础上,在钢的表层制备了硼铌涂层进一步提升了其硬度与耐磨性。

为了提升高硼钢抗腐蚀性,20 世纪 70 年代德国西门子股份公司开展了含硼不锈钢的研制,这类钢材除了具有良好的力学性能和中子及 γ 射线屏蔽性能外,还在高硼钢基础上增强了耐环境腐蚀性,多用于生物医学、化工设备组件、核反应堆控制棒及中子辐照屏蔽材料等领域[85,86]。20 世纪 90 年代,Akira 等[87]在 SUS304 钢的基础上制备出了含硼不锈钢,显著提升了钢材的耐腐蚀性和抗拉强度,在硼质量分数为 0.5% 时,抗拉强度达到极值约为 650MPa;后美国根据 ASTM A887-89(2014)标准将硼质量分数为 0.20%~

2.25%的含硼不锈钢分为了 A、B 两级，B 级辐照稳定性较好，可作为中子吸收材料使用；而 A 级则硼含量更高，约为 2.0%，且拥有更细小的硼化物，力学性能也更好，所以相较于 B 级不锈钢，A 级除作为中子吸收材料外，也可以作为结构材料使用[88]。

3. 硼铝合金

硼铝合金与含硼不锈钢情况类似，B 在 Al 中的溶解度也非常低，B 主要以硼化物形式沉淀在铝合金基体的晶界处，界面结合力弱，并产生大量的裂纹和孔隙，导致材料性能降低[89]。

4. 铝基碳化硼复合材料

铝基碳化硼复合材料(B_4C/Al)是以塑性优良的铝(或铝合金)为基体，加入碳化硼颗粒作为中子吸收剂和增强相，制成 B_4C/Al 复合材料。B_4C/Al 具有密度低、强度高、耐腐蚀性好等优点，作为乏燃料贮存结构材料具有广阔的应用前景[90,91]。对于 B_4C/Al 复合材料的研究最早始于 20 世纪 60 年代，美国 AAR 公司开发出的 Boral 产品，并于 1964 年被应用于美国 Yankee Rowe 核电站的乏燃料贮存格架材料。该复合材料由于碳化硼质量分数高达 65%，在使用过程中出现了局部腐蚀和气泡等问题，被逐渐停用[92]。随后美国 Holtec 公司开发了一种 B_4C 质量分数为 31%的 Metamic 产品，并通过了辐照试验，于 2008 年通过美国核管理委员会批准用于阿肯色州核电厂的乏燃料中子吸收格架[93]。此外，Talon Composites 公司开发出 40% B_4C/Al 复合材料 Talbor 产品[94]。

我国核电工业前期使用的 B_4C/Al 复合材料完全依赖国外进口，如三门核电站 AP1000 使用的乏燃料格架是从美国 Holtec 公司进口的 Metamic 产品。为了打破国外在该领域的垄断，实现该关键材料的国产化，中国科学院金属研究所、中国科学院上海应用物理研究所、中国工程物理研究院、中国辐射防护研究院、清华大学、哈尔滨工业大学、中国科学技术大学、太原理工大学、东北大学、江苏海龙核科技股份有限公司、安泰核原新能源材料科技有限公司等均开展了 B_4C/Al 中子屏蔽材料的相关研究，大大促进了该材料的国产化进程。中国科学院金属所研发制备的 B_4C/Al 中子屏蔽材料已用于我国自主研发的"龙舟-CNCS"乏燃料运输容器样机(图 7.12)。

图 7.12　"龙舟-CNCS"乏燃料运输容器用 B_4C/Al 中子吸收板和容器原型样机

资料来源：https://www.cas.cn/cm/201802/t20180205_4634915.shtml

B₄C/Al 复合材料是极具潜力的结构-功能一体化中子吸收材料，但根据美国核管理委员会批准使用的 B₄C/Al 中子屏蔽板材，要求 B₄C 含量要大于 30%[95]。然而，当 B₄C 含量大于 30%时，由于 B₄C 颗粒间的平均间距缩短(图 7.13)，抑制了 Al 基体的位错运动，从而导致复合材料延伸率下降，韧性较差，加工成型困难。图 7.14 概括了大量文献中 B₄C 体积分数与 B₄C/Al 复合材料延伸率的关系[59,96-112]。由图 7.14 可看出，B₄C 的晶粒尺寸和含量对延伸率影响较大。纳米晶(NG) B₄C 颗粒虽然增强效果较好，但延伸率基本小于 5%，塑性较差，不利于作为中子屏蔽结构材料的应用。粗晶粒(CG)的 B₄C 体积分数小于 10%时可获得较高延伸率，而当 B₄C 体积分数超过 15%之后，延伸率急剧下降，大多不足 5%。此外，中国工程物理研究院张鹏程研究员团队的研究表明，辐照会进一步导致 B₄C/Al 复合材料的硬化，延伸率降低至约 1.5%[113,114]。此外，高体积分数的 B₄C 与 Al 基体易发生反应生成 Al-C、Al-B 和/或 Al-B-C 脆性相，也会导致材料的韧性降低。因此，如何解决高中子屏蔽效率需要添加体积分数为 30%以上 B₄C(美国核管理委员会标准)，导致 B₄C/Al 复合材料塑性下降的问题是世界各国科学家研究的焦点。

图 7.13　B₄C/Al 复合材料微观形貌[63]

(a) 30%B₄C/Al；(b) 40% B₄C/Al

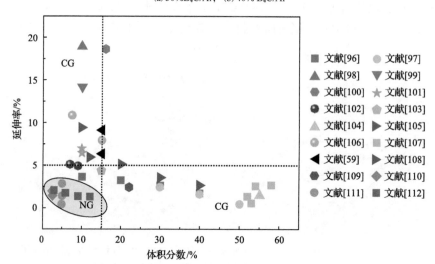

图 7.14　各文献中 B₄C/Al 复合材料的延伸率与 B₄C 体积分数的关系[59,96-112]

7.2.4　新型含硼中子屏蔽材料

天然 Gd 的等效热中子吸收截面为 49163b，是天然 B 的 64 倍。Gd 吸收中子后不会产生氦气而导致材料发生辐照肿胀，因此，将 Gd 与 B_4C 相结合，将会大大降低所需 B_4C 的添加量。哈尔滨工业大学徐中国等将体积分数为 1% 的 Gd 加入到 B_4C/Al 复合材料中，将 B_4C 含量降低到了 15%（体积分数），复合材料的延伸率为 5.6%[115,116]。而将 Gd 以单质的形式直接添加到 B_4C/Al 复合材料中，容易形成 Gd-Al 合金或 Gd-Al-O 脆性相，导致复合材料的韧性下降[116]。

GdB_2C_2 是一种三元层状硼碳化物陶瓷，属于四方晶系，P4/mbm（No.127）空间群，其晶体结构是由 Gd-Gd 层与 B—C（八元环和四元环）层交替堆垛而成[117]。层状 GdB_2C_2 除了 Gd—Gd 原子间的金属键外，还有 B—C 层内的 B—C 强共价键，以及 Gd 层与 B—C 层之间的 Gd—B 和 Gd—C 键[118]。其特殊的电子结构赋予 GdB_2C_2 兼具金属导电性和陶瓷高强度、高硬度，以及优良的抗腐蚀性能，与 YB_2C_2 类似[119]。同时，由于其独特的层状结构，使其在受到外加载荷时具有多种断裂能吸收机制，如层间撕裂、层间滑移、片层晶褶皱、裂纹偏转等，因此其韧性和损伤容限较高。目前关于 GdB_2C_2 的研究非常有限，主要集中在合成方法与电磁性能研究方面，鲜有 GdB_2C_2 中子屏蔽性能的研究报道。

GdB_2C_2 兼具 Gd 和 B 两种高中子吸收截面核素，其宏观中子吸收截面约为 $901cm^{-1}$，是 B_4C（约为 $84cm^{-1}$）的 10 倍多。基于此，中国科学院宁波材料技术与工程研究所通过理论计算对比，发现 2mm 厚的 GdB_2C_2/Al 复合材料中子屏蔽效率达到 99% 时，仅需添加体积分数约为 2.6% 的 GdB_2C_2（图 7.15）。而相同厚度的 B_4C/Al 复合材料达到相同中子屏蔽效率时，需要添加体积分数约为 27.2% 的 B_4C（与美国核管理委员会要求的 30% 相近）。因此，达到标准中子屏蔽效率所需 GdB_2C_2 的引入量大幅降低，有利于基体铝的位错运动，有利于提高复合材料的韧性，这将有望从根本上解决传统 B_4C 需要添加 30% 以上所带来的延伸率不足的关键问题。

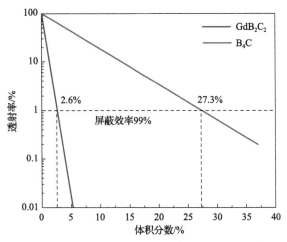

图 7.15　2mm 厚铝基复合材料中 GdB_2C_2 和 B_4C 体积分数变化对中子屏蔽性能的影响

另一方面，随着 GdB_2C_2 引入量的大幅降低，陶瓷颗粒对金属铝基体的增强效应在一定程度上有所减小，会降低对铝基体的增强作用。碳纤维(carbon fiber, C_f)具有较高的轴向拉伸强度，是铝基复合材料常用的增强相。大连理工大学沙建军教授团队研究表明，在铝基体中添加体积分数为7%的碳纤维，所得复合材料的抗拉强度达到207MPa，是纯铝抗拉强度(55MPa)的 3 倍多[120]。为此，该团队进一步引入轴向拉伸强度较高的 C_f 作为增强相，可实现一维的 C_f 与二维片层结构的 GdB_2C_2 协同增强铝基复合材料(图7.16)。此外，碳纤维中含有碳的同位素石墨，其中子反射界面较高，是一种良好的中子慢化剂。高能量的快中子与碳纤维发生弹性碰撞而散射、衰减，增加了中子与原子之间的有效碰撞次数，从而可促进热中子的吸收。因此，通过调整 C_f 和 GdB_2C_2 的含量(涂层厚度)可实现高中子屏蔽性能 $C_f/GdB_2C_2/Al$ 复合材料的协同强化以及高韧性。

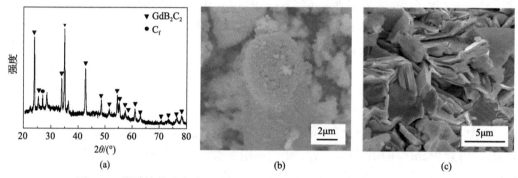

图 7.16 微波熔盐法合成 C_f 和 GdB_2C_2 的 XRD 图谱(a)、SEM 照片(b)及
1800℃原位反应合成 GdB_2C_2 断口(c)SEM 照片

7.3 燃料包壳材料

核用结构材料是先进核反应堆选型的基础，决定了反应堆最终运行的工况条件和安全冗余度。核燃料包壳用于保护燃料不被冷却剂化学腐蚀和机械破坏，并防止裂解产物进入冷却剂回路。目前，反应堆采用的燃料包壳材料主要有锆合金(压水堆)、不锈钢和镍基合金(快堆)、石墨/碳化硅(高温气冷堆)[121]。随着核能反应堆系统的发展，传统核用锆合金等结构材料已不能满足包壳材料和其他结构件高工作温度和长寿命周期的要求[122]。陶瓷材料相比合金材料具有优异的高温结构强度和耐腐蚀特性，其中立方相碳化硅(β-SiC)陶瓷具有低中子活性和耐中子辐照能力，且抗高温蠕变、耐氟盐和金属腐蚀、抗高温氧化、高热导率等特性，被认为是下一代核燃料包壳、面向高辐照环境结构组件和散裂靶结构单元及核聚变堆流道插件等应用的理想候选材料之一[123,124]。但是，SiC 陶瓷材料固有的脆性使其难以满足结构应用的高可靠性要求，而具有优异损伤容错能力的碳化硅纤维增强碳化硅(SiC_f/SiC)复合材料成为先进核能系统的重要候选结构材料[122-125]。本节从先进核能系统对高安全结构材料的需求出发，对核用 SiC_f/SiC 复合材料所涉及的材料和工艺，如 SiC 纤维、纤维/基体界面相、复合材料制备工艺、数值仿真、腐蚀行为和表面

涂层、连接密封技术等方面，进行较为全面的介绍，并初步探讨目前存在的主要问题和可能的解决思路。

7.3.1　连续碳化硅(SiC)纤维

1. 连续 SiC 纤维发展概况

连续 SiC 纤维具有高强度、高模量、耐高温、抗氧化、抗蠕变和耐辐照等优异性能，是制备先进陶瓷基复合材料的重要增强体。连续 SiC 纤维的制备方法主要有化学气相沉积(CVD)法和先驱体转化法。先驱体转化法是目前制备细直径连续 SiC 纤维的主要方法，已实现工业化生产并发展形成了如下三代系列化的产品[126]：

第一代 SiC 纤维的特征是高氧含量(质量分数约为 12%)、高碳含量(C/Si≈1.3)、基本处于无定形状态。其强度高、模量低、耐高温性能相对较差，在空气中最高仅能耐1050℃的高温。代表产品为 Nicalon 纤维。

第二代 SiC 纤维的特征是低氧含量(质量分数不大于 1%)、高碳含量(C/Si≈1.4)。由于氧含量的降低，第二代 SiC 纤维的模量、耐高温和抗蠕变性能有了大幅提高，在空气中最高能耐 1300℃的高温。但由于存在富余碳，其抗氧化性能仍不够理想。代表产品为Hi-Nicalon 纤维。

第三代 SiC 纤维的特征是低氧含量(质量分数小于 1%)、具有近化学计量比组成(C/Si<1.1)和高结晶结构。与前两代纤维相比，第三代 SiC 纤维的模量、耐高温、抗氧化和抗蠕变性能都得到显著提升。代表产品为 Hi-Nicalon Type S、Tyranno SA 和 Sylramic 纤维。

2. 连续 SiC 纤维核用研究

连续 SiC 纤维增强 SiC 复合材料(SiC_f/SiC)具有优异的高温强度、辐照稳定性、化学稳定性和低感生放射性[126]，是聚变堆和先进裂变反应堆的重要候选结构材料[127]。

SiC_f/SiC 复合材料在核能领域的应用研究起步较早。但是，早期主要采用含 SiC_xO_y 非晶相的 Nicalon 纤维制备 SiC_f/SiC 复合材料，开展中子辐照评价研究[124]，发现这种纤维的 SiC_f/SiC 复合材料在低剂量中子辐照后就会发生明显的强度降低，无法满足核用要求。这是因为纤维中的 SiC_xO_y 非晶相在辐照过程中会分解成 SiC 和 CO，导致发生结晶和体积收缩。而采用化学气相渗透(CVI)工艺制备的 β-SiC 基体在辐照中会发生肿胀。SiC 纤维与 SiC 基体在辐照过程中发生不同的体积变化，导致两者分离和最终 SiC_f/SiC 复合材料的力学性能降低[125]。

Hasegawa 等[128]采用低氧含量的 Hi-Nicalon 纤维代替 Nicalon 纤维，发现能够提高SiC_f/SiC 复合材料的耐辐照性能。在 1040℃、43dpa[①]辐照条件下，Hi-Nicalon 纤维没有观察到显著的晶粒生长，表现出比 Nicalon 纤维强得多的微结构稳定性。Osborne 等[129]在高通量同位素反应器中对 Hi-Nicalon 纤维进行中子辐照，发现辐照诱导致密化作用使得纤维直径减小，强度反而升高，在 2dpa 时强度达到最高，但 Hi-Nicalon 纤维约为 2.2%

---

① dpa 为原子平均离位，是材料辐照损伤的单位，即在给定注量下每个原子平均的离位次数。

的体积收缩率对复合材料的性能是不利的。Henager 等[130]也发现 Hi-Nicalon 纤维在辐照后拉伸强度略有增加,但纤维收缩会导致其与基体脱黏、复合材料性能降低。

进入 21 世纪,随着低氧含量、近化学计量比和高结晶的第三代 SiC 纤维的问世,核用 SiC$_f$/SiC 复合材料研究又迎来了新的发展机遇[124]。第三代 SiC 纤维制备的 SiC$_f$/SiC 复合材料具有良好的耐辐照性能。在 10dpa 的中子辐照之后,其力学性能没有降低[131]。近化学计量比 SiC 纤维在高温(1000℃)高辐射剂量(80dpa)条件下仅发生略微胀大,密度稍微降低(<1%),晶粒尺寸变化不明显,表现出与 CVD 或 CVI 法制备的 β-SiC 基体类似的辐照行为[132]。

在轻水反应堆温度和辐照条件(2~11dpa、230~340℃)下,采用 Hi-Nicalon Type S 和 Tyranno SA 纤维制备的 SiC$_f$/SiC 复合材料均表现出优异的耐辐照性能[133],而采用 Sylramic 纤维制备的 SiC$_f$/SiC 复合材料表现出更大的肿胀行为,力学性能下降明显[134]。Sylramic 纤维由于含有 2.3%(质量分数)的硼元素,^{10}B 会俘获中子且在中子辐照后会嬗变成氦,不适合用来制备核用 SiC$_f$/SiC 复合材料[125]。因此,目前第一代核级 SiC/SiC 复合材料主要采用 Hi-Nicalon Type S 纤维和 Tyranno SA 纤维。这两种 SiC 纤维的主要性能如表 7.6 所示。

表 7.6 核用第三代 SiC 纤维的主要性能[135]

参数	Hi-Nicalon Type S	Tyranno SA
纤维直径/μm	12	10
丝束根数	800	800
线密度/(g/1000m)	195	170
体密度/(g/cm³)	2.85	3.10
拉伸强度/GPa	3.1	2.4
拉伸模量/GPa	380	380
Si 质量分数/%	69	67
C 质量分数/%	31	31
O 质量分数/%	0.8	<1
C/Si	1.05	1.08
热导率/[W/(m·K)]	24	65

资料来源:①Ntroducing Nicalon^{TM} silicon carbide to benefit evolving industries. (2020-04-24). http://ngs-advanced-fibers.com/eng/item/index.html;②Tyranno Fiber$^®$ Chemicals: Continuous Inorganic Fiber. (2022-04-24). https://www.ube.com/contents/en/chemical/continuous_inorganic_fiber/tyranno_fiber.html。

美国橡树岭国家实验室对 Hi-Nicalon Type S 纤维和 Tyranno SA3 纤维增强 SiC 复合材料的中子辐照性能进行了对比研究,发现 Tyranno SA3 纤维的辐照尺寸稳定性要优于 Hi-Nicalon Type S 纤维[125]。在 600℃、44dpa 剂量的中子辐照下,Hi-Nicalon Type S 纤维增强 CVI SiC 复合材料中的纤维位置出现了很多孔洞,发生了严重的纤维与基体界面脱黏

［图 7.17（a）］。而 Tyranno SA3 纤维并未出现类似的脱黏问题［图 7.17（b）］。Takaaki 等[125]认为，这是因为 Hi-Nicalon Type S 纤维的肿胀幅度小于 CVI SiC 基体，导致纤维与基体界面脱黏，而 Tyranno SA3 纤维的肿胀幅度与 CVI SiC 基体相当，避免了发生脱黏。

图 7.17　经 600℃、44dpa 中子辐照后 SiC 纤维增强 CVI SiC 复合材料的 SEM 照片[125]

(a) Hi-Nicalon Type S 纤维；(b) Tyranno SA3 纤维

　　SiC 纤维的中子辐照肿胀幅度与其游离碳的含量和分布状态有关。虽然 Hi-Nicalon Type S 纤维和 Tyranno SA3 纤维都只轻微富碳，但 Hi-Nicalon Type S 纤维的游离碳均匀地分布在晶粒尺寸约为 50nm 的 SiC 晶粒间，而 Tyranno SA3 纤维的游离碳主要集中在纤维芯部，表面几乎无游离碳，而且 Tyranno SA3 纤维的晶粒尺寸为 50～500nm，比 Hi-Nicalon Type S 纤维的晶粒大[125]。Tyranno SA3 纤维的导热性能也高于 Hi-Nicalon Type S 纤维。前者制备的 SiC_f/SiC 复合材料的热导率为 22W/(m·K)，而后者制备的 SiC_f/SiC 复合材料的热导率仅为 8.5W/(m·K)[136]。虽然有关游离碳对 SiC 纤维耐辐照性能的影响机制还不完全清楚，但 Tyranno SA3 纤维由于制备温度更高，SiC 晶粒尺寸更大，游离碳的石墨化程度也更高。这可能是赋予其更优良的辐照尺寸稳定性和导热性能的主要原因。

　　为了进一步提高材料的损伤容限，最近法国科学家采用新的第三代 SiC 纤维 Tyranno SA4 纤维制备核用 SiC_f/SiC 复合材料[137]。与 Tyranno SA3 纤维相比，Tyranno SA4 纤维具有更高的拉伸强度（与 Hi-Nicalon Type S 纤维相当）。高强度有利于防止裂纹迅速扩展到表面导致失效、提高复合材料在高应力水平下的耐疲劳性，并且有助于在中子辐照下保持强界面剪切应力，从而延缓材料的失效[137]。但有关 Tyranno SA4 纤维增强 SiC 复合材料的环境腐蚀和中子辐照实验还有待开展。

　　第三代 SiC 纤维在核能领域具有良好的应用前景，但目前仍面临着诸多挑战[138]。第三代 SiC 纤维的高结晶结构虽然提高了其耐辐照性能和尺寸稳定性，但牺牲了柔韧性、增加了加工成型的难度。第三代 SiC 纤维虽然具有近化学计量比的组成，但仍然存在微量的异质元素，如氧、铝等，不容忽视其在高剂量中子辐照后的变化及影响。氧原子和游离碳的形态与分布对辐照稳定性和导热性能的作用机制尚不明确。SiC 纤维与 SiC 基体在中子辐照下的尺寸变化匹配性，以及界面相的辐照稳定性也有待深入研究。第三代 SiC 纤维高昂的制备成本和有限的供应量也是制约其将来在核能领域规模化应用的瓶颈问题。

7.3.2 纤维/基体界面相

纤维与基体之间的界面相作为 SiC_f/SiC 复合材料的重要组成部分，决定了纤维和基体材料之间力、热、电等性质的耦合传递，对复合材料的强度、断裂韧性、耐辐照、耐氧化腐蚀以及热导率等关键性能产生重要影响。SiC_f/SiC 复合材料的界面相主要有热解碳（pyrolytic carbon, PyC）、六方氮化硼（hexagonal-BN, h-BN），以及 $(SiC/BN)_n$ 和 $(SiC/PyC)_n$ 多层结构等[139-142]。然而，上述界面相在核用环境下都存在结构和性能失效的问题[143]。例如，PyC 在中子辐照下会发生收缩—肿胀—无定型的结构演变，导致明显的界面脱黏[144]；h-BN 中的 B 元素具有极高的中子吸收截面，在中子辐照下会发生嬗变，生成 He，从而导致界面相失效[124]；PyC 和 h-BN 多层结构的界面相也存在类似的问题，辐照下界面相被破坏而导致界面剪切强度和界面摩擦应力减小[145,146]。图 7.18 展示了 SiC_f/SiC 复合材料在中子辐照前后的显微照片，从图中可以看出，辐照后的 PyC 界面相几乎完全消失，纤维和基体间出现了明显的界面脱黏现象，这会导致复合材料的整体力学性能大幅度降低[147]，同时还会导致复合材料热导率下降、腐蚀加速和裂变气体溢出等[148]。

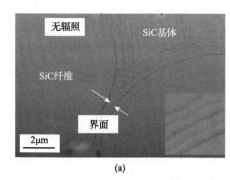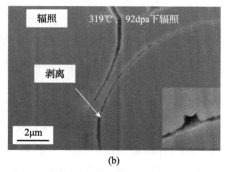

图 7.18 以 PyC 为界面相的 SiC_f/SiC 复合材料中子辐照前(a)和辐照后(b)的界面微观结构[147]

针对核反应堆极端服役环境下 SiC_f/SiC 复合材料愈加突出的界面相失效问题，美国橡树岭国家实验室给出了核用界面相的设计要求：在辐照下具有良好的尺寸稳定性；能够实现界面处的裂纹偏转[125]；纤维与基体间界面结合强度适中，使纤维能够从基体中拔出；与 SiC 和反应堆环境具有良好的化学相容性等。同时，核用界面相还应具备工艺上的可实施性，即在沉积过程中不与 SiC 纤维发生反应，在基体沉积过程中具有良好的化学稳定性，可以制得薄的界面相涂层等。近年来，国际上针对核用界面相开展了一些研究工作，主要包含两个方面：优化界面相结构和新型界面相材料探索。

1. 优化界面相结构

通过优化微结构来缓解辐照体积变化和调控应力是目前核级界面相的主要设计思路之一。美国橡树岭国家实验室的 Snead 和 Lara-Curzio[149]设计了具有多孔与多层结构 SiC 界面相的 SiC_f/SiC 复合材料，并发现在快中子辐照下，这些多孔或多层 SiC 界面相的显微结构变化较小，说明多孔和多层结构对缓解辐照体积变化有一定帮助。但是，辐照后多孔 SiC 界面相的 SiC_f/SiC 复合材料强度降低了约 35%，而具有多层 SiC 界面相结构的复合材料强度降低 8%～20%。Koyanagi 等[147]考察了 5 层交替沉积的 PyC-SiC 界面相多层结构，其中每一层 PyC 的厚度为 10nm，SiC 厚度为 100nm。该多层结构界面相在 300℃、100dpa 辐照下，硅原子会从 SiC 基体或纤维向 PyC 相扩散，互扩散虽然使纤维-基体界面增强，但也会造成复合材料脆性断裂。此外，还有学者[150]提出了无界面相的 SiC$_f$/SiC 复合材料结构设计，虽然这种复合材料不存在界面相耐辐照稳定性的问题，但是其断裂韧性和抗热震性等力学性能还需综合评估。

2. 新型界面相材料探索

新的界面相材料体系一直以来都是极端环境下复合材料研究的重点，也是核用材料研究的全新课题。理论分析表明，当基体与纤维的界面强度低于纤维自身强度时（约纤维强度的 60%），裂纹会在界面处发生偏转而实现准韧性断裂[151]。为此，通过 CVD、溶胶-凝胶法等[152-154]方法可以制备满足要求的氧化铝[155]、氧化硅[156]、氧化锆[157]等氧化物界面相，以及碳化硼[158]、碳化钛[159]等碳化物界面相，对 SiC$_f$/SiC 复合材料的界面裂纹偏转能起到较好的促进作用，从而有助于提升复合材料的增韧效果。不过这类界面相材料的辐照稳定性报道并不多，是否能够胜任新一代核用界面相的需求有待进一步研究。

近年来，三元层状材料 MAX 相作为核用界面相材料受到了一定的关注。MAX 相具有与 PyC 和 h-BN 相似的六方层状晶结构，在外加应力作用下通常会出现滑移、屈曲、扭结等变形特征，从而实现界面裂纹偏转，提升复合材料的韧性。此外，MAX 相材料兼具高热导和耐辐照等特性[160-162]，作为界面相材料可以对复合材料的导热性能和耐辐照性能起到正面影响。德国埃朗根-纽伦堡大学的 Filbert-Demut 等[163]利用电泳沉积法将 Ti$_3$SiC$_2$ 颗粒包覆在 SCS-6 型 SiC 纤维表面，并从理论上讨论了其作为陶瓷基复合材料界面相的可行性。但是所采用的 Ti$_3$SiC$_2$ 颗粒尺寸都在微米尺度，而且电泳沉积法较难在 SiC 纤维织物中实现均匀沉积，对沉积工艺的挑战较大。近期，中国科学院宁波材料技术与工程研究所[164-166]通过熔盐法在碳纤维和 SiC 纤维表面原位生长了 Ti$_2$AlC、Ti$_3$SiC$_2$ 等 MAX 相涂层，并利用聚合物浸渍裂解工艺将其制备成复合材料。研究表明，MAX 相涂层在高温下与先驱体转化陶瓷基体发生反应形成二元非化学计量比碳化物，该二元非化学计量比碳化物界面相经离子模拟辐照后表现出良好的结构稳定性，且与 SiC 具有良好的辐照肿胀匹配性[167]。如何控制高温下 MAX 界面相的结构演变、减少与纤维的界面反应，以及避免界面相在后续复合材料制备过程中的相变分解是下一步需要解决的问题。

满足核用要求的界面相设计仍是当前复合材料研究的一个热点与难点，无论是传统 CVD 工艺制备的涂层新结构还是新发展的 MAX 相等涂层体系，都需要综合评价界面相的辐照效应和结构演变规律。另外，中子辐照下界面相材料嬗变产物的聚集和迁移也是未来研究的重点，这将直接影响微裂纹的扩展和与热导相关的声子耦合。

7.3.3　复合材料制备工艺

在先进核能系统中，SiC$_f$/SiC 复合材料面临极端物理化学环境的考验，如高温、高剂量中子辐照、强腐蚀、强磨损等，对 SiC$_f$/SiC 复合材料的结构和组成提出了极大的挑战。例如，复合材料需具备以下特点：低孔隙率，以防止裂变气体扩散；高纯度，以利于低放射化学处置；高结晶度，以增强热导率、耐腐蚀和耐磨损性能。随着陶瓷基复合材料在航空航天等非核领域的迅猛发展，SiC_f/SiC 复合材料较为成熟的制备方法主要包括先驱体浸渍裂解(polymer infiltration and pyrolysis, PIP)法、化学气相渗透(chemical vapor infiltration, CVI)法、纳米浸渍与瞬态共晶(nano-infiltration and transient eutectic, NITE)法、反应熔渗(reactive melt infiltration, RMI)法和多种工艺联用。

1. 先驱体浸渍裂解法

PIP 制备工艺是在真空条件下将先驱体溶液浸渗入 SiC 纤维预制体中，然后实现先驱体的原位交联固化，再在高温下裂解形成 SiC 陶瓷基体，如此反复，通过多次浸渍-裂解过程实现复合材料的致密化。

PIP 工艺由于存在残余碳含量高、SiC 结晶度低和热导率低等不足而没有得到核能研究领域的重视，这与聚碳硅烷先驱体的陶瓷化技术发展有很大的关系。随着具有近化学计量比转化特征的先驱体材料研发不断推进，基于 PIP 工艺制备 SiC_f/SiC 复合材料的成本优势与性能优势可能会逐步接近核能结构材料的应用要求。

2. 化学气相渗透法

CVI 制备工艺将 SiC 纤维编织件放入 CVI 反应室中，通入含有硅碳元素的气态先驱体(如三氯甲基硅烷等)，气态先驱体被定向输送到编织件处，通过编织件的孔隙扩散到 SiC 纤维的表面，活化的气态先驱体在纤维表面成核生成 SiC 基体。

CVI 法在高温下将小分子结构的含硅碳元素气体直接转化为 SiC 基体，所制备复合材料的 SiC 基体具有高纯度的特点，这对提高包壳管的耐腐蚀和耐辐照性能是非常有利的。同时还应该注意到 CVI 工艺所采用的原料和工艺条件与 SiC 纤维以及界面相有较大的区别，造成基体、界面相、纤维的晶体结构和物理化学性质有较大的差异，这些差异有可能造成界面处的物理化学性能失配，需要开展更深入的研究。

3. 纳米浸渍与瞬态共晶法

NITE 工艺是将 SiC 纤维预制体浸渍到由纳米 SiC 颗粒与烧结助剂(如 Y_2O_3、Al_2O_3)混合制成的浆料中，经干燥热压烧结实现致密化。

NITE 工艺需要通过加压辅助实现致密化，这对核能应用的 SiC_f/SiC 复合材料包壳管等特殊形状工件的制备和加工提出了巨大挑战。低中子毒物烧结助剂的开发有可能降低 NITE 工艺的烧结温度并实现无压烧结，但不可避免会形成高体积分数的晶界相，有可能增大中子辐照下的缺陷和裂纹。

4. 反应熔渗法

RMI 法是将硅熔液或硅蒸气渗透进入多孔的连续 SiC 纤维增强碳基中间体，与预先形成的碳基体反应生成 SiC 基体。

RMI 工艺的优势是复合材料的孔隙率低、力学性能优异和热导率高。RMI 法存在的最大问题是 SiC_f/SiC 复合材料中存在大量未反应的游离硅(体积分数通常为12%～18%)。

由于硅的熔点是 1410℃，因此基于 RMI 工艺制备的复合材料通常适合在 1200℃以下应用。当服役温度高于 1300℃时，基体中残留 Si 的扩散能力增强，沿 SiC 晶界扩散进而侵蚀 SiC 纤维及涂层，严重降低了复合材料的性能[168]。此外，RMI 工艺还会导致复合材料基体中残余未反应完全的碳残留[169]，使得复合材料耐氧化、耐腐蚀性能降低。考虑到核能系统的高温、强腐蚀、强辐照、强氧化等极端环境，RMI 法尚未应用于制备核用复合材料。未来围绕 RMI 工艺，无论是核用还是非核用，都需要从实现硅和碳完全反应、转化为近化学计量比 SiC 来设计反应路径并优化工艺条件。

5. 多种工艺联用

多种工艺联用是通过有效结合各种工艺在制备 SiC$_f$/SiC 复合材料过程中的优势，规避劣势，从而提高致密度、优化微观结构并改善样件性能。具有代表性的联用工艺有 PIP+CVI 和 CVI+NITE 等。

无论是简单易行的 PIP 工艺还是结晶度程度高的 CVI 工艺，甚至高致密化的 NITE 和低成本的 RMI 工艺，各自都存在优缺点，也都难以同时满足核用环境对 SiC$_f$/SiC 复合材料高致密、高纯度、高结晶度和低成本化的要求。未来发展需要对各自工艺进行优化改进，并在此基础上综合利用各种工艺的优势，开发多种工艺联用新技术。另外，目前陶瓷烧结技术出现的一些新方向也值得关注，如闪烧技术和冷烧技术等。新的陶瓷烧结机制和工艺有可能为核用 SiC$_f$/SiC 复合材料发展带来新的契机。

7.3.4　腐蚀行为及表面涂层

核用包壳材料与冷却剂之间的化学反应是影响安全性和长寿命的重要因素。SiC 在热水中发生腐蚀主要是由于 SiC 和热水反应形成 SiO$_2$，SiO$_2$ 在水热环境中不稳定，易与 H$_2$O 反应生成 Si(OH)$_4$ 而溶解。因此，SiC 的腐蚀速率主要取决于 SiO$_2$ 的形成速率[170-175]。美国橡树岭国家实验室 Terrani 等[176]使用带有水溶液数据库(AQS2)的 Thermo-Calc 软件包提取热力学参量并进行了平衡计算，如图 7.19 所示，在 573K 和 15MPa 条件下，SiC 将与 H$_2$O 反应，通过许多路径形成 SiO$_2$，如反应式(7.5)～(7.8)所示。

$$SiC(s) + 2H_2O(aq) \Longrightarrow SiO_2(s) + CH_4(g) \tag{7.5}$$

$$SiC(s) + 2H_2O(aq) \Longrightarrow SiO_2(s) + 2H_2(g) + C(s) \tag{7.6}$$

$$SiC(s) + 3H_2O(aq) \Longrightarrow SiO_2(s) + 3H_2(g) + CO(g) \tag{7.7}$$

$$SiC(s) + 4H_2O(aq) \Longrightarrow SiO_2(s) + 4H_2(g) + CO_2(g) \tag{7.8}$$

SiC 的耐蚀性与制备工艺紧密相关。韩国原子能研究所 Kim 等[177]比较了不同制备工艺 SiC 在热水环境中的质量变化。研究表明，CVD SiC 材料比其他工艺的单相 SiC 具有更加优异的抗腐蚀性能。在相同的热水环境中，NITE SiC 的失重率比 CVD SiC 大一个量级[178]，这主要是因为晶界处残余的 Si 和烧结添加剂等杂质元素会加速腐蚀[179,180]。在相同腐蚀环境下，CVD SiC 腐蚀 210 天后质量减少约为 0.011%，而双层 SiC 复合材料管腐蚀 90 天后的失重率为 17.5%，三层结构 SiC 复合材料管腐蚀 60 天后的失重率高达

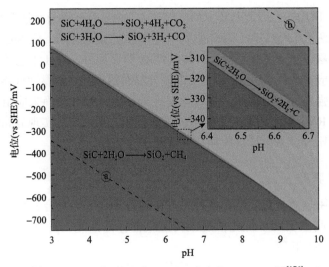

图 7.19　SiC 在 573K 和 15MPa 水中的 Pourbaix 图[176]

SHE 指标准氢电极(standard hydrogen electrode)，被定义为在所有温度下氢气分压为 1 个大气压，溶液中氢离子
浓度为 1mol/L 的条件下，电极电势为 0V。它是电化学研究中用于定义其他电极电势的基准电极

11.9%。不同实验结果均证明三层 SiC 复合管的质量损失远大于 CVD SiC 复合管[176,181]，这显然与复合材料的气孔率大有很大关系。另外，CVD SiC 的耐蚀性受到致密度、结晶度、纯度、应力和电化学性能等因素的影响。美国威斯康星大学 Tan 等[182]研究了残余应变、晶粒尺寸、晶界类型和表面取向对 CVD SiC 在 500℃和 25MPa 下腐蚀的影响，发现与其他因素相比，小晶粒的残余应变对 CVD SiC 腐蚀的影响最明显。韩国原子能研究所 Shin 等[183]研究了 CVD SiC 在 360℃和 18.5MPa 模拟压水堆水回路中的热水腐蚀行为，结果表明高电流密度使 $SiO_2/Si(OH)_4$ 更易在 SiC 表面形成和快速溶解。对 SiC_f/SiC 复合材料的耐腐蚀性研究中，美国西屋公司联合美国橡树岭国家实验室合作开展了第四代核能系统的高性能燃料包壳材料研究，研发出多层结构的 SiC_f/SiC 复合材料包壳管[184]。Kim 等[177,185]采用化学气相法制备了多层结构 SiC_f/SiC 复合材料包壳管，对其进行热水腐蚀实验，结果表明 SiC_f/SiC 复合材料包壳管的耐热水腐蚀行为同样受制备工艺的影响，如图 7.20 所示，腐蚀 60 天后三层结构 SiC_f/SiC 复合材料包壳管仍保持管状几何形状，而双层结构 SiC_f/SiC 复合材料管外层 SiC 纤维大量脱落，腐蚀严重。SiC_f/SiC 复合材料耐热水腐蚀性强烈依赖于工艺温度，尤其是影响结晶度的温度，因为水会优先侵蚀 SiC 中的非晶相，这是导致三层结构 SiC 复合管失重率高的原因。Qin 等[186]也指出，提高沉积温度可以增大 CVD SiC 涂层的晶粒尺寸和结晶度，是缓解 SiC_f/SiC 复合材料早期热水腐蚀的有效途径。Yang 等[187]研究了 SiC_f/SiC 复合材料在 360℃、18.6MPa 的静态热水腐蚀行为，发现在腐蚀初期 SiC_f/SiC 复合材料晶界优先发生腐蚀，环向强度没有发生明显变化，而当腐蚀时间后足够长，SiC_f/SiC 复合材料表面会出现腐蚀凹坑和裂纹，且环向应力显著降低，进一步指出热水腐蚀产物是由非晶 SiC_xO_y 和 SiO_2 组成，在水热环境中 SiC_xO_y 和 SiO_2 与水分子发生反应溶解在水中，是导致样品质量损失的直接原因。

影响 SiC 的腐蚀的环境参数还有温度、氧浓度、氢浓度和 pH 等。一般而言，溶解 O 加速 SiC 腐蚀，而溶解 H 减缓腐蚀，起到钝化作用[181,188,189]。美国田纳西大学 Doyle 等[190]

图 7.20 多层 SiC 复合管腐蚀 60 天后的宏观照片

通过研究 CVD SiC 在高温水中的腐蚀行为，得到一个预测 SiC 高温水腐蚀的通用方程。结果表明，在没有氧气的情况下，SiC 晶界腐蚀速率较小，而在氧气存在的情况下，晶界相发生了剧烈反应。但是，美国威斯康星大学 Xi 等[191]却发现 O 和 H 对 SiC 早期腐蚀起相反作用：O 在表面形成稳定化合物，而 H 则会破坏 Si—C 键，产生化学侵蚀效应。

另外，辐照是核用环境中不可避免的一个作用因素。实验结果证明，辐照会加剧 SiC 的热水腐蚀[192-194]，辐照后 SiC 的溶解速率随着辐照缺陷的数量增加而升高。美国橡树岭国家实验室 Snead 等[195]认为，辐照增加了水中的 O 活度并使 SiC 形成高缺陷的微观结构，从而提高了 SiC 腐蚀动力学。中国学者 Lin 等[196]证明辐照诱导的点缺陷团簇是富含 C 空位的团簇。日本京都大学 Maeda 等[197]进一步提出，点缺陷增强的电化学活性是 SiC 腐蚀加剧的根源，由于缺陷的引入，腐蚀电位发生变化，腐蚀电流增加，同时证明掺 Al 的 SiC 具有较好的耐蚀性。

目前，提高 SiC 耐蚀性主要有两种途径：一是优化改进传统制备工艺，提高 SiC 的致密度、结晶度和纯度等；二是在 SiC 表面沉积环境障碍涂层。在各种途径制造的 SiC 材料中，CVD SiC 尽管表现出优异的耐腐蚀性，但在含溶解氢或溶解氧的情况下，仍易受到热水腐蚀。美国橡树岭国家实验室[198,199]通过在 SiC_f/SiC 表面沉积环境障碍涂层(Cr、CrN、TiN、ZrN、NiCr 和 Ni)来提高其耐热水腐蚀性和密封裂变气体，如图 7.21 所示，并在 288℃、2ppm 溶解氧(DO)条件下模拟沸水堆常规水化学(BWR-NWC)的水环境中进行了 400h 入堆试验。与 SiC_f/SiC 样品相比，除 ZrN 和 NiCr 涂层大量损失样品表现出明显的缺陷外，其余涂层样品均表现出良好的耐腐蚀性能，如镀 Cr 涂层样品腐蚀 400h 后失重率仅为 0.026mg/cm^2。实验初步证明，涂层在 LWR 中作为缓蚀涂层的潜力。美国麻省理工学院 Wagih 等[200]论证了在 SiC 复合材料上沉积 Cr 涂层的可行性，并指出包壳管涂层技术的发展潜力。日本日立公司[201]为提高 SiC 在沸水堆环境中的耐蚀性，研发以 Cr 为过渡层的金属 Ti 涂层，并证明该涂层在未辐照热水环境具有良好的耐腐蚀性能。美国橡树岭国家实验室 Doyle 等[190]在高电阻率 CVD SiC 上采用物理气相沉积方法制备了 TiN、Cr、CrN 和多层 Cr/CrN 四种商用涂层，在 300℃下进行 4.8×1024n/m^2(>0.1MeV) 中子辐照并在模拟压水堆环境中连续腐蚀了 127 天，实验结果却表明涂层易发生开裂和脱落现象，这是由于 SiC 膨胀使涂层与 SiC 基体之间产生应力，最终导致涂层产生裂纹。这种裂纹会造成涂层暴露在水中时防护性能快速失效。随后该团队[202]将这四种未辐照涂层样品在高温(288~350℃)、高纯度液态水含溶解氧(1×10^{-6}~2×10^{-6})环境中腐蚀长达

2600h，结果发现在含氧条件下，所有涂层均失去保护作用，其中一个重要原因是氧气通过完全氧化涂层或从涂层表面缺陷等地方进入到涂层与基体界面，进而氧化 SiC 基体，随后从涂层裂纹或其他缺陷处进入界面的水可以迅速溶解 SiO₂，导致膜基开裂分层，这种现象在 Cr 涂层中尤为明显。总体来说，核用 SiC 基材料的表面环境障碍涂层工作处于起步状态，还有许多关键技术有待突破。

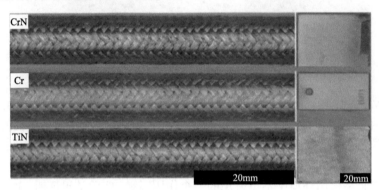

图 7.21 SiC$_f$/SiC 复合棒上（左）和 CVD 试样（右）沉积的 CrN、Cr 和 TiN 涂层的光学图像[198]

7.3.5 核用连接技术

SiC$_f$/SiC 复合材料包壳管装入核燃料之后需要使用端塞实现密封，该核用连接的可靠性已经成为制约 SiC$_f$/SiC 复合材料最终应用的关键技术问题之一，并直接关系到反应堆的安全问题，如高放射性裂变产物的泄漏、裂变气体的逸出和冷却剂与核燃料的隔离等。在航空航天等领域的应用中，SiC$_f$/SiC 复合材料大部分连接依靠机械铆合，无法达到金属材料焊接的无缝连接。在非核应用中 SiC$_f$/SiC 复合材料的连接也使用合金焊接工艺，对焊接界面的润湿性和相容性等都开展过详细的研究[203,204]。但是在核环境应用时，必须考虑到连接层材料自身的耐辐照特性、低中子活性以及耐水热和高温水蒸气腐蚀等，否则连接层材料将成为 SiC$_f$/SiC 复合材料构件中最薄弱环节，最先失效。

国内外围绕 SiC 陶瓷以及 SiC$_f$/SiC 复合材料的连接已开展了大量的研究工作，比较常见的连接方法有活性金属钎焊、扩散连接、玻璃陶瓷连接、Si-C 反应连接、陶瓷先驱体连接、瞬态共晶相连接、MAX 相连接等。中国科学院上海硅酸盐研究所、哈尔滨工业大学、西北工业大学、国防科技大学、上海交通大学、西安交通大学、江苏大学和中国科学院宁波材料技术与工程研究所等，国外有美国橡树岭国家实验室、日本东京大学与京都大学、韩国岭南大学与韩国原子能研究所、意大利都灵理工大学、英国伦敦玛丽女王大学以及斯洛伐克科学院等单位，都采用不同连接方法与连接层材料开展了卓有成效的研究工作[205-220]。

早在 2000 年，Colombo 等[221]就针对聚变堆包层用 SiC$_f$/SiC 复合材料的连接问题，采用陶瓷先驱体与 Al-Si 粉体为连接层实现了 SiC$_f$/SiC 复合材料的连接，其剪切强度最高可达 31.6MPa。意大利都灵理工大学 Ferraris 等[222]在 2008 年就针对核用 SiC$_f$/SiC 复合材料的连接开展了研究，并开发出 SiO₂-Al₂O₃-Y₂O₃ 玻璃相连接层材料，所得连接结构的弯曲强度可达 120MPa。近期西北工业大学 Fan 等[223,224]研究了 Y-Al-Si-O 玻璃无压连接 SiC$_f$/SiC 复合材料，并探索了 Y-Al-Si-O 玻璃组成对其界面润湿性的影响，优化了连接工艺参数，发现在 1400℃、0min 获得的 SiC$_f$/SiC 复合材料连接件的剪切强度最高可达 38.85MPa。随后，该团队又开发出与 SiC$_f$/SiC 复合材料热膨胀系数更接近的 CaO-Y$_2$O$_3$-Al$_2$O$_3$-SiO$_2$ 玻璃相连接层材料，在 1400℃、保温 30min 获得了剪切强度高达 57.1MPa 的 SiC$_f$/SiC 复合材料连接件[225]。美国橡树岭国家实验室与日本京都大学合作开展了基于 NITE 工艺的核用 SiC$_f$/SiC 复合材料的连接工作，在 1800℃、5~20MPa 压力的辅助下，以 SiC-Y$_2$O$_3$-Al$_2$O$_3$ 混合浆料为连接层材料实现了 SiC$_f$/SiC 复合材料的连接，其剪切强度达到 209MPa，经辐照后其剪切强度仍然能保持在 182MPa[219]。基于 NITE 工艺的连接方法是核用 SiC$_f$/SiC 复合材料连接的优选方法之一，但是由于连接温度过高，会对复合材料中的纤维造成一定的损伤。

近年来，MAX 相陶瓷以其各种优异的性能（表 7.7），作为 SiC 的连接层也受到了广泛的关注与研究[226-232]。中国科学院宁波材料技术与工程研究采用电场辅助烧结技术，以 Ti$_3$SiC$_2$ 流延膜为连接层，在 1300℃实现了 SiC 陶瓷的低温连接[230]。英国伦敦玛丽女王大学与斯洛伐克科学院 Tatarko 等[226]以 Ti$_3$SiC$_2$ 预烧薄片为连接层在 1300℃、50MPa 的压力辅助下，采用 SPS 技术实现了 SiC$_f$/SiC 复合材料的连接，其剪切强度为 18.3MPa± 5.8MPa。韩国岭南大学随后以 Ti$_3$SiC$_2$、SiC$_w$/Ti$_3$SiC$_2$，以及 Ti$_3$AlC$_2$ 为连接层，采用高温热压工艺实现了 SiC$_f$/SiC 复合材料的连接[228,233-235]。但是通过拉曼光谱和有限元模拟计算，发现基体 SiC（膨胀系数约为 4.4×10^{-6}K^{-1}）与连接层 Ti$_3$SiC$_2$（膨胀系数约为 9.1× 10^{-6}K^{-1}）之间存在热失配，在界面处会残余热应力，导致 SiC/Ti$_3$SiC$_2$/SiC 连接偶的弯曲强度较低[231]。基于此，中国科学院宁波材料技术与工程研究所又设计出了 TiC/Ti$_3$SiC$_2$ 全碳化物梯度连接层，通过在 SiC 表面修饰一层 500nm 的 Ti，并控制原位反应温度为 1500℃，实现了 TiC/Ti$_3$SiC$_2$ 全碳化物梯度连接层连接 SiC，从而在一定程度上缓解了界面热应力问题[232-236]。随后，该团队又发展出与 SiC 热膨胀系数接近的 Al$_4$SiC$_4$ 连接层材料，获得了高强度 SiC 连接结构。然而，Al$_4$SiC$_4$（膨胀系数为 6.2×10^{-6}K^{-1}）与 SiC（膨胀系数为 4.4×10^{-6}K^{-1}）的热膨胀系数仍然存在一定的差异，在高温及辐照环境下，易发生肿胀失配。

为了最大限度地解决连接层与基体的热失配问题，该团队开发出了一种新型的近似无缝连接技术[237,238]，该技术通过界面原位反应获得 RE$_3$Si$_2$C$_2$（RE 为稀土元素）过渡相，高温时 RE$_3$Si$_2$C$_2$ 又与 SiC 的共晶反应转化为液相，该液相一方面润湿连接界面，另一方面可促进界面原子扩散。同时，在外加压力的作用下，含有稀土元素的液相又逐渐被挤出 SiC 连接面，从而实现了 SiC 的无缝连接。近期，该团队通过设计原位反应生成 RE$_3$Si$_2$C$_2$ 过渡相，以 Yb 为初始连接层，通过原位反应，在 1400~1500℃条件下实现了 SiC 陶瓷的无缝连接（图 7.22），所得连接结构的弯曲强度可达 257MPa[239]。由于该自牺牲型连接材料在连接后几乎无残留，因此可有效解决传统第二相连接层材料与基体 SiC 之间固有的热膨胀失配以及辐照肿胀失配等关键问题，为 SiC/SiC 复合材料核燃料包壳管的端塞连接密封问题提供了一种新的解决思路。

表 7.7　几种典型的 MAX 相及其性能对比[240-244]

材料	维氏硬度/GPa	弯曲强度/MPa	断裂韧性/(MPa·m$^{1/2}$)	热导率/[W/(m·K)]	电导率/(10^6S/m)
Ti$_3$SiC$_2$	10.4	881(平行 c 轴)	14.1(平行 c 轴)	32.4	0.49(平行 c 轴)
Ti$_3$AlC$_2$	9.1	1261(平行 c 轴)	13.1(平行 c 轴)	14.6(平行 c 轴)	1.01(平行 c 轴)
Ti$_2$AlC	7.9	735(平行 c 轴)	8.5(平行 c 轴)	27	2.5
Nb$_4$AlC$_3$	7.0	789(垂直 c 轴)	9.3(垂直 c 轴)	21.1	0.81

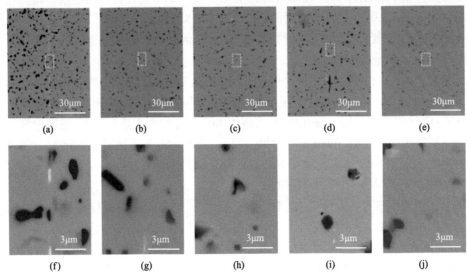

图 7.22　不同温度下连接的 SiC/Yb/SiC 的低倍和高倍背散射 SEM 照片[239]

针对实际应用中薄壁(壁厚仅 1mm)SiC$_f$/SiC 包壳管的端塞连接,未来需要发展无压无缝连接技术,以满足 SiC$_f$/SiC 包壳管与端塞连接的实际应用需求。此外,对于 SiC$_f$/SiC 包壳管与端塞连接结构的耐高温、抗氧化、耐辐照、气密性、连接界面沿管轴向拉伸/剪切强度等模拟服役性能研究还须加强,这需要基础研究、工程技术研究以及实际用户三方协作,开展工程技术应用研究的协同攻关。

7.3.6　小结

SiC$_f$/SiC 复合材料已被核能领域认为是下一代先进核能系统中关键结构的候选材料。为了加速该材料应用于先进压水堆和加速器驱动能源系统等,科学界和工业界亟须对 SiC$_f$/SiC 复合材料的组成、结构、界面、涂层等方面有全面深入的理解。由于中子辐照损伤效应与其他极端环境对材料影响本质的区别,碳化硅复合材料的组分选择和结构设计也将变得更加有挑战性。可以看出,除了对组成材料本身,如碳化硅纤维、中间层、连接层、涂层等,需要考虑中子辐照下的结构损伤和性能衰减。另外,对于复合材料系统结构,如多相界面处的肿胀失配和元素互扩散等,都需要开展深入的研究。目前我国在该关键材料领域虽然起步较晚,但是近年来加大了各类研发资源的投入,也取得了一系列关键技术的突破。另外，由于核用 SiC$_f$/SiC 复合材料研发涉及的学科较多，如材料科学、化学、力学、材料计算、核技术、反应堆物理等，因此需要从国家层面组织学界和工业界协同攻关，才有可能实现该材料最终应用于我国重大核能装置中。

7.4 新型冷却材料

7.4.1 颗粒材料

在核工业领域中，材料的选择不仅需要考虑热力学性能，还需重点考虑抗辐照性能。综上所述，颗粒流散裂靶采用钨合金颗粒作为散裂工质和冷却剂，相对液态工质具备次生放射性产物低、无材料腐蚀、抗辐照及研制成本较低等优点。所以颗粒不失为一种新型冷却剂的选择。

但是相对液态工质，颗粒本身的传热性能较弱，所以在满足核材料性能要求的同时选择伴随气体，采用颗粒-气体两相流作为冷却工质。颗粒-气体体系的内部热输运过程涉及颗粒与颗粒、气体和壁面之间的热交换过程。Yagi 和 Kunii[245]认为，颗粒体系热输运过程包括颗粒接触传热过程、颗粒气膜传热过程、颗粒和气体之间的对流换热及辐射换热过程。其中，颗粒接触传热不仅涉及颗粒本身力学属性以及力学接触问题，同时还涉及颗粒表面粗糙度等加工工艺问题[246]。颗粒-气体冷却工质一方面可以满足材料特性需求，另一方面可以通过气固两相流的热输运特性满足换热需求。

中国科学院近代物理研究所团队整合国内相关研究队伍和条件，开展了"聚变材料研究用小型高通量高能氘铍中子源关键问题"项目，采用氘铍反应产生中子，如图 7.23 所示。该团队采用流化铍合金颗粒靶技术，利用流化铍合金颗粒具有稳定的流动形态将氘束高功率密度沉积热有效地带出靶区。其中铍是最轻的碱土金属元素，其熔点为 1278℃±5℃，通过在铍中添加少量的其他金属，可以使铍合金熔点进一步提高的同时增强韧性，能够增加流化铍合金颗粒承受更大功率流强的氘离子束的辐照。

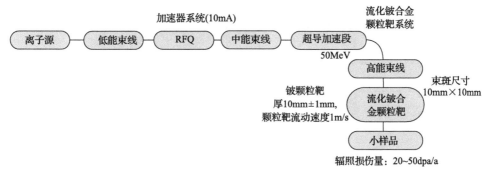

图 7.23 小型高通量高能氘铍中子源示意图

同样，颗粒体系作为冷却工质时，不仅可以选择钨合金、铍合金，在核工业领域中氧化锆、锆铝复合材料、碳化硅等陶瓷材料具备优良的抗辐照性能，抑或在核工程设计和应用中作为冷却工质对热系统进行冷却。

7.4.2 热工设计和实验

颗粒与气体组成的两相流体系热输运过程中，虽然颗粒始终处于流动状态，但仍具有接触传热、气膜传热、辐射和对流传热等耦合传热的过程。中国科学院近代物理研究所团队为研究密集颗粒流换热搭建了颗粒移动床传热实验平台，如图 7.24 所示，为了对管道进行均匀加热其内部采用了分段加热控温方式。在该实验平台中，冷颗粒储存在上部的储料罐中，在重力作用下进入试验装置中部热管道中被加热，然后经底部控流开口进入下部储料罐存放。实验装置主体采用分段辐射加热方式，$q_1 \sim q_5$ 为加热部件，由五组相互独立的 PID 测温仪控制，测温控温精度约为 1℃。加热部件采用进口铁-铬-铝加热丝，加热温度大于 1100℃。温度测量点如图 $p_0 \sim p_6$ 所示，其中 p_0 为上部储料罐进口颗粒温度探头，采用 K 型热电偶；$p_1 \sim p_5$ 为管道壁面测温探头以及分段加热 PID 测温仪控制探头，采用 K 型热电偶；p_6 为颗粒出口测温探头，颗粒出口处的颗粒具有一定的速度，若采用接触式测温则会出现接触时间过短、测温误差较大的问题，为了尽可能避免出口颗粒在下落过程中的冷却问题以及运动颗粒的精确测温问题，该处的温度测量探头采用非接触式红外温度探头。实验加热段为氧化铝、碳化硅材质的陶瓷加热管，加热管有效加热长度为 1m（可根据具体实验要求安装不同长度加热管）。实验颗粒为 1mm 氧化钴陶瓷颗粒、氧化铝陶瓷颗粒、碳化硅颗粒。实验段通过底部开口尺寸控制整体颗粒流动速度。加热实验区密闭，可充入空气、He、N_2、CO_2、Ar 等气体。实验加热区安装有压力阀，避免温度升高后压强升高带来的实验误差及安全问题。为保证加热区的保温性，在加热区填充硅酸铝等保温材料。

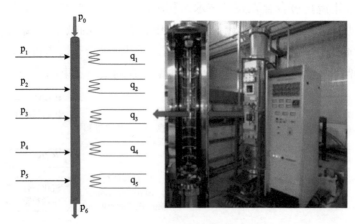

图 7.24 颗粒移动床传热实验平台

因实验环境在密闭腔体中以及高温环境限制，无法在线进行颗粒流量测量，因此选用 Beverloo 理论[247]计算颗粒流量。对不同材料颗粒（图 7.25）进行了流量测试，并与 Beverloo 经验公式结果符合较好。

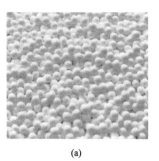

(a)　　　　　　　　　　　(b)　　　　　　　　　　　(c)

图 7.25　不同材料颗粒

(a) Al_2O_3 陶瓷颗粒；(b) ZrO_2 陶瓷颗粒；(c) SiC 陶瓷颗粒

实验中，出口处的颗粒有一定速度，若采用接触法测量，则接触时间过短，温度测量误差较大，因此，出口处颗粒温度的测量采用 LSCI-TZ3014A 等红外测温仪测量，如图 7.26 所示。

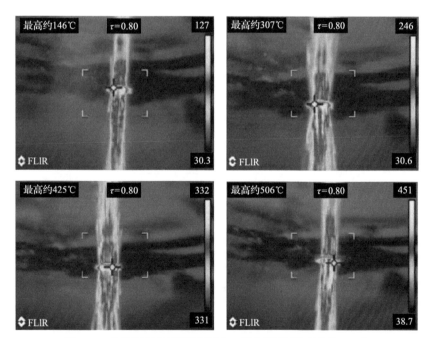

图 7.26　不同壁面温度情况下出口温度测量（温度单位：℃）

τ 为发射率

1. 壁面温度的影响

温度效应在传热过程中尤为重要，它不仅对传热工质的热物性产生影响，还对传热过程中的剧烈程度有着重要影响。无论是实验研究还是数值研究，温度作为重要参数之一是研究的重点。如图 7.27 所示，1mm Al_2O_3 颗粒在 1atm[①]氦气环境下，颗粒与加热壁

---

① 1atm=1.01325×10⁵Pa。

面接触时间约为 10s，移动床平均换热系数随壁面温度变化曲线。我们发现，随着壁面的温度的提高，移动床平均换热系数随之增大：一方面，随着壁面温度的提高，出口颗粒温度提高，系统的平均温度随之提高，导致气体热导率增大，在不考虑温度效应对材料热物性的影响下，颗粒堆积床有效热导率增大和颗粒外层包裹的气膜热导率增大，提高了颗粒体系的热输运能力，最终导致平均换热系数增高；另一方面，随着壁面温度的增大，壁面与近壁颗粒导致平均换热系数增高，辐射传热过程随之增强，从图 7.28 可以发现，当壁面温度大于 600℃时，平均换热系数增值随温度的增大而增大。正如文献所述，辐射传热过程在 600℃左右对颗粒体系热输运过程的传热效应逐渐显现。

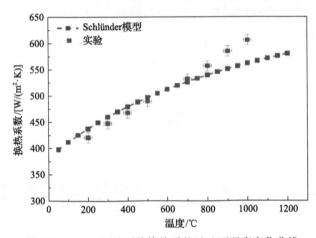

图 7.27　Al_2O_3 颗粒平均换热系数随壁面温度变化曲线

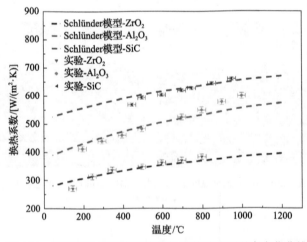

图 7.28　不同颗粒移动床平均换热系数随壁面温度变化曲线

2. 不同流量的影响

颗粒移动床平均换热系数与颗粒的流速密切相关，根据 Ernst 颗粒移动床实验结果与 Schlünder 等的经验理论公式[248,249]，颗粒移动床平均换热系数与颗粒与壁面接触时间密切相关，当接触时间较短时，移动床平均换热系数较高；当接触时间较长时，平均换热系数基本不变。如图 7.29 所示，Al_2O_3 颗粒移动床平均换热系数随接触时间变化曲线。上述现象采用 Bauer 两区模型能够较好地解释相关实验和理论模型，Bauer 和 Schlünder[250]认为，颗粒移动床换热系数由近壁区颗粒和中心区颗粒共同决定，当颗粒与壁面接触时间较短时，移动床平均换热系数主要由近壁区颗粒传热过程决定。而当颗粒与壁面接触时间较长时，壁面热流热扩散到中心区域，此时，中心区颗粒对移动床换热效果起重要作用。

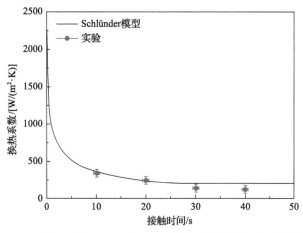

图 7.29　壁面温度为 500℃时 Al_2O_3 换热系数随接触时间变化曲线

3. 不同气体组分的影响

颗粒体系的热输运过程中，颗粒被气体包裹形成一定厚度的气膜，而气膜传热过程在颗粒体系热输运过程中占据关键作用。顾名思义，颗粒的气膜传热过程与气体的属性密切相关，影响气体属性的因素有压强、温度、气体组分等。根据 Yagi 颗粒体系热输运理论模型，气膜传热从真空到 1kPa 左右呈指数型增长，而后随着压强的增大，气膜传热过程增值逐渐减小。同时，气膜传热过程与气体热导率密切相关，随着气体热导率的增大气膜传热过程随之增大。本小节对不同气体组分进行分析研究，考虑实验过程中气体控制，本实验对空气与氦气两种组分情况下的颗粒移动床进行研究分析，结果如图 7.30 所示。

4. 管壁材料的影响

目前颗粒移动床换热系数理论经验公式中，接触传热过程中大多引入经验常数和实验数据相互结合考虑。Schlünder 模型经验理论公式中在一定压强环境下，自由堆积工况下，气膜传热过程的作用远大于接触传热过程。Slavin 等[251]评估了接触传热在热输运过程中的作用，证实了 Schlünder 模型的正确性。但是，经验理论公式或前人学者大多研究不同颗粒材料对颗粒体系热输运的影响，而在堆积床有效热导率的研究中，壁面材料属性近似忽略。颗粒移动床中关于壁面对颗粒移动床的研究较少，仅考虑颗粒体系内部接触对热输运过程的影响，而未考虑管壁材料对热输运的影响。

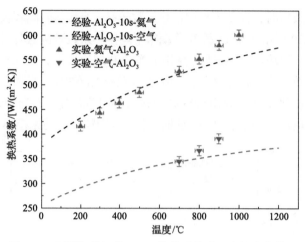

图 7.30　不同气体组分 Al_2O_3 换热系数随温度的变化曲线

如图 7.31 所示，Al_2O_3、SiC 两种不同加热壁面材料下的颗粒平均换热系数随壁面温度变化曲线，接触时间约为 10s。我们发现：①无论壁面材料是何属性，随着壁面温度的增大，颗粒移动床平均换热系数随之增大；②相同颗粒材料、不同壁面材料属性的工况下，采用 SiC 壁面材料时颗粒移动床平均换热系数略大。在 Bauer 两区模型中，中心区颗粒与壁面相距较远，与颗粒属性相关，壁面材料对中心区域颗粒传热影响较小。但是，近壁区域直接与壁面相互作用，此时不仅要考虑壁面与颗粒之间的接触传热过程，还要考虑壁面与近壁区域颗粒的辐射传热效应。从图 7.30 中我们发现，当壁面温度较低时，采用 Al_2O_3 管壁与采用 SiC 管壁，管壁材料对颗粒移动床平均换热系数影响较小，两种管壁材料的颗粒移动床平均换热系数数值接近。但当壁面温度较高时，SiC 颗粒移动床平均换热系数高于 Al_2O_3 颗粒移动床，考虑 SiC 材料辐射吸收系数高于 Al_2O_3 材料，所以导致高温段 SiC 颗粒换热效果较强。

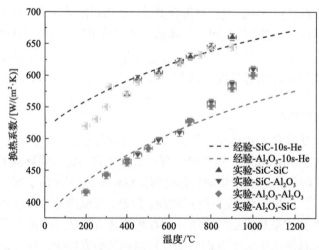

图 7.31　Al_2O_3、SiC 两种不同加热壁面材料下的颗粒平均换热系数随壁面温度的变化曲线

7.4.3　小结

密集颗粒流传热问题复杂，目前对高温颗粒传热的研究较少，实验数据缺乏，本实验仅研究了几种材料和气体，作为对高温颗粒传热实验数据的积累，未来仍需继续完善实验数据，为散裂靶及换热器设计提供更多有价值实验数据。同时要对传热模型在不同条件下进行适当修正，为新的热输运耦合模型的模拟计算提供更多实验参考数据。样机上传热试验仍要继续进行，以获取更多工况参数，为样机的运行积累更多经验。

7.5　堆 芯 构 件

加速器驱动燃烧器（ADB）是 ADANES 系统的关键组成部分，由加速器、散裂靶、反应堆等几部分组成，其利用加速器产生的高能强流质子束轰击散裂靶，产生高能高通量散裂中子来驱动和维持次反应堆运行，使堆芯中的可裂变材料发生持续的核裂变反应。堆芯构件在 ADB 系统中发挥着至关重要的作用，具体功能包括：①将核燃料通道与冷却通道隔离开，防止核物质泄漏；②冷却剂输送通道；③将核反应产生的热量导出，发挥热交换作用。

ADS 反应堆中理化环境恶劣，如强辐照（辐照损伤强度可达 100dpa/a）、高温（约 1000℃，热流密度约为 10MW/m²）、腐蚀（堆内高 He 累积达 100appm/dpa，且与冷却剂直接接触）、磨损（采用颗粒流冷却剂时，冷却通道存在强摩擦、磨蚀磨损）等。因此，ADANES 系统对堆芯构件的材料性能与制备工艺有着特殊的要求，主要包括：①在核辐射环境中长期服役，应具备优异的耐辐照特性；②为避免核物质泄漏，应具备高的致密度；③作为颗粒流冷却剂输送的高温结构材料，应具有优异的高温力学、耐磨损与耐腐蚀性能；④为实现核反应产生热量的高效传输，应具备高热导率。中国科学院近代物理研究所前期通过计算模拟设计了堆芯构件几何参数（图 7.32）：高度 800mm，对角线长度

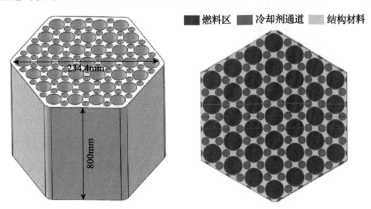

图 7.32　堆芯构件立体图与平面图

234.4mm，对边距 203mm，含燃料通道（直径 26mm）与冷却通道（直径 10mm，与燃料通道间最薄处厚 1mm）。从工程应用角度看，堆芯构件的制备工艺应能实现大尺寸、复杂结构、精密部件制备的可行性，且具备高工程可靠性。现有成熟材料不能满足如此苛刻的服役环境，材料成为发展 ADANES 系统的瓶颈问题之一。

碳化硅（SiC）由低中子吸收截面的 Si（0.16b）与 C（0.004b）元素组成，使之具备优异的抗辐照性能。此外，SiC 陶瓷具有耐高温、耐腐蚀、耐磨损、高热导等优异特性，极具潜力用作堆芯构件材料。SiC 是 Si-C 系中的唯一稳定化合物，为金刚石型晶体结构，Si 与 C 原子间通过强共价键相互结合，自扩散系数低，难以烧结致密。SiC 陶瓷材料的性能特点与其制备工艺密切相关。SiC 陶瓷材料的制备工艺主要包括重结晶烧结、反应烧结、常压烧结以及热压烧结等，各自特点如下：

（1）重结晶碳化硅在烧结过程中几乎没有收缩，为近净尺寸烧结，但烧结体中残留部分气孔，孔隙率一般为 15%～20%，而且力学强度相对较低。

（2）反应烧结的工艺温度低，但烧结过程中几乎无体积变化，适合制备大尺寸、复杂形状的 SiC 部件，但由于烧结体中通常残余 8%～20% 的游离硅，导致其力学性能（尤其是高温力学性能）与耐腐蚀性能较差。

（3）常压烧结 SiC 陶瓷致密度高（≥98%），具有优异的耐高温（可达 1600℃）、耐腐蚀、耐磨损及高热导［热导率可达 180W/(m·K)］等优异特性，且可制备出大尺寸、复杂形状部件；然而，通常用作烧结助剂 B 元素的吸收截面高达 3837b，致使采用常规常压烧结工艺制备 SiC 陶瓷的抗中子辐照性能较差。

（4）与常压烧结相比，热压烧结可不引入 B 等大中子吸收截面物质作为烧结助剂，具有优异的耐辐照特性，且烧结体中晶粒细小，力学性能好，但热压烧结 SiC 陶瓷的形状取决于石墨模具形状与尺寸，难以制备复杂形状、大尺寸的 SiC 陶瓷构件，而且生产效率较低。

图 7.33　堆芯构件缩比件（高度约为 202mm）

综上所述，传统 SiC 陶瓷材料均无法满足 ADANES 系统堆芯六棱柱部件的应用需求，亟待发展新型兼具抗辐照、耐腐蚀等性能特点的致密核用 SiC 陶瓷材料，同时大尺寸复杂形状碳化硅陶瓷堆芯构件研制技术有待突破。

目前，核用 SiC 陶瓷在世界范围内均处于发展初期，国际上鲜见该方面的研究报道。近年，在中国科学院战略性先导科技专项项目牵引下，中国科学院宁波材料技术与工程研究所联合中国科学院上海硅酸盐研究所成功开发出了一种新型 Al 基烧结助剂，在此基础上，突破了具有优异耐辐照的致密核用 SiC 陶瓷的常压烧结工艺，并实现核用碳化硅陶瓷六棱柱堆芯构件缩比件（高度约为 202mm，如图 7.33 所示）的研制，验证了基于新型 Al 烧结助剂的常压烧结工艺制备耐辐照 SiC 陶瓷部件的可行性,然而对角线更长、高度更高、孔壁更薄的 ADANES 系统用 SiC 陶瓷堆芯构件的成型与烧结技术难题,材料性能优化与考核评价等问题有待进一步解决。

7.6　超算与人工智能

7.6.1　超算硬件简介

现代科学工程研究中,科学计算及仿真模拟是必不可少的研究手段。在这里主要介绍一下当前超算的软硬件发展情况以及近几年新的人工智能浪潮到来后,其在超算领域的应用。

随着近年来计算机科学技术的长足发展,尤其是在芯片、存储、网络等关键技术发展的基础上计算机尤其是超级计算机的算力得到了极大的提升,目前的算力已经突破 E 级。表 7.8 给出了目前世界主要超级计算机的情况,可以看到超算机器都采用了大规模的异构芯片加速。异构芯片的发展使各类芯片功能更加专用化,除了通用 CPU 芯片还有用作加速计算的 GPU 等加速计算卡,乃至专用于人工智能计算的 NPU、TPU 等。同时芯片设计技术以及制造工艺的不断迭代发展使算力功率比和算力体积比得到了极大的提升。近几年,国际形势的发展,国内芯片也有了长足的进步。表 7.9 给出了国内外主要的芯片厂商。

表 7.8　世界主要超级计算机

等级	系统	部门或单位	国家	核数	实际测试中最大性能 R_{max} /(PFLOP/s)	理论最大性能 R_{peak} /(PFLOP/s)	功率 /kW
1	Frontier-HPE Cray EX235a 架构,第三代优化 AMD EPYC 处理器(64 核心,主频 2GHz),AMD Instinct MI250X 加速器,HPE 公司 Slingshot-11 互联技术	美国能源部科学办公室 DOE/SC 和美国橡树岭国家实验室	美国	8730112	1102.00	1685.65	21100
2	Supercomputer Fugaku——超级计算机富岳,A64FX 处理器(48 核心,主频 2.2GHz),Tofu interconnect D 高速网络	富士通公司和日本理化学研究所计算科学研究中心	日本	7630848	442.01	537.21	29899
3	LUMI-基于 HPE Cray EX235a 架构,第三代优化 AMD EPYC 处理器(64 核心,主频 2GHz),AMD Instinct MI250X 加速器,HPE 公司 Slingshot-11 互联技术	欧洲高性能计算联合执行体 EuroHPC/CSC	芬兰	1110144	151.90	214.35	2942
4	Summit-IBM AC922 Power Systems 服务器,IBM Power9 微处理器(22 核心,主频 3.07GHz),NVIDIA Volta GPU,节点与 Mellanox 双轨 EDR InfiniBand 网络连接,IBM 公司制造	美国能源部科学办公室 DOE/SC、美国橡树岭国家实验室	美国	2414592	148.60	200.79	10096

续表

等级	系统	部门或单位	国家	核数	实际测试中最大性能 R_{max} /(PFLOP/s)	理论最大性能 R_{peak} /(PFLOP/s)	功率 /kW
5	Sierra- IBM AC922 Power Systems 服务器，IBM Power9 微处理器(22 核心，主频 3.1GHz)，NVIDIA GV100 GPU, 节点与 Mellanox 双轨 EDR InfiniBand 网络连接，IBM/NVIDIA/Mellanox	美国能源部国家核安全管理局 DOE/NNSA、劳伦斯利弗莫尔国家实验室(LLNL)	美国	1572480	94.64	125.71	7438
6	Sunway TaihuLight- 神威 太湖之光，Sunway MPP 系统，神威 26010 众核处理器(260 核心，主频 1.45GHz)，中国国家并行计算机工程与技术研究中心 NRCPC 开发	国家超级计算无锡中心	中国	10649600	93.01	125.44	15371
7	Perlmutter-HPE Cray EX235n 架构，AMD EPYC 7763 处理器(64 核心，主频 2.45GHz)，支持 SXM4 接口的 NVIDIA A100 GPU (显存 40GB)，HPE 公司 Slingshot-11 互联技术	美国能源部科学办公室 DOE/SC、劳伦斯伯克利国家实验室(LBNL)、美国国家能源研究科学计算中心(NERSC)	美国	761856	70.87	93.75	2589
8	Selene-NVIDIA DGX A100 处理器，AMD EPYC 7742 处理器(64 核心，主频 2.25GHz)，NVIDIA A100 处理器，Mellanox HDR InfiniBand 网络	英伟达(NVIDIA)公司	美国	555520	63.46	79.22	2646
9	Tianhe-2A-天河 2 号，TH-IVB-FEP 集群，英特尔至强处理器 E5-2692v2(12 核心，主频 2.2GHz)，TH Express-2 加速器，Matrix-2000 加速器，NUDT	国家超级计算广州中心	中国	4981760	61.44	100.68	18482
10	Adastra-HPE Cray EX235a 架构，第三代优化 AMD EPYC 处理器(64 核心，主频 2GHz)，AMD Instinct MI250X 加速器，HPE 公司 Slingshot-11 互联技术	法国国家大型计算中心(GENCI)、法国国家高等教育计算中心(CINES)	法国	319072	46.10		

注：数据来自 https://www.top500.org，数据截至 2022 年 6 月；PFLOP/s 表示每秒执行一千万亿次浮点运算。

表 7.9 国内外主要芯片厂商

类别	CPU(架构)	加速卡(芯片类型)
国产芯片	龙芯(MIPS，LoogArch)、兆芯(X86)、华为鲲鹏(ARM)、海光 CPU(X86)、申威(Alpha, SW)、飞腾 CPU(ARM)	天数智芯(GPU)、芯动科技(GPU)、华为昇腾(NPU)、寒武纪芯片(NPU)
国外芯片	AMD(X86)、Intel(X86)、IBM(POWER)、ARM	NVIDIA(GPU)、AMD(GPU)、Google(TPU)

注：数据来自 https://www.maigoo.com，https://www.elecfans.com/tags/人工智能芯片/article/。

7.6.2　超算软件算法简介

在超算软件的发展历程中，人类已积累了大量的模拟算法，建立了大量的计算模型应用于各个领域中。对于科学计算，在时间上的算法大致可以分成事件驱动[如蒙特卡罗(MC)算法]和时间驱动[如分子动力学(MD)模拟算法]等，而在空间上可以分为有限元或者离散元等。作为一个大科学工程，ADANES 涉及核物理、材料科学、热工流体力学等各个学科，进而涉及计算物理、计算材料、计算化学等多个超算领域。其部分商业及开源软件如表 7.10 所示。

表 7.10　部分相关应用软件

软件名称	应用说明	软件类型
ANSYS	用于液态散裂靶热工流体设计、ADANES 设计过程中的结构优化，以及模型设计	商业
EDEM	用于颗粒散裂靶流体热工设计，针对颗粒散裂靶流动、传热进行初步设计	商业
BARRACUDA	用于颗粒散裂靶系统设计，以及颗粒换热器系统优化仿真模拟、设计	商业
VASP	电子结构计算和量子力学-分子动力学模拟软件包，可用于材料计算	商业
LAMMPS	分子动力学、颗粒等仿真模拟	开源
FLUKA	质子、电子加速器屏蔽设计，量热计，活化，剂量学，探测器设计，宇宙射线，中微子物理等	开源
Geant	用于模拟粒子在物质中输运过程的工具包	开源
ORIGEN2	通用的点堆单群燃耗计算程序，用来解任意种组合的大量同位素放射性增长与衰变方程，该程序用矩阵指数法求解一个联立的、线性的、一阶常微分方程组	开源

以下将以燃烧器颗粒流靶为例介绍超算算法开发和软件应用。颗粒流靶模拟可采用离散元加分子动力学算法驱动的算法方案[252]，主要模型包括动力学[253]、束流耦合[254]、热传导[255]等。考虑颗粒为离散元，动力学基于 Hertz-Mindlin 接触力学模型。两个接触粒子 i 和 j 在法向上的接触力($\boldsymbol{F}_{ijn}$)和切向上的接触力($\boldsymbol{F}_{ijt}$)分别由式(7.9)和式(7.10)给出：

$$\boldsymbol{F}_{ijn} = \frac{\delta}{d}\left(k_n\delta\hat{\boldsymbol{n}}_{ij} - \gamma_n m_{\text{eff}}\boldsymbol{v}_{ijn}\right) \tag{7.9}$$

$$\boldsymbol{F}_{ijt} = \frac{\delta}{d}\left(-k_t\boldsymbol{u}_{ij} - \gamma_t m_{\text{eff}}\boldsymbol{v}_{ijt}\right) \tag{7.10}$$

式(7.9)和式(7.10)中，$\hat{\boldsymbol{n}}_{ij}$ 为沿质心距离 r_{ij} 的单位向量；m_{eff} 为两个接触粒子的有效质量；k_n 和 k_t 分别为由弹性模量系数决定的法向和切向弹性常数；γ_n 和 γ_t 分别为由恢复系数决定的法向和切向黏弹性常数；$\boldsymbol{v}_{ijn}$ 和 $\boldsymbol{v}_{ijt}$ 为相对速度的法向和切向分量；d 为颗粒直径；$\delta = r_{ij} - d$ 为接触颗粒的法向变形；$\boldsymbol{u}_{ij}$ 为切向形变。莫尔-库仑屈服准则是通过截断 $\boldsymbol{F}_{ijt}$ 的

大小以满足条件 $\left|F_{ijt}\right| \leqslant \left|\mu F_{ijn}\right|$，其中 μ 为局部颗粒摩擦系数。在重力场中，根据牛顿定律，粒子 i 的运动方程取决于其上的所有接触：

$$m_i \boldsymbol{a}_i = \sum_j \left(\boldsymbol{F}_{ijn} + \boldsymbol{F}_{ijt} \right) + m_i \boldsymbol{g} \tag{7.11}$$

$$I_i \dot{\boldsymbol{\omega}}_i = \sum_j \left[-\frac{r_i}{r_{ij}} \boldsymbol{r}_{ij} \times \left(\boldsymbol{F}_{ijn} + \boldsymbol{F}_{ijt} \right) \right] \tag{7.12}$$

式中，$\boldsymbol{g}$ 为重力加速度；$\boldsymbol{a}_i$ 为粒子 i 的线加速度；I_i 为粒子 i 的转动模量；$\dot{\boldsymbol{\omega}}_i$ 为粒子 i 的角加速度；$\boldsymbol{r}_{ij}$ 为粒子 i 和粒子 j 之间的位置矢量。

耦合以上方程相当于用分子动力学算法来模拟密集颗粒流的运动。

传热模型包括固体接触传导 R_{si}、气膜传导 R_{sg}、气隙传导 R_{gg} 和热辐射 $Q_{ij,rad}$：

$$R_{si} = \frac{0.5}{\lambda_e \left(\dfrac{4E_e}{3F_n r_e} \right)^{\frac{1}{3}}} \tag{7.13}$$

式中，E_e 为有效弹性模量；F_n 为接触粒子的法向力；r_e 为有效半径。

$$R_{sg} = \frac{1}{\lambda_g \left\{ \dfrac{2\pi \left[1 - \dfrac{1}{2} \left(\dfrac{a}{r_e} \right)^2 \right] (r_e - a)}{1 - \dfrac{\pi}{4}} \right\}} \tag{7.14}$$

式中，a 为粒子间的接触面积。

$$R_{gg} = \frac{4.0 \times 10^{-10}}{\lambda_g \times \pi \left(r_e \sin\beta \right)^2} \tag{7.15}$$

式中，λ_g 为气体导热系数；β 为两个粒子间的接触角。

$$Q_{ij,rad} = \frac{\sigma \left(T_i^4 - T_j^4 \right)}{\dfrac{1 - \varepsilon_{r,i}}{\varepsilon_{r,i} A_i} + \dfrac{1}{A_i K_{ij} + \left\{ \left[1/\left(A_i K_{iR} \right) \right] + \left[1/\left(A_j K_{jR} \right) \right] \right\}^{-1}} + \dfrac{1 - \varepsilon_{r,j}}{\varepsilon_{r,j} A_j}} \tag{7.16}$$

式中，A_i 和 A_j 为粒子 i 和粒子 j 之间的可视表面区域；$\varepsilon_{r,i}$ 和 $\varepsilon_{r,j}$ 分别为粒子 i 和粒子 j 的发射率；K_{ij}、K_{iR} 和 K_{jR} 均为视角因子(下脚 ij 表示颗粒 i 面和 j 面，R 表示无穷远处如 K_{iR} 表示无穷远处到 i 面的视角因子)；T_i 和 T_j 分别为粒子 i 和粒子 j 的温度。

图 7.34 为动力学与传热算法流程图。

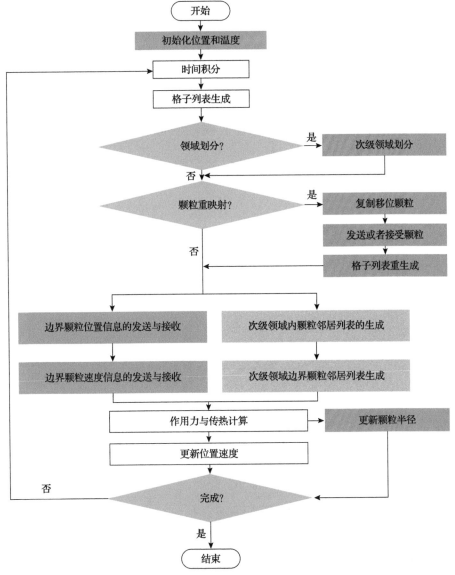

图 7.34　动力学与传热算法流程图

束流耦合采用外耦合方式实现。图 7.35 给出了束靶耦合的 DEM 方法的实现流程。外耦合计算方法的步骤主要有如下三步：①使用蒙特卡罗粒子输运方法计算束流在连续介质(材料与颗粒相同)中的能量沉积，将计算所得的能量空间分布导出作为颗粒流体计算的输入；②在颗粒流体计算中设置好束流的起点和入射方向，束流的起点和入射方向决定了束流计算空间；③计算颗粒流体时，对于流经束流计算空间的颗粒，根据能量空间分布计算颗粒受辐照后的能量沉积。该算法在 GPU 上实现可大幅提高计算效率。表 7.11～表 7.13 给出了三种算法计算效率。

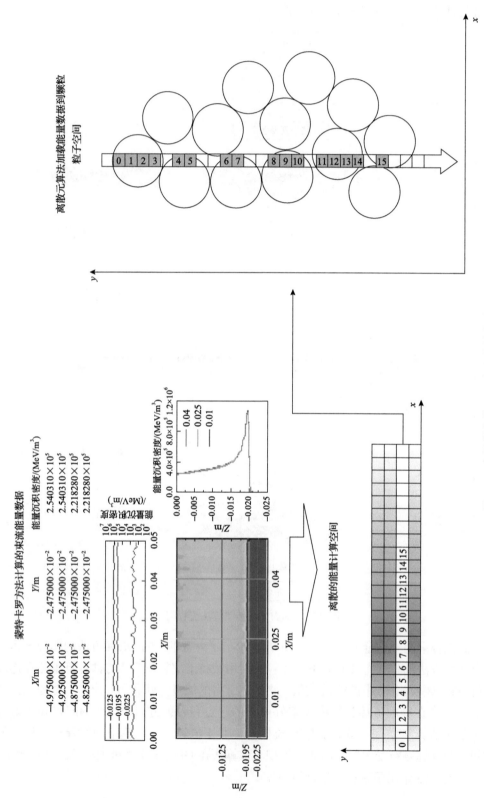

图7.35　束靶耦合的DEM方法的简化流程图

表 7.11　动力学模拟性能

| 核数 | | 计算规模 /颗粒数 | 每步耗时/s | | 理论性能 /(10 亿颗粒/s) | | 测试性能 /(10 亿颗粒/s) | | 并行效率/% | | 加速比 |
GPU	CPU		GPU	CPU	GPU	CPU	GPU	CPU	GPU	CPU	
1	8	500000	0.018294	0.053654	0.027331	0.009319	0.027331	0.009319	100.00	100.00	2.93
4	32	2000000	0.022642	0.199421	0.109325	0.037276	0.088331	0.010029	80.80	26.90	8.81
16	128	8000000	0.024774	0.257438	0.437302	0.149104	0.322919	0.031075	73.84	20.84	10.39

表 7.12　传热模拟性能

传热计算频率	平均耗时/(s/step)	传热耗时占比/%	经过 0.2s 颗粒温度/K
1	0.00787	44.18	366.74
10	0.00472	7.267	366.02
100	0.00448	0.777	367.25
10000	0.00443	0.008	374.07
无传热计算	0.00440	—	—

注：4 张 NVIDIA Tesla K80 GPU 卡，375000 颗粒。

表 7.13　束流耦合模拟性能

| 束斑尺寸/(cm×cm) | 网格数量 | 平均耗时/s | | | 效率/% |
		总耗时	动力学	束流耦合	
—	—	0.013130	0.013130		100.00
1×1	80000	0.014636	0.013209	0.001427	89.71
2×2	320000	0.017200	0.013232	0.003968	76.34
4×4	1280000	0.027262	0.016096	0.011166	48.16
8×8	5120000	0.055358	0.017732	0.037626	23.72
16×16	20480000	0.163097	0.017742	0.145354	8.05

注：8 张 NVIDIA Tesla K80 GPU 卡，375000 颗粒。

7.6.3　人工智能在科学中的应用简介

得益于计算机软硬件各方面长足的发展，自 2015 年之后以 AlphaGo 为代表的人工智能应用带来了新的人工智能浪潮。人工智能也逐渐应用于科学及工程计算模拟中。例如在材料计算中，以深度神经网络为代表的人工智能算法应用到了势函数拟合中。在 ADANES 系统的设计模拟中，对结构材料等相应的计算模拟设计是必不可少的。下面以分子动力学势函数拟合为例，介绍人工智能在科学计算模拟中的应用及其实现的基本步骤。

势函数描述了原子位置与势能之间的函数关系，即势能面(potential energy surface, PES)，它通常是一个复杂的高维函数。可靠的势函数是分子动力学模拟结果精准与否的关键。目前普遍使用的势函数通常是根据理论分析提出势函数模型的解析形式，再通过量子力学或是分子动力学方法进行反复迭代计算，使势函数的计算结果尽可能逼近相关实验参数如弹性模量、空位形成能、晶格常数、内聚能等，通过拟合这些实验参数可以得到该解析形式下比较合理势函数参数。该方法以简单的方式捕捉原子间相互作用的本质，为材料模拟问题提供简单的解决方案如经验势函数[256,257]。但是对于组分较为复杂的材料，这个高维函数可能是非常复杂的，通常很难设计出。与拟合经验势不同的是，神经网络拟合势函数的过程并不需要提前加入对势函数具体形式的假设，其中可调节的参数被称为网络权重，可通过优化器去不断优化权重使得最终的神经网络足以描述该体系的势能面。1995 年，Blank 等[258]运用了前馈神经网络模拟得到了势能面，在这项研究中，他们对 CO 吸附在 Ni(111)上的经验势的数据进行了多次拟合并证明了神经网络可以对相应的数据进行高精度的拟合。自此，基于前馈神经网络去解决体系的势能面的研究越来越多，但是这种简单的前馈神经网络结构在描述高维势能面时存在一定的缺陷[259]，主要有：①缺少一定对称性的描述符（一般是对原子坐标的描述，如满足平移、旋转、置换对称性）；②所得的势函数不能很好地预测不同大小体系的能量，即可扩展性得不到满足。如何运用神经网络得到高维势能面的精确表达式成为当时面临的新挑战。2007 年，Behler 和 Parrinello[260]提出采用多个不同超参数的径向分布函数和角分布函数构建的体系描述符来解决数千个原子的高维势能面的方法。2018 年，由 Wang 等[261]提出的深度势能分子动力学(deep potential molecular dynamics, DeePMD)程序能够完全由神经网络自主学习得到描述符，大大减少了人为构造描述符的烦琐工作，为解决高维势能面问题提供了全新方案。由此最终得到的势函数称为 DP 势函数，目前已经被广泛应用于各个领域[262-266]。

DP 势函数的获取过程包括数据生成和神经网络训练。准确且足够多的数据集对获得高精度势函数非常重要[261]。通常使用维也纳从头算模拟包(VASP.5.4.4)[266]程序进行从头算分子动力学模拟(AIMD)获取数据。其中电子交换关联函数采用广义梯度密度近似(GGA)中的 Perdew-BurKe-Ernzerhof 交换关联泛函(PBE)[267]，电子和离子之间的相互作用采用投影子缀加波(projector augmented wave, PAW)方法来描述。

以 Cu 为例，如图 7.36 所示，在初始化过程中，首先构建单晶铜 Cu 的 FCC 晶体构型并使用从头算模拟软件包(VASP.5.4.4)在 0GPa 和 0K 条件下进行结构优化。为了增强数据集的多样性，可以对优化后的结构进行微扰或施加应变，生成更多样化的晶体结构。接着，对这些晶体结构进行短时间的从头算分子动力学模拟(AIMD)，获取初始的训练数据集。随后通过循环迭代，持续探索新的晶体结构构型。具体过程为：首先，使用初始训练数据集，通过神经网络训练得到初步的势函数；然后，利用该势函数进行分子动力学模拟，生成更多结构，并对这些结构进行 DFT 计算，形成新的数据集；最后，使用新的数据集不断更新训练势函数，直至势函数合理。

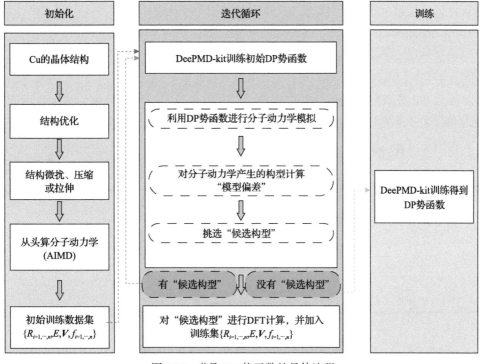

图 7.36　获取 DP 势函数的具体流程

R_i 为第 i 个原子的坐标；E 为构型的总能量；V 为构型的维里(应力)张量；f_i 为第 i 个原子的受力；n 为构型的总原子个数

　　构建 DP 势函数的神经网络结构如图 7.37 所示。在 DP 势函数训练过程中，假设晶体结构的总能量是其所有原子能量的总和。此外，DP 模型在训练时将原子之间的相对位置 $\{R_i\}$ 转换为具有对称性的描述符 $\{D_i\}$。具体过程如下，首先是将 $\{R_i\}$ 转换成了广义坐标，即将 $\{R_i\} = \{x_{ij}, y_{ij}, z_{ij}\}$ 转换为 $\{\tilde{R}\} = \{s(r_{ij}), \hat{x}_{ij}, \hat{y}_{ij}, \hat{z}_{ij}\}$，其中，

$$\hat{y}_{ij} = \frac{s(r_{ij}) y_{ij}}{r_{ij}}, \quad \hat{z}_{ij} = \frac{s(r_{ij}) z_{ij}}{r_{ij}}, \quad s(r_{ij}) \text{ 被定义为}$$

$$s(r_{ij}) = \begin{cases} \dfrac{1}{r_{ij}}, & r_{ij} < r_{cs} \\[2mm] \dfrac{1}{r_{ij}}\left[\dfrac{1}{2}\cos\left(\pi\dfrac{r_{ij} - r_{cs}}{r_c - r_{cs}}\right) + \dfrac{1}{2}\right], & r_{cs} < r_{ij} < r_c \\[2mm] 0, & r_{ij} > r_c \end{cases} \tag{7.17}$$

式中，r_{cs} 为平滑截断半径参数；r_c 为截断半径参数。

　　总之，在 DP 模型中，首先将原子坐标输入到嵌入神经网络(embedding neural network)，得到对称性描述符；然后将描述符作为深度神经网络(fitting neural network)

的输入；最后通过最小化损失函数对神经网络中的参数进行优化。

$$L(p_e, p_f, p_v) = p_e \Delta e^2 + \frac{p_f}{3N} \sum_i |\Delta f_i|^2 + \frac{p_v}{9} \|\Delta V\|^2 \tag{7.18}$$

式中，Δ 为 DP 势函数的预测值和 DFT 计算结果的差；e、f 和 V 分别为结构的能量、原子受力和位力；N 为原子总数；p_e、p_f、p_v 均为可调节参数，具体参照文献[261]。

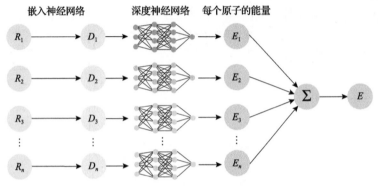

图 7.37　神经网络模型

R 为原子坐标；D 为具有对称性的描述符；E_i 为局部能量；E 为体系的总能量，下标 n 代表原子个数

结构的多样性直接影响势函数的准确性。为了获得更多样化的晶体结构，我们通过分子动力学模拟进行探索。具体步骤如下：在构型搜索过程中，使用 LAMMPS[268]程序利用初始的 DP 势函数进行分子动力学模拟，如图 7.36 所示。对于从分子动力学中得到的结构，将进行合理性判断。具体来说，使用四个 DP 势函数来评估分子动力学轨迹中构型的最大力偏差 σ_f^{max}，其表达式为

$$\sigma_f^{max} = \max_i \sqrt{\left\langle \|f_i - \langle f_i \rangle\|^2 \right\rangle} \tag{7.19}$$

式中，f_i 为第 i 个原子的受力；$\langle \cdot \rangle$ 为四个 DP 势函数计算结果的平均值。

在本节研究中，只有最大力偏差 σ_f^{max} 大于 0.05eV/Å 且小于 0.2eV/Å 的构型，才会被标记为"候选构型"[269]。对"候选构型"进行 DFT 计算，生成新的数据集。最终，结合所有迭代循环的数据集进行重新训练，得到可靠的势函数。为了验证该势函数的准确性，图 7.38 展示了 DP 势函数与 DFT 计算结果在晶体结构能量 E 和原子受力 F 的对比。结果表明，DP 的预测值与 DFT 计算结果基本吻合，说明 DP 势函数能够非常准确地预测训练集中晶体结构的能量和原子受力。

对于一个神经网络来说，标准的流程为采集数据、建立深度神经网络模型、训练及测试。获得神经网络参数后可以根据要求来做各种计算和模拟。由于神经网络的强大性能，使得该过程更加高效、准确。

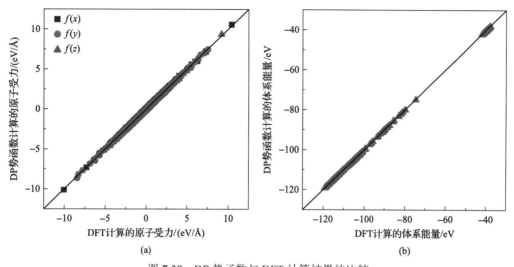

图 7.38 DP 势函数与 DFT 计算结果的比较

(a)使用 DP 势函数和 DFT 计算的原子受力；(b)使用 DP 势函数和 DFT 计算的体系能量

7.7 乏燃料处理趋势

乏燃料处置策略方面，一直存在两种方案："一次通过"和"闭式循环"。"一次通过"即策略不对乏燃料进行任何处理，将从反应堆中卸出的乏燃料直接进行地质深埋，然而随着核电的发展，乏燃料储量逐年增加，这对"一次通过"方案提出了巨大的挑战。"闭式循环"，就是将燃料中有用的物质提取出来或将乏燃料中有害的物质去除，然后制备成新的燃料，进行再生利用，这种策略可以有效提高铀资源的利用率，并且减少核废物量和缩短放射性物质寿命，然而，这种技术需要先进核后处理技术的支撑。从远期来看，随着新技术的不断发展，基于"闭式循环"策略的乏燃料再生利用会是未来乏燃料处置的主要策略。

在后处理技术发展早期，干法流程一度被认为优于水法流程，后来水法工艺 PUREX 流程成为后处理技术的主流，但干法工艺研究一直很活跃，特别是对快堆乏燃料的后处理，干法工艺是一种不可或缺的技术路线。

从近期发展来说，技术成熟的水法工艺 PUREX 流程是主要的发展方向，干法被认为是辅助或别用工艺。然而从较长远发展来看，对先进反应堆(液态金属快堆、气冷堆、熔盐堆等)乏燃料的处理，倾向于干法后处理技术的利用。

参 考 文 献

[1] 聂大钧, 付晓旭, 夏洪先, 等. 铍及铍合金. 北京: 化学工业出版社, 2006.

[2] Goldberg A, Olson D L, Jacobson L A. Physical metallurgy of beryllium//Walsh K A, Goldberg A, Olson D L, et al. Beryllium Chemistry and Processing. Materials Park: American Society for Metals/ASM International, 2009: 151-162.

[3] 中国有色金属工业协会. 中国铍业. 北京: 冶金工业出版社, 2015.

[4] 许德美, 秦高梧, 李峰, 等. 多晶 Be 室温拉伸变形和断裂行为. 金属学报, 2014, 50(9): 1078-1086.

[5] 吴源道. 铍-性质、生产和应用. 北京: 冶金工业出版社, 1986.

[6] 钟景明. 金属铍的微屈服行为及机理研究. 长沙中南大学, 2001.

[7] Goldberg A. Atomic, crystal, elastic, thermal, nuclear, and other properties of beryllium. Livermore CA: Lawrence Livermore National Laboratory, 2006.

[8] Stonehouse A J, Marder J M. Properties and election: Nonferrous alloys and special-purpose materials. Materials Park: American Society for Metals/ASM International, 1992.

[9] Hauser H H. Beryllium: It's Metallurgy and Properties. Berkeley: University of California Press, 1965.

[10] Dombrowski D E, Deksnis E, Pick M A. Thermomechanical properties of beryllium. Cleveland: Brush Wellman Engineering Materials, 1995.

[11] Stonehouse A J. Physics and chemistry of beryllium. Journal of Vacuum Science & Technology A, 1986, 4(3): 1163-1170.

[12] Allen B, Morre A. Ductile-brittle transition in beryllium//Bennett W D G, Summer G. The Metallurgy of Beryllium. London: Chapman & Hall Ltd. 1963: 193-206.

[13] Patel B, Parsons W. Operational beryllium handling experience at JET. Fusion Engineering and Design, 2003, 69(1): 689-694.

[14] Alexander D J, Cooley J C, Cameron B J, et al. Progress in the Production of Materials and Fabrication of NIF Beryllium-Copper Ignition Capsules at Los Alamos National Laboratory. Fusion Science and Technology, 2006, 49(4): 796-801.

[15] 欧阳予. 国际核能应用及其前景展望与我国核电的发展. 物理通报, 2007, (1): 5-10.

[16] 黄伯云, 李成功, 石力开, 等. 有色金属工程材料. 下(中国材料工程大典, 第 5 卷). 北京: 化学工业出版社, 2005.

[17] 钟景明, 许德美, 李春光, 等. 金属铍的应用进展. 中国材料进展, 2014, 33(Z1): 568-575.

[18] 钟景明, 李志年, 王战宏, 等. 惯性器件用铍材研究及其应用进展. 粉末冶金工业, 2018, 28(1): 1-6.

[19] 乔鹏, 李志年, 王蓓, 等. 真空热压铍材工业实践中性能影响因素浅析. 世界有色金属, 2020, (17): 1, 2.

[20] 张一鸣. ITER 计划和核聚变研究的未来. 真空与低温, 2006, (4): 231-237.

[21] 冯开明. ITER 实验包层计划综述. 核聚变与等离子体物理, 2006, (3): 161-169.

[22] 郝嘉琨. 聚变堆材料. 北京: 化学工业出版社, 2006.

[23] Pereslavtsev P, Fischer U, Hernandez F, et al. Neutronic analyses for the optimization of the advanced HCPB breeder blanket design for DEMO. Fusion Engineering and Design, 2017, 124: 910-914.

[24] Kim J H, Nakano S, Nakamichi M. A novel method to stably secure beryllium resources for fusion blankets. Journal of Nuclear Materials, 2020, 542: 152522.

[25] Okamoto H. Be-Ti (beryllium-titanium). Journal of Phase Equilibria and Diffusion, 2006, 27(5): 540.

[26] Massalski T B, Okamoto H, Subramanian P R, et al. Binary alloy phase diagrams. Materials Park: ASM International, 1990.

[27] Tomberlin T A. Beryllium-A unique material in nuclear applications//36th International SAMPE Technical Conference, San Diego, 2004.

[28] Lide D R. CRC Handbook of Chemistry and Physics. Boca Raton: CRC Press, 1998.

[29] Von Batchelder F W, Raeuchle R F. The structure of a new series of MBe_{12} compounds. Acta Crystallographica, 1957, 10(10): 648, 649.

[30] Vladimirov P, Bachurin D, Borodin V, et al. Current status of beryllium materials for fusion blanket applications. Fusion Science and Technology, 2014, 66(1): 28-37.

[31] Kurinskiy P, Chakin V, Moeslang A, et al. Comparative study of fusion relevant properties of $Be_{12}V$ and $Be_{12}Ti$. Fusion Engineering and Design, 2011, 86(9): 2454-2457.

[32] Kawamura H, Takahashi H, Yoshida N, et al. Application of beryllium intermetallic compounds to neutron multiplier of fusion blanket. Fusion Engineering and Design, 2002, 61-62: 391-397.

[33] Nakamichi M, Kim J H, Miyamoto M. Fabrication and characterization of advanced neutron multipliers for DEMO blanket. Nuclear Materials and Energy, 2016, 9: 55-58.

[34] Hernández F, Pereslavtsev P, Kang Q, et al. A new HCPB breeding blanket for the EU DEMO: Evolution, rationale and preliminary performances. Fusion Engineering and Design, 2017, 124: 882-886.

[35] Someya Y, Tobita K, Hiwatari R, et al. Fusion DEMO reactor design based on nuclear analysis. Fusion Engineering and Design, 2018, 136: 1306-1312.

[36] Kim J H, Nakamichi M. Fabrication and characterization of crushed titanium-Beryllium intermetallic compounds. Journal of Nuclear Materials, 2018, 498: 249-253.

[37] White Jr D W, Burk J E. The metal beryllium. Cleveland: The American Society for Metals, 1995.

[38] 王利卿, 赵少阳, 谈萍, 等. 气雾化球形金属粉末形成机理的研究进展. 钛工业进展, 2020, 37(5): 36-42.

[39] 凤治华, 陈斌科, 李晓辉. 铍小球制备工艺研究进展. 冶金与材料, 2021, 41(3): 124-125.

[40] 冯勇进, 冯开明, 张建利. 中子倍增材料铍小球的 REP 制备工艺研究//中国核学会 2011 年学术年会, 贵阳, 2011.

[41] Wada M, Yamashita F. New method of making Nd-Fe-Co-B full dense magnet. IEEE Transactions on Magnetics, 1990, 26(5): 2601-2603.

[42] Groza J R, Yamazaki K. Plasma activated sintering of additive-free ain powders to near-theoretical density in 5 minutes. Journal of Materials Research, 1992, 7(10): 2643-2645.

[43] Nakamichi M, Yonehara K. Sintering properties of beryllides for advanced neutron multipliers. Journal of Nuclear Materials, 2011, 417(1): 765-768.

[44] Murayama N, Shin W. Effect of rapid heating on densification and grain growth in hot pressed alumina. Journal of the Ceramic Society of Japan, 2000, 108(9): 799-802.

[45] Shen Z, Johnsson M, Zhao Z, et al. Spark plasma sintering of alumina. Journal of the American Ceramic Society, 2002, 85(8): 1921-1927.

[46] 叶国安, 郑卫芳, 何辉, 等. 我国核燃料后处理技术现状和发展. 原子能科学技术, 2020, 54(S1): 75-83.

[47] 刘海军, 陈晓丽. 国内外乏燃料后处理技术研究现状. 节能技术, 2021, 39(4): 358-362.

[48] 林如山, 何辉, 唐洪彬, 等. 我国乏燃料干法后处理技术研究现状与发展. 原子能科学技术, 2020, 54: 115-125.

[49] Machiels A, Lanmbert R. Handbook of neutron absorber materials for spent nuclear fuel transportation and storage applications. California: Electric Power Research Institute, 2009.

[50] 符学龙. 乏燃料贮存用 $B_4C/CF/PI/AA6061$ 超混杂复合层板的制备及性能研究. 南京: 南京航空航天大学, 2018.

[51] Alyokhina S, Maksymov M V, Romashov Y. Evaluation of radioactive material leakage through the fuel cladding as result of diffusion processes during the long-term storage of spent nuclear fuel. Journal of King Saud University-Engineering Sciences, 2021.

[52] Mohamed N M A. Direct reuse of spent nuclear fuel. Nuclear Engineering and Design, 2014, 278: 182-189.

[53] 周声雷. 核辐射及其安全防护策略分析//中国医学装备大会暨 2021 医学装备展览会, 苏州, 2021.

[54] Roy T, Kashyap Y, Shukla M, et al. Fast neutron interrogation of special nuclear material using differential die-away technique. Applied Radiation and Isotopes, 2021, 176: 109896.

[55] 赵盛, 霍志鹏, 钟国强, 等. 中子及伽马射线复合屏蔽材料的研究进展. 功能材料, 2021, 52(3): 3001-3015.

[56] Oesch T, Weise F, Meinel D, et al. Quantitative in-situ analysis of water transport in concrete completed using X-ray computed tomography. Transport in Porous Media, 2019, 127(2): 371-389.

[57] Nesvizhevsky V, Villain J. The discovery of the neutron and its consequences (1930-1940). Comptes Rendus Physique, 2017, 18(9): 592-600.

[58] Chadwick J. Possible existence of a neutron. Nature, 1932, 129(3252): 312.

[59] 徐中国. 高强韧 (B4C+Gd)/Al 中子屏蔽复合材料设计与性能. 哈尔滨: 哈尔滨工业大学, 2018.

[60] Cremer J T. Introduction to neutron and X-ray optics. Advances in Imaging and Electron Physics, 2012, 172: 1-333.

[61] Hosseini M, Arif M, Keshavarz A, et al. Neutron scattering: A subsurface application review. Earth Science Reviews, 2021, 221: 103755.

[62] D'Mellow B, Thomas D J, Joyce M J, et al. The replacement of cadmium as a thermal neutron filter. Nuclear Instruments and

Methods in Physics Research Section A, 2007, 577（3）: 690-695.

[63] Xu Z G, Jiang L T, Zhang Q, et al. The design of a novel neutron shielding B$_4$C/Al composite containing Gd. Materials & Design, 2016, 111: 375-381.

[64] Fu X L, Ji Z B, Lin W, et al. The advancement of neutron shielding materials for the storage of spent nuclear fuel. Science and Technology of Nuclear Installations, 2021, 1: 1-13.

[65] Wang W X, Zhang J, Wan S P, et al. Design, fabrication and comprehensive properties of the novel thermal neutron shielding Gd/316L composites. Fusion Engineering and Design, 2021, 171: 112566.

[66] Dumazert J, Coulon R, Lecomte Q, et al. Gadolinium for neutron detection in current nuclear instrumentation research: A review. Nuclear Instruments and Methods in Physics Research Section A: Accelerators, Spectrometers, Detectors and Associated Equipment, 2018, 882: 53-68.

[67] Hagiwara K, Yano T, Tanaka T, et al. Gamma-ray spectrum from thermal neutron capture on gadolinium-157. Progress of Theoretical and Experimental Physics, 2019, （2）: 023D01.

[68] Özcan M, Kam E, Kaya C, et al. Boron-containing nonwoven polymeric nanofiber mats as neutron shields in compact nuclear fusion reactors. International Journal of Energy Research, 2022, 46（6）: 7441-7450.

[69] 陈洪胜, 王文先, 聂慧慧, 等. 核屏蔽用中子吸收材料研究现状与展望. 稀有金属材料与工程, 2020, 49: 4358-4364.

[70] Nagaraja N, Manjunatha H C, Seenappa L, et al. Gamma, X-ray and neutron shielding properties of boron polymers. Indian Journal of Pure & Applied Physics, 2020, 58（4）: 271-276.

[71] Uddin Z, Yasin T, Shafiq M, et al. On the physical, chemical, and neutron shielding properties of polyethylene/boron carbide composites. Radiation Physics and Chemistry, 2020, 166: 108450.

[72] Sazali M A, Rashid N K A M, Hamzah K, et al. Polyethylene composite with boron and tungsten additives for mixed radiation shielding. IOP Conference Series: Materials Science and Engineering, 2022, 1231（1）: 012010.

[73] Chagas N P D S, Aguiar V D O, Garcia Filho F D C, et al. Ballistic performance of boron carbide nanoparticles reinforced ultra-high molecular weight polyethylene （UHMWPE）. Journal of Materials Research and Technology, 2022, 17: 1799-1811.

[74] Huo Z, Zhao S, Zhong G, et al. Surface modified-gadolinium/boron/polyethylene composite with high shielding performance for neutron and gamma-ray. Nuclear Materials and Energy, 2021, 29: 101095.

[75] Shang Y, Yang G, Su F, et al. Multilayer polyethylene/hexagonal boron nitride composites showing high neutron shielding efficiency and thermal conductivity. Composites Communications, 2020, 19: 147-153.

[76] 赵盛, 霍志鹏, 钟国强, 等. 改性钆/硼/聚乙烯纳米复合材料的制备及对中子和伽马射线的屏蔽性能. 高等学校化学学报, 2022, 43（6）: 20220039.

[77] Basturk M, Arztmann J, Jerlich W, et al. Analysis of neutron attenuation in boron-alloyed stainless steel with neutron radiography and JEN-3 gauge. Journal of Nuclear Materials, 2005, 341: 189-200.

[78] Kurban M, Erb U, Aust K. A grain boundary characterization study of boron segregation and carbide precipitation in alloy 304 austenitic stainless steel. Scripta Materialia, 2006, 54: 1053-1058.

[79] Tsubota M, Oikawa M J B O T I, Japan S I O. Boron-bearing stainless steels for thermal neutron shielding. Bulletin of the Iron & Steel Institute of Japan, 2005, 10: 929-931.

[80] 刘常升, 崔虹雯, 陈岁元, 等. 高硼钢的组织与性能. 东北大学学报, 2004, 25（3）: 247-249.

[81] Pan X R, Lv X J, Wen Z Y, et al. The study of high-boron steel and high-boron cast iron used for shield. China Nuclear Science and Technology Report, 1997, （1）: 1-13.

[82] Ren X, Fu H, Xing J, et al. Research on high-temperature dry sliding friction wear behavior of CaTi modified high boron high speed steel. Tribology International, 2019, 132: 165-176.

[83] Stoulil J, Hemmer V, Šefl V, et al. Corrosion resistance of new powder metallurgy boron-containing stainless steel in the nuclear repository environment. Materials and Corrosion, 2015, 66（4）: 342-346.

[84] Franco E, Da Costa C E, Milan J C G, et al. Multi-component boron and niobium coating on M2 high speed steel processed by powder metallurgy. Surface and Coatings Technology, 2020, 384: 125306.

[85] Büyükyıldız M, Kurudirek M, Ekici M, et al. Determination of radiation shielding parameters of 304L stainless steel specimens from welding area for photons of various gamma ray sources. Progress in Nuclear Energy, 2017, 100: 245-254.

[86] Farias M C M, Souza R M, Sinatora A, et al. The influence of applied load, sliding velocity and martensitic transformation on the unlubricated sliding wear of austenitic stainless steels. Wear, 2007, 263(1): 773-781.

[87] Akira S, Hirokazu T, Morio T, et al. Development of shielding analysis method for large fast reactor summary results of Japanese-American Shielding Program for Experimental Research (JASPER). Journal of the Atomic Energy Society of Japan, 1996, 38(9): 760-770.

[88] Yamamoto S, Seki N. Boronated stainless steels for thermal neutron shielding. Thermal and Nuclear Power, 1989, 41: 1149-1157.

[89] Mohanty R, Balasubramanian K, Seshadri S. Boron carbide-reinforced aluminum 1100 matrix composites: Fabrication and properties. Materials Science and Engineering:A, 2008, 498: 42-52.

[90] Chen H S , Wang W X , Li Y L, et al. The design, microstructure and tensile properties of B_4C particulate reinforced 6061 Al neutron absorber composites. Journal of Alloys and Compounds, 2015, 632: 23-29.

[91] Li Y L, Wang W X, Zhou J, et al. ^{10}B areal density: A novel approach for design and fabrication of B_4C/6061 Al neutron absorbing materials. Journal of Nuclear materials, 2017, 487: 238-246.

[92] Cummings K. Industry view on neutron absorber degradation. Washington DC: Nuclear Energy Institute, 2014.

[93] Machiels A, Lanmbert R. Industry spent fuel storage handbook. California: Electric Power Research Institute, 2010.

[94] 鲜亚疆, 庞晓轩, 王伟, 等. 用于反应堆乏燃料贮存和运输的 B_4C/Al 复合材料研究进展. 材料导报, 2015, 29: 45-48.

[95] Kenneth D. Nuclear Engineering Handbook. New York: CBC Press, 2009.

[96] Chen H S, Wang W X, Li Y L, et al. The design, microstructure and mechanical properties of B_4C/6061Al neutron absorber composites fabricated by SPS. Materials & Design, 2016, 94: 360-367.

[97] Zhang P, Lia Y L, Wang W X, et al. The design, fabrication and properties of B_4C/Al neutron absorbers. Journal of Nuclear materials, 2013, 437: 350-358.

[98] Mazaheri Y, Meratian M, Emadi R, et al. Comparison of microstructural and mechanical properties of Al-TiC, Al-B_4C and Al-TiC-B_4C composites prepared by casting techniques. Materials Science and Engineering: A, 2013, 560: 278-287.

[99] Hu Q Y, Zhao H D, Li F D. Effects of manufacturing processes on microstructure and properties of Al/A356-B_4C composites. Materials and Manufacturing Processes, 2016, 31: 1292-1300.

[100] Kai X Z, Li Z Q, Fan G L, et al. Strong and ductile particulate reinforced ultrafine-grained metallic composites fabricated by flake powder metallurgy. Scripta Materialia, 2013, 68: 555-558.

[101] Junaedi H, Ibrahim M F, Ammar H R, et al. Effect of testing temperature on the strength and fracture behavior of Al-B_4C composites. Journal of Composite Materials, 2016, 50: 2871-2880.

[102] Badiger P V, Rajesh G L, Auradi V, et al. Investigation on mechanical properties of B_4C particulate reinforced Al6061 metal matrix composites. International Journal of Applied Engineering Research, 2015, 10: 494-497.

[103] Park J J, Hong S M, Le M K, et al. Enhancement in the microstructure and neutron shielding efficiency of sandwich type of 6061 Al-B_4C composite material via hot isostatic pressing. Nuclear Engineering and Design, 2015, 282: 1-7.

[104] Liu B, Huang W, Wang H, et al. Study on the load partition behaviors of high particle content B_4C/Al composites in compression. Journal of Composite Materials, 2014, 48: 355-364.

[105] Lee K, Sim H, Kwon H, et al. Tensile properties of 5052 Al matrix composites reinforced with B_4C particles. Metallurgical and materials transactions A, 2001, 32: 2142-2147.

[106] Alizadeh M, Alizadeh M, Amini R,et al. Structural and mechanical properties of Al/B_4C composites fabricated by wet attrition milling and hot extrusion. Journal of Materials Science & Technology, 2013, 29: 725730.

[107] Kouzeli M, Marchi C S, Mortensen A. Effect of reaction on the tensile behavior of infiltrated boron carbide-aluminum composites. Materials Science and Engineering: A, 2002, 337: 264-273.

[108] 王东山, 薛向欣, 刘然, 等. B_4C/Al 复合材料的研究进展及展望. 材料导报. 2007, 21: 388-397.

[109] Li Y Z, Wang Q Z, Wang W G, et al. Effect of interfacial reaction on age-hardening ability of B₄C/6061Al composites. Materials Science and Engineering: A, 2015, 620: 445-453.

[110] Jiang L, Yang H, Yee J K, et al. Toughening of aluminum matrix nanocomposites via spatial arrays of boron carbide spherical nanoparticles. Acta Materialia, 2016, 103: 128-140.

[111] Abdollahi A, Alizadeh A, Baharvandi H R. Comparative studies on the microstructure and mechanical properties of bimodal and trimodal Al2024 based composites. Materials Science and Engineering: A, 2014, 608: 139-148.

[112] Hemanth J. Tribological behavior of cryogenically treated B₄Cp/Al-12% Si ccomposites. Wear, 2005, 258: 1732-1744.

[113] Xian Y J, Pang X X, He S X, et al. Microstructure and mechanical properties of 6061Al-31%B₄C composites prepared by hot isostatic pressing. Journal of Materials Engineering and Performance, 2015, 24: 4044-4053.

[114] 鲜亚疆. 铝基碳化硼复合材料的 HIP 制备和界面结构及辐照稳定性研究. 北京: 中国工程物理研究院, 2017.

[115] Xu Z G, Jiang L T, Zhang Q, et al. The formation, evolution and influence of Gd-containing phases in the （Gd+B₄C）/6061Al composites during hot rolling. Journal of Alloys and Compounds, 2019, 775: 714-725.

[116] Xu Z G, Jiang L T, Zhang Q, et al. The microstructure and influence of hot extrusion on tensile properties of （Gd+B₄C）/Al composite. Journal of Alloys and Compounds, 2017, 729: 1234-1243.

[117] Smith P K, Gilles P W. High temperature rare earth-boron-carbon studies-Ⅲ LnB₂C₂ and ternary phase diagram. Journal of Inorganic and Nuclear Chemistry, 1967, 29（2）: 375-382.

[118] Ohoyama K, Kaneko K, Indoh K, et al. Systematic study on crystal structures in tetragonal RB₂C₂ （R=rare earth） compounds. Journal of the Physical Society of Japan, 2001, 70: 3291-3295.

[119] Zhao G R, Chen J X, Li Y M, et al. YB₂C₂: A machinable layered ternary ceramic with excellent damage tolerance. Scripta Materialia, 2016, 124: 86-89.

[120] Sha J J, Lv Z Z, Lin G Z, et al. Synergistic strengthening of aluminum matrix composites reinforced by SiC nanoparticles and carbon fibers. Materials Letters, 2020, 26: 127024.

[121] 王志光, 姚存峰, 秦芝, 等. 加速器驱动次临界系统装置部件用材发展战略研究. 中国工程科学, 2019, 21（1）: 39-48.

[122] Pham H V, Kurata M, Steinbrueck M. Steam oxidation of silicon carbide at high temperatures for the application as accident tolerant fuel cladding, an overview. Thermo, 2021, 1（2）: 151-167.

[123] Deck C P, Jacobsen G M, Sheeder J, et al. Characterization of SiC-SiC composites for accident tolerant fuel cladding. Journal of Nuclear Materials, 2015, 466: 667-681.

[124] Katoh Y, Snead L L. Silicon carbide and its composites for nuclear applications-Historical overview. Journal of Nuclear Materials, 2019, 526: 151849.

[125] Takaaki K, Yutai K, Takashi N. Design and strategy for next-generation silicon carbide composites for nuclear energy. Journal of Nuclear Materials, 2020, 540: 152375.

[126] 陈代荣, 韩伟健, 李思维, 等. 连续陶瓷纤维的制备、结构、性能和应用: 研究现状及发展方向. 现代技术陶瓷, 2018, 39（3）: 151-222.

[127] Idris M I, Konishi H, Imai M, et al. Neutron irradiation swelling of SiC and SiCf/SiC for advanced nuclear applications. Energy Procedia, 2015, 71: 328-336.

[128] Hasegawa A, Youngblood G E, Jones R H. Effect of irradiation on the microstructure of Nicalon fibers. Journal of Nuclear Materials, 1996, 231（3）: 245-248.

[129] Osborne M C, Hubbard C R, Snead L L, et al. Neutron irradiation effects on the density, tensile properties and microstructural changes in Hi-Nicalon （TM） and Sylramic （TM） SiC fibers. Journal of Nuclear Materials, 1998, 253: 67-77.

[130] Henager C H, Youngblood G E, Senor D J, et al. Dimensional stability and tensile strength of irradiated Nicalon-CG and Hi-Nicalon fibers. Journal of Nuclear Materials, 1998, 253: 60-66.

[131] Hinoki T, Katoh Y, Kohyama A. Effect of fiber properties on neutron irradiated SiC/SiC composites. Materials Transactions, 2002, 43（4）: 617-621.

[132] Youngblood G E, Jones R H, Kohyama A, et al. Radiation response of SiC-based fibers. Journal of Nuclear Materials, 1998,

258: 1551-1556.

[133] Koyanagi T, Katoh Y. Mechanical properties of SiC composites neutron irradiated under light water reactor relevant temperature and dose conditions. Journal of Nuclear Materials, 2017, 494: 46-54.

[134] Newsome G, Snead L L, Hinoki T, et al. Evaluation of neutron irradiated silicon carbide and silicon carbide composites. Journal of Nuclear Materials, 2007, 371 (1-3): 76-89.

[135] Ichikawa H. Polymer-derived ceramic fibers. Annual Review of Materials Research, 2016, 46: 335, 356.

[136] Katoh Y, Snead L L, Nozawa T, et al. Thermophysical and mechanical properties of near-stoichiometric fiber CVI SiC/SiC composites after neutron irradiation at elevated temperatures. Journal of Nuclear Materials, 2010, 403 (1-3): 48-61.

[137] Braun J, Sauder C. Mechanical behavior of SiC/SiC composites reinforced with new Tyranno SA4 fibers: Effect of interphase thickness and comparison with Tyranno SA3 and Hi-Nicalon S reinforced composites. Journal of Nuclear Materials, 2022, 558: 153367.

[138] Wang P R, Gou Y Z, Wang H. Third generation SiC fibers for nuclear applications. Journal of Inorganic Materials, 2020, 35(5): 525-531.

[139] Katoh Y, Ozawa K, Shih C, et al. Continuous SiC fiber, CVI SiC matrix composites for nuclear applications: Properties and irradiation effects. Journal of Nuclear Materials, 2014, 448 (1-3): 448-476.

[140] Nguyen B N, Henager C H. Fiber/matrix interfacial thermal conductance effect on the thermal conductivity of SiC/SiC composites. Journal of Nuclear Materials, 2013, 440 (1-3): 11-20.

[141] Jacques S, Lopez-Marure A, Vincent C. et al. SiC/SiC minicomposites with structure-graded BN interphases. Journal of the European Ceramic Society, 2000, 20 (12): 1929-1938.

[142] Cao X Y, Yin X W, Fan X M, et al. Effect of PyC interphase thickness on mechanical behaviors of SiBC matrix modified C/SiC composites fabricated by reactive melt infiltration. Carbon, 2014, 77: 886-895.

[143] Naslain R R, Pailler R J F, Lamon J L. Single and multilayered interphases in SiC/SiC composites exposed to severe environmental conditions: An overview. International Journal of Applied Ceramic Technology, 2010, 7 (3): 263-275.

[144] Snead L L, Burchell T D, Katoh Y. Swelling of nuclear graphite and high quality carbon fiber composite under very high irradiation temperature. Journal of Nuclear Materials, 2008, 381 (1-2): 55-61.

[145] Katoh Y, Nozawa T, Shih C H. High-dose neutron irradiation of Hi-Nicalon Type S silicon carbide composites. Part 2: Mechanical and physical properties. Journal of Nuclear Materials, 2015, 462: 450-457.

[146] Nozawa T, Katoh Y, Snead L L. The effects of neutron irradiation on shear properties of monolayered PyC and multilayered PyC/SiC interfaces of SiC/SiC composites. Journal of Nuclear Materials, 2007, 367-370 (Part A): 685-691.

[147] Koyanagi T, Nozawa T, Katoh Y, et al. Mechanical property degradation of high crystalline SiC fiber-reinforced SiC matrix composite neutron irradiated to ~100 displacements per atom. Journal of the European Ceramic Society, 2018, 38 (4): 1087-1094.

[148] 程唯珈. 从 1%到 95%，"吃干榨净"核废料. 中国科学报社, 2020-01-20: 4.

[149] Snead L L, Lara-Curzio E. Interphase integrity of neutron irradiated SiC composites. MRS Online Proceedings Library, 1998, 540 (1): 273-278.

[150] Koyanagi T, Katoh Y, Nozawa T, et al. Recent progress in the development of SiC composites for nuclear fusion applications. Journal of Nuclear Materials, 2018, 511: 544-555.

[151] Pompidou S, Lamon J. Analysis of crack deviation in ceramic matrix composites and multilayers based on the cook and gordon mechanism. Composites Science and Technology, 2007, 67 (10): 2052-2060.

[152] Li H, Morscher G N, Lee J, et al. Tensile and stress-rupture behavior of SiC/SiC minicomposite containing chemically vapor deposited zirconia interphase. Journal of the American Ceramic Society, 2004, 87 (9): 1726-1733.

[153] Utkin A V, Matvienko A A, Titov A T, et al. Multiple zirconia interphase for SiC/SiCf composites. Surface and Coatings Technology, 2011, 205 (8-9): 2724-2729.

[154] Prokip V, Lozanov V, Morozova N, et al. The zirconia-based interfacial coatings on SiC fibers obtained by different chemical

methods. Materials Today: Proceedings, 2019, 19（5）: 1861-1864.

[155] Callender R L, Barron A R. Novel route to alumina and aluminate interlayer coatings for SiC, carbon, and Kevlart® fiber-reinforced ceramic matrix composites using carboxylate-alumoxane nanoparticles. Journal of Materials Research, 2000, 15（10）: 2228-2237.

[156] Igawa N, Taguchi T, Yamada R, et al. Preparation of silicon-based oxide layer on high-crystalline SiC fiber as an interphase in SiC/SiC composites. Journal of Nuclear Materials, 2004, 329-333（Part A）: 554-557.

[157] Shi Y M, Luo F, Ding D H, et al. Effects of ZrO$_2$ interphase on mechanical and microwave absorbing properties of SiC$_f$/SiC composites. Physica Status Solidi A, 2013, 210（12）: 2668-2673.

[158] Ruggles-Wrenn M, Boucher N, Przybyla C. Fatigue of three advanced SiC/SiC ceramic matrix composites at 1200℃ in air and in steam. International Journal of Applied Ceramic Technology, 2018, 15（1）: 3-15.

[159] Jacques S, Jouanny I, Ledain O, et al. Nanoscale multilayered and porous carbide interphases prepared by pressure-pulsed reactive chemical vapor deposition for ceramic matrix composites. Applied Surface Science, 2013, 275: 102-109.

[160] Ang C, Zinkle S, Shih C, et al. Phase stability, swelling, microstructure and strength of Ti$_3$SiC$_2$-TiC ceramics after low dose neutron irradiation. Journal of Nuclear Materials, 2017, 483: 44-53.

[161] Ang C, Silva C, Shih C, et al. Anisotropic swelling and microcracking of neutron irradiated Ti$_3$AlC$_2$-Ti$_5$Al$_2$C$_3$ materials. Scripta Materialia, 2016, 114: 74-78.

[162] Tallman D J, Hoffman E N, Caspi E N, et al. Effect of neutron irradiation on select MAX phases. Acta Materialia, 2015, 85: 132-143.

[163] Filbert-Demut I, Bei G P, Hoschen T, et al. Influence of Ti$_3$SiC$_2$ fiber coating on interface and matrix cracking in an SiC fiber-reinforced polymer-derived ceramic. Advanced Engineering Materials, 2015, 17（8）: 1142-1148.

[164] Li M, Zhou X B, Yang H, et al. The critical issues of SiC materials for future nuclear systems. Scripta Materialia, 2018, 143: 149-153.

[165] Li M, Wang K, Wang J, et al. Preparation of TiC/Ti$_2$AlC coating on carbon fiber and investigation of the oxidation resistance properties. Journal of the American Ceramic Society, 2018, 101（11）: 5269-5280.

[166] Wang K, Li M, Liang Y Q, et al. Interface modification of carbon fibers with TiC/Ti$_2$AlC coating and its effect on the tensile strength. Ceramics International, 2019, 45（4）: 4661-4666.

[167] Wang J, Wang K, Pei X L, et al. Irradiation behavior of Cf/SiC composite with titanium carbide（TiC）-based interphase. Journal of Nuclear Materials, 2019, 523: 10-15.

[168] Dicarlo J A, Yun H M, Morscher, G N, et al. SiC/SiC Composites for 1200℃ and Above//Bansal N P. Handbook of Ceramic Composites. Boston: Springer, 2005: 77-98.

[169] Tao P, Wang Y. Fabrication of highly dense three-layer SiC cladding tube by chemical vapor infiltration method. Journal of the American Ceramic Society, 2019, 102（11）: 6939-6945.

[170] Bickmore B R, Wheeler J C, Bates B, et al. Reaction pathways for quartz dissolution determined by statistical and graphical analysis of macroscopic experimental data. Geochimica Et Cosmochimica Acta, 2008, 72（18）: 4521-4536.

[171] Dove P M, Han N Z, De Yoreo J J. Mechanisms of classical crystal growth theory explain quartz and silicate dissolution behavior. Proceedings of the National Academy of Sciences of the United States of America, 2005, 102（43）: 15357-15362.

[172] Gerya T V, Maresch W V, Burchard M, et al. Thermodynamic modeling of solubility and speciation of silica in H$_2$O-SiO$_2$ fluid up to 1300℃ and 20kbar based on the chain reaction formalism. European Journal of Mineralogy, 2005, 17（2）: 269-283.

[173] Hackley V A, Paik U, Kim B H, et al. Aqueous processing of sintered reaction-bonded silicon nitride: 1, Dispersion properties of silicon powder. Journal of the American Ceramic Society, 1997, 80（7）: 1781-1788.

[174] Takashi K, Hideo H, Akira G, et al. Corrosion behavior of sintered silicon carbide in water vapor at 300℃. Journal of the Society of Materials Science, Japan, 1989, 38（426）: 300-306.

[175] Jacobson N S, Gototsi Y G, Yoshimura M. Thermodynamic and experimental study of carbon formation on carbides under hydrothermal conditions. Journal of Materials Chemistry, 1995, 5（4）: 595-601.

[176] Terrani K A, Yang Y, Kim Y J, et al. Hydrothermal corrosion of SiC in LWR coolant environments in the absence of irradiation. Journal of Nuclear Materials, 2015, 465: 488-498.

[177] Kim D, Lee H J, Jang C, et al. Influence of microstructure on hydrothermal corrosion of chemically vapor processed SiC composite tubes. Journal of Nuclear Materials, 2017, 492: 6-13.

[178] Parish C M, Terrani K A, Kim Y J, et al. Microstructure and hydrothermal corrosion behavior of NITE-SiC with various sintering additives in LWR coolant environments. Journal of the European Ceramic Society, 2017, 37 (4): 1261-1279.

[179] Kim W J, Hwang H S, Pari J Y. Corrosion behavior of reaction-bonded silicon carbide ceramics in high-temperature water. Journal of Materials Science Letters, 2002, 21 (9): 733-735.

[180] Kim W J, Hwang H S, Park J Y, et al. Corrosion behaviors of sintered and chemically vapor deposited silicon carbide ceramics in water at 360℃. Journal of Materials Science Letters, 2003, 22 (8): 581-584.

[181] Kim D, Lee H G, Park Y, et al. Effect of dissolved hydrogen on the corrosion behavior of chemically vapor deposited SiC in a simulated pressurized water reactor environment. Corrosion Science, 2015, 98: 304-309.

[182] Tan L, Allen T R, Barringer E. Effect of microstructure on the corrosion of CVD-SiC exposed to supercritical water. Journal of Nuclear Materials, 2009, 394 (1): 95-101.

[183] Shin J H, Kim D, Lee H G, et al. Factors affecting the hydrothermal corrosion behavior of chemically vapor deposited silicon carbides. Journal of Nuclear Materials, 2019, 518: 350-356.

[184] Hallstadius L, Johnson S, lahoda E. Cladding for high performance fuel. Progress in Nuclear Energy, 2012, 57: 71-76.

[185] Kim D, Lee H G, Park J Y, et al. Fabrication and measurement of hoop strength of SiC triplex tube for nuclear fuel cladding applications. Journal of Nuclear Materials, 2015, 458: 29-36.

[186] Qin Y M, Li X Q, Liu C X, et al. Effect of deposition temperature on the corrosion behavior of CVD SiC coatings on SiCf/SiC composites under simulated PWR conditions. Corrosion Science, 2021, 181: 13.

[187] Yang H, Li X Q, Liu C X, et al. Hydrothermal corrosion behavior of SiCf/SiC composites candidate for PWR accident tolerant fuel cladding. Ceramics International, 2018, 44 (18): 22865-22873.

[188] Hirayama H, Kawakubo T, Goto A, et al. Corrosion behavior of silicon carbide in 290℃ water. Journal of the American Ceramic Society, 1989, 72 (11): 2049-2053.

[189] Park J Y, Kim I H, Jung Y I, et al. Long-term corrosion behavior of CVD SiC in 360℃ water and 400℃ steam. Journal of Nuclear Materials, 2013, 443 (1-3): 603-607.

[190] Doyle P J, Koyanagi T, Ang C, et al. Evaluation of the effects of neutron irradiation on first-generation corrosion mitigation coatings on SiC for accident-tolerant fuel cladding. Journal of Nuclear Materials, 2020, 536: 152203.

[191] Xi J Q, Liu C, Morgan D, et al. An Unexpected role of H during SiC corrosion in water. Journal of Physical Chemistry C, 2020, 124 (17): 9394-9400.

[192] Kondo S, Lee M, Hinoki T, et al. Effect of irradiation damage on hydrothermal corrosion of SiC. Journal of Nuclear Materials, 2015, 464: 36-42.

[193] Kondo S, Mouri S, Hyodo Y, et al. Role of irradiation-induced defects on SiC dissolution in hot water. Corrosion Science, 2016, 112: 402-407.

[194] Liu G L, Li Y P, He Z B, et al. Investigation of microstructure and nanoindentation hardness of C+ & He+ irradiated nanocrystal sic coatings during annealing and corrosion. Materials, 2020, 13 (23): 5567.

[195] Snead L L, Nozawa T, Katoh Y, et al. Handbook of SiC properties for fuel performance modeling. Journal of Nuclear Materials, 2007, 371 (1-3): 329-377.

[196] Lin Y R, Chen L G, Hsieh C Y, et al. Atomic configuration of point defect clusters in ion-irradiated silicon carbide. Scientific Reports, 2017, 7: 14635.

[197] Maeda Y, Fukami K, Kondo S, et al. Irradiation-induced point defects enhance the electrochemical activity of 3C-SiC: An origin of SiC corrosion. Electrochemistry Communications, 2018, 91: 15-18.

[198] Mouche P A, Ang C, Koyanagi T, et al. Characterization of PVD Cr, CrN, and TiN coatings on SiC. Journal of Nuclear

Materials, 2019, 527:151781.

[199] Raiman S S, Ang C, Doyle P, et al. Hydrothermal corrosion of SiC materials for accident tolerant fuel cladding with and without mitigation coatings//Jackson J, Paraventi D, Wright M. 18th International Conference on Environmental Degradation of Materials in Nuclear Power Systems-Water Reactors, The Mineral, Metal & Material Series. Berlin: Springer, 2017: 259-267.

[200] Wagih M, Spencer B, Hales J, et al. Fuel performance of chromium-coated zirconium alloy and silicon carbide accident tolerant fuel claddings. Annals of Nuclear Energy, 2018, 120: 304-318.

[201] Ishibashi R, Ishida K, Kondo T, et al. Corrosion-resistant metallic coating on silicon carbide for use in high-temperature water. Journal of Nuclear Materials, 2021, 557: 153214.

[202] Doyle P J, Ang C, Snead L, et al. Hydrothermal corrosion of first-generation dual-purpose coatings on silicon carbide for accident-tolerant fuel cladding. Journal of Nuclear Materials, 2021, 544:152695.

[203] He Z, Li C, Si X, et al. Wetting of Si-14Ti alloy on SiC$_f$/SiC and C/C composites and their brazed joint at high temperatures. Ceramics International, 2021, 47 (10): 13845-13852.

[204] He Z, Sun L, Li C, et al. Wetting and brazing of Cf/C composites with Si-Zr eutectic alloys: The formation of nano- and coarse-SiC reaction layers. Carbon, 2020, 167: 92-103.

[205] Luo Z, Jiang D, Zhang J, et al. Development of SiC-SiC joint by reaction bonding method using SiC/C tapes as the interlayer. Journal of the European Ceramic Society, 2012, 32 (14): 3819-3824.

[206] Deng J, Lu B, Hu K, et al. Thermodynamics equilibrium analysis on the chemical vapor deposition of HfC as coatings for ceramic matrix composites with HfCl$_x$(x=2-4)-C$_y$H$_z$(CH$_4$, C$_2$H$_4$ and C$_3$H$_6$)-H$_2$-Ar system. Advanced Composites and Hybrid Materials, 2019, 2 (1): 102-114.

[207] Li J, Liu L, Wu Y, et al. A high temperature Ti-Si eutectic braze for joining SiC. Materials Letters, 2008, 62 (17-18): 3135-3138.

[208] Dong H, Li S, Teng Y, et al. Joining of SiC ceramic-based materials with ternary carbide Ti$_3$SiC$_2$. Materials Science and Engineering: B, 2011, 176(1): 60-64.

[209] Dong H, Yu Y, Jin X, et al. Microstructure and mechanical properties of SiC-SiC joints joined by spark plasma sintering. Ceramics International, 2016, 42 (13): 14463-14468.

[210] Singh M, Matsunaga T, Lin H T, et al. Microstructure and mechanical properties of joints in sintered SiC fiber-bonded ceramics brazed with Ag-Cu-Ti alloy. Materials Science and Engineering: A, 2012, 557: 69-76.

[211] Grasso S, Tatarko P, Rizzo S, et al. Joining of β-SiC by spark plasma sintering. Journal of the European Ceramic Society, 2014, 34 (7): 1681-1686.

[212] Rizzo S, Grasso S, Salvo M, et al. Joining of C/SiC composites by spark plasma sintering technique. Journal of the European Ceramic Society, 2014, 34 (4): 903-913.

[213] Ferraris M, Salvo M, Casalegno V, et al. Joining of SiC-based materials for nuclear energy applications. Journal of Nuclear Materials, 2011, 417 (1-3): 379-382.

[214] Ferraris M, Casalegno V, Rizzo S, et al. Effects of neutron irradiation on glass ceramics as pressure-less joining materials for SiC based components for nuclear applications. Journal of Nuclear Materials, 2012, 429 (1-3): 166-172.

[215] Singh M. Joining of sintered silicon carbide ceramics for high-temperature applications. Journal of Materials Science Letters, 1998, 17 (6): 459-461.

[216] Singh M. A reaction forming method for joining of silicon carbide-based ceramics. Scripta Materialia, 1997, 37 (8): 1151-1154.

[217] Lewinsohn C A, Jones R H, Colombo P, et al. Silicon carbide-based materials for joining silicon carbide composites for fusion energy applications. Journal of Nuclear Materials, 2002, 307-311: 1232-1236.

[218] Jeong D H, Septiadi A, Fitriani P, et al. Joining of SiC$_f$/SiC using polycarbosilane and polysilazane preceramic mixtures. Ceramics International, 2018, 44 (9): 10443-10450.

[219] Katoh Y, Snead L L, Cheng T, et al. Radiation-tolerant joining technologies for silicon carbide ceramics and composites. Journal of Nuclear Materials, 2014, 448 (1-3): 497-511.

[220] Jung H C, Park Y H, Park J S, et al. R&D of joining technology for SiC components with channel. Journal of Nuclear Materials, 2009, 386-388: 847-851.

[221] Colombo P, Riccardi B, Donato A, et al. Joining of SiC/SiC$_f$ ceramic matrix composites for fusion reactor blanket applications. Journal of Nuclear Materials, 2000, 278 (2-3): 127-135.

[222] Ferraris M, Salvo M, Casalegno V, et al. Joining of machined SiC/SiC composites for thermonuclear fusion reactors. Journal of Nuclear Materials, 2008, 375 (3): 410-415.

[223] Fan S, Liu J, Ma X, et al. Microstructure and properties of SiC$_f$/SiC joint brazed by Y-Al-Si-O glass. Ceramics International, 2018, 44 (7): 8656-8663.

[224] Wang L, Fan S, Sun H, et al. Pressure-less joining of SiC$_f$/SiC composites by Y_2O_3-Al_2O_3-SiO_2 glass: Microstructure and properties. Ceramics International, 2020, 46 (17): 27046-27056.

[225] Wang L, Fan S, Yang S, et al. Microstructure and properties of SiC$_f$/SiC composite joints with CaO-Y_2O_3-Al_2O_3-SiO_2 interlayer. Ceramics International, 2021, 47 (12): 16603-16613.

[226] Tatarko P, Casalegno V, Hu C, et al. Joining of CVD-SiC coated and uncoated fibre reinforced ceramic matrix composites with pre-sintered Ti_3SiC_2 MAX phase using Spark Plasma Sintering. Journal of the European Ceramic Society, 2016, 36 (16): 3957-3967.

[227] Tatarko P, Chlup Z, Mahajan A, et al. High temperature properties of the monolithic CVD β-SiC materials joined with a pre-sintered MAX phase Ti_3SiC_2 interlayer via solid-state diffusion bonding. Journal of the European Ceramic Society, 2017, 37 (4): 1205-1216.

[228] Fitriani P, Septiadi A, Hyuk J D, et al. Joining of SiC monoliths using a thin MAX phase tape and the elimination of joining layer by solid-state diffusion. Journal of the European Ceramic Society, 2018, 38 (10): 3433-3440.

[229] Zhou X, Yang H, Chen F, et al. Joining of carbon fiber reinforced carbon composites with Ti_3SiC_2 tape film by electric field assisted sintering technique. Carbon, 2016, 102: 106-115.

[230] Zhou X, Han Y H, Shen X, et al. Fast joining SiC ceramics with Ti_3SiC_2 tape film by electric field-assisted sintering technology. Journal of Nuclear Materials, 2015, 466: 322-327.

[231] Zhou X, Li Y, Li Y, et al. Residual thermal stress of SiC/Ti_3SiC_2/SiC joints calculation and relaxed by post-annealing. International Journal of Applied Ceramic Technology, 2018, 15 (5): 1157-1165.

[232] Zhou X, Liu Z, Li Y, et al. SiC ceramics joined with an in-situ reaction gradient layer of TiC/Ti_3SiC_2 and interface stress distribution simulations. Ceramics International, 2018, 44 (13): 15785-15794.

[233] Septiadi A, Fitriani P, Sharma A S, et al. Low Pressure Joining of SiC$_f$/SiC Composites Using Ti_3AlC_2 or Ti_3SiC_2 MAX Phase Tape. Journal of the Korean Ceramic Society, 2017, 54 (4): 340-348.

[234] Fitriani P, Kwon H, Zhou X, et al. Joining of SiC$_f$/SiC using a layered Ti_3SiC_2-SiCw and TiC gradient filler. Journal of the European Ceramic Society, 2020, 40 (4): 1043-1051.

[235] Fitriani P, Yoon D H. Joining of SiC$_f$/SiC using a Ti_3AlC_2 filler and subsequent elimination of the joining layer. Ceramics International, 2018, 44 (18): 22943-22949.

[236] Yang H, Zhou X, Shi W, et al. Thickness-dependent phase evolution and bonding strength of SiC ceramics joints with active Ti interlayer. Journal of the European Ceramic Society, 2017, 37 (4): 1233-1241.

[237] Zhou X, Liu J, Zou S, et al. Almost seamless joining of SiC using an in-situ reaction transition phase of $Y_3Si_2C_2$. Journal of the European Ceramic Society, 2020, 40 (2): 259-266.

[238] Wan P, Li M, Xu K, et al. Seamless joining of silicon carbide ceramics through an sacrificial interlayer of $Dy_3Si_2C_2$. Journal of the European Ceramic Society, 2019, 39 (16): 5457-5462.

[239] Shi L-K, Zhou X, Xu K, et al. Low temperature seamless joining of SiC using a Ytterbium film. Journal of the European Ceramic Society, 2021, 41 (15): 7507-7515.

[240] Zhang Z, Duan X, Jia D, et al. On the formation mechanisms and properties of MAX phases: A review. Journal of the European Ceramic Society, 2021, 41 (7): 3851-3878.

[241] Zhou X, Jing L, Kwon Y D, et al. Fabrication of SiC_w/Ti_3SiC_2 composites with improved thermal conductivity and mechanical properties using spark plasma sintering. Journal of Advanced Ceramics, 2020, 9 (4): 462-470.

[242] Zhang H B, Hu C F, Sato K, et al. Tailoring Ti_3AlC_2 ceramic with high anisotropic physical and mechanical properties. Journal of the European Ceramic Society, 2015, 35 (1): 393-397.

[243] Bai Y, He X, Zhu C, et al. Microstructures, electrical, thermal, and mechanical properties of bulk Ti_2AlC synthesized by self-propagating high-temperature combustion synthesis with Pseudo Hot Isostatic Pressing. Journal of the American Ceramic Society, 2012, 95 (1): 358-364.

[244] Hu C, Sakka Y, Nishimura T, et al. Physical and mechanical properties of highly textured polycrystalline Nb_4AlC_3 ceramic. Science and Technology of Advanced Materials, 2011, 12 (4): 044603.

[245] Yagi S, Kunii D. Studies on effective thermal conductivities in packed beds. AIChE Journal, 1957, 3: 373-381.

[246] 张平, 宣益民, 李强. 界面接触热阻的研究进展. 化工学报, 2012, 63 (2): 335-349.

[247] Beverloo W A, Leniger H A, Velde J V D. The flow of granular solids through orifices. Chemical Engineering Science, 1961, 15 (3): 260-269.

[248] Schlünder D I E U. Wärmeübergang an bewegte Kugelschüttungen bei kurzfristigem Kontakt. Chemie Ingenieur Technik, 1971, 43 (11): 651-654.

[249] Ernst R. Wärmeübergang an wärmeaustauschern im moving bed. Chemie Ingenieur Technik, 1960, 32 (1): 17-22.

[250] Bauer R, Schlünder E. Effektive radiale Wärmeleitfähigkeit gasdurchströmter schüttungen aus partikeln unterschiedlicher Form. Chemie Ingenieur Technik, 1976, 48 (3): 227, 228.

[251] Slavin A J, Londry F A, Harrison J. A new model for the effective thermal conductivity of packed beds of solid spheroids: Alumina in helium between 100 and 500℃. International Journal of Heat & Mass Transfer, 2000, 43 (12): 2059-2073.

[252] Zhang Y L, Li J Y, Zhang X C, et al. Neutronics performance and activation calculation of dense tungsten granular target for China-ADS. Nuclear Instruments Methods in Physics Research Section B, 2017, 410: 88-101.

[253] Tian Y, Zhang S, Lin P, et al. Implementing discrete element method for large-scale simulation of particles on multiple GPUs. Computers & Chemical Engineering, 2017, 104: 231-240.

[254] Tian Y, Lin P, Cai H, et al. A fast and accurate GPU based method on simulating energy deposition for beam-target coupling with granular materials. Computer Physics Communications, 2021, 269: 108104.

[255] Lin P, Zhang S, Qi J, et al. Numerical study of free-fall arches in hopper flows. Physica A, 2015, 417: 29-40.

[256] Daw M S, Baskes M I. Embedded-atom method: Derivation and application to impurities, surfaces, and other defects in metals. Physical Review B Condensed Matter, 1984, 29 (12): 6443-6453.

[257] Tersoff J. New empirical model for the structural properties of silicon. Physical Review Letters, 1986, 56 (6): 632-635.

[258] Blank T B, Brown S D, Calhoun A W, et al. Neural network models of potential energy surfaces. Journal of Chemical Theory & Computation, 1995, 103 (10): 4129-4137.

[259] Behler J. First principles neural network potentials for reactive simulations of large molecular and condensed systems. Angewandte Chemie International Edition, 2017, 56 (42): 12828-12840.

[260] Behler J, Parrinello M. Generalized neural-network representation of high-dimensional potential-energy surfaces. Physical Review Letters, 2007, 98 (14): 146401.

[261] Wang H, Zhang L, Han J, et al. DeePMD-kit: A deep learning package for many-body potential energy representation and molecular dynamics. Computer Physics Communications, 2018, 228: 178-184.

[262] Zeng J, Cao L, Xu M, et al. Complex reaction processes in combustion unraveled by neural network-based molecular dynamics simulation. Nature Communications, 2020, 11 (1): 5713.

[263] Zhang L F, Lin D Y, Wang H, et al. Active learning of uniformly accurate interatomic potentials for materials simulation. Physical Review Materials, 2019, 3 (2): 023804.

[264] Andolina C M, Wright J G, Das N, et al. Improved Al-Mg alloy surface segregation predictions with a machine learning atomistic potential. Physical Review Materials, 2021, 5(8): 083804.

[265] Huang J, Zhang L, Wang H, et al. Deep potential generation scheme and simulation protocol for the $Li_{10}GeP_2S_{12}$-type superionic conductors. The Journal of Chemical Physics, 2021, 154(9): 094703.

[266] Kresse G G, Furthmüller J J. Efficient iterative schemes for Ab initio total-energy calculations using a plane-wave basis set. Physical Review B, Condensed Matter, 1996, 54: 11169.

[267] Perdew J, Burke K, Ernzerhof M. Generalized gradient approximation made simple. Physical Review Letters, 1996, 77: 3865.

[268] Plimpton S. Fast parallel algorithms for short-range molecular dynamics. Journal of Computational Physics, 1995, 117(1): 1-19.

[269] Zhang Y, Wang H, Chen W, et al. DP-GEN: A concurrent learning platform for the generation of reliable deep learning based potential energy models. Computer Physics Communications, 2020, 253: 107206.

第8章

碳中和目标下的先进电力系统

8.1 先进电力系统概述

8.1.1 先进电力系统概念

先进电力系统是清洁低碳、安全高效、经济可行地进行电力生产、电力储运、电力消费等活动的要素集合。它集电力生产、电力储运、电力消费于一身，构成了一个从生产到消费的电力与其他能量形态相互转化的智能网络。

先进电力系统具有新型电力系统的一切特征。实现碳达峰碳中和是先进电力系统的内在要求。先进电力系统以确保能源电力供给安全为基本前提，以满足经济社会发展电力需求为首要目标，以坚强智能电网为枢纽平台，以源网荷储互动与多能互补为支撑[1]，实现电力系统的清洁低碳、安全高效、经济可行，成为现代能源体系的重要组成部分。

8.1.2 先进电力系统目标

清洁低碳、安全高效和经济可行是先进电力供应系统的重要表现特征。

就清洁而言，降低电力生产、储存、输送过程中产生的废气、废水与固体废弃物，减少对大气、土壤、水质等的污染和破坏，是对现代电力供应系统的清洁要求。加快能源结构调整，大力发展非化石能源，推动绿色电力发展。

低碳是指现代电力供应系统需要尽可能降低电力全生命周期碳排放。

安全包括两个方面的含义：一方面是能源供需平衡，即一次能源的生产、进口量能够满足我国电力生产的需求；另一方面是生产安全，即电力生产、储存和输送过程中的安全。

就高效而言，能源利用效率提升是对先进电力供应系统的高效要求。重点耗能行业能源利用效率达到国际先进水平，单位国内生产总值能耗大幅下降。到 2060 年，能源利用效率达到国际先进水平①。

在经济方面，现代电力供应系统要求尽量降低电力生产、储存、输送过程的人力、物力投入，降低电力供应成本。实现低成本的电力供应，全面建成满足经济性要求的现代电力供应系统。

---

① 资料来源：新华社. 中共中央 国务院关于完整准确全面贯彻新发展理念做好碳达峰碳中和工作的意见. (2021-10-24) [2022-08-23]. https://www.gov.cn/zhengce/2021-10/24/content_5644613.htm.

可行包括两个方面的含义：一是技术成熟度，即电力生产设备的技术水平、工艺流程、配套资源、技术生命周期等方面所具有的产业化实用程度；二是社会接受度，即社会公众对电力生产所需设施建设的认可程度。

8.1.3　各电力类型的特性

1. 电源种类概述

1）太阳能发电

（1）能源属性。

太阳能发电主要指光伏发电，光伏发电是太阳能—电能转化的结果。在能量转化过程中，由于受辐照度、环境温度、风速等多元气象因素影响，光伏电站出力具有明显的间歇性和随机波动性，不像火电、水电、核电出力连续且可调、可控。对于光伏的日出力特性来说，虽然各天的功率曲线不尽相同，但是有相似的变化趋势，即输出功率从日出时开始呈现上升趋势，中午时达到最大值，到下午时逐渐下降，在日落时减小到零，功率曲线近似为抛物线形状。

太阳电池板的寿命一般为 25～30 年，光伏组件功率衰减一般满足 5 年内小于 5%，10 年内小于 10%，25 年内小于 20%。目前，规模化生产的 p 型单晶电池均采用 PERC 技术，平均转换效率达到 23.2%[2]。

（2）发展现状。

光伏发电系统全生命周期碳排放系数远低于火力发电，且能量回收期较短，是助力实现碳中和的有力手段。

我国光伏发电领域发展迅速，太阳能发电装机容量自 2013 年起连续 8 年保持世界第一，占全球的三分之一以上[3]。根据电力统计年鉴数据，2020 年，全国太阳能发电电源投资量为 625 亿元，同比增长 62.18%；全国太阳能发电装机新增容量为 4820 万 kW，同比增长 81.76%；全国太阳能发电量为 2611 亿 kW·h，同比增长 16.56%，占全国总发电量的 3.4%。截至 2020 年底，全国太阳能发电装机容量达 25356 万 kW，同比增长 24.12%，占总发电装机容量的 11.5%。其中，大型光伏发电地面电站占比为 67.8%，分布式电站占比 32.2%。户用光伏可以占到分布式市场的 65.2% 左右。

"十四五"初期，光伏发电将全面进入平价时代，叠加碳中和目标的推动和大基地的开发模式，以及随着光伏在建筑、交通等领域的融合发展，光伏电站装机规模将会迎来新一轮发展热潮。

截至 2020 年底，我国各个地区的太阳能发电装机容量如表 8.1 所示。其中，西北地区装机 6135 万 kW，仅次于华东地区。

（3）资源条件、开发潜力。

根据我国气象局风能太阳能资源中心的评估数据，我国太阳能资源总储量为 1.47 亿 kW·h/a，相当于 1.8 万亿 t 标准煤，总体呈现"高原大于平原、西部干燥地区大于东部湿润区"的分布特点。根据各地接受太阳能辐射辐照量的大小，可将全国划分为四个等级，如表 8.2 所示。

表 8.1　我国各个地区的太阳能发电装机容量　　　　（单位：万 kW）

地区	太阳能发电装机容量	地区	太阳能发电装机容量
北京	62	湖北	698
天津	164	湖南	391
河北	2190	广东	797
山西	1309	广西	205
内蒙古	1237	海南	143
辽宁	400	重庆	67
吉林	338	四川	191
黑龙江	318	贵州	1057
上海	137	云南	388
江苏	1684	西藏	137
浙江	1517	陕西	1089
安徽	1370	甘肃	982
福建	202	青海	1601
江西	776	宁夏	1197
山东	2272	新疆	1266
河南	1175	总计	25360

表 8.2　我国太阳辐射总量等级和区域分布表

资源类别	年总量 /(MJ/m^2)	年平均辐照度 /(W/m^2)	占国土面积比例 /%	主要地区
最丰富带	≥6300	≥200	约 22.8	内蒙古额济纳旗以西、甘肃酒泉以西、青海 100°E 以西大部分地区、西藏 94°E 以西大部分地区、新疆东部边缘地区、四川甘孜部分地区
很丰富带	5040～6300	160～200	约 44.0	新疆大部、内蒙古额济纳旗以东大部、黑龙江西部、吉林西部、辽宁西部、河北大部、北京、天津、山东东部、山西大部、陕西北部、宁夏、甘肃酒泉以东大部、青海东部边缘、西藏 94°E 以东、四川中西部、云南大部、海南
较丰富带	3780～5040	120～160	约 29.8	内蒙古 50°N 以北、黑龙江大部、吉林中东部、辽宁中东部、山东中西部、山西南部、陕西中南部、甘肃东部边缘、四川中部、云南东部边缘、贵州南部、湖南大部、湖北大部、广西、广东、福建、江西、浙江、安徽、江苏、河南
一般带	<3780	<120	约 3.3	四川东部、重庆大部、贵州中北部、湖北 110°E 以西、湖南西北部

　　风光资源属于低密度能源，利用风光资源建设风光发电项目需要足够大的土地资源，据估计，建设 100MW 风电场需要 28hm^2 左右的土地，建设 100MW 光伏电站更是需要

$330\mathrm{hm}^2$ 左右的土地[4]。我国西北地区可用土地资源丰富，新疆、青海、内蒙古、甘肃、西藏等地区非常适合铺设大规模集中式光伏电站，太阳能可开发潜力较大；而我国中东部地区近年来分布光伏增幅明显，在未来分布式光伏市场进一步扩大的情况下，中东部地区光伏电站土地占用的问题也将得到解决。中国仍将是全球最有活力的光伏市场。

根据国家发展和改革委员会能源研究所和清华大学的合作研究，我国光伏发电开发潜力达 60 亿 kW，包括集中式光伏、屋顶分布式光伏和非屋顶分布式光伏[5]。

(4)技术与瓶颈。

太阳能电池技术主要是依托太阳电池实现太阳能到电能的转换，不消耗燃料，不排放温室气体，无噪声、无污染，受到世界各国青睐。由于技术进步和规模效益，太阳能光伏电力成本在过去十年(2010~2020 年)大幅下降，全球平准化度电成本(levelized cost of energy，LCOE)加权平均值从 0.381 美元/(kW·h)降至 0.057 美元/(kW·h)，达到了与化石燃料电力成本相当的水平[6]。光伏技术持续降本增效是推动太阳能光伏装机规模进一步扩张的关键。

发展至今，太阳电池技术大致可以分为三种类型：

①以硅基太阳电池为代表第一代太阳电池。该类电池技术目前发展最为成熟，市场占比达到 95%，具有产业化效率高、成本低等特点。钝化发射极和背面电池(passivated emitter and rear cell，PERC)技术是主流量产技术，产业化效率达到 23%。但该类电池技术效率已接近极限，难以再有提升空间，太阳能厂商便将目光聚焦在了下一代 n 型晶硅电池，如 TOPCon、HJT 电池等，但上述电池技术度电成本都高于现有主流 p 型电池技术，因此，成本降低和转换效率提升是 n 型单晶电池未来亟须解决的问题。

②第二代太阳能电池，主要包括碲化镉(cadmium telluride, CdTe)太阳能电池、铜铟镓硒(copper indium gallium selenide, CIGS)化合物太阳能电池、非晶硅/微晶硅等薄膜太阳能电池。该类技术转换效率接近多晶硅电池。目前，国际上 CdTe 太阳能电池和 CIGS 太阳能电池的最高转换效率分别是 22.1%和 23.35%。这两类电池已实现产业化，但成本偏高，且由于原料限制、稳定性等问题尚未大规模应用。

③以有机太阳能电池(organic solar cell, OSC)、染料敏化太阳能电池(dye-sensitized solar cell, DSSC)和钙钛矿太阳能电池(perovskite solar cell, PSC)为代表的第三代新型太阳能电池，还处于实验室研究或商业化起步等阶段，但已具备制备过程简单、成本低廉、效率潜力巨大、易于大面积生产和实现柔性等诸多特质，是光伏领域的前沿研究方向。

展望未来，下一代 n 型晶硅电池、以有机太阳能电池、钙钛矿太阳能电池为代表的新一代太阳能电池技术将成为光伏研究的热点和发展方向，第二代太阳能电池由于原料资源储量限制、性能和成本相对晶硅电池没有优势，未来的发展前景较为有限。

随着安装成本的降低和电池性能的不断改进，在全球范围内，太阳能光伏的平准化度电成本将继续从 2018 年的平均 0.085 美元/(kW·h)下降到 2030 年的 0.02~0.08 美元/(kW·h)，到 2050 年则进一步下降至 0.014~0.05 美元/(kW·h)[7]。

全球各实验室各类太阳能电池技术性能参数，如表 8.3 所示。

表8.3　主要太阳能电池技术性能参数记录(实验室)[8]

太阳电池类型	光电转换效率/%	完成机构
单晶硅(无聚光)	26.1±0.3	德国哈梅林太阳能研究所
多晶硅	24.4±0.3	晶科能源股份有限公司
硅异质结	26.7±0.5	日本株式会社钟化
铜铟镓硒	23.35±0.5	日本 Solar Frontier 公司
碲化镉	22.1±0.4	美国 First Solar 公司
染料敏化太阳电池	13.0±0.0	瑞士洛桑联邦理工学院
有机太阳电池	18.2±0.2	上海交通大学和北京航空航天大学
钙钛矿太阳电池	25.7±3.2	韩国蔚山科学技术大学
钙钛矿/CIGS	24.2±0.7	德国亥姆霍兹柏林材料与能源中心
钙钛矿/晶硅叠层	29.8±0.82	德国亥姆霍兹柏林材料与能源中心

2) 风力发电

(1) 能源属性。

风力发电具有随机性强、间歇性明显、波动幅度大、波动频率无规律的特点。根据测风数据,在风能资源丰富的地区,风电基地每个月及多日内出力会从接近零出力到额定出力之间变化[9]。风电功率难以准确预测,是风电并网的一大难题。

由于风速的不确定性,风电可能在系统负荷低谷时期的发电功率大,在负荷高峰时期发电功率小,这种反调节特性增加了电网调峰、调频的难度。由于调峰容量不足,我国多个地区的电网出现了低负荷时段弃风的现象。根据国家电网公司统计数据,2018年新疆、甘肃和陕西三省(区)弃风弃光电量就超过了270亿kW·h。

(2) 发展现状。

我国风电装机容量已连续12年稳居世界首位。2020年,全国风电新增装机容量创历史纪录,达7167万kW,风电新增装机规模占全球总新增规模的2/3,是美国的5倍[3]。截至2020年底,全国风电累计装机容量2.81亿kW,同比增长34.7%,占全国总装机容量的12.8%。其中,海上风电装机容量899万kW,同比增长51.6%。

全球海上风电和陆上风电发展现状,如表8.4所示。

表8.4　全球海上风电和陆上风电发展现状

风能技术	技术成熟度[10]	平准化度电成本[6] /[美元/(kW·h)]	总装机成本[6] /[美元/(kW·h)]	容量系数[6] /%	平均功率[6] /MW	累计装机规模[11] /GW
海上风电	8	0.084	3185	40	6	41
陆上风电	9~10	0.039	1355	36	2.9	702

(3) 资源条件、开发潜力。

我国拥有十分丰富的陆地和近海风能资源,但地形条件复杂,风能资源的分布并不均匀。

我国陆地 70m 高度风功率密度达到 150W/m^2 以上的风能资源技术可开发量为 72 亿 kW，达到 200W/m^2 以上的风能资源技术可开发量为 50 亿 kW[①]。近海水深 5～25m 区域 50m 高度层达到 3 级以上风能资源的潜在开发量约为 2 亿 kW[②]。2023 年，我国各省(区、市)70m 高度年平均风速范围为 3.8～6.3m/s，其中，内蒙古、辽宁、黑龙江、吉林等平均风速超过 6.0m/s。全国 70m 高度年平均风功率密度为 81.8～286.8W/m^2，其中，辽宁、内蒙古、吉林、黑龙江、新疆、甘肃等年平均风功率密度超过 200W/m^2[②③]。

根据国际可再生能源署(IRENA)的预测，到 2050 年，全球陆上风电装机容量将达到 50 亿 kW，海上风电装机容量将达到 10 亿 kW。届时，中国的陆上风电装机容量将超过 20 亿 kW，海上风电装机容量将超过 3.8 亿 kW。

(4)技术与瓶颈。

经过多年的发展，陆上风电已经形成了成熟的技术和服务市场。但是，陆上可供开发的土地资源和风能资源逐渐稀缺，就近消纳能力不足、远距离输送通道容量受限、弃风限电、开发模式粗放、风能资源勘查不科学、设计水平参差不齐、风电机组可靠性有待提高、运维管理水平落后等，这些都给陆上风电产业的健康发展带来挑战。海上风电由于风资源丰富、发电利用小时数高等突出优点，是可再生能源规模化开发利用的重要方向与组成部分，是实现能源转型的重要手段之一。但同样面临着巨大的技术挑战：风能资源评价、海洋水文测量、地质勘察等基础工作开展不足，风电机组基础建设成本高，海上施工作业难度大，施工装备市场不成熟，设备运行环境恶劣，同时，在开发过程中，还要考虑对军事、航运、海洋生态保护等方面的影响[12]。

风电具有随机性、波动性，如何利用好这一能源资源是对我们的一大考验。现如今有着很多预测、调节、自动控制技术等，能够更加恒定、稳定地将风力发电量并入电网。而在用电低峰时期，采用压缩空气储能等储能技术以及风能制氢等技术，能够使弃风资源得以利用。

3)水力发电

(1)能源属性。

水电机组启停机快、负荷调整迅速，可以在几分钟内从静止状态迅速启动投入运行，在几秒钟内调整输出功率适应电力负荷变化，且调峰深度接近 100%。因此，水力发电最适合承担电力系统的调峰、调频、负荷备用和事故备用等任务，可以增加整个电力系统的可靠性和灵活性。

根据水电站对天然水流的利用方式和调节能力，可以分为径流式水电站和蓄水式水电站。径流式水电站无调峰能力，适合担任电力系统的基荷，当天然水流产生的出力大

① 全国风能资源评估成果 (2014) 通过评审[EB/OL]. (2014-12-04). https://www.cma.gov.cn/2011xwzx/2011xqxxw/2011xqxyw/202110/t20211030_4074823.html.

② 气象劲风成就风能之美——风能资源开发利用气象服务纪实[EB/OL]. (2010-06-17). https://www.cma.gov.cn/2011xwzx/2011xqxxw/2011xqxyw/202110/t20211029_4034726.html.

③ 中国气象局风能太阳能中心. 2023 中国风能太阳能资源年景公报[R/OL]. (2024-02-02). https://www.cma.gov.cn/zfxxgk/gknr/qxbg/202402/t20240222_6082082.html.

于电力系统的最小负荷时，承担电力系统的基荷及部分腰荷，但这时还会发生弃水。而具有日调节以上功能的蓄水式水电站，通常担任峰荷或腰荷，可以在夜间负荷低谷时不发电，将水量储存于水库中，待尖峰负荷时集中发电，即通常所谓带尖峰运行。

(2) 发展现状。

我国水电产业优势明显，具备百万千瓦级水轮机组自主设计制造能力，特高坝和大型地下洞室设计施工能力世界领先，已成为全球水电建设的中坚力量。

2020 年，我国水电新增装机容量 1224 万 kW，水电设备每年的利用小时数首次突破3800，主要流域水电利用率达到 97%。截至 2020 年底，全国水电累计装机容量 3.7 亿 kW，同比增长 3.42%，占全国总装机容量的 16.8%。其中，常规水电装机容量 3.4 亿 kW，抽水蓄能装机容量 0.3 亿 kW。我国西南地区水资源丰富，水电装机容量超过 1.8 亿 kW，占全国水电装机总量的一半以上。其中，四川、云南一直是全国水电装机大省。

(3) 资源条件、开发潜力。

我国常规水电技术可开发装机容量约为 6.87 亿 kW[13]。截至 2020 年底，常规水电技术开发程度超过 56%，已建规模 33867 万 kW，在建规模 4800 万 kW，主要集中在西南地区。四川、云南、西藏三省（区）的水电技术可开发量占全国水电技术可开发量的 64%。截至 2019 年底，四川、云南、西藏三省（区）已建水电规模约占其技术可开发量的 36%，但西藏仅为该区的 1.1%。长江上游、金沙江、雅砻江、大渡河、乌江、澜沧江、黄河上游、怒江、南盘江红水河和雅鲁藏布江十大水电基地规划总装机容量约 3.9 亿 kW，截至2019 年底，这十大水电基地已建装机容量约 1.5 亿 kW。其中长江上游、金沙江、大渡河、乌江和南盘江红水河开发程度达 80% 以上；澜沧江、黄河上游和雅砻江开发度在 70% 左右，尚有一定的开发存量；怒江开发度为 0；雅鲁藏布江开发度仅 2.2%。我国水电具备大规模梯级开发条件的仅剩金沙江上游、澜沧江上游、雅鲁藏布江干支流等西藏自治区河流，总规模约为 1.5 亿 kW，西藏将成为我国水电开发的主要区域。

根据《2030 年前碳达峰行动方案》，"十四五""十五五"期间分别新增水电装机容量 4000 万 kW 左右，西南地区以水电为主的可再生能源体系将基本建立。"十四五"期间可能的水电开发项目如表 8.5 所示[14]。

表 8.5 预计"十四五"水电开发项目

河流	"十四五"开工	"十四五"投产
澜沧江	如美、邦多、古水、古学	拖巴
金沙江	巴塘、岗托、波罗、昌波、旭龙、奔子栏、龙盘、两家人	乌东德、白鹤滩、苏洼龙、叶巴滩、巴塘
雅砻江	卡拉、孟底沟、牙根二级、楞古	杨房沟、两河口
大渡河	丹巴、安宁、巴底、枕头坝二级、沙坪一级、老鹰岩二级	金川、双江口、硬岩包
黄河	茨哈峡、宁本特	玛尔挡、羊曲
雅江中游	—	大古、街需、加查

根据中国水电发展远景规划，到 2030 年水电装机容量约为 5.2 亿 kW，其中，常规

水电 4.2 亿 kW,抽水蓄能 1 亿 kW,水电开发程度约 60%;到 2060 年,水电装机约为 7.0 亿 kW,其中,常规水电 5.0 亿 kW,新增扩机和抽水蓄能 2.0 亿 kW,水电开发程度 73%,届时基本达到西方国家的开发水平。

(4)技术与瓶颈。

水力发电往往与航运、养殖、灌溉、防洪和旅游等一起组成水资源综合利用体系,可以提高该地区的交通能力、供电调峰能力和经济水平。但是,水电开发对河流水文情势和生态环境的影响也客观存在。水电工程的开发要做到环境影响利大于弊。

河流水电开发的生态环境影响研究涉及大气环境、局地气候、陆生生物、水生生物、人类活动、经济社会发展等方方面面,是一项长期的、系统性和专业性很强的工作。我国剩余可开发的大型水电基地多位于西部深山峡谷区域,地理环境特殊,构造背景复杂,生态环境脆弱,水库移民安置难度大,工程技术和建设管理都将面临前所未有的挑战[14]。因此,在继续推进大型水电基地建设的同时,更要着手于积极推进现有水电站优化升级,对已建、在建水电机组进行增容改造,充分发挥水电既有调峰能力,进而支撑风电和光伏发电大规模开发。对于具有微小水源的地区,建设微型水力发电系统是一个很好的选择,它建设周期短、造价低、可就地供电、送电线路简单,因此便于普及。微型水力发电系统还可以与风力发电系统、光伏发电系统组成具有互补性的混合供电系统,提升供电系统的可靠性。

4)核电

(1)能源属性。

核能发电能量密度极高,1g 铀-235 完全燃耗释放的能量相当于 1.57t 石油。与水电相比,核电不存在枯水期问题;与煤电相比,核电燃料受到交通状况的影响较小;与风、光、生物质等可再生能源发电相比,核电没有间歇性、间断性等问题。因此,从目前技术条件看,核电是我国能源系统中可靠性较高的基荷电源[15]。

核电在现代能源体系中的地位和作用:根据我国现代能源体系发展要求,一方面要减少化石能源使用,另一方面要加快发展风电、光电等低碳能源替代传统化石能源。核电不排放二氧化碳,发电高效稳定,既能满足低碳化要求,又能弥补风电、光伏发电等具有间歇性的缺点,满足电网对基荷电源的要求,是唯一可以大规模替代燃煤火电的清洁低碳基荷电源[16]。

随着我国能源清洁低碳化发展,全国每年新增装机中,风电、光伏发电装机比例基本占到 50%以上。风电、光伏电源受季节、气候变化影响,出力不稳定。电网安全运行需要稳定的基荷电源支撑,以降低安全风险。核电单机容量基本在 100 万 kW 以上,年可利用率在 85%以上,是很好的基荷电源,能为电网提供稳定的电能量来源,保障电力系统运行安全[16]。

与其他形式的能源相比,核电机组一次能源(铀)需求量小而发电功率大,运行稳定,正常情况下核电机组可以 24h 满功率运行。因此核电机组会在电力用户需求的高峰时段表现出强劲的供电能力,这是核电机组的强项。

(2)资源条件、开发潜力。

未来十年我国核电仍然存在很大的发展需求,预计到2025年核电商运装机容量达到0.7亿kW,2030年达到1.2亿kW,核电将占到全国总发电量的8%左右。核电装机以华东、南方地区为主,到2030年、2035年,华东、南方地区核电装机容量将分别占全国核电装机容量的80%、77.5%。远期来看,2050年核电发展规模将达到3.35亿kW,将内陆核电重启纳入测算体系,华中地区核电装机迅速提升,占全国比重的20%[16]。

截至2023年底,我国已经有十余个省区已经布局了32座内陆核电,这些规划筹建的核电项目主要位于华东、华中地区的内陆省份。已开展前期工作的内陆核电项目主要分布在湖南、湖北和江西省,额定功率约为7500MWe。但具体而言,核电项目的前期准备阶段是一个核电项目安全性和经济性的验证过程,距离项目真正开工还差很远。

关于内陆核电的发展前景,"十三五"期间,国家对内陆核电的规划内容是积极开展内陆核电项目前期工作。但根据《"十四五"规划纲要》和《2035年远景目标纲要》,"十四五"期间,我国将安全稳妥地推动沿海核电发展,并未提及内陆核电的发展计划。

(3)技术和瓶颈。

第一,二代和三代核电技术发展。

以"华龙一号""国和一号"的成功研发为标志,我国核电技术实现了由二代向三代的历史性跨越。"华龙一号"核电技术是在我国核电30年的设计、建造和运行经验基础上,充分汲取福岛核事故的经验反馈,借鉴国际三代核电技术先进理念研发出的满足国际最新安全要求的具有自主知识产权的三代压水堆核电技术。2015年"华龙一号"示范工程福清核电5号、6号机组开工建设。2021年1月30日,"华龙一号"全球首堆福建福清核电5号机组投入商业运行。"国和一号"是在引进、消化、吸收三代非能动压水堆AP1000技术的基础上,通过再创新开发出的具有独立自主知识产权、功率更大的非能动大型先进压水堆核电型号,是国家科技重大专项自主创新的标志性成果,其示范工程已在山东荣成开工建设。

除了三代压水堆核电技术,我国在其他先进核能技术研发方面也取得重要突破。自主研发建设的具备第四代技术特征的高温气冷堆核电站示范工程已于2023年底投入商业运行。中国示范快堆1号、2号机组分别于2017年、2020年先后开工建设,将为使用MOX燃料的钠冷商业快堆的发展奠定基础。陆上小型压水堆及海洋核动力平台的研发持续开展,多功能模块化小型堆"玲龙一号"示范工程获得核准。液态燃料钍基熔盐实验堆工程建设正在稳步推进,铅基快堆等研发取得重要进展。在聚变堆研发方面,世界首个全超导大型托卡马克装置东方超环(EAST)不断刷新在10^8℃超高温度下运行时间纪录,新一代"人造太阳"装置——中国环流器二号M(HL-2M)装置建成并实现首次放电。

第二,ADANES技术现状。

目前,ADANES已完成了原理可行性研究和单项技术验证[17]:①加速器,实现了关键核心技术的突破,其样机性能达到了国际领先水平;②高功率靶,提出了新原理的颗粒流靶,其承载束流功率数十兆瓦,原理样机引领散裂靶国际新方向;③反应堆,提出了陶瓷反应堆新概念,正在优化设计和实验验证;④燃料后处理,提出新型离子液体分离新方法,非放射性原理验证已完成;⑤再生燃料,完成模拟燃料氧化铀的初步制备;

⑥结构材料，初步结构材料选型和陶瓷材料制备取得了重要进展；⑦加速器驱动嬗变研究装置 CiADS，已完成初步设计报告，计划于 2019 年开工建设。

根据经济发展和电力布局，我国核电走的是"先沿海，后内陆"的发展路径。核电厂址是一种稀缺资源。另外，乏燃料中长寿命放射性核素的安全处置是我国乃至国际核能领域无法回避的重大问题[18]。我国在 2025 年核电装机容量会大规模增加，乏燃料累计存量将达到 14000t[19]，如何安全处理放射性强、毒性大的乏燃料已成为制约核电可持续发展的瓶颈。

5）火电

（1）能源属性。

火力发电和大规模的清洁能源发电相比，具有较好的可控性。火电机组能够以一定速率跟踪负荷变动，在风、光电输出功率增加时降低出力，让位于清洁能源发电以促进消纳；在风、光电输出功率降低时增加出力，满足负荷用电需求。

火电机组调峰运行的主要方式有：变负荷运行、两班制运行和轮停调峰等[20]。变负荷运行方式是通过改变机组负荷来实现系统调峰的运行。我国大部分并网火电机组都是受电网统一调度的，即采用自动发电控制，机组通过改变自身的参数来配合电网负荷指令的变化。一般而言，机组调峰变负荷范围为机组额定出力的 50%～100%。我国现役 300MW 及以上容量等级的火电机组大都采用变负荷运行方式参与调峰。两班制运行方式是通过启、停部分机组进行电网调峰，即在电网负荷低谷时期停运部分机组，在次日电网高峰负荷到来之前再投入运行，这些机组通常每天停用 6～8h，故称为两班制运行方式。两班制启停方式由于频繁的启停，操作复杂，缺乏安全性，对设备寿命也有明显影响。轮停调峰方式是在新的能源形势下提出的一种有效解决调峰矛盾的运行方式。轮停调峰一般由省级电网或区域电网统一调度，安排网内各机组定期、有序、轮流运行，以减少由于大量火电机组处于变负荷运行而带来的资源浪费与环境污染。火电机组轮停调峰在电力需求放缓的今天已经是一种必然趋势。

（2）发展现状、趋势。

我国是燃煤发电的主要国家。"十三五"时期，我国火电装机容量逐年上升，截至 2020 年底，火电装机容量达到 12.46 亿 kW，占全国电力总装机容量的 56.6%，火力发电量占全国总发电量的 67.9%。其中，煤电装机容量为 10.8 亿 kW，占全国电力总装机容量的 49.07%，燃煤发电量在全国总发电量中的占比超过 63%；气电装机容量为 0.98 亿 kW，同比增长 8.6%。

我国"富煤、贫油、少气"的资源禀赋决定了煤炭是长期的主体能源，石油、天然气长期依赖进口。2020 年，我国化石能源消费占比仍高达 84.1%。转变我国以高碳能源为主的消费模式还有很长的路要走。

（3）技术与瓶颈。

火电未来承担着深度调峰的任务。目前，我国火电机组的实际调峰能力普遍只有额定容量的 50%，调峰能力远远不足以支撑未来高比例新能源电力的接入。相比之下，德国、丹麦等国家火电机组深度调峰能力达到 70%以上，表明煤电灵活性改造大有潜力可挖。

在燃煤发电的清洁高效利用上，我国已建成世界上规模最大的清洁高效煤电系统，排放标准世界领先。根据中国电力企业联合会的统计，2020 年我国单位火电发电量烟尘、二氧化硫、氮氧化物排放分别为 0.032g/(kW·h)、0.160g/(kW·h) 和 0.179g/(kW·h)；单位火电发电量二氧化碳排放约 832g/(kW·h)，比 2005 年下降约 20.6%；6MW 及以上火电机组平均单机容量 135.5MW/台，同比增长 0.18%，火电厂供电标准煤耗 304.9g/(kW·h)，同比降低 1.5g/(kW·h)。煤电机组未来将持续向高效清洁协同发电发展，重点发展方向聚焦于超超临界发电技术、高效循环流化床技术、整体煤气化联合循环(integrated gasification combined cycle, IGCC)发电技术等。

具体到关键技术，先进超超临界发电技术将进一步探索大容量、高参数先进发电机组，如 630℃、700℃超超临界燃煤发电技术、优化二次再热超超临界燃煤发电系统，确保高参数机组高效低碳运行。按照现在煤电机组的发展速度，预计 2030 年能够实现净效率不低于 47%的"650℃"超超临界燃煤发电机组的工程示范；2040 年实现净效率不低于 50%的"700℃"超超临界燃煤发电机组的工程示范[21]。超超临界循环流化床机组将进一步提高机组可靠性和燃烧效率，协同控制污染物排放，发展更高蒸汽参数的循环流化床系统，持续提升发电效率，逐步实现近零排放。先进 IGCC 技术的未来发展方向是提高运行可用率、降低投资费用和发电成本，需重点开展大容量、煤种适应性广的先进煤气化技术研究，适应于 IGCC 的先进 F 级、H 级燃气轮机开发研究，以及热力系统余热回收、梯级利用技术研究。将在各个系统优化完善的基础上，积极探索 600～1000MW 级 IGCC 电站示范工程建设，实现全产业链的产业化升级[22]。

6) 储能

(1) 能源属性。

目前有四种基本类型的储能技术，分别为机械储能、电化学储能、化学储能和储热，它们处在不同的技术发展水平上。

储能可布局在电源、电网和负荷等电力生产输送的各个环节，能够真正意义上实现多时间尺度上电力、电量的不平衡调节，承担调峰、调频、可再生能源波动消纳和季节性电量平衡等多项辅助任务。

不同应用场景对储能的持续放电时长有不同需求，对应电力系统常用的时序分析方法，可分为超短时(秒级到分钟级)、短时(小时到数日)和长期时间尺度(周、月、年)。抽水蓄能、氢能源、压缩空气储能灯光主要提供能量调节能，比较适用于季节性调峰、长期需求响应等情况；超级电容、飞轮等短时储能技术的功率性最佳，但是能量密度低，适用于用户侧电能质量提高、一次调频等场景；电化学储能兼顾能量型和功率型的优势，应用场景较为灵活，可用于一次调频、提高电能质量、平滑新能源出力等情况。

(2) 发展现状。

抽水蓄能是我国最成熟的电力储能技术，能量转换效率为 70%～85%。我国已经建成丰宁、潘家口、十三陵、天荒坪、仙居、绩溪等一大批大型抽水蓄能电站。电化学储能(尤其是锂电池储能)是除抽水蓄能外我国发展最快的储能类型。"十三五"以来，我国新型储能实现由研发示范向商业化初期过渡，实现了实质性进步。电化学储能、压缩空气储能等技术创新取得长足进步。截至 2021 年底，我国已投运电力储能项目累计装机规模 46.1GW，占全球市场总规模的 22%，同比增长 30%。其中，抽水蓄能累计装机规模最大，为 39.8GW，同比增长 25%；新型储能增速最快，同比增长 75%，累计装机规模达到 5.7GW。

(3)发展规划。

尽管我国储能装机规模世界第一，但储能与风光新能源装机规模的比例(简称储新比)不到 7%；相对而言，国际其他国家和地区的平均储新比已达 15.8%。随着新能源发电规模的快速增加，我国储新比还有很大的增长空间。

从 2020 年开始，多省出台鼓励或强制要求新能源配套储能的相关政策，规定新能源发电侧配置储能的比例为 5%~20%，新能源发电侧有必要配置一定比例的储能用于减小波动性已达成共识。2021 年 9 月，国家出台《抽水蓄能中长期发展规划(2021—2035 年)》，要求到 2025 年，抽水蓄能投产总规模较"十三五"翻一番，达到 62GW 以上；到 2030 年，抽水蓄能投产总规模较"十四五"翻一番，达到 120GW 以上；到 2035 年，形成满足新能源高比例大规模发展需求的、技术先进、管理优质、国际竞争力强的抽水蓄能现代化产业。2022 年 1 月，国家再次出台《"十四五"新型储能发展实施方案》，对推动"十四五"新型储能规模化、产业化、市场化发展进行了总体部署，要求到 2030 年，新型储能全面市场化发展，基本满足构建新型电力系统需求。国家已经在多个层面上给予储能发展的多项政策，储能大有可为。

(4)技术与瓶颈。

抽水蓄能电站是国内外电力系统中应用最为广泛的储能电站，但选址受地理因素限制较大且施工周期较长，在电力系统的应用受限。

氢能作为电力部门的一种储能形式，其作用取决于氢能在整体经济中的使用程度和未来在生产、输送和储存的成本，以及氢能用途的创新速度。氢气可以为很多工业过程提供原料，但目前氢气生产主要来自化石能源，脱碳是全球氢能发展的重要驱动力。氢能储运的主要瓶颈是低成本、高能效、安全、规模化。短期内高压气氢储运仍是主流，但储氢密度低、压缩能耗高，随着氢能利用规模化，天然气掺氢管道输送是必然趋势，不过其安全性是一个悬而未决的问题；低温液态储氢密度高，但成本高，主要应用于航空领域；固氢及有机液氢储运储氢容量大、安全经济，发展潜力巨大。

电化学储能技术效果和社会效益显著，但目前各类电化学储能技术尚处于商业化早期或示范阶段，在性能提升与成本下降上有非常大的空间。尚没有一种储能技术可以适用于所有应用场景，短时间内不会出现"一统江湖"的储能技术，各类技术路线也需要在不断发展的过程中由市场来检验。另外，由于缺乏明确的调度价格政策和成本分摊机制，目前国内新型储能项目还是以示范为主，并没有形成清晰的盈利点。电化学储能的发展还需要政策机制的创新支持，以解决产业初期储能成本压力大和利用率低的问题。例如，电价机制的创新需要充分考虑储能在不同应用场景的不同服务功能，包括电力辅助服务、峰谷电价、现货市场、需求侧响应、容量电价、两部制电价等多方面内容[23]。

2. 电网特性

1)电网建设与运营现状

(1)全网电力调度能力。

2020 年,我国持续加快跨区域跨省电力通道建设,优先保证清洁能源送出,充分发挥大电网综合平衡能力。全年完成全国跨区域送出电量 6437 亿 kW·h,同比增长 13.35%。其中,"西电东送"能力达到 2.6 亿 kW,西北地区送出电量 2766 亿 kW·h,占全国的 43%;全年完成跨省送出电量 15335 亿 kW·h,同比增长 7.73%;西北、东北、华北、华中电网组织省间调峰互济分别达到 3.5 万次、700 次、508 次、280 次,共计多消纳新能源电量 344.8 亿 kW·h。

(2)特高压输电工程建设情况。

截至 2020 年底,国家电网累计建成投运特高压输电工程"十四交十二直"、在建"三直",南方电网累计建成投产"三直",形成了以特高压为骨干网架、各级电网协调发展的坚强智能电网。国家电网在建在运 29 条特高压输电工程线路长度达到 4.1 万 km,变电(换流)容量超过 4.4 亿 kV·A(kW),累计送电超过 1.6 万亿 kW·h。截至 2020 年底,我国已建、在建、准备建设的特高压线路如表 8.6 所示。

表 8.6 我国已建、在建、准备建设的特高压线路

序号	线路名称	类型	电压/kV	长度/km	额定功率/GW
1	长南荆特高压	AC	1000	654	5
2	淮沪特高压	AC	1000	2×649	8
3	锡盟—山东	AC	1000	2×730	9
4	蒙西—天津南	AC	1000	2×608	5
5	浙福特高压	AC	1000	2×603	6.8
6	榆横—潍坊	AC	1000	2×1050	—
7	张北—雄安	AC	1000	2×319.9	—
8	蒙西—晋中	AC	1000	2×304	—
9	淮南—南京—上海	AC	1000	2×780	—
10	锡盟—胜利	AC	1000	2×236.8	—
11	石家庄—雄安	AC	1000	2×222.6	—
12	潍坊—临汾—枣庄—菏泽—石家庄	AC	1000	2×823.6	—
13	驻马店—南阳	AC	1000	2×319.9	—
14	南阳—荆门—长沙(准备)	AC	1000	190	—
15	复奉直流	HVDC	±800	1907	6.4
16	锦苏直流	HVDC	±800	2059	7.2

续表

序号	线路名称	类型	电压/kV	长度/km	额定功率/GW
17	天中直流	HVDC	±800	2210	8
18	宾金直流	HVDC	±800	1680	8
19	灵绍直流	HVDC	±800	1720	8
20	祁韶直流	HVDC	±800	2383	8
21	雁淮直流	HVDC	±800	1119	8
22	锡泰直流	HVDC	±800	1620	10
23	鲁固直流	HVDC	±800	1234	10
24	昭沂直流	HVDC	±800	1238	10
25	吉泉直流	HVDC	±1100	3324	12
26	青豫直流	HVDC	±800	1587	8
27	昆柳龙直流	HVDC	±800	1489	8
28	雅中—江西	HVDC	±800	1711	8
29	陕北—武汉	HVDC	±800	1137	—
30	白鹤滩—江苏(准备)	HVDC	±800	2172	—
31	白鹤滩—浙江(准备)	HVDC	±800	2193	—
32	楚穗直流(南方电网)	HVDC	±800	1438	5
33	普侨直流(南方电网)	HVDC	±800	1413	5
34	新东直流(南方电网)	HVDC	±800	1959	5

(3)特高压线路输送可再生能源情况。

特高压线路是可再生能源电量外送的主要方式。根据国家能源局发布的《2020 年度全国可再生能源电力发展监测评价报告》, 2020 年全国 22 条特高压线路年输送电量 5318.0 亿 kW·h。其中, 可再生能源电量 2441.0 亿 kW·h, 同比提高 3.8%, 占全部输送电量的 45.9%。国家电网运营的 18 条特高压线路输送电量 4559 亿 kW·h, 其中可再生能源电量 1682 亿 kW·h, 占输送电量的 37%；南方电网运营的 4 条特高压线路输送电量 759 亿 kW·h, 全部为可再生能源电量。2020 年我国特高压线路输送电量如表 8.7 所示。

表 8.7　2020 年我国特高压线路输送电量

序号	线路名称	年输送量/(亿 kW·h)	可再生能源/(亿 kW·h)	可再生能源占比/%	占比同比增加/%
1	长南荆特高压	52.2	15.3	29.3	3.1
2	淮沪特高压	282.2	0.0	0	0
3	浙福特高压	76.5	0.0	0.0	0
4	锡盟—山东特高压	92.4	0.0	0.0	0
5	蒙西—天津南特高压	145.4	0.0	0.0	0

序号	线路名称	年输送量/(亿 kW·h)	可再生能源/(亿 kW·h)	可再生能源占比/%	占比同比增加/%
6	榆横—潍坊特高压	247.1	0.0	0.0	0
7	复奉直流	306.9	306.9	100.0	0.0
8	锦苏直流	374.2	374.2	100.0	0.0
9	天中直流	408.6	166.2	40.7	−9.5
10	宾金直流	329.8	329.8	100.0	0.1
11	灵绍直流	498.3	85.3	17.1	−9.2
12	祁韶直流	224.6	61.4	27.3	−3.6
13	雁淮直流	259.1	35.5	13.7	12.9
14	锡泰直流	171.2	0.5	0.3	0.1
15	鲁固直流	330.9	56.7	17.1	−22.2
16	昭沂直流	286.2	135.9	47.5	11.4
17	吉泉直流	439.6	80.5	18.3	−4.0
18	青豫直流	34.1	34.1	100.0	—
19	楚穗直流	259.0	259.0	100.0	0.0
20	普侨直流	192.7	192.7	100.0	0.0
21	新东直流	255.3	255.3	100.0	0.0
22	昆柳龙直流	51.7	51.7	100.0	0.0
	全国	5318.0	2441.0	45.9	−6.5

2)高弹性电网

新型电力系统需要解决高比例新能源接入下系统强不确定性(如随机性、波动性)与脆弱性问题,充分发挥电网大范围资源配置的能力。未来电网将呈现出交直流远距离输电、区域电网互联、主网与微电网互动的形态。特高压交直流远距离输电成为重要的清洁能源配置手段。分布式电源按电压等级分层接入,实现就地消纳与平衡。储能与需求侧响应快速发展,两者将成为未来电力系统重要的灵活性资源,保障新能源消纳和系统安全稳定运行。

高弹性电网的核心在于建立全网协同、数据驱动、主动防御、智能决策的新一代调度体系,主要包括:①从传统的自上而下调度模式,演变为"源网荷储"全网协同的调度模式;②从传统的个体经验判断演变为数据驱动下 AI 决策的智能调度;③从单点故障触发的被动式保护演变为电力物联网全局感知提前预防的主动防御;④从传统机电动作缓慢响应(秒级)演变为电力电子与现代通信相结合的敏捷响应(毫秒级);⑤从传统调峰调频资源不足演变为具有灵活性电源、储能、需求侧响应、宽频振荡抑制、复合潮流控制及动态增容等新型电力电子装置的手段丰富的调度调节资源。

高弹性电网的基础在于建设万物互联的电力物联网。基于物联网智能传感、边缘计算融合网关、智能终端以及安全芯片等感知设备，实现全环节数据可测可采可传，且各类终端与设备即插即用、安全接入、万物互联；通过 5G、光纤、物联网等现代通信网络，实现数据快速上传；通过人工智能、大数据等先进算法，基于云平台实现智能发电、智能调度、智能运维的全场景与全链条智能化。

3. 消费端电气化

1）发展现状

通常，衡量一个国家或地区的电气化水平的指标主要有两个：一是发电能源占一次能源消费比重，反映电力在整个能源供应体系中的地位；二是电能占终端能源消费比重，反映经济社会发展对电力的依赖程度。新时期电气化发展以清洁低碳为基本特征，因此，增加清洁能源发电量占比和新能源发电量占比，反映新时期电气化进程的清洁低碳化程度[24]。

近年来，我国在能源生产侧电气化水平、能源消费侧电气化水平，以及电力供应清洁低碳化水平方面均取得显著提升。2019 年，我国发电能源占一次能源消费比重达到46.37%，电能占终端能源消费比重达到 25.56%，清洁能源发电量占比和新能源发电量占比分别达到 32.1% 和 9.5%。其中，电煤消费原煤占煤炭产量的 60.95%。煤电在我国电气化进程中发挥了基础支撑作用，而清洁能源发电有效地改善了我国电力供应结构。

全球电气化水平经过前期快速提升，近期进入平稳发展阶段，发达国家电气化水平普遍高于发展中国家。日本、美国、法国稳居电气化中期高级阶段，德国、英国也已进入电气化中期高级阶段。但发达国家受经济增长放缓、替代能源竞争力增强、弃核政策等因素影响，电气化进程明显放缓，而我国电气化进程保持较快发展。目前，我国能源生产侧电气化程度已达到发达国家平均水平，消费侧电气化程度已超过发达国家平均水平。但是在电力供应结构方面，发达国家电力供应清洁低碳化程度已达到较高水平，而我国电力供应清洁低碳化程度仍远落后于发达国家平均水平[25]。

2）重点领域

在终端部门中，工业部门电气化步伐平稳，建筑部门电气化水平最高，交通运输部门电气化发展速度最快。提升这些重点领域电气化水平的基本措施有：

（1）推进工业领域电气化。在钢铁、建材、有色、石化化工等重点行业加快淘汰不达标的燃煤锅炉和以煤、石油焦、渣油、重油等为燃料的工业窑炉，推广电炉钢、电锅炉、电窑炉、电加热等技术；加快工业绿色微电网建设，引导企业和园区加快厂房光伏、分布式风电、多元储能、热泵、余热余压利用、智慧能源管控等一体化系统开发运行，推进多能高效互补利用。

（2）推进建筑领域电气化。持续推进清洁取暖，在现有集中供热管网难以覆盖的区域，推广电驱动热泵、黄热式电锅炉、分散式电暖器等电采暖，同步推进居民生活领域"煤改电"；在市政供热管网末端试点电补热；鼓励有条件的地区推广冷热联供技术，采用电气化方式取暖和制冷；鼓励机关、学校、医院等公共机构建筑和办公楼、酒店、商业综合等大型公共建筑实施电气化改造。

(3)推进交通领域电气化。加快推进交通工具电气化，在家用汽车、城市公交、出租、物流配送、机场等领域，优先使用新能源汽车，并加快电动汽车充电桩等基础设施建设；研发示范高功率、长寿命、低成本氢燃料电池技术。

从经济性考虑，目前电能在终端应用的成本总体较高，不具备价格优势，通过降低可再生能源发电成本以及通过碳市场机制提高其综合成本竞争力，有望使电能更具经济性。

8.2 基于 ADANES 的先进电力系统解决方案

8.2.1 研究思路

依据大力实施可再生能源替代、保障电力供应安全等要求，先进电力系统研究统筹全国电力需求、发电能源资源情况和电网输电能力，以满足全国电力电量平衡为目标，综合考虑能源电力发展的政策环境、资源开发进度和供需格局等各个方面，研究不同情景下的包含电源结构、电力碳排放、电力供应成本在内的电力低碳转型方案。先进电力系统研究思路总体框架如图 8.1 所示。

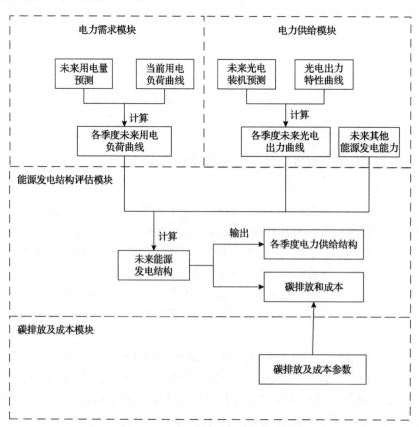

图 8.1　先进电力系统研究思路框架图

8.2.2 电力负荷特征

(1)2060 年全社会用电量。

综合考虑经济增长、产业结构调整、节能节电、电能替代、电制氢等影响因素，未来我国电力需求的增长空间还很大。预计 2060 年全社会用电量约为 15.7 万亿 kW·h[26]。

(2)2060 年全社会月用电量占比。

根据国家统计局公布数据，2016～2020 年全社会月用电量如表 8.8 所示。

表 8.8 2016～2020 年全社会月用电量 (单位：亿 kW·h)

月份	不同时间的社会月用电量				
	2020 年	2019 年	2018 年	2017 年	2016 年
1	5805	6172	5995	4868	4950
2	4398	4891	4557	4488	3812
3	5493	5732	5325	5139	4762
4	5572	5534	5217	4847	4569
5	5926	5665	5534	4968	4730
6	6350	5987	5663	5244	4925
7	6824	6672	6484	6072	5523
8	7294	6770	6521	5991	5631
9	6454	6020	5742	5317	4965
10	6172	5790	5481	5130	4890
11	6467	5912	5647	5310	5072
12	8355	7110	6283	5703	5369

以 2016～2020 年全社会各月累计用电量占 5 年总用电量的比例，作为 2060 年全社会月用电量占比，即

$$\lambda_j = \frac{\sum_{i=2016}^{2020} Q_{ij}}{\sum_{i=2016}^{2020} Q_i}, \quad j = 1, 2, \cdots, 12 \tag{8.1}$$

式中，λ_j 为 j 月用电量占全年用电量的比重；Q_i 为 i 年用电量；Q_{ij} 为 i 年 j 月用电量。

(3)2060 年各季度日平均用电量。

根据 2060 年全社会用电量预测值和 2060 年全社会 i 月用电量占比，得到 2060 年各季度日平均用电量。在本章节中，春季指 3～5 月份，夏季指 6～8 月份，秋季指 8～11 月份，冬季指 12 月份和次年 1 月份和 2 月份。以春季为例：

$$Q^{\text{spring}} = \frac{Q_{2060} \cdot \sum\limits_{j=3}^{5} \lambda_j}{\sum\limits_{j=3}^{5} T_j} \tag{8.2}$$

式中，Q^{spring} 为 2060 年春季日平均用电量；T_j 为 j 月天数。

2060 年各季度全社会日平均用电量如表 8.9 所示。

表 8.9　2060 年各季度全社会日平均用电量　　　（单位：亿 kW·h）

项目	春季(3~5 月份)	夏季(6~8 月份)	秋季(9~11 月份)	冬季(12 月至次年 2 月份)
日平均用电量	398.82	464.13	430.54	427.00

（4）2060 年各季度全社会用电负荷曲线。

2020 年 11 月，国家发改委、国家能源局公布了各省级电网典型电力负荷曲线。从中采集各省(市)的工作日典型负荷数据并按小时汇总，得到各时段全社会用电量总和，进而得到各时段全社会用电量占全社会日用电量的比重：

$$\beta_t = \frac{\sum\limits_{k=1}^{34} Q_{kt}}{\sum\limits_{t=0}^{24} \sum\limits_{k=1}^{34} Q_{kt}}, \qquad t = 0,1,\cdots,24 \tag{8.3}$$

式中，β_t 为时段 t 全社会用电量占全社会日用电量的比重；Q_{kt} 为省份 k 在时段 t 的用电负荷。

根据 2060 年各季度全社会日平均用电量和各时段全国工作日典型负荷占比，得到 2060 年各季度各时段全社会用电负荷。以 2060 年春季时段 t 全社会用电负荷为例：

$$Q_t^{\text{spring}} = Q^{\text{spring}} \beta_t, \qquad t = 0,1,\cdots,24 \tag{8.4}$$

2060 年各季度全社会用电负荷曲线如图 8.2 所示。

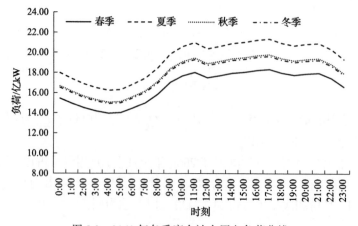

图 8.2　2060 年各季度全社会用电负荷曲线

8.2.3 电力供给情况

1. 太阳能发电能力

1）太阳能发电分区方案

根据太阳能年辐射量和日照时长将全国分为 8 个区域。各区域的太阳能资源年辐射量和日照时数相近，分别是：①内蒙古；②新疆；③西藏；④青海、甘肃、宁夏；⑤辽宁、北京、河北、天津、山西、陕西、山东、江苏、上海、广东；⑥河南、湖北、湖南、安徽、江西、浙江、福建、黑龙江、吉林；⑦云南、海南；⑧四川、重庆、贵州、广西。各区域的太阳能发电现有装机规模、未来装机潜力及装机潜力占比如表 8.10 所示。

表 8.10　2020 年各区域的太阳能发电装机规模、未来装机潜力及装机潜力占比

序号	区域	太阳能发电装机规模/万 kW	未来装机潜力/万 kW	装机潜力占比
1	内蒙古	1237	56067	0.094
2	新疆	1266	48210	0.081
3	西藏	137	42863	0.072
4	青海、甘肃、宁夏	3780	61025	0.102
5	辽宁、北京、河北、天津、山西、陕西、山东、江苏、上海、广东	10104	148333	0.249
6	河南、湖北、湖南、安徽、江西、浙江、福建、黑龙江、吉林	6924	144475	0.242
7	云南、海南	388	31766	0.053
8	四川、重庆、贵州、广西	1520	63824	0.107
	全国	25356	596563	1

2）区域太阳能发电逐时输出功率

根据《光伏发电站设计规范》（GB 50797—2012），光伏发电站发电量计算公式为

$$E_{\text{p}} = H_{\text{A}} \times \frac{P_{\text{AZ}}}{E_{\text{s}}} \times K \tag{8.5}$$

式中，H_{A} 为水平面太阳能总辐照量(峰值小时数)，$kW\cdot h/m^2$；E_{p} 为上网发电量，$kW\cdot h/m^2$；E_{s} 为标准条件下的辐照度(其值为 $1kW\cdot h/m^2$)；P_{AZ} 为组件安装容量，kWp；K 为综合效率系数。

综合效率系数包括光伏组件类型修正系数、光伏方阵的倾角、方位角修正系数、光伏发电系统可用率、光照利用率、逆变器效率、集电线路损耗、升压变压器损耗、光伏组件表面污染修正系数、光伏组件转换效率修正系数。综合效率系数一般取80%。

各区域的太阳能逐时辐照量难以获取，分别在各区域中选择一个代表城市，以该城

市的太阳能逐时辐照量代替该区域的太阳能逐时辐照量。筛选原则是在各区域中挑选太阳能发电总装机潜力最大的省份作为该区域的代表省份，再根据这些省份的现有光伏装机情况选择代表城市。各区域的代表城市如表 8.11 所示。

表 8.11　各区域的代表城市

序号	区域	代表省份	代表城市
1	内蒙古	内蒙古	包头
2	新疆	新疆	哈密
3	西藏	西藏	拉萨
4	青海、甘肃、宁夏	青海	格尔木
5	辽宁、北京、河北、天津、山西、陕西、山东、江苏、上海、广东	山东	济南
6	河南、湖北、湖南、安徽、江西、浙江、福建、黑龙江、吉林	湖北	随州
7	云南、海南	云南	昆明
8	四川、重庆、贵州、广西	四川	成都

利用农业气象大数据系统 WheatA 分别查询包头、哈密、拉萨、格尔木、济南、随州、昆明、成都的逐天逐时太阳能辐照量，并按季节汇总求均值，得到各代表城市各季节的逐时太阳能辐照量，分别代表各区域各季节的逐时太阳能辐照量。

假设已知各区域的太阳能发电装机容量，根据式(8.5)，即可得到各区域各季节太阳能发电逐时输出功率。

3) 全国太阳能发电逐时输出功率

汇总各区域各季节太阳能发电逐时输出功率，得到全国各季节太阳能发电逐时输出功率。

以 2020 年为例，2020 年全国太阳能发电装机容量为 2.53 亿 kW，则全国各季节太阳能发电逐时输出功率如图 8.3 所示。

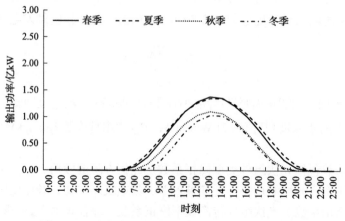

图 8.3　2020 年全国各季节太阳能发电逐时输出功率

4) 全国太阳能发电逐时输出功率修正

根据 2020 年全国各季节太阳能发电逐时输出功率，得到 2020 年全国太阳能发电量：

$$E = \sum_{s=1}^{4} \sum_{t=0}^{24} p_{st} \cdot 1 \cdot T_s \tag{8.6}$$

式中，E 为太阳能全年发电量；p_{st} 为季节 s 在时段 t 的太阳能输出功率；T_s 为季节 s 的天数。

求得 2020 年的太阳能总发电量为 3238 亿 kW·h，而 2020 年太阳能发电实际发电量为 2611 亿 kW·h，计算值和实际值存在差距，需要进一步改进太阳能发电输出功率计算方法。

考虑到早年间不合理弃风弃光问题较为严重，这里只选取 2018～2020 年的太阳能发电量数据作为基础。根据国家统计局数据，2018～2020 年全国规模以上电厂太阳能月度发电量如表 8.12 所示，2018～2020 年全国太阳能装机容量和全国全口径太阳能全年发电量如表 8.13 所示。

表 8.12 2018～2020 年全国规模以上电厂太阳能月度发电量 （单位：亿 kW·h）

年份	春季			夏季			秋季			冬季		合计
	3 月	4 月	5 月	6 月	7 月	8 月	9 月	10 月	11 月	12 月	1 月和 2 月	
2020	128.9	134.8	132.8	124.1	121.6	125.8	121.2	116.1	100.2	104.3	179.2	1389
2019	101.3	104	108.1	102.9	107.2	108.7	107.8	96.6	84.9	84.6	147.5	1153.6
2018	78	77	77.5	79.2	77.2	75.2	71	79.5	70.5	62.4	131.4	878.9

表 8.13 2018～2020 年全国太阳能发电装机容量和全国全口径太阳能发电量

年份	太阳能装机容量/万 kW	全国全口径太阳能发电量/(亿 kW·h)
2020	25356	2611
2019	20429	2240
2018	17433	1769

将全国全口径太阳能发电量按照规模以上电厂太阳能月度发电量占规模以上电厂太阳能全年发电量的比重进行分配，并以季度为单位进行汇总，得到各季度全国全口径太阳能发电量，再除以各季度天数得到各季度全国全口径太阳能日均发电量，以此作为对照值。各季度全国全口径太阳能日发电量预测值和对照值如表 8.14 所示。

表 8.14 各季度太阳能日发电量预测值和对照值

季节	2020 年			2019 年			2018 年		
	日发电量预测值/(亿 kW·h)	日发电量对照值/(亿 kW·h)	预测值/对照值	日发电量预测值/(亿 kW·h)	日发电量对照值/(亿 kW·h)	预测值/对照值	日发电量预测值/(亿 kW·h)	日发电量对照值/(亿 kW·h)	预测值/对照值
春季	10.5	8.1	1.30	8.4	6.6	1.27	7.2	5.1	1.41
夏季	11.0	7.6	1.45	8.9	6.7	1.33	7.6	5.1	1.50

续表

季节	2020 年			2019 年			2018 年		
	日发电量预测值/(亿 kW·h)	日发电量对照值/(亿 kW·h)	预测值/对照值	日发电量预测值/(亿 kW·h)	日发电量对照值/(亿 kW·h)	预测值/对照值	日发电量预测值/(亿 kW·h)	日发电量对照值/(亿 kW·h)	预测值/对照值
秋季	7.5	7.0	1.07	6.0	6.2	0.97	5.2	4.9	1.06
冬季	6.5	5.9	1.10	5.2	5.0	1.04	4.4	4.3	1.02

对比发现，计算得到的全国太阳能发电逐时输出功率偏高。其中，春季太阳能日发电量预测值约为春季日发电量对照值的 1.33 倍，夏季约为 1.42 倍，秋季约为 1.03 倍，冬季约为 1.05 倍。因此，依照本节选用的太阳能辐射量等基础数据，调整后的太阳能输出功率的计算公式为

$$
E_p = \frac{H_A \times \dfrac{P_{AZ}}{E_s} \times K}{\eta_s} \tag{8.7}
$$

式中，η_s 为修正系数，$\eta_1 = 1.33$，$\eta_2 = 1.42$，$\eta_3 = 1.04$，$\eta_4 = 1.05$，分别为春季、夏季、秋季、冬季的修正系数。

2. 火电、核电等发电能力

火电机组日常出力保持在 80% 额定功率，改造后的部分先进电厂机组不投油稳燃时纯凝工况最小技术出力可达到 20%～30% 额定功率。燃煤机组的爬坡速率一般为每分钟 1%～2% 额定功率，热态启动为 3～5h，改造后爬坡速率可达到每分钟 3%～6% 额定功率，热态启动时间短至 1.5h 左右。

水电机组日常出力保持在 80% 额定功率，且调峰深度接近 100%。水电机组启停机快、负荷调整迅速，可以在几分钟内从静止状态迅速启动投入运行，在几秒钟内调整输出功率适应电力负荷变化，爬坡速率达到每分钟 50%～100% 额定功率。

核电机组日常出力保持在 92% 额定功率。核电机组的运行模式决定了其调峰能力，就目前技术而言，核电机组最小出力可达到 20% 额定功率。

风电机组最大出力可达到理论值的 70%，日常出力随风力大小波动较大。

抽水蓄能的转换效率可以达到 80%，大规模利用抽水蓄能够有效辅助电力调峰。锂电池充放电效率可达到 90% 以上。

2060 年火电、水电、核电、风电和储能的发电能力如表 8.15 所示。

3. 发电成本和碳排放

各类型电源的度电成本和度电碳排放量如表 8.16 所示。

表 8.15 2060 年火电、水电、核电、风电和储能发电能力

发电类型	最大出力	最小出力	爬坡速率(FP 比例/h)/%
火电	80%FP	20%FP	100
水电	80%FP	0	100
核电	90%FP	20 %FP	100
风电	70%FP	0	100
储能	80%FP	0	—

注：FP 为满功率。

表 8.16 各类型电源的度电成本和度电碳排放量

发电类型	最小成本 /[元/(kW·h)]	最大成本 /[元/(kW·h)]	最小碳排放量 /[g CO$_2$/(kW·h)]	最大碳排放量 /[g CO$_2$/(kW·h)]
光电	0.3	0.4	56.3	89.9
火电	0.2	0.3	877	1146
水电	0.35	0.35	0.81	12.8
核电	0.172	0.172	6.2	11.9
风电	0.2	0.35	15.9	18.6
储能	0.21	0.9	—	—

8.2.4 能源发电结构构建

首先，根据能源绿色低碳转型、全国发电资源的开发潜力及开发条件和用电需求，研判光电、风电、水电、储能、火电以及核电的装机规模。然后，考虑电力供应安全、能源发电属性及发电成本等因素，明确各类电源的发展定位，即保证太阳能发电、光电优先上网，核电承担基荷，储能削峰填谷，水电和火电联合调峰，调峰顺序依次是水电、储能、火电，以此构建电力供需实时平衡结构。在此基础上，考虑到未来内陆核电技术的进步，核电装机规模将大大提升，因此将通过调整核电装机规模改变核电出力情况，最终形成电源配置方案。

8.2.5 情景分析

要实现电力系统的低碳化，除了政策行动的力度之外，还要考虑资源潜力、技术创新速度，以及公民生活方式选择等。因此，本节将构建新能源平稳发展情景和新能源积极发展情景两种电力转型结构，探讨能源发电结构的合理性以及对碳中和的贡献程度。新能源积极发展情景下，国家对清洁能源的支持度更高，清洁能源的技术成熟度更高、市场条件更好。

1. 平稳发展情景

1) 情景分析

平稳发展情景下，太阳能发电、风电的年均产能在现有产能基础上翻倍。2060 年各类电源发电装机规模分析如下：

太阳能发电：2016～2020 年期间，太阳能发电年均新增装机规模 0.4 亿 kW，按照产能翻倍目标，2020～2060 年太阳能发电年均新增装机规模将达到 0.8 亿 kW。考虑到太阳能发电生命周期约为 20 年，则 2060 年太阳能发电装机规模为 16 亿 kW。

风电：2016～2020 年期间，风电年均新增装机规模 0.3 亿 kW，按照产能翻倍目标，2020～2060 年太阳能发电年均新增装机规模达到 0.6 亿 kW。考虑风电生命周期约为 20 年，则 2060 年风电装机规模为 12 亿 kW。

储能发电："新能源+储能"被认为是新能源未来发展的标配模式，多省(市)要求新建新能源项目，储能容量不低于新能源项目装机容量的 10%。设置储新比为 15%，此处新能源仅指太阳能发电和风电。

火电：碳中和目标下，到 2060 年非化石能源消费比重达到 80%以上。煤炭的发电效率为 40%左右，粗略估算火电装机容量将占所有能源发电装机规模的 8%。

水电：2060 年水电装机规模接近于水电技术开发上限，为 5.1 亿 kW。

核电："十三五"期间核电机组投运 20 台，即目前核电装机产能为 5 年建设 20 台，而 2020 年年底核电机组已建 51 台，若保持目前产能，则 2060 年核电机组为 210 台。

其中，由于风电出力波动性较大，重点应用场景为就地消纳，为方便研究，假设风电作为基荷运行，发电能力保持不变。2020 年风电装机规模为 2.8 亿 kW，发电量为 4665 亿 kW·h，2060 年风电装机规模为 12 亿 kW，则 2060 年风电发电量估计为 19884.2 亿 kW·h，

2) 电力供需平衡分析

2060 年全社会用电量为 15.7 万亿 kW·h，首先，将风力发电量从全社会用电量中扣除；太阳能发电装机规模固定，并采用能用尽用原则，多余电力用储能存储；水电装机规模为最大可装机规模，并作为调峰电力；火电和核电作为基荷电力，其装机规模为决策变量，求解过程中，各决策变量需要满足全社会电力供需平衡、储能进出平衡的约束，得到 2060 年平稳发展情景下电力类型配置方案如表 8.17 所示。

表 8.17　平稳发展情景下 2060 年电力类型配置方案　　　(单位：亿 kW)

发电类型	2060 年装机容量	发电类型	2060 年装机容量
太阳能发电	16	风电	12
火电	4.2	储能	4.2
水电	5.1	总计	52.0
核电	10.5		

平稳发展情景下 2060 年各季度全社会电力供需平衡结构如图 8.4～图 8.7 所示。

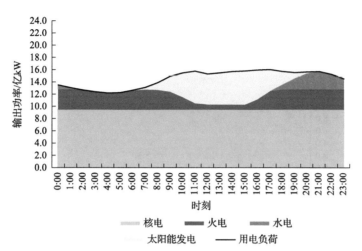

图 8.4　平稳发展情景下 2060 年春季电力负荷与供给结构

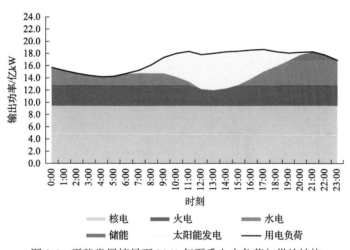

图 8.5　平稳发展情景下 2060 年夏季电力负荷与供给结构

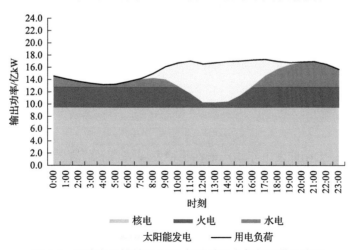

图 8.6　平稳发展情景下 2060 年秋季电力负荷与供给结构

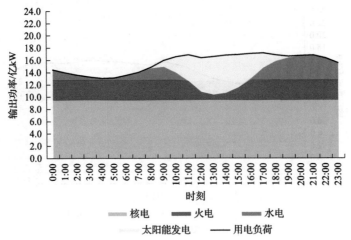

图 8.7　平稳发展情景下 2060 年冬季电力负荷与供给结构

3) 碳排放和成本分析

按照上述电力供应方案计算平稳发展情景下各类电源的全年发电量，并根据相应的度电碳排放系数和度电成本计算，2060 年各类电源的碳排放总量和发电总成本，结果如图 8.8 所示。

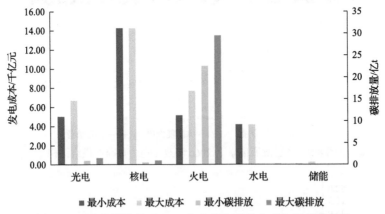

图 8.8　平稳发展情景下 2060 年各类电源发电成本及碳排放量

2. 积极发展情景

1) 情景分析

积极情景下，太阳能发电年均产能在平稳发展情景下翻倍、风电年均产能与平稳发展情景下保持一致。2060 年各类电源发电装机规模分析如下：

太阳能发电：平稳发展情景下，太阳能发电的年均产能为 0.8 亿 kW，按照产能翻倍目标，太阳能发电的年均产能为 1.6 亿 kW，考虑太阳能发电生命周期为 20 年，则 2060 年太阳能发电装机规模为 32 亿 kW。

风电：风电年均产能与平稳发展情景保持一致，2060 年风电装机规模为 12 亿 kW。

储能发电：储能发电与新能源发电配套建设，储新比为 15%。

火电：在碳中和目标下，到 2060 年，火电装机规模占所有能源发电装机规模的 8%。

水电：2060 年水电装机规模为 5.1 亿 kW。

核电：考虑核电发展节奏的稳定性和单机容量的差异性，若 2030 年前保持每年 6 台左右的投产规模、2031～2060 年每年保持 8 台左右的投产规模，该产能趋势下，2060 年核电机组为 351 台，装机规模约 3.5 亿 kW，达到沿海核电装机规模的上限。

2）电力供需平衡分析

2060 年全社会用电量为 15.7 万亿 kW·h，与平稳发展情景做相同的处理，得到积极发展情景下 2060 年电力类型配置方案如表 8.18 所示。

表 8.18　积极发展情景下 2060 年电力类型配置方案

电力类型	2060 年装机容量/亿 kW	电力类型	2060 年装机容量/亿 kW
太阳能发电	32	风电	12
火电	5.4	储能	6.6
水电	5.1	总计	68.1
核电	6.9		

注：因计算过程四舍五入，总计数据与各类型电力数据之和存在一定误差。

平稳发展情景下 2060 年各季度全社会电力供需平衡结构如图 8.9～图 8.12 所示。

3）碳排放和成本分析

按照上述电力供应方案计算积极发展情景下各类电源的全年发电量，并根据相应的度电碳排放系数和度电成本计算 2060 年各类电源的碳排放总量和发电总成本，结果如图 8.13 所示。

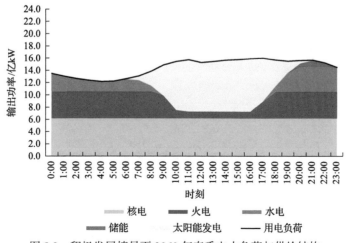

图 8.9　积极发展情景下 2060 年春季电力负荷与供给结构

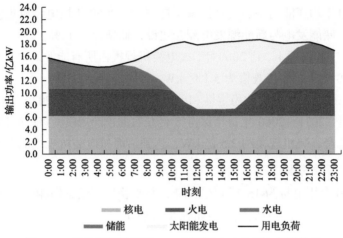

图 8.10　积极发展情景下 2060 年夏季电力负荷与供给结构

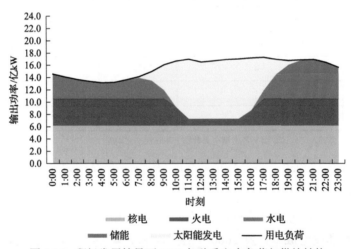

图 8.11　积极发展情景下 2060 年秋季电力负荷与供给结构

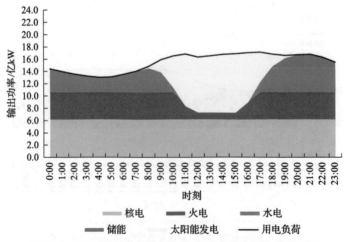

图 8.12　积极发展情景下 2060 年冬季电力负荷与供给结构

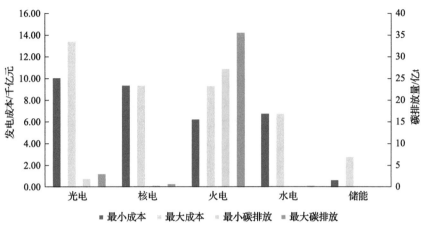

图 8.13　积极发展情景下 2060 年各类电源发电成本及碳排放量

3. 规划结果分析

1）平稳发展情景

新能源平稳发展情景下的电力生产低碳解决方案，如表 8.19 和图 8.14 所示。

表 8.19　新能源平稳发展情景下的电力生产低碳解决方案　　　（单位：亿 kW）

电力类型	2060 年装机规模	现有规模	增加规模
火电	4.2	12.5	−8.3
太阳能发电	16	2.5	13.5
水电	5.1	3.7	1.4
核电	10.5	0.5	10
风电	12	2.8	9.2
储能	4.2	0.36	3.84

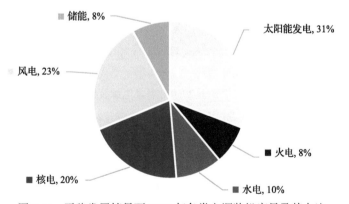

图 8.14　平稳发展情景下 2060 年各类电源装机容量及其占比

在发电装机结构上，太阳能发电装机规模占全部装机的 31%，太阳能发电装机规模和风电装机规模占全部装机的 54%，核电装机规模占全部装机的 20%(图 8.14)。

该方案下，2060 年核电装机规模为 10.5 亿 kW，根据现有核电发展规划，在现有核电技术水平、铀资源承载能力、厂址资源等约束下，预计 2060 年核电装机规模为 3.5 亿 kW，该规模基本为沿海核电的装机上限，但远不能满足方案中核电装机 10.5 亿 kW 的需求。在 ADANES 技术成熟应用的情景下，可以在西北的广大戈壁等无人区，建设装机容量达 7 亿 kW 的 ADANES 无水核电系统。此时太阳能发电装机容量与 ADANES 装机容量之比为 2.3:1，西北太阳能发电装机容量与 ADANES 装机容量之比为 1.2:1，这时可以为全国提供稳定持续的电力供应，保障全国电力供应的安全性。

2) 积极发展情景

新能源积极发展情景下的电力生产低碳解决方案，如表 8.20 和图 8.15 所示。

表 8.20 新能源积极发展情景下的电力生产低碳解决方案 （单位：亿 kW）

电力类型	2060 年装机规模	现有规模	增加规模
火电	5.4	12.5	−7.1
太阳能发电	32	2.5	29.5
水电	5.1	3.7	1.4
核电	6.9	0.5	6.4
风电	12	2.8	9.2
储能	6.6	0.36	6.24

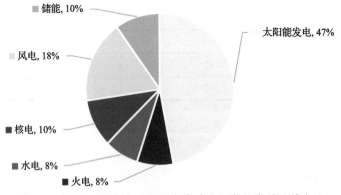

图 8.15 积极发展情景下 2060 年各类电源装机容量及其占比

在发电装机机构上，太阳能发电装机规模占全部装机的 47%，太阳能发电和风电装机规模占全部装机的 65%，核电装机规模占全部装机的 10%(图 8.15)。

该方案下，2060 年核电装机规模为 6.9 亿 kW，超过沿海核电装机 3.5 亿 kW 的上限，在 ADANES 技术成熟应用的情景下，可以在西北的广大戈壁等无人区，建设预计规模为 3.4 亿 kW 的 ADANES 无水核电系统。此时全国太阳能发电装机容量与 ADANES 装机容量之比为 9.4:1，西北太阳能发电装机容量与 ADANES 装机容量之比为 4.7:1，这时可以为全国提供稳定持续的电力供应，保障全国电力供应的安全性。

8.3　本章小结

本章介绍了先进电力系统的概念，明确了构建先进电力系统的目标，包括清洁、低碳、安全、高效、经济、可行六个维度。从能源电力供给侧、电网侧、消费端电气化三个方面阐述了先进电力系统的特性，确定了各类电源在先进电力系统中的功能和定位。从而构造全国电力电量平衡结构，制定不同情景下适应双碳目标的 ADANES 发展策略。

参 考 文 献

[1] 冯长有, 孙伟卿, 秦艳辉. 面向新型电力系统的灵活性评估与优化. 北京: 冶金工业出版社, 2021.

[2] 中国光伏行业协会. 中国光伏产业发展路线图 (2021 年版). (2022-02-23) [2022-08-23]. http://www.chinapv.org.cn/road_map/1016.html.

[3] 国家电网有限公司. 服务新能源发展报告 (2021). (2021-04-20) [2022-08-23]. http://sgnec.sgcc.com.cn/whiteBookDetail/2104220403300092555.

[4] 夏鹏. 高比例新能源接入电网的广域源荷协调优化调度方法. 北京: 华北电力大学 (北京), 2020.

[5] 中国国家可再生能源中心. 中国可再生能源展望 (2017). 北京: 科学出版社, 2017.

[6] International Renewable Energy. Renewable power generation costs in 2020. (2021-06) [2022-08-23]. https://www.irena.org/publications/2021/Jun/Renewable-Power-Costs-in-2020.

[7] International Renewable Energy. Future of solar photovoltaic[EB/OL]. (2019-11). https://www.irena.org/publications/2019/Nov/Future-of-Solar-Photovoltaic.

[8] National Renewable Energy Laboratory. Best research-cell efficiency chart. (2022-01-26) [2022-08-23]. https://www.nrel.gov/pv/cell-efficiency.html.

[9] 肖创英, 汪宁渤, 丁坤, 等. 甘肃酒泉风电功率调节方式的研究. 中国电机工程学报, 2010, 30 (10): 1-7.

[10] International Energy Agency. ETP clean energy technology guide[EB/OL]. 2021. https://www.iea.org/articles/etp-clean-energy-technology-guide.

[11] 北京国际风能大会暨展览会组委会. 风电回顾与展望 2021. 2021. http://wbmngo.oss-cn-beijing.aliyuncs.com/images/companyNewsImages/1635490675820.pdf.

[12] 崔东岭, 摆念宗. 海上风电与陆上风电差异性分析 (上). 风能, 2019, (5): 74-76.

[13] 水电水利规划设计总院. 中国可再生能源发展报告 (2018). 北京: 中国水利水电出版社, 2019.

[14] 周建平, 杜效鹄, 周兴波. "十四五" 水电开发形势分析、预测与对策措施. 水电与抽水蓄能, 2021, 7 (1): 1-5.

[15] 何昉, 孔德泰, 闫丽蓉, 等. 新一轮能源革命条件下我国核电发展战略选择——基于 SWOT-AHP 框架的分析. 中国能源, 2020, 42 (7): 26-30.

[16] 张廷克, 李闽榕, 尹卫平, 等. 中国核能发展报告 (2021). 北京: 社会科学文献出版社, 2021.

[17] 詹文龙, 杨磊, 闫雪松, 等. 加速器驱动先进核能系统及其研究进展. 原子能科学技术, 2019, (10): 1809-1815.

[18] 秦芝, 范芳丽, 田伟, 等. 加速器驱动先进核能系统的乏燃料循环再生研究. 核化学与放射化学, 2021, 45 (5): 489-499.

[19] 叶国安, 郑卫芳, 何辉, 等. 我国核燃料后处理技术现状和发展. 原子能科学技术, 2020, 54 (S1): 75-83.

[20] 赵伟, 吴新亚, 刘明慧. 火电机组调峰运行对汽轮发电机的影响及对策. 电机技术, 2020, (5): 34-37.

[21] 帅永, 赵斌, 蒋东方, 等. 中国燃煤高效清洁发电技术现状与展望. 热力发电, 2022, 51 (1): 1-10.

[22] 王哮江, 刘鹏, 李荣春, 等. "双碳" 目标下先进发电技术研究进展及展望. 热力发电, 2022, 51 (1): 52-59.

[23] 魏家, 严菁. 电化学储能技术创新趋势报告——电力系统脱碳新动能. 北京: 绿色和平和中华环保联合会, 2022.

[24] 舒印彪, 谢典, 周朝阳, 等. 碳中和目标下我国再电气化研究. 中国工程科, 2022, 24 (3): 195-204.

[25] 邱波. 我国再电气化发展现状及前景研究. 中国电力企业管理, 2020, (16): 48-52.

[26] 舒印彪, 张丽英, 张运洲, 等. 我国电力碳达峰、碳中和路径研究. 中国工程科学, 2021, 23 (6): 1-14.